《系统与控制丛书》编委会

国家科学技术学术著作出版基金资助出版

系统与控制丛书

滑模控制理论与应用研究

李世华　王翔宇　丁世宏

都海波　杨　俊　余星火　著

科学出版社

北　京

内 容 简 介

本书系统地阐述滑模控制理论的起源、原理和研究现状,重点对几类通用模型系统和几类典型实际系统给出滑模控制设计、分析以及仿真、实验验证结果,反映该领域的最新研究进展.本书分为三个部分,共 12 章.第一部分(第 1 章)为绪论,介绍滑模控制理论的起源、基本原理和研究现状.第二部分(第 2~7 章)为滑模控制理论,主要介绍如何针对连续时间域和离散时间域的受扰通用模型系统,进行滑模控制设计和分析,包括连续时间一阶、二阶和高阶滑模控制,基于干扰观测补偿的单个系统和多智能体系统复合滑模控制,以及离散时间滑模控制.第三部分(第 8~12 章)为滑模控制应用,具体选取几类典型的受扰非线性系统(包括电力电子系统、伺服运动控制系统和飞行控制系统),分别给出相应的滑模控制设计、分析以及仿真或实验验证结果.

本书可作为高等院校自动化、控制科学与工程专业高年级本科生和研究生的教材或参考书,也可供相关领域研究人员和工程师参考.

图书在版编目(CIP)数据

滑模控制理论与应用研究/李世华等著. —北京:科学出版社,2022.11
(系统与控制丛书)
ISBN 978-7-03-073333-7

Ⅰ.①滑… Ⅱ.①李… Ⅲ.①控制系统–研究 Ⅳ.①TP271

中国版本图书馆 CIP 数据核字 (2022) 第 184583 号

责任编辑:裴 育 朱英彪 李 娜 / 责任校对:任苗苗
责任印制:赵 博 / 封面设计:蓝正设计

科学出版社 出版
北京东黄城根北街 16 号
邮政编码:100717
http://www.sciencep.com

北京中科印刷有限公司印刷
科学出版社发行 各地新华书店经销
*
2022 年 11 月第 一 版 开本:720×1000 1/16
2024 年 1 月第三次印刷 印张:21 1/4
字数:428 000
定价:150.00 元
(如有印装质量问题,我社负责调换)

作者简介

李世华, 1975 年生, 江西萍乡人. 东南大学教授, 博士生导师. 国家杰出青年科学基金获得者 (2020), IEEE Fellow (2020), IET Fellow (2019). 现任东南大学自动化学院副院长, 江苏省自动化学会理事长. 1995 年、1998 年、2001 年于东南大学分别获学士、硕士、博士学位, 后留校任教. 先后赴美国加利福尼亚大学伯克利分校、明尼苏达大学, 澳大利亚皇家墨尔本理工大学、西悉尼大学, 中国香港大学访问. 近五年主持国家 973 计划子课题项目 1 项、国家自然科学基金项目 4 项、省部级项目 5 项及企业委托项目近 20 项. 获教育部自然科学奖二等奖 1 项 (排名第 1), 江苏省科学技术奖二等奖 2 项 (排名第 2), 日内瓦国际发明展金奖 1 项 (排名第 1). 获国际杂志及会议优秀论文奖 7 项. 2017~2021 年连续五年入选 "科睿唯安" 全球高被引科学家名单. 2020 年获日本永守基金会第 6 届永守赏. 主要研究领域为复杂系统非线性控制理论及应用、机电系统智能控制等.

王翔宇, 1987 年生, 江苏丰县人. 东南大学自动化学院副教授, 博士生导师. 江苏省优秀青年科学基金获得者. 现任江苏省自动化学会秘书长. 2014 年于东南大学自动化学院获博士学位后留校任教. 先后赴中国香港大学、美国得克萨斯大学圣安东尼奥分校、韩国岭南大学和澳大利亚西悉尼大学、皇家墨尔本理工大学进行合作研究. 主持国家自然科学基金项目 2 项. 发表学术论文 50 余篇, 包括 *Automatica* 和 IEEE 汇刊论文 10 余篇. 获教育部自然科学奖二等奖、山东省高等学校科学技术奖一等奖、日内瓦国际发明展金奖各 1 项. 现为 IEEE 高级会员, 担任第 13 届 IEEE 自抗扰控制研讨会、第 43 届 IEEE 工业电子学会学术年会、第 14 届国际变结构系统会议等多个国内外学术会议组织委员会主席或出版主席. 主要研究领域为非线性控制理论及应用、多智能体系统分布式控制与优化.

丁世宏, 1983 年生, 安徽当涂人. 江苏大学教授, 博士生导师. 江苏省杰出青年科学基金获得者. 现任江苏大学高效能电机系统与智能控制研究院院长. 2004 年于安徽师范大学数学与计算机科学学院获学士学位, 2007 年和 2010 年于东南大学自动化学院分别获硕士和博士学位. 2008 年 9 月～2009 年 9 月于美国得克萨斯大学圣安东尼奥分校进行博士生联合培养, 2011 年 1 月～2011 年 12 月于澳大利亚西悉尼大学从事博士后研究, 2018 年 6 月～2018 年 8 月和 2019 年 12 月～2020 年 2 月分别于韩国岭南大学和澳大利亚皇家墨尔本理工大学从事国际合作研究. 获教育部自然科学奖二等奖、中国机械工业科学技术奖二等奖和中国自动化学会自然科学奖二等奖各 1 项. 主要研究领域为滑模控制理论及应用.

都海波, 1982 年生, 安徽桐城人. 合肥工业大学教授, 博士生导师. 中组部第六批 "万人计划" 青年拔尖人才. 现任合肥工业大学自动化系主任, 控制理论与控制工程学科负责人, 校学术委员会委员, 安徽省机器人学会青工委副主任委员. 2004 年于安徽师范大学数学与计算机科学学院获学士学位, 2012 年于东南大学自动化学院获博士学位. 先后赴美国得克萨斯大学圣安东尼奥分校、澳大利亚皇家墨尔本理工大学、中国香港大学从事访问与合作研究. 主持国防科技创新特区项目 1 项、国家自然科学基金项目 3 项, 发表 SCI 论文 70 余篇, 其中 *Automatica* 和 **IEEE** 汇刊论文 30 余篇, 1 篇获 *Automatica* (2011～2016) 最佳引用论文. 获授权国家发明专利 6 项, 获安徽省自然科学奖二等奖 1 项 (排名第 1)、教育部自然科学奖二等奖 1 项 (排名第 4). 2020 年、2021 年连续入选 "爱思唯尔" 中国高被引学者名单. 主要研究领域为非线性控制理论、机器人与智能控制.

杨俊, 1984 年生, 湖北安陆人. 东南大学自动化学院教授, 博士生导师. 中组部第四批 "万人计划" 青年拔尖人才, IET Fellow (2020). 2006 年于东北大学信息科学与工程学院获学士学位, 2011 年于东南大学自动化学院获博士学位. 发表 SCI 论文 100 余篇, 包含 IFAC、IEEE 汇刊论文 40 余篇, 1 篇入选中国百篇最具影响国际学术论文. 获授权发明专利 12 项, 获教育部自然科学奖二等奖 (排名第 2)、江苏省科学技术奖二等奖 (排名第 3)、日内瓦国际发明展金奖 (排名第 2) 各 1 项, 获英国工程技术学会 (IET) 和英国测量与控制学会 (InstMC) 最佳论文奖各 1 项. 主要研究领域为非线性与抗干扰控制理论及其在机电系统和无人系统中的应用.

余星火, 1960 年生, 福建古田人. 澳大利亚皇家墨尔本理工大学杰出教授, 副校长. 教育部 "长江学者奖励计划" 讲座教授 (2009), IEEE Fellow (2008), 澳大利亚工程师协会 Honorary Fellow (2022). 1982 年和 1984 年于中国科学技术大学分别获学士和硕士学位, 1988 年于东南大学获控制理论与控制工程博士学位. 1989~1991 年于澳大利亚阿德莱德大学从事博士后研究. 1991~2002 年在澳大利亚中央昆士兰大学工作, 2000 年成为讲座教授. 自 2002 年开始在澳大利亚皇家墨尔本理工大学工作, 历任系主任、院长、副校长. 2015~2021 年连续七年入选 "科睿唯安" 全球高被引科学家名单. 获得多项国际奖励, 包括 2018 年澳大利亚工程师协会 MA Sargent 奖章, 2018 年澳大利亚计算机学会人工智能卓越成就奖, 2013 年 IEEE 工业电子学会尤金·米特尔曼博士成就奖. 曾任 2018~2019 年度 IEEE 工业电子学会主席. 主要研究领域为变结构与非线性控制、智能与复杂系统、智能电网及未来能源系统.

编 者 的 话

我们生活在一个科学技术飞速发展的信息时代，诸如宇宙飞船、机器人、因特网、智能机器及汽车制造等高新技术对自动化提出了更高的要求。系统与控制理论也因此面临着更大的挑战。它必须能够为设计高水平的物理或信息系统提供原理和方法，使得设计出的系统能感知并自动适应快速变化的环境。

为帮助系统控制专业的专家、工程师以及青年学生迎接这些挑战，科学出版社和中国自动化学会控制理论专业委员会合作，设立了《系统与控制丛书》的出版项目。本丛书分中、英文两个系列，目的是出版一些具有创新思想的高质量著作，内容既可以是新的研究方向，也可以是至今仍然活跃的传统方向。研究生是本丛书的主要读者群，因此，我们强调内容的可读性和表述的清晰。我们希望丛书能达到这些目的，为此，期盼着大家的支持和奉献！

《系统与控制丛书》编委会

2007 年 4 月 1 日

前　言

　　滑模控制方法在 20 世纪五六十年代由 Emelyanov 和 Utkin 等苏联学者提出. 滑模控制思想是使闭环系统状态在有限时间内运动到预先设定的滑动模态面 (简称滑模面) 上, 之后沿滑模面收敛到系统平衡点. 滑模面的设计与系统不确定性和外部干扰无关. 滑动模态的存在使系统在滑动模态下不仅能保持对不确定性的鲁棒性和对外界干扰的抑制能力, 而且可以获得更优的动态性能. 滑模控制在解决不确定/受扰非线性系统的控制问题时, 已显示出巨大的潜力. 迄今, 滑模控制理论已历经数十年的发展, 形成了独有的体系, 成为一种重要的非线性控制理论分支, 并已被广泛应用在工业领域中, 如电力电子系统、伺服系统、飞行器系统等的控制.

　　然而, 在滑模控制领域仍存在不少亟待解决的问题, 包括: 如何在保证鲁棒性、抗干扰性能的前提下, 削弱非连续滑模控制引起的抖振问题; 如何利用复合滑模控制解决非匹配受扰单个系统的控制问题和多智能体系统的协调控制问题; 如何针对离散时间终端滑模控制系统进行相关的稳定性和抗干扰性能分析; 如何针对典型的实际受扰非线性系统, 包括直流-直流变换器系统、永磁同步电机调速系统和飞行器系统等, 设计滑模控制方案, 提高闭环系统的动、稳态性能等.

　　为解决上述问题并对滑模控制理论和应用进行更深入的研究, 作者撰写了本书. 在参考大量国内外同行资料的基础上, 本书主要围绕作者近年来的研究成果进行叙述, 既涵盖了严格、完整的理论设计和分析, 又包括了典型实际系统的具体设计案例. 本书分为三个部分, 共 12 章, 即绪论 (第 1 章)、滑模控制理论 (第 2~7 章) 和滑模控制应用 (第 8~12 章). 第 1 章为预备知识, 概述滑模控制的起源、基本原理和研究现状; 第 2 章为传统一阶滑模控制, 介绍基于线性滑模面的滑模控制和终端滑模控制设计方法; 第 3 章为非线性系统的二阶滑模控制, 介绍连续时间非线性系统的二阶滑模控制原理和设计方法; 第 4 章为非线性系统的继电-多项式高阶滑模控制, 给出连续时间非线性系统的继电-多项式高阶滑模控制设计方法; 第 5 章为基于干扰观测器的非匹配受扰系统复合滑模控制, 介绍基于干扰观测前馈补偿与滑模控制相结合的复合滑模控制设计方法; 第 6 章为受扰高阶多智能体系统复合滑模一致性协议, 介绍非匹配受扰高阶多智能体系统的复合滑模一致性协议设计方法; 第 7 章为离散时间滑模控制, 介绍几类典型的离散时间滑模控制设计方法; 第 8 章为 Buck 型直流-直流变换器的二阶滑模控制, 介绍基于二阶滑模的输出电压跟踪控制设计方法; 第 9 章为永磁同步电机调速系统的复合滑模控制, 介绍复合滑模速度控制设计方法; 第 10 章为永磁同步直线电机的离散时间终端滑模控制, 介绍离散时间终端滑模位置控制设计方法; 第 11 章为高超声速飞行器的积分终端滑模控制, 介绍有限时间滑模控制和复合滑模控制设计方法; 第 12 章为导弹拦截机动目标的滑模制导律, 介绍导弹系统拦截机动目标的复合积分滑模制导律设计方法. 附录 A 给出了文中涉及的不等式、定义和引理, 附录 B 给出了命题 4.4.1 的证明, 附录 C 给出了命题 7.4.1 的证明.

　　本书的出版得到国家科学技术学术著作出版基金的资助, 书中相关内容的研究得到国家自然科学基金项目 (60504007, 61074013, 61473080, 61633003, 61673153, 61773236, 61803059, 61803335, 61873060, 61973080, 61973081, 61973142, 62073113, 51507048, 62025302)、江苏省自然科学基金项目 (BK20180045, BK20190061)、澳大利亚研究基金会资助项目 (DP170102303, DP200101199) 等的支持, 特此一并致谢. 在本书的撰写和校对过程中, 受到曲阜师范大学孙海滨教授, 河北科技大学刘慧贤副教授, 重庆邮电大学王会明副教授, 南京模拟技术研究所张振兴博士, 浙江工业大学王军晓副教授, 合肥工业大学朱文武博士, 南京工程学院李桂璞博士, 天津工业大学张璐博士, 南京师范大学李婷博士, 三一重机股份有限公司孙昊博士, 东南大学博士生吴笛、王国栋、于欣、戴忱、林鲁鑫, 东南大学王佐博士、侯华舟博士、徐龙博士, 以及江苏大学刘陆博士的帮助, 特此致谢. 由于作者水平有限, 书中难免存在不妥之处, 欢迎读者批评指正.

　　谨以本书纪念滑模控制理论奠基人之一的 Vadim I. Utkin 教授 (1937—2022), 衷心感谢他对本书作者在滑模控制理论研究方面的鼓励, 以及对中国滑模控制理论发展的支持.

目　　录

第三部分　滑模控制应用

第一部分

绪　　论

第 1 章 预 备 知 识

1.1 滑模控制问题概述

1.1.1 滑模控制简介

滑模控制 (sliding-mode control, SMC) 本质上是一类特殊的非线性控制方法, 其特征表现为控制的非连续性. 滑模控制使被控系统的状态有目的地变化, 即滑模控制闭环系统按照预定的滑动模态轨迹运动, 到达指定的工作点. 滑动模态是指滑模控制闭环系统发生在滑动模态面 (空间中一类超平面, 简称滑模面) 上的运动形式. 由于滑模面的设计与被控系统的参数及外部干扰无关, 滑模控制具有对系统未建模动态、参数变化和外部干扰不敏感的良好性能[1,2], 即鲁棒性和抗干扰性能强.

滑模控制在 20 世纪五六十年代由 Emelyanov 和 Utkin 等苏联学者提出. 1977 年, Utkin[3] 发表了一篇关于滑模控制的综述论文, 系统阐述了滑模控制方法. 经过多年的发展, 滑模控制已经成为控制领域中一个独立、完善的研究分支, 也是一类被控制理论研究者和工程应用领域专家广泛使用的非线性控制设计方法.

1.1.2 滑模控制基本原理

滑模控制的主要特点在于控制的非连续性. 基于此特点, 滑模控制作用可使系统状态在一定条件下在有限时间内到达预先设定的滑模面上 (即到达段), 然后沿该滑模面运动, 直到收敛到系统平衡点 (即滑动段). 由于滑模面的设计与系统的参数以及外部干扰无关, 处于滑动段的滑模控制闭环系统具有很强的鲁棒性和抗干扰性能.

1. 滑模控制设计与分析

考虑如下控制系统:

$$\dot{x} = f(x, u, t), \tag{1.1.1}$$

其中, $x = [x_1, \cdots, x_n]^{\mathrm{T}} \in \mathbb{R}^n$; $u = [u_1, \cdots, u_m]^{\mathrm{T}} \in \mathbb{R}^m$; $t \in \mathbb{R}$; f 是关于 x, u, t 的函数.

首先, 选取滑模面

$$s(x) = [s_1(x), \cdots, s_m(x)]^{\mathrm{T}} \in \mathbb{R}^m. \tag{1.1.2}$$

这里的滑模面 $s(x)$ 是存在于空间中的超平面 (即滑模面要满足存在性), 并且满足当系统状态收敛到滑模面时, 能沿滑模面滑动到系统平衡点 (即滑模面要满足稳定性). 然后, 设计如下带切换形式的滑模控制器:

$$u_i = \begin{cases} u_i^+(x), & s_i(x) > 0, \\ u_i^-(x), & s_i(x) < 0, \end{cases} \quad i = 1, 2, \cdots, m. \tag{1.1.3}$$

一般地, 滑模控制闭环系统的运动包括到达段和滑动段两个阶段, 即系统状态在有限时间内到达滑模面 $s(x) = 0_m$(这里 0_m 表示 m 维零向量), 然后沿滑模面滑动到系统平衡点. 系统针对滑模面的有限时间可达性条件可描述如下:

选取能量函数

$$V_s = \frac{1}{2} s^{\mathrm{T}} s = \frac{1}{2} \sum_{i=1}^m s_i^2. \tag{1.1.4}$$

若能量函数 V_s 满足

$$\dot{V}_s = \sum_{i=1}^m s_i \dot{s}_i \leqslant -\eta \sum_{i=1}^m s_i \mathrm{sig}^\alpha(s_i) \leqslant -2^{\frac{1+\alpha}{2}} \eta V_s^{\frac{1+\alpha}{2}}, \quad \eta > 0, \tag{1.1.5}$$

其中, $\alpha \in [0, 1)$, $\mathrm{sig}^\alpha(s_i) = |s_i|^\alpha \mathrm{sgn}(s_i)$, 则系统状态在有限时间 $T = \dfrac{2^{\frac{1-\alpha}{2}}}{\eta(1-\alpha)} \times V_s^{\frac{1-\alpha}{2}}(s_0)$ 内到达滑模面 $s = 0_m$, 这里 s_0 是滑模面在 $t = 0\mathrm{s}$ 时刻的初值.

注 1.1.1 若设计的滑模控制器 (1.1.3) 是非连续的 (对应式 (1.1.5) 中 $\alpha = 0$ 的情况), 则在其作用下, 闭环系统向量场不满足利普希茨 (Lipschitz) 连续条件, 闭环系统的解无法用传统的微分方程理论来描述, 需借助微分包含理论进行解释. 针对非连续微分方程, Filippov [4] 提出了 "平均" 意义下的解, 本书所考虑的非连续时间滑模控制系统的解都是平均意义下的菲利波夫 (Filippov) 解. 详细的解释请参考文献 [4] 和 [5]. 应当指出, 在实际应用中, 由于控制装置切换频率的限制, 滑模控制闭环系统状态无法精确到达滑模面, 而是在滑模面两侧来回穿越, 从而引起系统抖振.

2. 滑模控制设计案例

考虑如下受扰二阶系统:

$$\begin{cases} \dot{x}_1 = x_2, \\ \dot{x}_2 = u + d, \end{cases} \tag{1.1.6}$$

其中, $x_1, x_2 \in \mathbb{R}$ 为系统状态; $u \in \mathbb{R}$ 为控制输入; 干扰 $d(t)$ 满足 $|d(t)| \leqslant \bar{d}$, $\forall t \in [0, +\infty)$, $\bar{d}$ 为常数. 针对系统 (1.1.6) 设计滑模面

$$s = x_2 + cx_1, \quad c > 0 \tag{1.1.7}$$

和滑模控制器

$$u = -k\mathrm{sgn}(s) - cx_2, \quad k > \bar{d}. \tag{1.1.8}$$

命题 1.1.1 闭环系统 (1.1.6)~(1.1.8) 状态全局渐近收敛到原点.

证明 证明过程分为到达段和滑动段两个阶段.

(1) 到达段: 选取能量函数 $V_s = \dfrac{1}{2}s^2$. 基于滑模面 (1.1.7), 有 $\dot{V}_s = s\dot{s} = s(\dot{x}_2 + c\dot{x}_1) = s(u + d + cx_2)$. 将式 (1.1.8) 代入该等式可得

$$\begin{aligned} \dot{V}_s &= s(-k\mathrm{sgn}(s) + d) \\ &= -k|s| + ds \\ &\leqslant -(k - \bar{d})|s| \\ &= -\sqrt{2}(k - \bar{d})V_s^{\frac{1}{2}}. \end{aligned} \tag{1.1.9}$$

由式 (1.1.9) 求解可得, V_s 在有限时间 $T_0 = \dfrac{\sqrt{2}}{k - \bar{d}}V_s^{\frac{1}{2}}(0)$ 内收敛到零, 因此系统状态在有限时间 T_0 内到达滑模面 $s = 0$.

(2) 滑动段: 当系统状态到达滑模面 $s = 0$ 时, 有

$$x_2 = \dot{x}_1 = -cx_1, \tag{1.1.10}$$

所以系统状态 x_1, x_2 全局渐近收敛到零. 证毕. ■

上述滑模控制闭环系统 (1.1.6)~(1.1.8) 的相平面图如图 1.1.1 所示.

对于上述滑模控制设计案例, 以下给出一组仿真. 系统 (1.1.6) 中的外部干扰为 $d(t) = \sin t$, 系统初始状态为 $[x_1(0), x_2(0)]^\mathrm{T} = [2, -2]^\mathrm{T}$. 滑模面 (1.1.7) 的参数选取为 $c = 2$, 滑模控制器 (1.1.8) 的增益选取为 $k = 2$. 滑模控制器 (1.1.8) 下的系统响应曲线如图 1.1.2 所示. 如图 1.1.2(a) 和 (b) 所示, 和命题 1.1.1 中的结论一致, 闭环系统状态在有限时间内收敛到滑模面 $s = 0$ 上, 然后沿滑模面渐近收敛到原点.

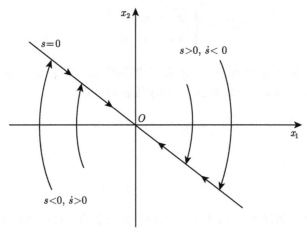

图 1.1.1　滑模控制闭环系统(1.1.6)~(1.1.8)的相平面图

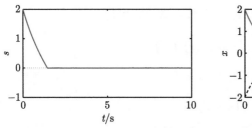

(a) 滑模控制器(1.1.8)下滑模变量s响应曲线

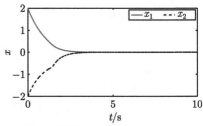

(b) 滑模控制器(1.1.8)下闭环系统状态响应曲线

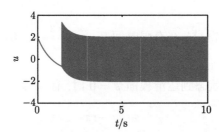

(c) 滑模控制器(1.1.8)下控制输入响应曲线

图 1.1.2　滑模控制器 (1.1.8) 下系统响应曲线

1.2　滑模控制研究现状

由于滑模控制具有强鲁棒性和强抗干扰性能等优点, 国内外研究者已投入大量的时间与精力致力于滑模控制研究, 并取得了丰硕的研究成果, 如线性滑模面设计与非线性滑模面设计, 传统一阶滑模控制设计与高阶滑模控制设计, 以及从连续时间滑模控制到离散时间滑模控制等. 以下对连续时间滑模控制与离散时间滑模控制两个方面的研究成果与研究现状进行介绍.

1.2.1 连续时间滑模控制

1. 一阶滑模控制

关于传统一阶滑模控制, 首先给出基于线性滑模面的滑模控制方法, 然后给出可使闭环系统有限时间收敛的终端滑模控制方法以及非奇异终端滑模控制方法. 此外, 为提升闭环控制系统的稳态精度, 研究者还提出了积分滑模控制方法. 下面针对上述各类滑模控制方法展开叙述.

1) 基于线性滑模面的滑模控制方法

一般地, 单输入单输出 (single-input-single-output, SISO) 线性系统可等价转化为如下可控标准型:

$$\dot{x} = Ax + Bu, \tag{1.2.1}$$

其中, $x = [x_1, \cdots, x_n]^{\mathrm{T}} \in \mathbb{R}^n$; $u \in \mathbb{R}$; $A = \begin{bmatrix} 0 & 1 & 0 & \cdots & 0 & 0 \\ 0 & 0 & 1 & \cdots & 0 & 0 \\ \vdots & \vdots & \vdots & & \vdots & \vdots \\ 0 & 0 & 0 & \cdots & 0 & 1 \\ -a_1 & -a_2 & -a_3 & \cdots & -a_{n-1} & -a_n \end{bmatrix} \in$ $\mathbb{R}^{n \times n}$; $B = [0, \cdots, 0, 1]^{\mathrm{T}} \in \mathbb{R}^n$. 针对系统(1.2.1), 设计线性滑模面 (即空间中的一个超平面):

$$s(x) = C^{\mathrm{T}} x = \sum_{i=1}^{n} c_i x_i, \tag{1.2.2}$$

其中, $C = [c_1, \cdots, c_{n-1}, c_n]^{\mathrm{T}}$ 使多项式 $c_n p^{n-1} + c_{n-1} p^{n-2} + \cdots + c_2 p + c_1$ 是符合赫尔维茨 (Hurwitz) 稳定判据的, 其中 p 为拉普拉斯 (Laplace) 算子. 基于滑模面 (1.2.2) 即可设计滑模控制方法, 以实现对系统 (1.2.1) 的渐近稳定.

2) 终端滑模控制方法

如上所述, 在传统的滑模控制设计中, 通常选取一个线性滑模面, 使系统的跟踪误差在到达滑模面之后按指数律渐近收敛到零, 并且其渐近收敛速度可以通过选取滑模面的参数进行调节. 然而, 无论怎样调节滑模面参数, 系统状态的跟踪误差都不可能在有限时间内收敛到零. 若系统状态跟踪误差能沿滑模面在有限时间内收敛到零, 则系统的收敛速度将会得到显著提升. 此外, 有限时间收敛的系统也往往比渐近收敛的系统具有更好的鲁棒性和更强的抗干扰性能 [6-9].

为此, 研究者提出一种终端滑模控制方法. 该控制方法在滑模面中引入了非线性函数, 使系统跟踪误差在滑模面上能在有限时间内收敛到零. 文献 [10] 针对二阶刚性机械臂系统设计了终端滑模控制方法, 使系统输出误差能在有限时间内收敛到零. 文献 [11] 和 [12] 针对高阶系统设计了终端滑模控制方法. 然而, 对文献中所设计终端滑模面 $s = x_2 + \beta x_1^{q/p}$ 求导后 (其中 $p > q$, p 和 q 是正奇数; $\beta > 0$), 当 $x_1 = 0$ 时, 会出现奇异性问题. 为避免奇异性问题, 文献 [13] 对文献 [10] 所提终端滑模控制方法进行了改进, 设计了改进滑模面 $s = x_1 + 1/\beta x_2^{p/q}$ 及相应的非奇异终端滑模控制方法, 并在刚性机械臂控制系统中进行了仿真验证. 文献 [14] 和 [15] 分别针对多移动机器人系统和高阶多智能体系统设计了非奇异终端滑模控制方法, 实现了有限时间一致性目标. 文献 [16] 对终端滑模控制理论的发展与应用情况进行了归纳总结.

3) 积分滑模控制方法

注意到, 上述滑模控制方法具有很强的匹配干扰抑制能力. 然而, 实际系统中往往存在非匹配干扰, 即干扰从和控制输入不同的通道影响系统, 如磁悬浮系统 [17]、永磁同步电机系统 [18] 等. 为抑制非匹配干扰, 研究者提出了积分滑模控制方法 [19,20].

近年来, 上述各类一阶滑模控制方法也已广泛应用在随机系统控制 [21-26]、故障诊断与容错控制 [27,28] 等领域.

2. 高阶滑模控制

20 世纪 60~90 年代, 传统的一阶滑模控制以其鲁棒性强、抗干扰性能强、设计简单等优点受到学者的广泛关注. 然而, 传统滑模控制方法对滑动模态相对阶的限制 (一阶) 以及自身的抖振问题限制了其应用范围. 针对该问题, Levant [29] 于 1987 年首次系统地提出了高阶滑模的概念. 他指出, 高阶滑模的本质在于避免一阶滑模中存在的相对阶限制问题并削弱抖振, 且能够保留传统一阶滑模控制的强鲁棒性、抗干扰性能等优点. 与此同时, 文献 [30] 提出了早期的高阶滑模控制方法, 包括螺旋 (twisting) 控制方法和漂移 (drift) 控制方法, 并给出了详细的分析方法. 此外, 通过将积分项引入螺旋控制方法, 文献 [31] 给出了超螺旋 (super-twisting) 控制方法, 该方法的最大特点是控制器为连续控制器.

20 世纪 90 年代初, 以螺旋控制方法和超螺旋控制方法为基础的高阶滑模控制理论的雏形已形成. 在 1994 年变结构控制与李雅普诺夫 (Lyapunov) 技术专题讨论会上, Fridman 和 Levant [32] 介绍的高阶滑模控制理论引起了研究者的广泛兴趣. 此后, 文献 [33] 基于齐次性理论, 解决了滑动模态的估计问题. 至此, 高阶滑模控制理论终于得到了应有的关注, 很多学者开始将研究兴趣转移到高阶滑模控制理论及其应用方面 [34-37].

高阶滑模控制理论从 20 世纪 90 年代末开始得到了较大发展, 研究成果以指数级增长 [38]. 其中, 代表性的研究成果包括次最优 (sub-optimal) 滑模控制理论 [37] 和齐次滑模控制理论 [39]. 至此, 次最优滑模控制方法、超螺旋滑模控制方法和齐次滑模控制方法成为高阶滑模控制的三种主要控制方法. 后续的高阶滑模控制设计大多是基于上述三种方法或者其改进方法而得到的.

1) 次最优滑模控制方法

次最优滑模控制方法由线性系统的时间最优控制方法演变而来 [40], 其最大的特点为收敛区域能预先设定. 文献 [40] 中的控制方法只考虑系统状态在某个区域内有最大值的情况. 当系统状态经过多个区域, 而每个区域状态都存在最大值时, 通过引入一个切换逻辑, 可实现多区域的次最优滑模控制方法设计 [41]. 当控制输入存在时延时, 分析表明, 时延量与系统稳定性没有直接关系, 但是系统的收敛区域与时延参数相关 [42]. 此外, 当干扰满足一类特定非线性增长条件时, 文献 [40] 中的结果被推广到了全局情形 [43].

2) 超螺旋滑模控制方法

超螺旋滑模控制方法在高阶滑模控制中得到了广泛关注 [5]. 首先, 该方法针对连续信号, 且保留了滑模控制的鲁棒性等优点. 其次, 该方法不仅可用于控制设计, 也可用于滑动模态面的估计, 得到输出反馈控制方案. 很多高阶滑模输出反馈控制器中的滑模观测器都是基于超螺旋滑模控制方法设计得到的 [44]. 然而, 需要指出的是, 已有的其他高阶滑模控制方法只能从几何角度 (齐次方法) 给出闭环系统的有限时间收敛性能分析, 无法给出严格的稳定性证明. 与这些高阶滑模控制方法不同的是, 超螺旋滑模控制方法可以给出相应的 Lyapunov 稳定性分析结果 [45,46]. 此外, 也可以对超螺旋滑模控制方法的收敛时间进行估计 [47]. 注意到, 关于超螺旋滑模控制方法的状态反馈和输出反馈控制设计主要针对单输入系统或二阶系统, 最新研究成果已将其推广到多输入情形 [48] 和高阶系统 [49].

3) 齐次滑模控制方法

齐次滑模控制方法是一种较新颖的高阶滑模控制方法. 2005 年 Levant [39] 提出该方法, 并给出了齐次滑模控制器的基本构造方法. 与其他高阶滑模控制方法相比, 该方法的最大优点是在相同采样步长、量测噪声以及时延情况下具有更高的控制精度 [50,51]. 但是, 该方法中的参数主要由滑模面的相对阶决定, 不易直接通过参数调节来提高收敛速度. 事实上, 螺旋控制方法和准连续控制算法 [52] 也满足文献 [39] 中的齐次性定义, 因而可以看作齐次滑模控制方法的两种特殊情形. 准连续控制方法的特点在于得到的控制器只在原点处不连续, 是一种近似连续方法. 除了用于状态反馈控制器设计, 齐次滑模控制方法还用于高阶滑动模态和干扰的观测 [53,54]. 近年来, 齐次滑模控制方法在高阶滑模控制中得到了越来越多的关注 [55-57].

随着高阶滑模控制理论的逐步发展, 越来越多的学者注意到了该理论, 并获得了很多工程人员的关注. 该理论被应用到各类复杂系统的控制, 主要包括倒立摆系统、伺服系统、航空航天系统、机器人系统、工业流程和新能源系统 [5,38]、电力电子系统 [58,59]、车辆控制系统 [60,61] 等领域. 从这些成果可以看出, 与传统滑模控制方法相比, 高阶滑模控制器在干扰抑制方面具有明显的优点.

上述关于连续时间滑模控制设计的结果, 主要基于全状态反馈的滑模控制方法. 在实际应用中, 系统可能存在无法测量得到的状态. 为此, 研究者还研究了静态和动态输出反馈滑模控制设计 [62-67]. 文献 [62] 研究了线性不确定系统的输出反馈滑模控制设计问题. 文献 [63] 和 [64] 分别针对受扰线性系统、非线性系统, 设计了静态输出反馈滑模控制器, 实现了系统的渐近稳定. 文献 [65] 针对一类线性时滞系统, 首先设计了非线性状态观测器以估计系统状态, 然后基于系统状态估计值设计了动态输出反馈滑模控制方法, 实现了系统的渐近稳定. 文献 [66] 给出了关于滑模观测器的综述性介绍, 包括多类线性与非线性滑模观测器等. 文献 [67] 针对一类高阶非线性系统, 设计了高阶滑模微分器, 并给出了相应的输出反馈滑模控制设计方法.

1.2.2 离散时间滑模控制

1. 离散时间滑模控制概念

为实现离散时间系统的滑模控制, 文献 [68] 首次定义了离散时间滑模控制 (discrete-time sliding-mode control, DSMC) 及其相关概念. 和连续时间滑模控制不同的是, 由于离散时间系统固有的切换频率限制, DSMC 难以保证系统状态一直处在滑模面上. 因此, 为进一步研究 DSMC, 文献 [69] 引入了一种新的概念, 称为准滑动模态 (quasi sliding-mode, QSM), 即: ① 从任意初值出发, 系统状态会在有限时间内单调收敛到滑模面并穿过它; ② 当系统状态穿过滑模面时, 它会在紧随其后的下一个采样时间再次穿过它, 从而导致系统状态在滑模面往返运动 (zigzag behaviour); ③ 每次往返运动的范围不会增加, 因此系统状态会始终保持在一个有界范围内.

为保证离散时间系统状态能够被控制到 QSM, 多种 DSMC 设计方法被提出. 例如, 文献 [68] 给出的离散时间系统状态能被控制到 QSM 的充分条件为

$$\Delta s(k)s(k) < 0, \tag{1.2.3}$$

其中, $\Delta s(k) = s(k+1) - s(k)$. 文献 [70] 给出的充分条件为

$$|s(k+1)| < |s(k)|. \tag{1.2.4}$$

文献 [71] 提出了一种新的 DSMC 设计方法, 也称为趋近律方法, 其满足

$$\Delta s(k) = -qhs(k) - \varepsilon h\mathrm{sgn}(s(k)), \quad \varepsilon > 0, q > 0, 1 - qh > 0. \qquad (1.2.5)$$

该方法具体定义了到达模态、准滑动模态和稳态三个阶段. 随后, 文献 [72] 和 [73] 进一步给出了如何选取控制增益和采样时间以确保闭环控制系统稳定的充分条件. 文献 [74] 系统地总结了离散时间滑模控制发展过程中的相关概念和理论.

众所周知, 在连续时间控制系统中, 滑模面是一种与系统参数和外部干扰无关的不变流形, 因此连续时间滑模控制具有强鲁棒性和抗干扰性能. 然而在离散时间控制系统中, 由于存在往返运动, 系统状态不可能沿着预设的滑模面稳定滑动, 即滑模面的不变性不再保持. 为解决这个问题, 针对离散时间滑模控制系统, 文献 [73] 和 [75] 提出了滑模带的概念, 文献 [76] 则提出了伪滑模 (pseudo sliding-mode) 的概念. 为估计滑模带的宽度, 文献 [77] 进一步提出了边界层的概念, 即对于 DSMC 系统, 其滑动模态一般处在 $O(h)$(这里 h 是离散系统的采样周期) 大小的边界层内.

2. 离散时间滑模控制设计

DSMC 的设计方法在很大程度上借鉴了连续时间 SMC 的设计思路. 首先是研究如何设计离散滑模面. 文献 [78] 给出了线性离散滑模面的设计方法, 即保证离散时间滑模面的特征值位于单位圆内. 通过设计合适的离散滑模面, 对于满足匹配条件的有界参数变化或外部干扰, 滑模变量也可以保证在一定的范围内运动 [78]. 近年来, 也有不少论文讨论如何改进离散滑模面的设计, 如基于二次性能指标意义下的线性最优超平面 [79] 和非线性滑模面 [80, 81]. 一旦离散滑模面选定, 接下来的任务是如何设计离散时间滑模控制器使系统状态收敛到滑模面附近并保证在滑模带内运动.

文献 [82] 提出了基于等价控制的 DSMC 设计思路, 即设计控制器使 $s(k + 1) = s(k) = 0$. 该方法要求在一个采样周期内将系统状态控制到滑模面. 由于没有引入切换项, 用这种思路设计出来的是非切换型控制器. 文献 [72] 在等价控制的基础上, 结合滑模带的概念并引入切换项, 提出了一种新的切换型控制策略. 只有当系统状态离开滑模带时才发生切换控制, 在滑模带内, 控制信号仍是连续的. 基于离散 Lyapunov 函数, 可证明该方法下闭环系统状态能够到达并停留在预定义的滑模带中. 在上述工作的基础上, 文献 [83] 进一步提出不变滑模带的概念.

基于等价过程的滑模控制没有到达段, 一般会导致系统的初始控制量过大. 另外一种设计离散时间滑模控制的方法是模仿连续时间滑模控制的到达段, 即基于趋近律的离散时间滑模控制设计. 文献 [71] 中首次提出了该方法, 并对离散滑模面的边界层进行了相应的估计. 文献 [84] 通过增加积分项, 提出了一种改进

的离散时间滑模控制方法, 使滑模面的边界层厚度可以进一步降低. 对于离散时间滑模控制系统, 如果采用切换项, 则抖振现象同样存在, 但与连续时间滑模控制 (continuous sliding-mode control, CSMC) 系统不同的是, 其抖振频率由离散控制系统的采样频率所决定.

离散时间滑模控制的一个主要设计指标是边界层的宽度. 目前, 已有很多控制方法被用于减小滑动模态边界层的厚度, 如自适应控制 [85]、边界层控制 [86]、基于滑模带的近似滑模控制 [73] 等. 特别地, 文献 [87] 通过使用不确定性预估器将滑模面的边界层减小至 $O(h^2)$. 文献 [88] 介绍了一类稳态精度达到 $O(h^3)$ 的 DSMC 设计方法. 此外, 还有一些文献通过结合不同的干扰抑制方法, 进一步提高了离散时间滑模控制的抗干扰性能 [89]. 主要有两种改进的控制设计方法: 一种方法是结合干扰估计器的估计补偿, 如基于延时的干扰估计器 [87] 和基于干扰观测器的非匹配干扰估计 [90]; 另一种方法是基于积分思想的离散时间积分滑模控制设计方法 [91].

3. 离散时间滑模观测器和输出反馈控制设计

相比于基于全状态反馈的离散时间滑模控制研究结果, 离散滑模观测器和基于输出反馈的离散时间滑模控制结果偏少 [92-94]. 连续时间滑模观测器 (continuous sliding-mode observer, CSMO) 由于良好的鲁棒性已经得到广泛的应用 [66], 但离散时间滑模观测器 (discrete sliding-mode observer, DSMO) 缺少相应的理论分析工具, 进展一直较为缓慢. 文献 [95] 讨论了针对线性系统的 DSMO 设计问题. 文献 [96] 提出了针对线性系统的一种基于 Lyapunov MinMax 准则的 DSMO 设计方法. 文献 [97] 给出了针对单输入单输出不确定系统的一种非线性 DSMO 设计方法. 文献 [98] 在文献 [97] 的基础上通过设计多个滑动模态解决了多输入观测问题.

基于输出反馈的 DSMC 是一个重要的研究领域. 一种是基于静态输出的反馈控制; 另一种是结合状态观测器的动态输出反馈控制. 前者一般对系统结构有一定要求, 例如, 文献 [99] 中所考虑的系统必须是最小相位系统且相对阶为一阶. 文献 [100] 通过引入积分项, 设计了一种新的离散滑模面, 使基于静态输出反馈的滑模控制方法可用于非最小相位系统的控制. 文献 [101] 考虑了非线性系统基于动态输出反馈的滑模控制设计. 此外, 在文献 [79] 和文献 [102] 的相关工作中, 考虑了基于不同采样速率的动态输出滑模控制方法, 其主要原理是利用比控制输入信号更快的采样速率来对输出信号进行采样, 估计不可测的系统状态量, 从而实现动态输出反馈的 DSMC.

4. 连续时间滑模控制的离散化

前面所介绍的一般是针对离散系统 (或连续系统离散化后) 进行的离散时间滑模控制设计. 另一种研究离散时间滑模控制的思路是对连续时间滑模控制器进

行直接离散化并分析闭环系统 (即采样控制系统) 的行为.

离散化行为指连续时间动态系统离散化所引起的动态行为[103,104]. 在早期的研究中, 文献 [105] 首先给出了一些简单光滑非线性系统的不规则离散化行为. 文献 [106] 首次研究了数字控制系统中的混沌行为. 文献 [107] 针对二阶线性系统给出了一种经典 SMC 以及保证伪滑模运动的充分条件. 文献 [76] 将该方法进一步推广到多输入多输出 (multi-input multi-output, MIMO) 线性控制系统的 SMC 中. 文献 [108] 首次讨论了带零阶保持器 (zero-order holder, ZOH) 离散化 SMC 在二阶线性控制系统中的复杂行为. 之后, 文献 [109] 利用显式离散模型研究了离散 SMC 系统的周期性行为. 文献 [110] 研究了基于等价控制的多输入 SMC 系统, 分析了 ZOH 离散化造成的系统周期性行为并给出了系统稳态的边界值. 文献 [111] 研究了相对阶大于 1 的 SMC 系统的 ZOH 离散化问题并给出了系统稳态的边界值. 文献 [112] 分析了匹配干扰条件对 SMC 系统离散化的影响. 这些研究的另一个重点是分析符号序列 (symbolic sequences) 和周期轨道 (periodic orbits) 之间的潜在关系. 文献 [113] 详细分析了二维滑模控制系统的周期性行为. 尽管离散时间滑模控制系统会发生周期性行为, 但是该周期性行为很难预测. 有结果显示, 周期对初始状态十分敏感, 无论采样周期多小, 长周期轨道和短周期轨道都是共存的. 因此, 研究系统状态在什么情况下发生周期性行为很有意义[114]. 文献 [115] 采用欧拉离散化的方法研究了 SMC 系统离散化行为, 结果表明在一定条件下, 离散 SMC 系统的每条系统轨迹都会渐近收敛到周期为 2 的轨道上, 从而分析出稳态轨迹的对称特性和有界条件.

1.3　本书主要研究内容

通过众多控制学者的努力, 滑模控制领域已涌现出丰硕的研究成果, 但仍存在很多有待解决的问题.

1. 滑模控制理论研究方面

滑模控制具有强鲁棒性和抗干扰性能的主要原因在于其控制作用的非连续性, 但该性质会引起系统抖振. 传统的改进控制方法 (如饱和函数法、sigmoid 函数法等) 在削弱抖振的同时也往往降低了系统的鲁棒性和抗干扰性能. 如何在保持系统鲁棒性、抗干扰性能和削弱抖振之间达到平衡, 一直是滑模控制的研究难点. 高阶滑模控制方法可在削弱抖振的同时较好地保持系统的鲁棒性和抗干扰性能, 因此该方法近年来吸引了众多研究者的关注. 然而, 在高阶滑模控制领域, 存在两个主要问题: 首先, 传统高阶滑模控制要求系统不确定项满足常数有界性这一局部假设, 只能得到局部结果; 其次, 传统高阶滑模控制方法大都是基于嵌套结构形式的递归方法, 结构复杂, 不利于工程应用. 如何设计全局高阶滑模控制方法和便于工程应用的高阶滑模控制器, 均是需要进一步研究的重点问题.

现有的滑模控制方法主要局限于处理匹配干扰, 而很多工程系统包含非匹配干扰. 如何利用滑模控制方法处理非匹配干扰, 提高闭环系统的动态性能和稳态性能也是一个亟须解决的问题. 在传统滑模控制领域, 积分滑模控制虽具有抑制非匹配干扰的能力, 但局限于常值或慢变干扰, 且传统积分滑模控制器的非连续控制作用也会引起抖振. 为提高非匹配受扰系统的抗干扰能力并削弱抖振, 研究如何利用干扰估计信息设计新型动态滑模面和复合滑模控制器, 具有重要的理论研究意义与应用价值.

在多智能体系统分布式协调控制领域, 基于滑模控制方法得到的结果大多仅考虑智能体系统模型为低阶且仅受匹配干扰影响的情况, 尚未见关于高阶非匹配受扰多智能体系统结果的报道. 鉴于复合控制方法在处理非匹配干扰方面的优势, 如何针对高阶非匹配受扰多智能体系统设计复合滑模协调控制方法以实现输出一致性等目标, 需进一步深入研究.

此外, 在利用滑模控制方法进行工程设计时会涉及控制器的数字化实现, 不可避免地要对控制器进行离散化处理. 在离散时间终端滑模控制领域, 由于受采样频率的限制, 闭环系统不再具备连续终端滑模控制的一些特性, 如有限时间收敛性等. 如何针对离散时间终端滑模控制系统, 分析稳定性和抗干扰性能, 如采样周期和系统稳定性、鲁棒性、抗干扰性能之间的定量关系等, 是滑模控制领域的研究难点, 值得深入研究.

2. 滑模控制应用研究方面

在 Buck 型直流-直流变换器电压跟踪控制领域, 基于滑模控制的方法大多为一阶滑模控制方法. 该类方法控制精度相对较低, 且要求滑模面相对阶为 1, 限制了滑模面的选取. 与之相比, 高阶滑模控制方法不仅具有强抗干扰性能和鲁棒性, 而且控制精度更高, 滑模面的选取更灵活. 然而, 现有 Buck 型直流-直流变换器二阶滑模控制 (second-order sliding-mode control, SOMO) 的结果在理论上仅证明了闭环系统的有限时间收敛性, 未进行 Lyapunov 稳定性分析. 如何设计新的Buck 型直流-直流变换器二阶滑模控制方法并进行实验验证, 具有重要的理论和工程应用价值.

在永磁同步电机调速系统控制领域, 当反馈环节采用滑模控制时, 非连续控制作用会引起系统抖振, 严重的甚至会损坏硬件. 特别是当存在强干扰时, 高增益滑模控制器还会导致较大的稳态速度波动. 如何避免滑模控制引起的抖振现象并处理高增益带来的稳态速度波动, 均是需要深入研究的问题.

在高超声速飞行器系统控制领域, 基于滑模控制方法得到的结果大多是基于线性滑模面, 并且鲁棒性、抗干扰性能的提升和抖振的削弱难以兼顾, 少有基于非线性滑模面的滑模控制结果. 如何针对性地设计基于非线性滑模面的滑模控制方案, 并兼顾系统的鲁棒性、抗干扰性能和抖振削弱问题, 值得进一步深入研究.

在弹目拦截过程中的末端导弹制导律设计领域, 基于滑模控制方法得到的结果大多通过非连续控制作用来抑制目标加速逃逸, 从而引起系统抖振, 不利于工程应用. 若将目标加速度视作系统干扰, 进行干扰观测和前馈补偿, 能有效削弱抖振. 因此, 如何基于复合滑模控制方法设计制导律, 实现导弹对机动目标的高精度有效拦截, 具有重要的理论意义和实际意义.

本书就上述问题展开研究, 主要工作如下: 第二部分 (第 2~7 章), 研究了连续时间系统与离散时间系统的滑模控制设计方法, 包括连续时间系统的一阶、二阶、高阶滑模控制设计, 基于干扰观测补偿的单个系统、多智能体系统复合滑模控制设计, 以及离散时间滑模控制设计. 第三部分 (第 8~12 章), 分别针对 Buck 型直流-直流变换器系统、永磁同步电机调速系统、永磁同步直线电机系统、高超声速飞行器系统和导弹系统设计了新的滑模控制方案, 并给出了相应的仿真或实验结果.

第二部分
滑模控制理论

第 2 章 传统一阶滑模控制

本章主要介绍传统一阶滑模控制设计方法, 包括基于线性滑模面的滑模控制设计方法和终端滑模控制设计方法. 首先, 针对一类常见的受扰线性系统, 给出线性滑模面的设计过程与滑模面收敛的充要条件, 并根据所设计的滑模面, 给出滑模控制器的设计方法, 使闭环系统状态在有限时间内收敛到滑模面, 并沿滑模面渐近收敛到平衡点. 然后, 针对受扰二阶系统, 为获得更快的收敛特性, 通过设计非线性的终端滑模面和相应的终端滑模控制器, 实现闭环系统的有限时间收敛性. 在此基础上, 针对终端滑模控制器中存在的奇异性问题, 介绍非奇异终端滑模控制设计方法, 在实现闭环系统状态有限时间收敛的同时, 避免传统终端滑模控制器中的奇异性问题. 最后, 针对受扰高阶系统, 利用积分终端滑模控制技术设计滑模控制器, 实现了闭环系统的有限时间收敛性. 本章对所介绍的一阶滑模控制方法进行数值仿真, 验证控制方法的有效性.

2.1 引　言

自 20 世纪 60 年代苏联学者 Emelyanov 和 Utkin 提出滑模变结构控制方法后, 多种一阶滑模控制方法得到了迅速发展 [3,116]. 常用的一阶滑模控制方法主要有基于线性滑模面的滑模控制、终端滑模控制和积分滑模控制等. 本章主要介绍基于线性滑模面的滑模控制和终端滑模控制 (包括积分终端滑模控制) 设计方法.

基于线性滑模面的滑模控制方法是指滑模变量与系统状态呈线性关系. 系统状态在滑模面上可以实现指数收敛 [3,116]. 得益于滑模控制本身的强鲁棒性和抗干扰性能, 加之线性滑模面结构简单、易于实现, 基于线性滑模面的滑模控制方法得到了广泛应用 [117-126]. 而在实际系统中, 由于滑模控制器的非连续性, 基于滑模控制的被控系统会产生抖振现象, 抖振现象会对系统硬件造成损害. 因此, 很多学者开始关注如何削弱滑模控制的抖振. 文献 [86] 从工程的角度对滑模控制所产生的抖振进行了精确分析, 针对连续系统提出了七种抑制抖振的方法, 并针对离散系统在三种情况下的滑模设计进行分析, 对工程应用具有重要指导作用. 在滑模控制理论研究中, 除了对滑动模态的研究, 对进入滑动段之前的到达段的研究也同样重要. 对于滑模控制的到达性能, 中国工程院高为炳 [2,127]

院士首次提出了趋近律的概念, 研究系统状态到达滑模面 (即到达段) 的运动过程.

基于线性滑模面的滑模控制方法虽然简单, 但仍存在不足. 从系统鲁棒性的角度来说, 滑模控制最显著的优势就在于其对系统不确定性及外部干扰具有不变性 [128]. 从收敛速度的角度来说, 普通的线性滑模面使系统状态渐近收敛到平衡点. 虽然系统状态沿滑模面滑动到原点的收敛速度可以通过调节滑模面参数来改变, 但由于滑模面的线性特性, 无论如何调节, 状态都不会在有限时间内收敛到平衡点 [10, 12, 129, 130]. 而有限时间稳定的系统具有更快的收敛速率和更好的抗干扰性、鲁棒性 [6, 9, 131]. 为使在滑模控制下的系统也能实现有限时间收敛, 有学者通过改进滑模面提出了终端滑模控制方法 [10, 129, 130].

滑模面的设计目的是确保稳定在滑模面上的系统具有良好的动态品质和稳态精度. 因此, 滑模面的设计直接影响到闭环系统的收敛性能和稳定性. 文献 [132] 提出了终端吸引子概念. 因其在原点处系统特征值为无穷大, 系统状态可在有限时间内收敛至原点. 文献 [129] 和 [130] 将其应用于滑模面的设计, 并提出了终端滑模控制 (terminal sliding-mode control, TSMC) 方法. 由于其有限时间收敛性能优于线性滑模面的渐近收敛性能, 并且可应用于趋近律设计, 所以得到了深入研究与推广应用 [10-12, 133]. 相比于基于线性滑模面的传统一阶滑模控制, 终端滑模控制不仅具备有限时间收敛特性, 也使闭环系统获得了更高的稳态精度, 被应用于各类系统中 [10, 14, 15, 17, 86, 134, 135]. 虽然终端滑模面在原点附近具有快速收敛性, 但在系统状态远离原点时, 其收敛速度却小于线性滑模面. 为此, 文献 [11] 提出了快速终端滑模面, 将终端滑模面和线性滑模面的优势结合在一起. 在原点附近, 终端滑模面起主要作用; 而在远离原点时, 闭环系统状态具有线性滑模面的动态性能.

终端滑模控制存在奇异性问题, 这是由终端滑模面的特性导致的. 具体地, 在对滑模面求导过程中会出现状态分量的负幂次项, 这导致控制量可能会出现无穷大的情形, 对系统性能产生不利影响. 为克服奇异性问题, 文献 [136] 采用了切换控制策略, 即在平衡点一定范围以外, 采用正常的终端滑模控制, 在一定范围以内, 将控制量切换为线性滑模控制以将控制量限定在一定值以内, 但这种方法并没有从根本上解决奇异性问题. 为从根本上解决奇异性问题, 文献 [13] 给出了一种非奇异终端滑模控制 (non-singular terminal sliding-mode control, NTSMC) 设计, 所设计的滑模面和控制器不仅仍能实现闭环系统的有限时间收敛性, 而且避免了奇异性问题.

值得注意的是, 大多数终端滑模控制的结果是针对二阶系统进行研究的. 对于高阶或通用 n 阶系统, 以上设计并不能直接使用. 一种设计思路是基于二阶系统的终端滑模控制设计思想, 对系统进行递归的滑模控制设计 [10, 11, 13]. 对于系统阶数较高的情况, 滑模面和控制器的设计较为复杂. 另一种设计思路是利用积分终端滑模控制 (integral terminal sliding-mode control, ITSMC) [35], 进行一种更简洁的设计.

本章介绍传统一阶滑模控制设计方法, 包括基于线性滑模面的滑模控制和终端滑模控制设计方法. 首先, 针对一类受扰线性系统, 给出基于线性滑模面的滑模控制设计方法. 然后, 针对受扰二阶系统, 设计非线性的终端滑模控制器, 实现闭环系统的有限时间收敛. 接着, 介绍非奇异终端滑模控制设计方法, 避免传统终端滑模控制器中存在的奇异性问题. 最后, 针对受扰高阶系统, 给出积分终端滑模控制设计方法.

2.2 基于线性滑模面的滑模控制

本节将以一般受扰线性系统为例, 给出基于线性滑模面的滑模控制设计方法, 并阐述趋近律的概念和抖振问题, 为后面介绍先进滑模控制方法做铺垫.

2.2.1 线性滑模面设计

考虑受扰 n 阶线性系统

$$\dot{x} = Ax + B(u + d), \tag{2.2.1}$$

其中, $x \in \mathbb{R}^n$ 为系统状态; $u \in \mathbb{R}^m$ 为控制输入; $d \in \mathbb{R}^m$ 为系统干扰, 且满足 $\|d\|_2 < \bar{d}$, $1 \leqslant m \leqslant n$. 假设 (A, B) 可控, 且 B 列满秩. 不失一般性, 取非奇异矩阵 $B_2 \in \mathbb{R}^{m \times m}$, 并将 B 表示为 $B = \begin{bmatrix} B_1 \\ B_2 \end{bmatrix}$, $B_1 \in \mathbb{R}^{(n-m) \times m}$, 则可取非奇异矩阵

$$P = \begin{bmatrix} I_{n-m} & -B_1 B_2^{-1} \\ 0_{m \times (n-m)} & I_m \end{bmatrix} \in \mathbb{R}^{n \times n}$$

使系统 (2.2.1) 经过线性变换 $x^* = Px$ 转化为

$$\dot{x}^* = A^* x^* + B^*(u + d), \tag{2.2.2}$$

其中, I_m 为 $m \times m$ 单位阵; $0_{m \times (n-m)}$ 为 $m \times (n-m)$ 零矩阵. 系统矩阵分别具有如下形式:

$$A^* = PAP^{-1} = \begin{bmatrix} A_{11}^* & A_{12}^* \\ A_{21}^* & A_{22}^* \end{bmatrix}, \quad B^* = \begin{bmatrix} 0_{(n-m) \times m} \\ B_2 \end{bmatrix},$$

A_{11}^* 为 $(n-m) \times (n-m)$ 方阵, $A_{12}^* \in \mathbb{R}^{(n-m) \times m}$, $A_{21}^* \in \mathbb{R}^{m \times (n-m)}$, $A_{22}^* \in \mathbb{R}^{m \times m}$. 将线性变换后的系统状态表示为 $x^* = [(x_1^*)^{\mathrm{T}}, (x_2^*)^{\mathrm{T}}]^{\mathrm{T}}$, $x_1^* \in \mathbb{R}^{n-m}$, $x_2^* \in \mathbb{R}^m$, 则系统 (2.2.2) 可写为

$$\dot{x}_1^* = A_{11}^* x_1^* + A_{12}^* x_2^*,$$
$$\dot{x}_2^* = A_{21}^* x_1^* + A_{22}^* x_2^* + B_2 u + D. \tag{2.2.3}$$

其中, $D = B_2 d \in \mathbb{R}^m$, 且满足 $\|D\|_2 = \|B_2 d\|_2 \leqslant \bar{D}$. 可以证明, 若 (A, B) 为可控对, 则 (A_{11}^*, A_{12}^*) 也为可控对. 针对线性系统(2.2.3), 可设计如下的线性滑模面:

$$s = Cx^* = [C_1, C_2] x^* = C_1 x_1^* + C_2 x_2^*, \tag{2.2.4}$$

其中, 矩阵 $C \in \mathbb{R}^{m \times n}$, $C_1 \in \mathbb{R}^{m \times (n-m)}$, $C_2 \in \mathbb{R}^{m \times m}$; 向量 $s \in \mathbb{R}^m$. 不失一般性, 设 C_2 为非奇异方阵, 滑模面的设计需满足: 在系统状态到达滑模面后, 状态能够沿滑模面收敛到平衡点. 因此, 滑模面的设计任务就是通过选取合适的系数矩阵 C, 保证状态在滑模面上是向平衡点收敛的.

在系统状态到达滑模面后, 状态的运动轨迹将始终保持 $s = 0_m$, 即 $0_m = C_1 x_1^* + C_2 x_2^*$. 将式 (2.2.3) 代入该式可得

$$\dot{x}_1^* = (A_{11}^* - A_{12}^* C_2^{-1} C_1) x_1^* \tag{2.2.5}$$

状态在滑模面上是渐近收敛的, 等同于系统 (2.2.5) 的状态是渐近稳定的. 由 (A_{11}^*, A_{12}^*) 为可控对可知, 系统 (2.2.3) 的极点可通过选择 C_1 和 C_2 进行配置. 可见, 设计线性滑模面等价于设计矩阵 C, 使系统矩阵 $A_{11}^* - A_{12}^* C_2^{-1} C_1$ 满足 Hurwitz 稳定条件, 即可使状态在到达滑模面后沿滑模面收敛到平衡点.

2.2.2　趋近律设计

在滑模控制器作用下, 闭环系统状态的运动由两个阶段组成, 即到达段与滑动段. 滑模控制的品质主要由这两个阶段中状态运动品质决定. 对于滑动段, 状态沿滑模面运动的性能取决于滑模面的设计, 从 2.2.1 节不难发现, 设计不同的系数矩阵 C 即可使系统状态在滑模面上具有不同的收敛性能; 而对于到达段, 在状态有限时间内到达滑模面的性能取决于控制器设计. 设计不同结构的控制器, 可使系统状态向滑模面收敛的过程具有不同的品质. 趋近律决定着滑模控制器作用下滑模变量收敛时具有的动态性能, 因此对滑模控制设计而言也是非常重要的一个环节. 本节将给出几种滑模面趋近律 [2, 127], 包括等速趋近律、指数趋近律和幂次趋近律.

一般地, 一阶滑模动态具有如下形式:

$$\dot{s}_i = f(s_i), \tag{2.2.6}$$

其中, $s = [s_1, \cdots, s_m]^{\mathrm{T}} \in \mathbb{R}^m$, $s_i \in \mathbb{R}$ 表示滑模向量 s 的第 i 个分量; $f(s_i)$ 为待设计的趋近律函数表达式. 设计不同的 $f(s_i)$ 可获得具有不同趋近性能的滑模动态. 式 (2.2.6) 又称为滑模面的趋近律, 常用的趋近律有以下几种[2,127].

(1) 等速趋近律:

$$f(s_i) = -\varepsilon \mathrm{sgn}(s_i), \quad \varepsilon > 0. \tag{2.2.7}$$

在等速趋近律作用下, 滑模变量 s_i 以速度 ε 收敛到 0. 需要注意的是, 较大的 ε 会使系统状态具有较快的趋近速度, 但同时会导致控制量具有较大幅度的抖振.

(2) 指数趋近律:

$$f(s_i) = -ks_i - \varepsilon \mathrm{sgn}(s_i), \quad \varepsilon > 0, k > 0. \tag{2.2.8}$$

其中, $\dot{s}_i = -\varepsilon \mathrm{sgn}(s_i)$ 为等速趋近项, 该项保证闭环系统状态在有限时间内到达滑模面; $-ks_i$ 为指数趋近项, 相较于单纯的等速趋近律, 指数趋近项的加入缩短了滑模面趋近时间. 与等速趋近律类似, 较大的 ε 会引起系统较大的抖振. 为降低抖振, 同时保证较快的收敛速度, 可通过选取较小的 ε 和较大的 k 实现.

(3) 幂次趋近律:

$$f(s_i) = -k\mathrm{sig}^\alpha(s_i) - \varepsilon \mathrm{sgn}(s_i), \quad k > 0, 0 < \alpha < 1. \tag{2.2.9}$$

通过设计不同的参数 α 和 k, 可调节滑模面到达时间.

2.2.3 滑模控制器设计

滑模控制器设计的基本思想是: 根据设计的滑模面设计控制器, 使闭环系统状态对滑模面具有期望的趋近性能. 针对线性系统 (2.2.1), 一种基于线性滑模面的滑模控制器在如下定理中给出.

定理 2.2.1 对于系统 (2.2.1), 可通过线性非奇异变换 $x^* = Px$, 将原系统转化为如式 (2.2.2) 的简约形式. 设计如下滑模控制器:

$$u = B_2^{-1} C_2^{-1} \big(-C_1 A_{11}^* x_1^* - C_1 A_{12}^* x_2^* - C_2 A_{21}^* x_1^* - C_2 A_{22}^* x_2^* - \varepsilon \mathrm{sgn}(s) \big), \tag{2.2.10}$$

其中, $\varepsilon = \|C_2\|_2 \bar{D} + \varepsilon_0$, $\varepsilon_0 > 0$, 则闭环系统状态全局渐近收敛到原点.

证明 证明分为到达段和滑动段两部分, 即分别证明闭环系统状态在有限时间内收敛到滑模面, 然后沿滑模面渐近收敛到原点.

(1) 到达段: 选取能量函数 $V = \dfrac{1}{2}s^{\mathrm{T}}s$, 将其沿系统 (2.2.2) 求导可得

$$\dot{V} = s^{\mathrm{T}}\dot{s}$$

$$= s^{\mathrm{T}}(C_1\dot{x}_1^* + C_2\dot{x}_2^*)$$

$$= s^{\mathrm{T}}(C_1 A_{11}^* x_1^* + C_1 A_{12}^* x_2^* + C_2 A_{21}^* x_1^* + C_2 A_{22}^* x_2^* + C_2 B_2 u + C_2 D). \quad (2.2.11)$$

将控制器(2.2.10)代入式(2.2.11), 可得

$$\dot{V} = -\varepsilon s^{\mathrm{T}}\mathrm{sgn}(s) + s^{\mathrm{T}} C_2 D$$

$$\leqslant -\varepsilon\|s\|_1 + \|s^{\mathrm{T}} C_2 D\|_2$$

$$\leqslant -\varepsilon\|s\|_2 + \|C_2\|_2 \bar{D}\|s\|_2$$

$$= -\sqrt{2}(\varepsilon - \|C_2\|_2 \bar{D}) V^{1/2}$$

$$= -\sqrt{2}\varepsilon_0 V^{1/2}. \quad (2.2.12)$$

可知, 系统状态会在有限时间内收敛到滑模面上.

(2) 滑动段: 当 $s = 0_m$ 时, 系统动态可以等效为式(2.2.5). 前面已经说明, 在滑模面上, 系统状态渐近收敛到原点. 证毕. ∎

2.2.4 抖振问题分析和处理

上述设计的滑模控制器都是基于理想化模型的. 理想化的滑模控制器设计要求由符号函数 sgn 项构成的控制器具有无穷大的切换频率. 而实际中的控制装置往往是非理想的, 即控制器存在滞后和延迟, 不能实现切换频率无穷大. 由于这样的非理想条件, 实际的滑模运动中状态并不能精确到达预先设计的滑模面, 而是在滑模面两侧来回穿越, 从而产生抖振现象. 现存大量关于滑模控制抖振的研究都表明, 滑模控制引起的抖振将导致控制能量消耗大、系统硬件设备受损等危害. 因此, 对滑模控制削弱抖振方法的研究十分必要, 一种常用的思路是在控制器设计中利用连续项部分或全部代替非连续项. 这种思路下常见的削弱抖振的方法有饱和函数法 [137-140] 和 sigmoid 函数法等 [35,141], 这里主要介绍这两种方法.

1. 饱和函数法

文献 [137]~文献 [140] 等研究了采用连续饱和函数替代符号函数的滑模控制方法. 该方法是指, 在边界层外采用正常的滑模控制, 而在边界层内采用连续控制方法, 以有效削弱抖振. 通常, 用符号 sat(·) 表示饱和函数. 一种最简单、最常用的饱和函数形式如下:

$$\mathrm{sat}(x) = \begin{cases} \mathrm{sgn}(x), & |x| > \Delta, \\ \dfrac{x}{\Delta}, & |x| \leqslant \Delta. \end{cases} \quad (2.2.13)$$

其中, $x \in \mathbb{R}$; Δ 为边界层的边界.

饱和函数图如图 2.2.1 所示. 在边界层外面, 该饱和函数 $\mathrm{sat}(\cdot)$ 与符号函数 $\mathrm{sgn}(\cdot)$ 具有相同的形式. 而在边界层内部, 饱和函数体现线性函数特性. 不难看出, $\mathrm{sat}(\cdot)$ 是连续函数, 用它替换 $\mathrm{sgn}(\cdot)$ 可以使控制器变成连续控制器. 以二阶系统为例, 考虑系统

$$\dot{x}_1 = x_2, \quad \dot{x}_2 = u. \tag{2.2.14}$$

其中, $x_1, x_2 \in \mathbb{R}$; $u \in \mathbb{R}$. 对此二阶系统设计基于饱和函数的滑模控制器为

$$u = -cx_2 - \varepsilon \mathrm{sat}(s), \tag{2.2.15}$$

其中, 滑模面设计为 $s = x_2 + cx_1$; $c > 0$; $\varepsilon > 0$. 经分析可知, 基于饱和函数的改进控制器作用下二阶闭环系统状态在到达饱和边界构成的区域后, 会渐近收敛到平衡点, 因此不存在抖振现象.

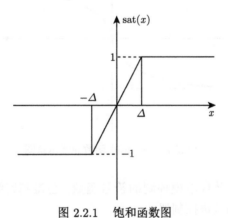

图 2.2.1 饱和函数图

对于线性系统(2.2.1), 定理 2.2.1 给出了基于线性滑模面的滑模控制器 (2.2.10). 利用饱和函数 $\mathrm{sat}(\cdot)$ 代替符号函数 $\mathrm{sgn}(\cdot)$, 得到改进的控制器为

$$u = B_2^{-1}C_2^{-1}\big(-C_1A_{11}^*x_1^* - C_1A_{12}^*x_2^* - C_2A_{21}^*x_1^* - C_2A_{22}^*x_2^* - \varepsilon \mathrm{sat}(s)\big). \tag{2.2.16}$$

利用饱和函数替换符号函数可以有效削弱系统抖振. 值得注意的是, 由于基于饱和函数的改进控制器 (2.2.16) 是连续控制器, 在其作用下, 若系统存在非消失干扰, 系统状态轨迹并不能精确收敛到给定的滑模面上. 此外, 由于系统状态没有到达滑模面并滑动的过程, 相较于原始基于 $\mathrm{sgn}(\cdot)$ 的滑模控制系统, 改进滑模控制器 (2.2.16) 下闭环系统的抗干扰性能和鲁棒性有所削弱.

2. sigmoid 函数法

sigmoid 函数法是另一种常用的削弱滑模控制抖振的方法 [35,141]. 与饱和函数法类似, 用其替代符号函数可得到改进的连续控制器. 一种常见的 sigmoid 函数为

$$G(x) = \frac{1 - \mathrm{e}^{-ax}}{1 + \mathrm{e}^{-ax}}, \tag{2.2.17}$$

其中, $x \in \mathbb{R}$, $a > 0$ 为可设计的系数. 其函数曲线示意图如图 2.2.2 所示. 从图中不难看出, sigmoid 函数是一种过原点的连续函数. 当 x 远离原点时, 函数值靠近 ± 1. 当 x 靠近原点时, 函数值靠近 0.

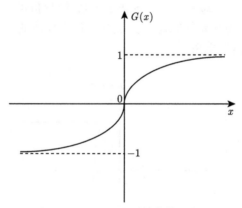

图 2.2.2　sigmoid 函数曲线示意图

以 sigmoid 函数替代滑模控制的符号函数, 会得到连续的控制器. 针对系统(2.2.1), 设计如下的改进控制器:

$$u = B_2^{-1} C_2^{-1} \big(-C_1 A_{11}^* x_1^* - C_1 A_{12}^* x_2^* - C_2 A_{21}^* x_1^* - C_2 A_{22}^* x_2^* - \varepsilon G(s) \big). \tag{2.2.18}$$

其中, $G(s) = [G(s_1), \cdots, G(s_m)]^{\mathrm{T}} \in \mathbb{R}^m$. 当 s 收敛到 0_m 时, $G(s)$ 逐渐衰减到 0_m. 因此, 系统不存在抖振.

除上述方法外, 也有学者研究了其他一些削弱抖振的方法. 例如, 文献 [142] 通过采用滤波器对控制信号进行了平滑处理; 文献 [143] 利用动态滑模法将非连续项转移到控制器的一阶或高阶导数中, 将控制信号连续化; 文献 [144] 和 [145] 利用干扰观测器获得的系统集总干扰 (包括内部不确定和外部干扰) 的估计值对干扰进行补偿, 降低了滑模控制器所需切换增益, 进而削弱了系统抖振. 相应的设计方法可参考本书第 5 章的相关内容.

2.2.5 数值仿真

考虑系统

$$\dot{x} = Ax + B(u + d(t)). \tag{2.2.19}$$

其中, $x = [x_1, x_2, x_3]^{\mathrm{T}} \in \mathbb{R}^3$; $u \in \mathbb{R}$; $d(t) = 0.6\sin(2t + 1.8)$ 为外部干扰; $A = \begin{bmatrix} 1 & 0 & 1 \\ 0 & 2 & 0 \\ 0 & 1 & 2 \end{bmatrix}$, $B = [1, 1, 1]^{\mathrm{T}}$. 不难验证, 系统是可控的. 取非奇异变换矩阵 $T = \begin{bmatrix} 1 & 0 & -1 \\ 0 & 1 & -1 \\ 0 & 0 & 1 \end{bmatrix}$, 将系统 (2.2.19) 进行线性变换可得

$$\dot{x}^* = A^* x^* + B^* u^*. \tag{2.2.20}$$

其中, $x^* = Tx = [x_{11}^*, x_{12}^*, x_2^*]^{\mathrm{T}} = [x_1 - x_3, x_2 - x_3, x_3]^{\mathrm{T}}$; $A^* = \begin{bmatrix} 1 & -1 & -1 \\ 0 & 1 & -1 \\ 0 & 1 & 3 \end{bmatrix}$,

$B^* = [0, 0, 1]^{\mathrm{T}}$. 记 $A_{11}^* = \begin{bmatrix} 1 & -1 \\ 0 & 1 \end{bmatrix}$, $A_{12}^* = [-1, -1]^{\mathrm{T}}$, $A_{21}^* = [0, 1]$, $A_{22}^* = 3$,

$B_2 = 1$, $x_1^* = [x_{11}^*, x_{12}^*]^{\mathrm{T}}$. 根据定理 2.2.1, 针对系统(2.2.19), 设计如下线性滑模面:

$$s = Cx = [C_1, \ C_2]x^* = C_1 x_1^* + C_2 x_2^*. \tag{2.2.21}$$

其中, $C_1 = [c_{11}, c_{12}] \in \mathbb{R}^2$, $C_2 \in \mathbb{R}$.

在仿真中, 取 $C = [12, -19, 1]$, 使系数矩阵满足 $A_{11}^* - A_{12}^* C_2^{-1} C_1$ 为 Hurwitz 稳定的条件. 基于等速趋近律, 设计如式 (2.2.10) 所示的滑模控制器.

由定理 2.2.1 可知, 系统 (2.2.19) 的状态在控制器 (2.2.10) 作用下会实现全局渐近收敛.

仿真中, 取系统初始状态为 $x(0) = [-1, 2, 6]^{\mathrm{T}}$, 控制增益 $\varepsilon = 3$. 为体现饱和函数和 sigmoid 函数在削弱抖振方面的作用, 同时给出控制器基于饱和函数的改进控制器 (2.2.16) 与基于 sigmoid 函数的改进控制器 (2.2.18) 的仿真效果. 为使对比公平, 仿真中保证三种控制器的控制输入均不超过 ± 100. 取饱和函数的饱和边界 $\Delta = 0.02$, sigmoid 函数的参数 $a = 10$, 控制增益 ε 取值均与传统滑模控制器相同.

　　仿真结果如图 2.2.3～图 2.2.5 所示. 从图 2.2.3 的状态响应曲线可以看出, 在基于线性滑模面的滑模控制器 (2.2.10) 作用下, 系统状态可收敛到系统平衡点, 说明前面所设计的滑模控制器是有效的. 由于系统中存在非消失干扰, 两种改进的连续控制器都不能使状态精确收敛. 由图 2.2.4 可以看出, 在传统滑模控制器作用下, 系统状态收敛过程中完成了先到达滑模面, 然后保持在滑模面上并沿滑模面收敛到平衡点两段过程. 但由图 2.2.5(a) 也可以看出, 滑模控制器 (2.2.10) 作用下的闭环系统存在抖振.

　　对比三种控制器作用下的仿真结果图不难发现: 一方面, 通过图 2.2.5(a)～(c) 可以看出, 在两种改进的连续控制器作用下, 闭环系统没有产生抖振现象, 这说明前面所述的饱和函数法和 sigmoid 函数法都能有效削弱系统抖振. 另一方面, 比较图 2.2.4(a)～(c) 可以发现, 在两种改进的连续控制器作用下, 闭环系统状态均未能保持在设计的滑模面上, 这导致上述两种控制器作用下闭环系统的鲁棒性和抗干扰性能有所削弱.

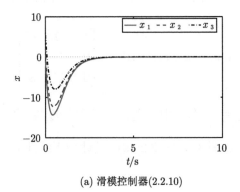

(a) 滑模控制器(2.2.10)

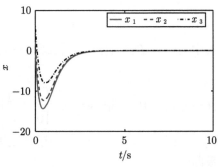

(b) 基于饱和函数的改进控制器(2.2.16)

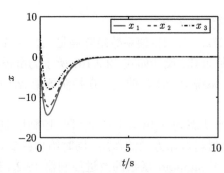

(c) 基于sigmoid函数的改进控制器(2.2.18)

图 2.2.3　三种控制器作用下闭环系统状态响应曲线

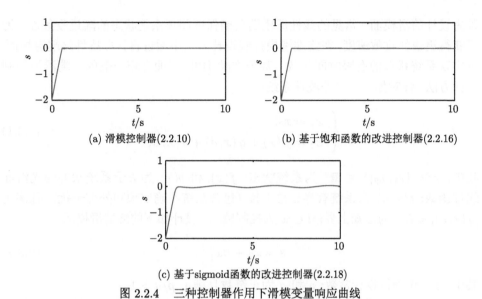

(a) 滑模控制器(2.2.10)   (b) 基于饱和函数的改进控制器(2.2.16)

(c) 基于sigmoid函数的改进控制器(2.2.18)

图 2.2.4   三种控制器作用下滑模变量响应曲线

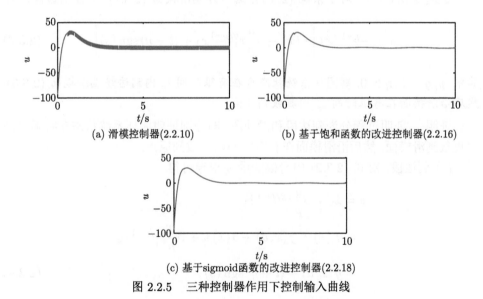

(a) 滑模控制器(2.2.10)   (b) 基于饱和函数的改进控制器(2.2.16)

(c) 基于sigmoid函数的改进控制器(2.2.18)

图 2.2.5   三种控制器作用下控制输入曲线

2.3   二阶系统终端滑模控制

2.3.1   二阶系统终端滑模控制设计

根据前面的介绍, 通过设计滑模控制器, 系统的状态可在有限时间内收敛到设计的滑模面, 然后沿着滑模面收敛到平衡点. 系统状态的收敛性能将直接取决于预先设计的滑模面. 常见的线性滑模面只能保证闭环系统状态的渐近收敛性. 为了获得更快的收敛速度, 在终端滑模控制设计方法中通过设计非线性终端滑模面, 可实现系统状态的有限时间收敛. 基于文献 [12], 下面介绍一般的终端滑模控制设计方法. 针对如下二阶非线性系统:

$$\begin{cases} \dot{x}_1 = x_2, \\ \dot{x}_2 = f(x) + g(x,d) + b(x)u, \end{cases} \tag{2.3.1}$$

其中, $x = [x_1, x_2]^{\mathrm{T}} \in \mathbb{R}^2$ 为系统状态; $f(x)$ 和 $b(x)$ 为关于系统状态的光滑非线性函数; $g(x,d)$ 为系统有界集总干扰 (包含系统不确定项和外部干扰), 且满足 $|g(x,d)| < l$, l 为已知上界; $u \in \mathbb{R}$ 为控制输入. 设计如下的终端滑模面:

$$s = x_2 + \beta x_1^{q/p}, \tag{2.3.2}$$

其中, $\beta > 0$ 为待设计常数; p 和 q 为正奇数且满足 $p/q > 1$.

定理 2.3.1 [12]　对于系统 (2.3.1), 选取终端滑模面 (2.3.2), 若控制器设计为

$$u = -b^{-1}(x) \left[f(x) + \beta \frac{q}{p} x_1^{q/p-1} x_2 + (l + \eta)\,\mathrm{sgn}(s) \right], \tag{2.3.3}$$

其中, $p/q > 1$, $\eta > 0$, 则闭环系统状态可在有限时间 t_r 内到达终端滑模面 (2.3.3), 然后沿滑模面在有限时间 t_s 内收敛到原点.

证明　证明过程分为到达段和滑动段, 即分别证明闭环系统状态在有限时间内收敛到滑模面, 然后沿滑模面在有限时间内收敛到原点.

(1) 到达段: 对式 (2.3.2) 中滑模变量 s 求导可得

$$\begin{aligned} \dot{s} &= \dot{x}_2 + \beta \frac{q}{p} x_1^{q/p-1} \dot{x}_1 \\ &= f(x) + g(x,d) + b(x)u + \beta \frac{q}{p} x_1^{q/p-1} x_2 \\ &= g(x,d) - (l+\eta)\,\mathrm{sgn}(s). \end{aligned} \tag{2.3.4}$$

选取能量函数 $V = \dfrac{1}{2}s^2$, 则能量函数 V 对时间求导可得

$$\begin{aligned} \dot{V} &= s\dot{s} \\ &= [g(x,d) - (l+\eta)\,\mathrm{sgn}(s)]\,s \\ &\leqslant -\eta\,|s|. \end{aligned} \tag{2.3.5}$$

若 $\eta > 0$, 则 $\dot{V} \leqslant -\sqrt{2}\eta V^{1/2}$. 因此, 闭环系统状态在有限时间 t_r 内收敛到滑模面.

(2) 滑动段: 在闭环系统状态到达滑模面后, 由式 (2.3.2) 可得

$$s = x_2 + \beta x_1^{q/p} = 0. \tag{2.3.6}$$

综合式 (2.3.1), 可得

$$\dot{x}_1 = -\beta x_1^{q/p}. \tag{2.3.7}$$

假设系统由初始状态收敛到滑模面所需要的时间为 t_r, 系统状态由 $x_1(t_r) \neq 0$ 收敛到 $x_1(t_r + t_s) = 0$ 所用的时间为 t_s. 由式 (2.3.7) 所示的非线性微分方程可以计算得到

$$t_s = -\frac{1}{\beta}\int_{x_1(t_r)}^{0}\frac{\mathrm{d}x_1}{x_1^{q/p}} = \frac{p}{\beta(p-q)}|x_1(t_r)|^{1-q/p}. \tag{2.3.8}$$

综上可知, 系统状态到达滑模面后沿滑模面在有限时间内收敛到原点. 证毕. ■

注 2.3.1 参照文献 [13] 中的研究可以发现, 系统状态分量 x_1 和 x_2 均能在有限时间内收敛到原点. 在终端滑模控制器 (2.3.3) 中, 当 $x_1 = 0$ 时, 如果 $x_2 \neq 0$, 则控制器中的项 $x_1^{q/p-1}x_2$ 将会产生奇异性. 在实际控制系统中, $x_1 = 0, x_2 \neq 0$ 的情况确实有可能发生, 因此解决传统终端滑模控制系统中的奇异性问题就显得尤为重要.

2.3.2 数值仿真

考虑如下的双积分器系统:

$$\dot{x}_1 = x_2, \quad \dot{x}_2 = u + \sin t, \tag{2.3.9}$$

其中, $x = [x_1, x_2]^\mathrm{T} \in \mathbb{R}^2$ 为系统状态; $u \in \mathbb{R}$ 为系统的控制输入; $\sin t$ 为系统的外部干扰. 控制目标为: 设计控制器 u 以实现系统全局有限时间稳定.

根据定理 2.3.1, 相应的终端滑模控制器可以设计为

$$u = -\frac{6}{5}x_1^{-2/5}x_2 - 2\mathrm{sgn}(s), \tag{2.3.10}$$

其中, 滑模面设计为 $s = x_2 + 2x_1^{3/5}$. 系统的初始状态为 $[x_1(0), x_2(0)]^\mathrm{T} = [2, -2]^\mathrm{T}$. 在控制器 (2.3.10) 作用下仿真结果如图 2.3.1 所示. 如图 2.3.1(a) 所示, 即使在干扰的影响下, 滑模变量仍可精确收敛到零. 与此同时, 如图 2.3.1(b) 所示, 系统状态也能在有限时间内收敛到原点. 值得注意的是, 在图 2.3.1(c) 中, 控制器响应曲线中不规则的抖振 (即不均匀的突刺) 是由注 2.3.1 中所提及的奇异性问题造成的.

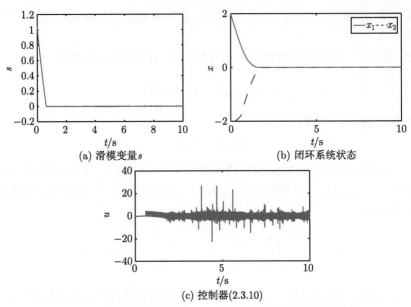

(a) 滑模变量 s 　　　　　　　　(b) 闭环系统状态

(c) 控制器(2.3.10)

图 2.3.1　　终端滑模控制器 (2.3.10) 作用下闭环系统响应曲线

2.4　二阶系统非奇异终端滑模控制

为克服传统终端滑模控制系统中的奇异性问题, 研究者已经提出了多种方法. 例如, 一种方法是在终端滑模面和线性滑模面之间进行切换; 另一种方法是先将系统的状态轨迹牵引到一个预先指定的开放区域, 然后在该区域内施加非奇异终端滑模控制, 这样就实现了系统的非奇异终端滑模控制. 然而, 这些都是运用了间接的方法来避免系统产生奇异性. 针对奇异性这一问题, 本节将介绍一种更为直接有效的非奇异终端滑模控制设计方法.

2.4.1　二阶系统非奇异终端滑模控制设计

非奇异终端滑模控制方法由文献 [13] 首先提出. 考虑如下二阶不确定性非线性系统:

$$\begin{cases} \dot{x}_1 = x_2, \\ \dot{x}_2 = f(x) + g(x,d) + b(x)u, \end{cases} \tag{2.4.1}$$

其中, 系统状态 $x = [x_1, x_2]^{\mathrm{T}} \in \mathbb{R}^2$; $f(x)$ 和 $b(x)$ 为关于系统状态的光滑非线性函数; $g(x,d)$ 为系统有界集总干扰 (包含系统不确定项和外部干扰), 且满足 $|g(x,d)| < l$, l 为已知上界; $u \in \mathbb{R}$ 为控制输入. 将非奇异终端滑模面设计为

$$s = x_1 + \frac{1}{\beta} x_2^{p/q}, \tag{2.4.2}$$

其中, $\beta > 0$ 为待设计常数; p 和 q 为正奇数且满足 $1 < p/q < 2$.

定理 2.4.1 [13] 针对系统 (2.4.1), 选取非奇异终端滑模面为 (2.4.2), 设计如下控制器:

$$u = -b^{-1}(x)\left[f(x) + \beta\frac{q}{p}x_2^{2-p/q} + (l+\eta)\operatorname{sgn}(s)\right], \tag{2.4.3}$$

其中, $\eta > 0$, 则闭环系统状态在有限时间 t_r 内到达终端滑模面 (2.4.2), 然后沿滑模面在有限时间 t_s 内收敛到原点.

证明 证明过程分为到达段和滑动段, 即分别证明闭环系统状态在有限时间内收敛到滑模面, 然后沿滑模面在有限时间内收敛到原点.

(1) 到达段: 对式 (2.4.2) 中滑模变量 s 求导可得

$$\begin{aligned}
\dot{s} &= \dot{x}_1 + \frac{1}{\beta}\frac{p}{q}x_2^{p/q-1}\dot{x}_2 \\
&= x_2 + \frac{1}{\beta}\frac{p}{q}x_2^{p/q-1}\left(f(x) + g(x,d) + b(x)u\right) \\
&= x_2 + \frac{1}{\beta}\frac{p}{q}x_2^{p/q-1}\left[g(x,d) - \beta\frac{q}{p}x_2^{2-p/q} - (l+\eta)\operatorname{sgn}(s)\right] \\
&= \frac{1}{\beta}\frac{p}{q}x_2^{p/q-1}\left[g(x,d) - (l+\eta)\operatorname{sgn}(s)\right].
\end{aligned} \tag{2.4.4}$$

选取能量函数 $V = \frac{1}{2}s^2$, 将能量函数 V 对时间求导可得

$$\begin{aligned}
\dot{V} &= s\dot{s} \\
&= \frac{1}{\beta}\frac{p}{q}x_2^{p/q-1}\left[g(x,d) - (l+\eta)\operatorname{sgn}(s)\right]s \\
&\leqslant -\frac{1}{\beta}\frac{p}{q}\eta x_2^{p/q-1}|s|.
\end{aligned} \tag{2.4.5}$$

由于 $1 < p/q < 2$, 且 p, q 均为正奇数, 所以当 $x_2 \neq 0$ 时, 可以得到 $x_2^{p/q-1} > 0$. 令 $\rho(x_2) = \frac{1}{\beta}\frac{p}{q}\eta x_2^{p/q-1}$, 则有

$$\dot{V} \leqslant -\rho(x_2)|s|, \tag{2.4.6}$$

其中, $\rho(x_2) > 0 (x_2 \neq 0)$, 系统状态可以在有限时间内到达滑模面. 当 $x_2 \neq 0$ 时, 将控制器 (2.4.3) 代入系统 (2.4.1), 则有

$$\dot{x}_2 = -\beta\frac{q}{p}x_2^{2-p/q} + g(x,d) - (l+\eta)\operatorname{sgn}(s). \tag{2.4.7}$$

将 $x_2 = 0$ 代入式 (2.4.7), 可得

$$\dot{x}_2 = g\left(x, d\right) - \left(l + \eta\right) \operatorname{sgn}\left(s\right).\tag{2.4.8}$$

当 $s > 0$ 时, $\dot{x}_2 \leqslant -\eta$; 当 $s < 0$ 时, $\dot{x}_2 \geqslant \eta$.

闭环系统状态轨线图如图 2.4.1 所示.

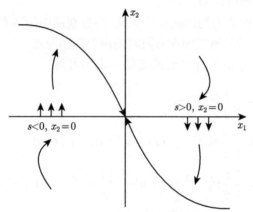

图 2.4.1　闭环系统状态轨线图

可见当系统状态在 $x_2 = 0$ 时, 仍然可在有限时间 t_r 内收敛到滑模面.

(2) 滑动段: 当系统状态到达滑模面时, 有 $s = 0$, 由式 (2.4.2) 可得

$$s = x_1 + \frac{1}{\beta} x_2^{p/q} = 0.\tag{2.4.9}$$

综合式 (2.4.1), 可得

$$\dot{x}_1 = -\beta^{q/p} x_1^{q/p}.\tag{2.4.10}$$

假设系统由初始状态移动到滑模面所需的时间为 t_r, 状态由滑模面收敛到原点所需的时间为 t_s, 则有

$$t_s = -\beta^{-q/p} \int_{x_1(t_r)}^{0} \frac{\mathrm{d}x_1}{x_1^{q/p}} = \frac{p}{\beta^{q/p}(p-q)} \left|x_1\left(t_r\right)\right|^{1-q/p}.\tag{2.4.11}$$

综上可知, 系统状态在到达滑模面后沿滑模面在有限时间内收敛到原点. 证毕. ∎

2.4.2　数值仿真

仍然考虑双积分器系统 (2.3.9), 为实现系统全局有限时间稳定, 根据定理 2.4.1, 相应的非奇异终端滑模控制器可设计为

$$u = -\frac{3}{5}x_2^{1/3} - 2\mathrm{sgn}(s), \qquad (2.4.12)$$

其中, 滑模变量为 $s = x_1 + x_2^{5/3}$.

系统的初始状态为 $[x_1(0), x_2(0)]^{\mathrm{T}} = [2, -2]^{\mathrm{T}}$. 在控制器 (2.4.12) 作用下的仿真结果如图 2.4.2 所示. 在外部干扰的影响下, 滑模变量仍可在有限时间内收敛到零, 如图 2.4.2(a) 所示. 同时, 如图 2.4.2(b) 所示, 闭环系统状态也在有限时间内收敛到原点. 此外, 相较于图 2.3.1(c), 图 2.4.2(c) 控制量 u 并没有出现不规律的抖振, 即非奇异终端滑模控制有效避免了奇异性问题.

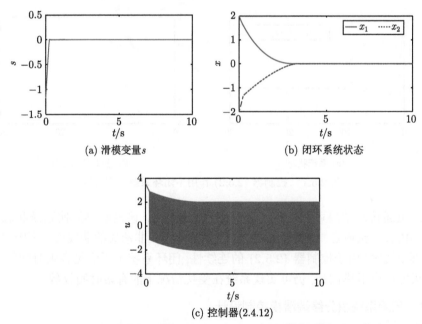

(a) 滑模变量s　　　　　　　　　　　(b) 闭环系统状态

(c) 控制器(2.4.12)

图 2.4.2　非奇异终端滑模控制器 (2.4.12) 作用下闭环系统响应曲线

2.5　高阶系统积分终端滑模控制

值得注意的是, 以上的终端滑模及非奇异终端滑模设计方案都是针对二阶系统的. 对于高阶或通用 n 阶系统, 以上设计并不能直接使用. 一种设计思路是基

于二阶系统的终端滑模控制设计思想, 进行递归的滑模控制设计 [10,11,13]. 但对于系统阶数较高的情况, 滑模面和控制器设计较为复杂. 另一种设计思路是利用积分终端滑模控制技术 [35], 进行一种更简洁的设计. 本节将着重介绍如何利用积分终端滑模控制技术来实现高阶系统的有限时间控制.

例 2.5.1   考虑如下三阶积分链系统:

$$
\begin{cases}
\dot{x}_1 = x_2, \\
\dot{x}_2 = x_3, \\
\dot{x}_3 = u,
\end{cases}
\tag{2.5.1}
$$

其中, 系统状态 $x = [x_1, x_2, x_3]^{\mathrm{T}} \in \mathbb{R}^3$. 基于引理 A.2.3, 控制器设计为

$$
u = -\mathrm{sig}^{1/2}(x_1) - 1.5\mathrm{sig}^{3/5}(x_2) - 1.5\mathrm{sig}^{3/4}(x_3).
\tag{2.5.2}
$$

其系统状态响应曲线及控制量曲线如图 2.5.1 所示.

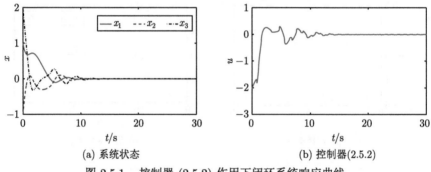

(a) 系统状态   (b) 控制器(2.5.2)

图 2.5.1   控制器 (2.5.2) 作用下闭环系统响应曲线

从上述仿真结果可以发现, 在不受干扰影响时, 该控制器能使系统状态在有限时间内收敛到原点. 值得注意的是, 当系统中存在非消失的非线性、不确定性以及外部干扰时, 由于控制器 (2.5.2) 的连续性, 闭环系统不再满足有限时间收敛性. 但如果能结合滑模控制, 仍可实现系统在受扰情况下的有限时间收敛.

2.5.1   高阶系统积分终端滑模控制设计

考虑如下 n 阶受扰系统:

$$
\begin{cases}
\dot{x}_1 = x_2, \\
\dot{x}_2 = x_3, \\
\vdots \\
\dot{x}_{n-1} = x_n, \\
\dot{x}_n = f(x) + g(x, d) + b(x)u,
\end{cases}
\tag{2.5.3}
$$

其中, 系统状态 $x = [x_1, x_2, \cdots, x_n]^T \in \mathbb{R}^n$; $f(x)$ 和 $b(x)$ 为关于系统状态的光滑非线性函数; $g(x, d)$ 为系统有界集总干扰 (包含系统不确定项和外部干扰), 且满足 $|g(x, d)| < l$, l 为已知上界; $u \in \mathbb{R}$ 为控制输入. 接下来设计积分终端滑模控制器.

定理 2.5.1 [35] 针对 n 阶受扰系统 (2.5.3), 选取如下积分终端滑模面:

$$s = x_n + \int_0^t \left(k_1 \mathrm{sig}^{\alpha_1}(x_1) + k_2 \mathrm{sig}^{\alpha_2}(x_2) + \cdots + k_n \mathrm{sig}^{\alpha_n}(x_n) \right) \mathrm{d}\tau, \qquad (2.5.4)$$

并设计如下积分终端滑模控制器:

$$u = -b^{-1}(x) \left[f(x) - u_n + (l + \eta) \mathrm{sgn}(s) \right], \qquad (2.5.5)$$

其中, $u_n = -k_1 \mathrm{sig}^{\alpha_1}(x_1) - \cdots - k_n \mathrm{sig}^{\alpha_n}(x_n)$ 为所设计的有限时间控制器且 $\eta > 0$, 则存在一个常数 $\varepsilon \in (0, 1)$, $\forall \alpha \in (1 - \varepsilon, 1)$, 且满足 $\alpha_{n+1} = 1$, $\alpha_n = \alpha$, $\alpha_{i-1} = \dfrac{\alpha_i \alpha_{i+1}}{2\alpha_{i+1} - \alpha_i}$, $i = 2, 3, \cdots, n$, 在控制器 (2.5.5) 作用下, 闭环系统状态在有限时间内到达积分终端滑模面 (2.5.4), 然后沿滑模面在有限时间内收敛到原点.

证明 与前面类似, 证明也分为到达段和滑动段两部分.

(1) 到达段: 对式 (2.5.4) 中所设计的滑模变量求导, 可得

$$\dot{s} = \dot{x}_n + \left(k_1 \mathrm{sig}^{\alpha_1}(x_1) + k_2 \mathrm{sig}^{\alpha_2}(x_2) + \cdots + k_n \mathrm{sig}^{\alpha_n}(x_n) \right)$$

$$= f(x) + g(x, d) + b(x) u - u_n$$

$$= g(x, d) - (l + \eta) \mathrm{sgn}(s). \qquad (2.5.6)$$

选取能量函数 $V = \dfrac{1}{2} s^2$, 则能量函数 V 对时间求导可得

$$\dot{V} = s\dot{s}$$

$$= s \left[g(x, d) - (l + \eta) \mathrm{sgn}(s) \right]$$

$$\leqslant -\eta |s|, \qquad (2.5.7)$$

由于 $\eta > 0$, 可知滑模变量 s 在有限时间内收敛到零.

(2) 滑动段: 当系统状态收敛到滑模面时, 即 $s = 0$, 可得

$$x_n + \int_0^t \left(k_1 \mathrm{sig}^{\alpha_1}(x_1) + k_2 \mathrm{sig}^{\alpha_2}(x_2) + \cdots + k_n \mathrm{sig}^{\alpha_n}(x_n) \right) \mathrm{d}\tau = 0. \qquad (2.5.8)$$

将式 (2.5.8) 对时间求导, 可得

$$\dot{x}_n = -k_1 \mathrm{sig}^{\alpha_1}(x_1) - k_2 \mathrm{sig}^{\alpha_2}(x_2) - \cdots - k_n \mathrm{sig}^{\alpha_n}(x_n). \qquad (2.5.9)$$

由引理 A.2.3 可知, 系统状态在有限时间内收敛到原点. 证毕. ∎

2.5.2   数值仿真

考虑如下的三阶积分链系统:

$$
\begin{cases}
\dot{x}_1 = x_2, \\
\dot{x}_2 = x_3, \\
\dot{x}_3 = u + \sin t,
\end{cases}
\tag{2.5.10}
$$

其中, $x = [x_1, x_2, x_3]^\mathrm{T} \in \mathbb{R}^3$ 为系统状态; $u \in \mathbb{R}$ 为系统的控制输入; $\sin t$ 为系统的外部干扰. 控制目标为: 设计控制器 u 以实现系统全局有限时间稳定.

根据定理 2.5.1, 相应的积分终端滑模控制器可以设计为

$$
u = -\mathrm{sig}^{5/8}(x_1) - 2\mathrm{sig}^{5/7}(x_2) - 3\mathrm{sig}^{5/6}(x_3) - 2\mathrm{sgn}(s),
\tag{2.5.11}
$$

其中, 滑模面设计为 $s = x_3 + \displaystyle\int_0^t \left(\mathrm{sig}^{5/8}(x_1) + 2\mathrm{sig}^{5/7}(x_2) + 3\mathrm{sig}^{5/6}(x_3) \right) \mathrm{d}\tau$. 系统的初始状态为 $[x_1(0), x_2(0), x_3(0)]^\mathrm{T} = [1, -1, 2]^\mathrm{T}$. 在控制器 (2.5.11) 的作用下系统仿真结果如图 2.5.2 所示. 如图 2.5.2(a) 所示, 在干扰的影响下, 滑模变量仍能在有限时间内收敛到零. 闭环系统状态也在有限时间内收敛到原点, 如图 2.5.2(b) 所示.

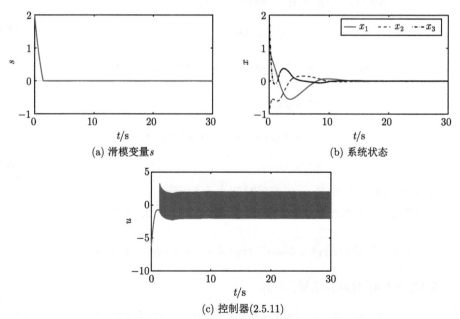

图 2.5.2   积分终端滑模控制器 (2.5.11) 作用下闭环系统响应曲线

2.6　本　章　小　结

本章系统介绍了传统一阶滑模的设计和分析, 所涉及的方法包括基于线性滑模面的一阶滑模控制和终端滑模控制设计方法, 并分别进行了仿真验证. 首先, 在基于线性滑模面的滑模控制设计中, 针对一类受扰线性系统, 给出了线性滑模面设计与对应的控制器设计方法, 并介绍了趋近律的相关概念以及用于削弱抖振的饱和函数法和 sigmoid 函数法. 通过仿真实例说明了所设计滑模控制器的有效性, 并展示了削弱抖振方法的效果. 然后, 针对受扰二阶系统, 为获得更快的收敛速度, 设计非线性的终端滑模面和相应的终端滑模控制器, 实现了闭环系统的有限时间收敛. 在此基础上, 针对终端滑模控制器中存在的奇异性问题, 介绍了非奇异终端滑模控制设计方法, 在实现闭环系统状态有限时间收敛的同时, 避免了传统终端滑模控制中的奇异性问题. 最后, 针对受扰高阶系统, 介绍了一种较为简洁的积分终端滑模控制设计方法, 实现了闭环系统的有限时间收敛, 并通过仿真验证了控制方法的有效性. 如绪论中所述, 传统一阶滑模主要存在如抖振、控制精度不够高以及难以处理快变非匹配干扰等问题, 本书将在后续章节对这些问题的解决方案进行研究.

第 3 章 非线性系统的二阶滑模控制

本章主要讨论非线性系统的二阶滑模控制设计与分析问题. 首先, 回顾几类经典二阶滑模控制方法; 其次, 给出干扰由函数限定条件下的二阶滑模控制设计方法; 再次, 提出准连续二阶滑模控制设计方法; 最后, 提出非匹配受扰二阶滑模控制设计方法.

3.1 引　　言

二阶滑模可削弱一阶滑模中的抖振问题. 与常用的边界层方法相比, 该方法在削弱抖振的同时, 对闭环系统的鲁棒性能并没有进行实质性削弱, 因而得到了很多学者的关注. 螺旋控制方法 [30] 是较早被提出的一种二阶滑模控制方法, 在此基础上 Levant [147] 进一步提出了超螺旋控制方法. 为突破超螺旋控制方法仅适用于二阶系统的局限性, 文献 [148] 将该方法推广到了高阶系统情况. 此外, 次最优滑模控制方法 [149]、准连续滑模控制方法 [52] 也是应用较为广泛的二阶滑模控制方法.

一方面, 通常情况下, 传统二阶滑模控制方法都要求系统不确定性满足常数有界性条件. 然而, 在实际应用中 (如寻迹跟踪控制问题等), 系统的不确定性大多可由一个非负函数限定, 导致基于常数有界性假设的传统二阶滑模控制方法不再适用. 另一方面, 在很多关于二阶滑模控制方法的文献中, 只证明了闭环系统的有限时间收敛性, 却无法给出 Lyapunov 稳定性分析. 另外, 二阶滑模动力学都是通过直接对滑模变量求二次导数得到的, 然而, 滑模变量的一阶导数中通常包含已知信息, 直接对其求导会将这些已知信息作为未知量转移到控制通道中, 导致控制通道中的不确定项增多. 事实上, 如果能重新设计滑模变量的一阶导数, 将传统的二阶滑模动力学转化为带非匹配项的二阶滑模动力学, 则可以很好地解决上述问题. 但是, 传统的二阶滑模控制方法无法处理非匹配干扰问题.

下面首先回顾几类经典的二阶滑模控制方法, 然后着重讨论两个问题, 即干扰由函数限定条件下的二阶滑模控制设计方法以及非匹配受扰情况下的二阶滑模控制设计方法.

3.2 传统二阶滑模控制

考虑如下非线性系统:

$$\dot{x} = f(t,x) + g(t,x)u, \tag{3.2.1a}$$

$$s = s(t,x), \tag{3.2.1b}$$

其中, $x \in \mathbb{R}^n$ 为系统状态; $u \in \mathbb{R}$ 为控制输入; $f(t,x)$ 和 $g(t,x)$ 为未知光滑非线性函数. 假设滑模变量 s 和 $\dot{s} = \dfrac{\mathrm{d}s}{\mathrm{d}t}$ 已知, 滑模变量 s 的相对阶为 2, 则该系统的解为 Filippov 解[4].

沿系统 (3.2.1) 对 s 求二次导数可得

$$\ddot{s} = a(t,x) + b(t,x)u, \tag{3.2.2}$$

其中, $a(t,x) = \ddot{s}|_{u=0}$ 和 $b(t,x) = \dfrac{\partial \ddot{s}}{\partial u} > 0$ 为未知光滑函数. 通常, 上述未知光滑函数满足以下假设.

假设 3.2.1 *存在正常数 K_m、K_M 和 C 使得 $|a(t,x)| \leqslant C$, $K_m \leqslant b(t,x) \leqslant K_M$.*

在假设 3.2.1下, 现有文献中的二阶滑模控制方法主要包括螺旋控制设计、次最优滑模控制设计以及准连续滑模控制设计、超螺旋滑模控制设计等.

3.2.1 螺旋控制设计

螺旋控制方法是最早提出的二阶滑模控制方法, 由 Levant[29] 首次提出, 其控制器形式如下:

$$u = -k_1 \mathrm{sgn}(s) - k_2 \mathrm{sgn}(\dot{s}), \tag{3.2.3}$$

其中,

$$(k_1 + k_2)K_m - C > (k_1 - k_2)K_M + C; \tag{3.2.4}$$

$$(k_1 - k_2)K_m > C. \tag{3.2.5}$$

由式 (3.2.3)~式 (3.2.5) 可得如下微分包含:

$$\ddot{s} = \begin{cases} -[K_M(k_1 + k_2) - C]\,\mathrm{sgn}(s), & s\dot{s} > 0. \\ -[K_M(k_1 - k_2) + C]\,\mathrm{sgn}(s), & s\dot{s} \leqslant 0. \end{cases} \tag{3.2.6}$$

当系统轨迹在右半平面时, 若 $\dot{s} > 0$, 则可得 $s = s_m - \dfrac{\dot{s}^2}{2\left[K_M\left(k_1 + k_2\right) - C\right]}$;
若 $\dot{s} \leqslant 0$, 则 $s = s_m - \dfrac{\dot{s}^2}{2\left[K_M\left(k_1 - k_2\right) + C\right]}$, 且有 $2\left[K_M\left(k_1 + k_2\right) - C\right]s_m = \dot{s}^2$,
其中, 点 s_m 是滑模变量轨迹与轴线 $\dot{s} = 0$ 的交点.

在控制器 (3.2.3) 作用下, 滑模变量 $(s, \dot{s})$ 将以螺旋的形式有限时间趋于零, 如图 3.2.1 所示. 图中 $\dot{s}_0, \dot{s}_1, \dot{s}_2$ 是相轨迹与轴线 $s = 0$ 相交的点. 显然 $|\dot{s}_1| \leqslant |\dot{s}_m|$, 且

$$|\dot{s}_1| / |\dot{s}_0| \leqslant \left[K_M\left(k_1 - k_2\right) + C\right] / \left[K_M\left(k_1 + k_2\right) - C\right]^{1/2} = q_1 < 1. \tag{3.2.7}$$

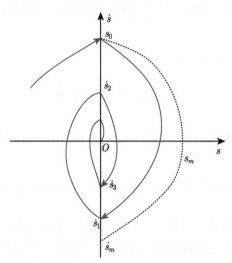

图 3.2.1   螺旋控制方法 (3.2.3) 作用下 $s\text{-}\dot{s}$ 的相轨迹图

以此类推, 将轨迹延伸到左半平面 $s < 0$, 可确保不等式 $|\dot{s}_{i+1}| / |\dot{s}_i| \leqslant q_1 < 1$ 成立. 同理, 存在一个 $q_2 \in (0, 1)$, 使得 $|s_{i+1}| / |s_i| \leqslant q_2$. 显然, 这些条件可以保证系统的收敛性能. 综上, 可得如下引理.

引理 3.2.1 [30]   在条件 (3.2.4) 和 (3.2.5) 下, 控制器 (3.2.3) 可使系统 (3.2.1) 的状态实现二阶滑模运动.

3.2.2   次最优滑模控制设计

另外一种常用的二阶滑模控制方法是次最优滑模控制方法 [149], 其控制器形式如下:

$$u = -k_1 \mathrm{sgn}(s - s^*/2) + k_2 \mathrm{sgn}(s^*), \tag{3.2.8}$$

其中, 控制增益 k_1 和 k_2 满足 $k_1 > k_2 > 0$; s^* 为 $\dot{s} = 0$ 时对应的 s 值, 且其初始值为 0. 在此基础上, 提出如下引理.

引理 3.2.2[149] 在滑模动力学方程满足方程 (3.2.2) 和假设 3.2.1 的前提下, 若参数 k_1 和 k_2 满足

$$k_1 - k_2 > \frac{C}{K_m}, \quad k_1 + k_2 > \frac{4C + K_M(k_1 - k_2)}{3K_m},$$

则控制器 (3.2.8) 可使得系统 (3.2.1) 的状态在有限时间内实现二阶滑模运动.

次最优滑模控制方法的思想主要来源于双积分器的时间最优控制策略, 其相平面轨迹如图 3.2.2 所示. 显然, 次最优滑模控制方法实现的前提是 s 及其导数 $\dot{s}$ 已知. 另外, 由于计算机采用离散采样的形式进行计算, 使用计算机实现次最优滑模控制方法时只需要知道每个采样点上 s 及 $\dot{s}$ 的具体信息. 通常情况下, 当连续两个采样点间滑模变量的误差 Δs 改变符号时, 可认为 $\dot{s} = 0$. 此时, 通过计算, 可以得到次最优控制器所需的 s 及 s^* 信息.

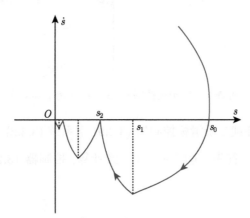

图 3.2.2 次最优滑模控制器 (3.2.8) 作用下 s-$\dot{s}$ 的相平面图

3.2.3 准连续滑模控制设计

上述二阶滑模控制方法均是由符号函数构成的, 会引起系统抖振. 为削弱抖振, 文献 [52] 提出了一种准连续二阶滑模控制器:

$$u = -\beta_2 \frac{\dot{s} + \beta_1 \mathrm{sig}^{\frac{1}{2}}(s)}{|\dot{s}| + \beta_1 |s|^{\frac{1}{2}}}, \tag{3.2.9}$$

其中,

$$\beta_1, \beta_2 > 0; \quad \beta_2 K_m - C > 0; \tag{3.2.10}$$

$$\beta_2 K_m - C - 2\beta_2 K_m \frac{\beta_1}{\rho + \beta_1} - \frac{1}{2}\rho^2; \quad \rho > \beta_1. \tag{3.2.11}$$

　　该准连续滑模控制器的优势在于控制信号在除平衡点外的其他区域均连续. 注意到, 在实际系统控制中, 闭环系统状态往往难以精确收敛到平衡点. 所以, 控制器 (3.2.9) 在实际系统中为连续控制器, 从而削弱了抖振.

　　对于充分大的 β_2, 存在常数 ρ_1 和 ρ_2 满足 $0 < \rho_1 < \beta_1 < \rho_2$, 可使系统状态轨迹在有限时间内进入由曲线 $\dot{s} + \rho_1 \mathrm{sig}^{\frac{1}{2}}(s) = 0$ 和 $\dot{s} + \rho_2 \mathrm{sig}^{\frac{1}{2}}(s) = 0$ 构成的区域且不会逃离, 如图 3.2.3 所示.

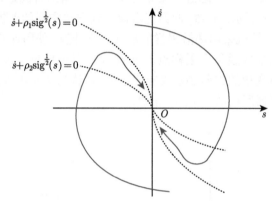

图 3.2.3　准连续二阶滑模控制器 (3.2.9) 作用下 s-$\dot{s}$ 的相平面图

　　接下来分析准连续二阶滑模控制器 (3.2.9) 下系统 (3.2.2) 的有限时间收敛性. 令 $\rho = -\dfrac{\dot{s}}{|s|^{\frac{1}{2}}}$. 首先, 考虑 $s > 0$. 经计算, 控制器 (3.2.9) 可改写为 $u = \beta_2 \dfrac{\rho - \beta_1}{|\rho| + \beta_1}$, 其中,

$$\dot{\rho} \in \left([-C, C] - [K_m, K_M] \beta_2 \frac{\rho - \beta_1}{|\rho| + \beta_1} + \frac{1}{2} \rho^2 \mathrm{sgn}(s) \right) |s|^{-\frac{1}{2}}. \tag{3.2.12}$$

　　由式 (3.2.10) 可知, $\dot{\rho} > 0$. 基于此, 存在正常数 $\rho_1 < \beta_1$ 使系统状态轨迹进入区域 $\{(s, \dot{s}) : |\rho > \rho_1\}$. 此外, 由 (3.2.11) 可知, 存在正常数 $\rho_2 > \beta_1$ 使在 $\rho = \rho_2$ 附近不等式 $\dot{\rho} < 0$ 成立. 同理, 上述结论对 $s < 0$ 的情形也成立. 因此, 滑模变量 s 可实现有限时间收敛. 基于上述分析, 可得如下引理.

　　引理 3.2.3[52]　在条件 (3.2.10) 和 (3.2.11) 下, 准连续二阶滑模控制器 (3.2.9) 可使系统 (3.2.2) 的状态实现二阶滑模运动.

3.2.4　超螺旋滑模控制设计

　　对传统二阶滑模控制来说, 大部分方法需要假设 $\dot{s}$ 已知, 然而, 大多数情况下无法得到 $\dot{s}$ 的精确值. 针对该问题, Levant [31] 提出了超螺旋滑模控制方法.

沿式 (3.2.1a) 对式 (3.2.1b) 中定义的滑模变量 s 求一阶导数可得

$$\dot{s} = a'(t, x) + b'(t, x)u, \tag{3.2.13}$$

其中, $a'(t, x)$ 和 $b'(t, x)$ 为未知光滑函数, 且满足如下假设.

假设 3.2.2 存在正常数 K_m、K_M、$U_{\max}$、q 和 L 使得

$$\begin{cases} |\dot{a}'(t, x)| + U_{\max} \left| \dot{b}'(t, x) \right| \leqslant L, & 0 \leqslant K_m \leqslant b'(t, x) \leqslant K_M, \\ |a'(t, x)/b'(t, x)| < qU_{\max}, & 0 < q < 1, \end{cases} \tag{3.2.14}$$

则超螺旋滑模控制器可以设计为 [147]

$$\begin{cases} u = -k_1 \mathrm{sig}^{\frac{1}{2}}(s) + u_1, \\ \dot{u}_1 = \begin{cases} -u, & |u| > U_{\max}, \\ -k_2 \mathrm{sgn}(s), & |u| \leqslant U_{\max}, \end{cases} \end{cases} \tag{3.2.15}$$

其中,

$$k_1 > \sqrt{\frac{2}{(K_m k_2 - L)} \frac{(K_m k_2 + L) K_M (1 + q)}{K_m^2 (1 - q)}}; \tag{3.2.16}$$

$$k_2 K_m > L. \tag{3.2.17}$$

当 $|u| > U_{\max}$ 时, $\dot{u} = -\frac{1}{2} k_1 \dot{s} |s|^{-\frac{1}{2}} - u$. 根据式 (3.2.13) 和假设 3.2.2 可得 $\dot{s}u > 0, |u| > U_{\max}$. 因此, $s\dot{s} < 0$, 即控制量 u 会在有限时间内收敛到区间 $|u| \leqslant U_{\max}$.

当 $|u| \leqslant U_{\max}, s \neq 0$ 时, 如下方程成立:

$$\begin{aligned} \ddot{s} &= \dot{a}' + \dot{b}'u - \frac{1}{2} bk_1 \frac{\dot{s}}{|s|^{\frac{1}{2}}} - bk_2 \mathrm{sgn}(s) \\ &\in [-L, L] - [K_m, K_M] \left(\frac{1}{2} k_1 \frac{\dot{s}}{|s|^{\frac{1}{2}}} - k_2 \mathrm{sgn}(s) \right). \end{aligned} \tag{3.2.18}$$

在区域 $\{(s, \dot{s}) : s > 0, \dot{s} > 0\}$ 内, 其相轨迹被轴 $s = 0$、$\dot{s} = 0$ 和轨迹 $\ddot{s} = -(K_m k_2 - L)$ 所限制, 如图 3.2.4 所示. 其中, 点 s_m 为曲线与轴 $\dot{s} = 0$ 的交点, 且 $2(K_m k_2 - L) s_m = \dot{s}_0^2$. 通过计算可知, $\dot{s}_m = -\frac{2}{k_1} \left(\frac{L}{K_m} + k_2 \right) s_m^{\frac{1}{2}}$. 结合条件 (3.2.16), 可得 $|\dot{s}_m/\dot{s}_0| < 1$. 由于 $|\dot{s}_1| \leqslant |\dot{s}_m|$, 所以 $|\dot{s}_1/\dot{s}_0| < 1$ 成立. 重复上述步骤, 可确保不等式 $|\dot{s}_{i+1}| / |\dot{s}_i| < 1$ 成立. 同理, 不等式 $|s_{i+1}| / |s_i| < 1$ 也成立.

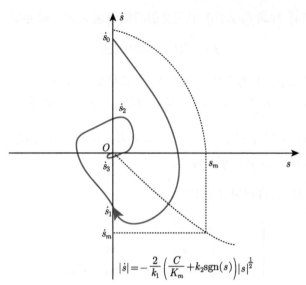

$$|\dot{s}| = -\frac{2}{k_1}\left(\frac{C}{K_m} + k_2\mathrm{sgn}(s)\right)|s|^{\frac{1}{2}}$$

图 3.2.4　超螺旋滑模控制器 (3.2.15) 作用下 s-$\dot{s}$ 的相轨迹图

上述讨论可总结为如下引理.

引理 3.2.4[31]　在条件 (3.2.16) 和 (3.2.17) 下, 控制器 (3.2.15) 可使系统 (3.2.1) 的状态实现二阶滑模运动; 同时, 控制量 u 也会在有限时间内收敛并停留在区间 $[-U_{\max}, U_{\max}]$.

3.3　匹配干扰由函数限定条件下的二阶滑模控制

滑模动力学中的不确定性通常包含系统状态的不确定, 因此难以假设其常数有界, 这导致传统的二阶滑模控制器无法使用. 因此, 可将假设 3.2.1 推广为以下情况.

假设 3.3.1　存在非负可导函数 $\bar{a}(x)$ 和常数 $\underline{b} > 0$ 使得 $|a(t,x)| \leqslant \bar{a}(x)$, $b(t,x) \geqslant \underline{b}$.

控制器设计的目的是在满足假设 3.3.1 的条件下, 设计二阶滑模控制器 u 使得滑模变量 s 和 $\dot{s}$ 能够在有限时间内稳定到原点.

3.3.1　继电-多项式二阶滑模控制设计

注意到, 传统二阶滑模控制器设计的前提条件是滑模动力学不确定性满足常数有界性. 然而, 实际系统中往往含有参数摄动、未建模动态等不确定性, 这导致滑模动力学中的不确定性难以满足常数有界性条件.

针对这一问题, 本节的主要结果如下.

定理 3.3.1 在假设 3.3.1 的条件下, 若控制器设计为

$$u = -\left(\beta_2^+ + \beta_2^- \bar{a}(x)\right) \mathrm{sgn}\left(\mathrm{sig}^{\frac{a}{r_2}}(\dot{s}) + \beta_1^{\frac{a}{r_2}} \mathrm{sig}^{\frac{a}{r_1}}(s)\right), \tag{3.3.1}$$

其中, $\beta_1 > 0$; $\beta_2^- \geqslant \dfrac{1}{\underline{b}}$; $\rho \geqslant a \geqslant r_1 = 2r_2$; $\beta_2^+ \geqslant \dfrac{c_1(\beta_1) + c_2(\beta_1) + \dfrac{\beta_1}{12}}{\underline{b}}$;

$$c_1(\beta_1) = 2^{1-\frac{r_2}{a}} \frac{r_1}{4\rho} \left[\frac{(4\rho - r_1)2^{\frac{1-r_2}{a}}}{\rho \beta_1}\right]^{\frac{4\rho - r_1}{r_1}}; \tag{3.3.2}$$

$$c_2(\beta_1) = \frac{2^{1-\frac{r_2}{a}} \beta_1^{\frac{a}{r_2}}(r_1 + 2\rho - a)}{r_1} \left[\frac{3(a - r_1)2^{1-\frac{r_2}{a}} \beta_1^{\frac{a}{r_2}-1}}{r_1}\right]^{\frac{a-r_1}{r_1+2\rho-a}}$$

$$+ \frac{2^{-\frac{r_2}{a}} \beta_1^{1+\frac{a}{r_2}}(r_1 + 4\rho - 2a)}{r_1} \left[\frac{3(2a - r_1)2^{-\frac{r_2}{a}} \beta_1^{\frac{a}{r_2}}}{r_1}\right]^{\frac{2a-r_1}{r_1+4\rho-2a}}; \tag{3.3.3}$$

则闭环系统(3.2.2)、(3.3.1)有限时间稳定.

证明 令 $\omega_1 = s, \omega_2 = \dot{s}$, 则系统 (3.2.2) 和控制器 (3.3.1) 等价为

$$\dot{\omega}_1 = \omega_2, \quad \dot{\omega}_2 = a(t,x) + b(t,x)u \tag{3.3.4}$$

和

$$u = -\left(\beta_2^+ + \beta_2^- \bar{a}(x)\right) \mathrm{sgn}\left(\mathrm{sig}^{\frac{a}{r_2}}(\omega_2) + \beta_1^{\frac{a}{r_2}} \mathrm{sig}^{\frac{a}{r_1}}(\omega_1)\right). \tag{3.3.5}$$

定理 3.3.1 的证明可等价为闭环系统 (3.3.4) 和 (3.3.5) 的有限时间稳定性证明. 下面将基于文献 [151] 中提出的加幂积分技术来证明上述系统的全局有限时间稳定性, 同时给出控制器的具体构造过程. 证明包括以下两个步骤.

步骤 1 选择如下 Lyapunov 函数:

$$V_1(\omega_1) = \int_{\omega_1^*}^{\omega_1} \mathrm{sig}^{\frac{2\rho - r_2}{a}} \left(\mathrm{sig}^{\frac{a}{r_1}}(\kappa) - \mathrm{sig}^{\frac{a}{r_1}}(\omega_1^*)\right) \mathrm{d}\kappa, \quad \omega_1^* = 0, \tag{3.3.6}$$

其中, $\rho \geqslant a \geqslant r_1 = 2r_2 > 0$. 沿系统 (3.3.4) 对 $V_1(\omega_1)$ 求导可得

$$\dot{V}_1(\omega_1) = \mathrm{sig}^{\frac{2\rho - r_2}{r_1}}(\omega_1)(\omega_2 - \omega_2^*) + \mathrm{sig}^{\frac{2\rho - r_2}{r_1}}(\omega_1)\omega_2^*, \tag{3.3.7}$$

其中, ω_2^* 为虚拟控制器. 设计 $\omega_2^* = -\beta_1 \mathrm{sig}^{\frac{r_2}{a}}(\xi_1)$, 其中 $\beta_1 > 0$, $\xi_1 = \mathrm{sig}^{\frac{a}{r_1}}(\omega_1)$. 由式 (3.3.7) 可得

$$\dot{V}_1(\omega_1) \leqslant -\beta_1 \xi_1^{\frac{2\rho}{a}} + \mathrm{sig}^{\frac{2\rho - r_2}{a}}(\xi_1)(\omega_2 - \omega_2^*). \tag{3.3.8}$$

步骤 2　考虑如下 Lyapunov 函数:

$$\begin{cases} V_2(\omega_1, \omega_2) = V_1(\omega_1) + W_2(\omega_1, \omega_2), \\ W_2(\omega_1, \omega_2) = \displaystyle\int_{\omega_2^*}^{\omega_2} \mathrm{sig}^{\frac{2\rho}{a}}\left(\mathrm{sig}^{\frac{a}{r_2}}(\kappa) - \mathrm{sig}^{\frac{a}{r_2}}(\omega_2^*)\right) \mathrm{d}\kappa. \end{cases} \tag{3.3.9}$$

对 $V_2(\omega_1, \omega_2)$ 沿系统 (3.3.4) 求导可得

$$\begin{aligned} \dot{V}_2(\omega_1, \omega_2) &= \dot{V}_1(\omega_1) + \frac{\partial W_2(\omega_1, \omega_2)}{\partial \omega_1}\dot{\omega}_1 + \frac{\partial W_2(\omega_1, \omega_2)}{\partial \omega_2}\dot{\omega}_2 \\ &\leqslant -\beta_1 \xi_1^{\frac{2\rho}{a}} + \mathrm{sig}^{\frac{2\rho - r_2}{a}}(\xi_1)(\omega_2 - \omega_2^*) + \frac{\partial W_2(\omega_1, \omega_2)}{\partial \omega_1}\dot{\omega}_1 + \mathrm{sig}^{\frac{2\rho}{a}}(\xi_2)\dot{\omega}_2, \end{aligned} \tag{3.3.10}$$

其中, $\xi_2 = \mathrm{sig}^{\frac{a}{r_2}}(\omega_2) - \mathrm{sig}^{\frac{a}{r_2}}(\omega_2^*)$.

接下来估计式 (3.3.10) 右侧的每一项. 注意到 $0 < r_1/a \leqslant 1$ 和 $|\omega_2 - \omega_2^*| = \left| \mathrm{sig}^{\frac{a}{r_2} \times \frac{r_2}{a}}(\omega_2) - \mathrm{sig}^{\frac{a}{r_2} \times \frac{r_2}{a}}(\omega_2^*) \right|$, 由引理 A.1.1 可得

$$\mathrm{sig}^{\frac{2\rho - r_2}{a}}(\xi_1)(\omega_2 - \omega_2^*) \leqslant 2^{1 - \frac{r_2}{a}} |\xi_1|^{\frac{2\rho - r_2}{a}} |\xi_2|^{\frac{r_2}{a}}. \tag{3.3.11}$$

另外, 由引理 A.1.2 和式 (3.3.11) 可得

$$\mathrm{sig}^{\frac{2\rho - r_2}{a}}(\xi_1)(\omega_2 - \omega_2^*) \leqslant \frac{1}{4}\beta_1 \xi_1^{\frac{2\rho}{a}} + c_1(\beta_1)\xi_2^{\frac{2\rho}{a}}, \tag{3.3.12}$$

其中, $c_1(\beta_1)$ 的定义如式 (3.3.2) 所示.

易知

$$\left| \frac{\partial W_2(\omega_1, \omega_2)}{\partial \omega_1}\dot{\omega}_1 \right| \leqslant \frac{2\rho}{a} 2^{1 - \frac{r_2}{a}} |\xi_2|^{\frac{r_2}{a} + \frac{2\rho}{a} - 1} \left| \frac{\partial \mathrm{sig}^{\frac{a}{r_2}}(\omega_2^*)}{\partial \omega_1}\dot{\omega}_1 \right|. \tag{3.3.13}$$

注意到 $\omega_2^* = -\beta_1 \mathrm{sig}^{\frac{r_2}{a}}(\xi_1)$, 有

$$\left| \frac{\partial(\mathrm{sig}^{\frac{a}{r_2}}(\omega_2^*))}{\partial \omega_1} \right| = \beta_1^{\frac{a}{r_2}} \left| \frac{\partial \xi_1}{\partial \omega_1} \right| = \frac{a\beta_1^{\frac{a}{r_2}}}{r_1} |\omega_1|^{\frac{a}{r_1} - 1}.$$

结合式 (3.3.13), 并由引理 A.1.3 可得

$$\left| \frac{\partial W_2(\omega_1, \omega_2)}{\partial \omega_1} \dot{\omega}_1 \right| \leqslant \frac{2\rho}{r_1} 2^{1-\frac{a}{r_2}} \beta_1^{\frac{a}{r_2}} |\xi_2|^{\frac{r_2+2\rho}{a}-1} |\xi_1|^{1-\frac{r_1}{a}} \left(|\xi_2|^{\frac{r_2}{a}} + \beta_1 |\xi_1|^{\frac{r_2}{a}} \right).$$

$$(3.3.14)$$

基于引理 A.1.2, 由式 (3.3.14) 可知

$$\left| \frac{\partial W_2}{\partial \omega_1} \dot{\omega}_1 \right| \leqslant \frac{2}{3} \beta_1 \xi_1^{\frac{2\rho}{a}} + c_2(\beta_1) \xi_2^{\frac{2\rho}{a}}, \tag{3.3.15}$$

其中, $c_2(\beta_1)$ 的定义如式 (3.3.3) 所示.

将式 (3.3.12) 和式 (3.3.15) 代入式 (3.3.10) 可得

$$\dot{V}_2(\omega_1, \omega_2) \leqslant -\frac{\beta_1}{12} \xi_1^{\frac{2\rho}{a}} + (c_1(\beta_1) + c_2(\beta_1)) \xi_2^{\frac{2\rho}{a}} + \operatorname{sig}^{\frac{2\rho}{a}}(\xi_2)(a(t,x) + b(t,x)u).$$

$$(3.3.16)$$

构造如下控制器:

$$u = -(\beta_2^+ + \beta_2^- \bar{a}(x)) \operatorname{sgn}(\xi_2), \tag{3.3.17}$$

其中, $\beta_2^+ \geqslant \dfrac{c_1(\beta_1) + c_2(\beta_1) + \dfrac{\beta_1}{12}}{\underline{b}}$; $\beta_2^- \geqslant \dfrac{1}{\underline{b}}$. 将控制器 (3.3.17) 代入式 (3.3.16), 可得

$$\dot{V}_2(\omega_1, \omega_2) \leqslant -\frac{\beta_1}{12} \left(\xi_1^{\frac{2\rho}{a}} + \xi_2^{\frac{2\rho}{a}} \right). \tag{3.3.18}$$

注意到

$$\int_{\omega_k^*}^{\omega_k} \operatorname{sig}^{\frac{2\rho-r_k+r_2}{a}} \left(\operatorname{sig}^{\frac{a}{r_k}}(\kappa) - \operatorname{sig}^{\frac{a}{r_k}}(\omega_k^*) \right) d\kappa \leqslant |\omega_k - \omega_k^*| |\xi_k|^{\frac{2\rho-r_k+r_2}{a}}$$

$$\leqslant 2^{1-\frac{r_k}{a}} |\xi_k|^{\frac{r_k}{a}} |\xi_k|^{\frac{2\rho-r_k+r_2}{a}}$$

$$= 2^{1-\frac{r_k}{a}} |\xi_k|^{\frac{2\rho+r_2}{a}}, \quad k = 1, 2,$$

可以验证 $V_2(\omega_1, \omega_2) \leqslant 2(|\xi_1|^{\frac{2\rho+r_2}{a}} + |\xi_2|^{\frac{2\rho+r_2}{a}})$. 令 $c = \dfrac{\beta_1}{12 \times 2^{\frac{2\rho}{2\rho+r_2}}}$, 则有

$$\dot{V}_2(\omega_1, \omega_2) + c V_2^{\frac{2\rho}{2\rho+r_2}}(\omega_1, \omega_2) \leqslant 0. \tag{3.3.19}$$

又因为 $\dfrac{2\rho}{2\rho+r_2} \in (0, 1)$, 由引理 A.2.1 可知, 闭环系统 (3.3.4) 和 (3.3.17) 全局有限时间稳定. 另外, 根据 ξ_2 的定义, 控制器 (3.3.17) 等价于式 (3.3.5). 证毕. ∎

注 3.3.1　在一阶滑模控制中, 用饱和函数代替符号函数能削弱抖振. 事实上, 在二阶滑模控制中用同样的方法也能削弱抖振, 但稳态误差较大. 为了在削弱抖振的同时保留二阶滑模控制器的鲁棒性, 最有效的方法是利用三阶滑模控制来削弱二阶滑模的抖振.

3.3.2　准连续继电-多项式二阶滑模控制设计

基于上述继电-多项式二阶滑模控制方法, 本节引入准连续滑模控制方法的概念, 给出准连续继电-多项式二阶滑模控制方法, 有效地削弱了抖振. 首先给出下面的定理.

定理 3.3.2　若准连续控制器设计为

$$u = -\left(\beta_2^+ + \beta_2^- \, \bar{a}(x)\right) \frac{\operatorname{sig}^{\frac{a}{r_2}}(\dot{s}) + \beta_1^{\frac{a}{r_2}} \operatorname{sig}^{\frac{a}{r_1}}(s)}{|\dot{s}|^{\frac{a}{r_2}} + \beta_1^{\frac{a}{r_2}} |s|^{\frac{a}{r_1}}}, \tag{3.3.20}$$

其中, $\beta_1 > 0$; $\beta_2^+ > 0$, $\beta_2^- > 0$; $a \geqslant r_1 = 2r_2 > 0$, 则闭环系统 (3.2.2) 和 (3.3.20) 全局有限时间稳定.

证明　证明主要包括三步. 首先, 选择一个区域 Ω_1, 并给出另一个区域 Ω_2 使得 $\Omega_1 \subset \Omega_2$. 然后, 证明存在一个时刻 T_1 使 $[s(T_1), \dot{s}(T_1)] \in \Omega_1$, 这意味着 $[s(T_1), \dot{s}(T_1)] \in \Omega_2$. 最后, 证明滑模变量不会逃离区域 Ω_2 并在有限时间内收敛到原点. 下面, 将给出详细的证明.

令

$$\psi = \frac{\operatorname{sig}^{\frac{a}{r_2}}(\dot{s}) + \beta_1^{\frac{a}{r_2}} \operatorname{sig}^{\frac{a}{r_1}}(s)}{|\dot{s}|^{\frac{a}{r_2}} + \beta_1^{\frac{a}{r_2}} |s|^{\frac{a}{r_1}}}, \quad \Omega_1(\xi) = \left\{ |\psi| \leqslant \xi, 0 < \xi < \frac{1}{3} \right\}, \tag{3.3.21}$$

其中, ξ 为一个固定常数. 易验证对 $\forall (s, \dot{s}) \in \Omega_1(\xi)$, 有

$$\begin{aligned}
|\dot{s}|^{\frac{a}{r_2}} &\leqslant \left| \operatorname{sig}^{\frac{a}{r_2}}(\dot{s}) + \beta_1^{\frac{a}{r_2}} \operatorname{sig}^{\frac{a}{r_1}}(s) - \beta_1^{\frac{a}{r_2}} \operatorname{sig}^{\frac{a}{r_1}}(s) \right| \\
&\leqslant |\psi| \left(|\dot{s}|^{\frac{a}{r_2}} + \beta_1^{\frac{a}{r_2}} |s|^{\frac{a}{r_1}} \right) + \beta_1^{\frac{a}{r_2}} |s|^{\frac{a}{r_1}} \\
&\leqslant \frac{1}{3} \left(|\dot{s}|^{\frac{a}{r_2}} + \beta_1^{\frac{a}{r_2}} |s|^{\frac{a}{r_1}} \right) + \beta_1^{\frac{a}{r_2}} |s|^{\frac{a}{r_1}}.
\end{aligned} \tag{3.3.22}$$

由式 (3.3.22), 有 $|\dot{s}|^{\frac{a}{r_2}} \leqslant 2\beta_1^{\frac{a}{r_2}} |s|^{\frac{a}{r_1}}$, $\forall (s, \dot{s}) \in \Omega_1(\xi)$. 因此, 当 $|\psi| \leqslant \xi < \frac{1}{3}$ 时, 可知

$$\left| \operatorname{sig}^{\frac{a}{r_2}}(\dot{s}) + \beta_1^{\frac{a}{r_2}} \operatorname{sig}^{\frac{a}{r_1}}(s) \right| \leqslant \xi \left(|\dot{s}|^{\frac{a}{r_2}} + \beta_1^{\frac{a}{r_2}} |s|^{\frac{a}{r_1}} \right)$$

$$\leqslant \xi \left(2\beta_1^{\frac{a}{r_2}} |s|^{\frac{a}{r_1}} + \beta_1^{\frac{a}{r_2}} |s|^{\frac{a}{r_1}} \right)$$

$$= 3\xi\beta_1^{\frac{a}{r_2}} |s|^{\frac{a}{r_1}}. \tag{3.3.23}$$

令

$$\Omega_2(\xi) = \left\{ (s,\dot{s}) : \left| \mathrm{sig}^{\frac{a}{r_2}}(\dot{s}) + \beta_1^{\frac{a}{r_2}} \mathrm{sig}^{\frac{a}{r_1}}(s) \right| \leqslant 3\xi\beta_1^{\frac{a}{r_2}} |s|^{\frac{a}{r_1}} \right\}. \tag{3.3.24}$$

显然有 $\Omega_1(\xi) \subset \Omega_2(\xi)$. 同时, 集合 $\Omega_2(\xi)$ 等价于

$$\Omega_2(\xi) = \left\{ (s,\dot{s}) : \phi_- \leqslant \mathrm{sig}^{\frac{a}{r_2}}(\dot{s}) \leqslant \phi_+ \right\},$$

其中,

$$\phi_+ = 3\xi\beta_1^{\frac{a}{r_2}} |s|^{\frac{a}{r_1}} - \beta_1^{\frac{a}{r_2}} \mathrm{sig}^{\frac{a}{r_1}}(s),$$
$$\phi_- = -3\xi\beta_1^{\frac{a}{r_2}} |s|^{\frac{a}{r_1}} - \beta_1^{\frac{a}{r_2}} \mathrm{sig}^{\frac{a}{r_1}}(s).$$

接下来, 证明滑模变量将进入并停留在区域 $\Omega_2(\xi)$.

令

$$\pi_+ = \mathrm{sig}^{\frac{a}{r_2}}(\dot{s}) - \phi_+, \quad \pi_- = \mathrm{sig}^{\frac{a}{r_2}}(\dot{s}) - \phi_-. \tag{3.3.25}$$

首先证明存在时刻 $T_1 \geqslant 0$ 使得 $(s(T_1), \dot{s}(T_1)) \in \Omega_2$. s-$\dot{s}$ 的相平面图如图 3.3.1 所示.

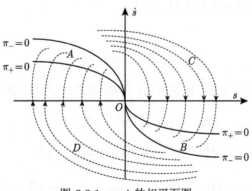

图 3.3.1 　s-$\dot{s}$ 的相平面图

由图 3.3.1 可以看出, $\Omega_2 = A \cup B$. 如果 $[s(0), \dot{s}(0)] \in A$ 或 $[s(0), \dot{s}(0)] \in B$, 那么令 $T_1 = 0$, 则 $[s(T_1), \dot{s}(T_1)] \in \Omega_2$. 为不失一般性, 认为 $[s(0), \dot{s}(0)] \in C$ 或者 $[s(0), \dot{s}(0)] \in D$. 假设滑模变量不会进入区域 Ω_2, 则有 $[s(t), \dot{s}(t)] \notin \Omega_2$, $t \geqslant 0$. 由于 $\Omega_1 \subset \Omega_2$, 有

$$[s(t), \dot{s}(t)] \notin \Omega_1, \quad t \geqslant 0.$$

即 $\forall t > 0$, 有 $|\psi| > \xi$.

首先考虑 $\psi > \xi, \forall t > 0$ 的情况. 令 $\beta_2^+ > 0$ 和 $\beta_2^- \geqslant \dfrac{1}{\xi \underline{b}}$. 将控制器 (3.3.20) 代入式 (3.2.2), 可得

$$\ddot{s} = a(t,x) - b(t,x)(\beta_2^+ + \beta_2^- \bar{a}(x))\psi \leqslant -\underline{b}\beta_2^+ \xi. \tag{3.3.26}$$

对式 (3.3.26) 两边同时求积分, 可得

$$\dot{s}(t) \leqslant -\underline{b}\beta_2^+ \xi t + \dot{s}(0). \tag{3.3.27}$$

即

$$s(t) \leqslant s(0) + \dot{s}(0)t - \frac{\underline{b}\beta_2^+ \xi}{2}t^2. \tag{3.3.28}$$

不等式 (3.3.27) 和式 (3.3.28) 表明, 经过有限时刻 T^*, 有 $s < 0$ 且 $\dot{s} < 0$. 因此, 当 $t \geqslant T^*$ 时, 有

$$\left| \mathrm{sig}^{\frac{a}{r_2}}(\dot{s}) + \beta_1^{\frac{a}{r_2}} \mathrm{sig}^{\frac{a}{r_1}}(s) \right| = |\dot{s}|^{\frac{a}{r_2}} + \beta_1^{\frac{a}{r_2}} |s|^{\frac{a}{r_1}}$$

$$> 3\xi \beta_1^{\frac{a}{r_2}} |s|^{\frac{a}{r_1}}.$$

同理可得, 对于 $\psi < -\xi, \forall t > 0$ 的情况, 也存在上述矛盾. 因此, 存在一个有限时刻 $T_1 \geqslant 0$ 使得 $[s(T_1), \dot{s}(T_1)] \in \Omega_1 \subset \Omega_2$.

下一步证明

$$[s(t), \dot{s}(t)] \in \Omega_2, \quad \forall t \geqslant T_1. \tag{3.3.29}$$

假设 $[s(T_1), \dot{s}(T_1)] \in B$. 由图 3.3.1 可知, B 的边界是 $\partial B = \partial B_+ \cap \partial B_-$, 其中,

$$\partial B_+ = \{(s, \dot{s}) : \pi_+ = 0, \ s > 0\},$$

$$\partial B_- = \{(s, \dot{s}) : \pi_- = 0, \ s > 0\}.$$

显然, 对于任意 $(s, \dot{s}) \in \partial B_+$, 都有 $\pi_+ = \mathrm{sig}^{\frac{a}{r_2}}(\dot{s}) - 3\xi \beta_1^{\frac{a}{r_2}} |s|^{\frac{a}{r_1}} + \beta_1^{\frac{a}{r_2}} \mathrm{sig}^{\frac{a}{r_1}}(s) = 0$ 且 $\dot{s} < 0, s > 0$. 因此, 由 $\pi^+ = 0$ 和式 (3.3.25) 可得

$$\dot{s} = -\beta_1(1 - 3\xi)^{\frac{a}{r_2}} s^{\frac{r_2}{r_1}}, \quad \forall(s, \dot{s}) \in \partial B_+. \tag{3.3.30}$$

沿系统 (3.2.2) 对 π_+ 求导可得

$$\dot{\pi}_+ = \frac{a}{r_2} |\dot{s}|^{\frac{a}{r_2} - 1} \ddot{s} - \dot{\phi}_+$$

$$= \frac{a}{r_2}|\dot{s}|^{\frac{a}{r_2}-1}\left[a(t,x)-b(t,x)(\beta_2^+ + \beta_2^-\bar{a}(x))\psi\right]$$

$$-\left(\frac{3a\xi\beta_1^{\frac{a}{r_2}}}{r_1}\operatorname{sig}^{\frac{a}{r_1}-1}(s) - \frac{a\beta_1^{\frac{a}{r_2}}}{r_1}|s|^{\frac{a}{r_1}-1}\right)\dot{s}. \tag{3.3.31}$$

当 $(s,\dot{s}) \in \partial B_+$ 时, 将式 (3.3.30) 代入式 (3.3.31) 可得

$$\dot{\pi}_+ = \frac{a}{r_2}\beta_1^{\frac{a}{r_2}-1}(1-3\xi)^{1-\frac{r_2}{a}}|s|^{\frac{a-r_2}{r_1}}\left[a(t,x)-b(t,x)(\beta_2^-\bar{a}(x)+\beta_2^+\frac{3\xi}{2-3\xi}\right]$$

$$-a(1-3\xi)^{1+\frac{r_2}{a}}\frac{\beta_1^{1+\frac{a}{r_2}}}{r_1}|s|^{\frac{a}{r_1}-1+\frac{r_2}{r_1}}. \tag{3.3.32}$$

令 $\beta_2^- > \dfrac{2-3\xi}{3\xi\underline{b}}$, 由式 (3.3.32) 可得, 对任意的 $\beta_2^+ > 0$, 有

$$\dot{\pi}_+ \leqslant -\frac{a}{r_2}\beta_1^{\frac{a}{r_2}-1}(1-3\xi)^{1-\frac{a}{r_2}}\frac{3\xi\underline{b}}{2-3\xi}\beta_2^+|s|^{\frac{a-r_2}{r_1}} < 0, \quad \forall(s,\dot{s}) \in \partial B_+. \tag{3.3.33}$$

另外, 当 $(s,\dot{s}) \in \partial B_-$ 时, 有

$$\pi_- = \operatorname{sig}^{\frac{a}{r_2}}(\dot{s}) + 3\xi\beta_1^{\frac{a}{r_2}}|s|^{\frac{a}{r_1}} + \beta_1^{\frac{a}{r_2}}\lfloor s\rfloor^{\frac{a}{r_1}} = 0,$$

即当 $(s,\dot{s}) \in \partial B_-$ 时, 可得

$$\dot{s} = -\beta_1(1+3\xi)^{\frac{r_2}{a}}s^{\frac{r_2}{r_1}}. \tag{3.3.34}$$

沿系统 (3.2.2) 对 π_- 求导可得

$$\dot{\pi}_- = \frac{a}{r_2}|\dot{s}|^{\frac{a}{r_2}-1}\ddot{s} + \frac{a\beta_1^{\frac{a}{r_2}}}{r_1}\left(|s|^{\frac{a}{r_1}-1} + 3\xi\operatorname{sig}^{\frac{a}{r_1}-1}(s)\right)\dot{s}. \tag{3.3.35}$$

当 $(s,\dot{s}) \in \partial B_-$ 时, 有

$$\ddot{s} = a(t,x) - b(t,x)(\beta_2^+ + \beta_2^-\bar{a}(x))\psi$$

$$= a(t,x) + b(t,x)(\beta_2^+ + \beta_2^-\bar{a}(x))\frac{3\xi}{2+3\xi}. \tag{3.3.36}$$

令 $\beta_2^- \geqslant \dfrac{2+3\xi}{3\underline{b}\xi}$, 可得

$$\ddot{s} \geqslant \frac{3\xi\underline{b}\beta_2^+}{2+3\xi}, \quad \forall(s,\dot{s}) \in \partial B_-. \tag{3.3.37}$$

考虑到 $r_1 = 2r_2$, 将式 (3.3.37) 和式 (3.3.34) 代入式 (3.3.35) 可得

$$\dot{\pi}_- \geqslant \frac{a}{r_2} \frac{3\underline{b}\beta_2^+ \xi}{2+3\xi} \beta_1^{\frac{a}{r_2}-1} (1+3\xi)^{1-\frac{r_2}{a}} |s|^{\frac{a}{r_1}-\frac{1}{2}} - \frac{a\beta_1^{\frac{a}{r_2}+1}}{r_1} (1+3\xi)^{1+\frac{r_2}{a}} |s|^{\frac{a}{r_1}-\frac{1}{2}}. \tag{3.3.38}$$

令 $\beta_2^+ > \dfrac{r_2(2+3\xi)(1+3\xi)^{\frac{2r_2}{a}} \beta_1^2}{3\xi \underline{b} r_1}$. 由式 (3.3.38) 可知

$$\dot{\pi}_- > 0, \quad \forall (s, \dot{s}) \in \partial B_-. \tag{3.3.39}$$

由式 (3.3.33) 和式 (3.3.39), 以及 π_+ 和 π_- 的连续性可知, 滑模变量将不会从区域 B 逃离.

同理, 当 $(s(T_1), \dot{s}(T_1)) \in A$ 时, 滑模变量将不会从区域 A 逃离, 即

$$(s(t), \dot{s}(t)) \in \Omega_2, \quad \forall t \geqslant T_1. \tag{3.3.40}$$

最后, 证明当滑模变量进入 Ω_2 时, 它们将在有限时间内收敛到原点.

当 $(s, \dot{s}) \in B$ 时, 有 $s > 0$ 以及 $\dot{s} < 0$ 成立, 在此基础上可得 $|-(-\dot{s})^{\frac{a}{r_2}} + \beta_1^{\frac{a}{r_2}} s^{\frac{a}{r_1}}| \leqslant 3\xi \beta_1^{\frac{a}{r_2}} s^{\frac{a}{r_2}}$. 上式等价于 $(1-3\xi)\beta_1^{\frac{a}{r_2}} s^{\frac{a}{r_1}} \leqslant (-\dot{s})^{\frac{a}{r_2}} \leqslant (1+3\xi)\beta_1^{\frac{a}{r_2}} s^{\frac{a}{r_1}}$, 即

$$-(1+3\xi)^{\frac{r_2}{a}} \beta_1 s^{\frac{r_2}{r_1}} \leqslant \dot{s} \leqslant -\beta_1(1-3\xi)^{\frac{r_2}{a}} s^{\frac{r_2}{r_1}}. \tag{3.3.41}$$

令 $V(s) = \dfrac{1}{2} s^2$. 由式 (3.3.41) 可得

$$\dot{V}(s) \leqslant -\beta_1(1-3\xi)^{\frac{r_2}{a}} 2^{\frac{r_1+r_2}{2r_1}} V^{\frac{r_1+r_2}{2r_1}}. \tag{3.3.42}$$

注意到 $0 < \dfrac{r_1+r_2}{2r_1} = \dfrac{3}{4} < 1$. 由引理 A.2.1 和式 (3.3.42) 可知, 滑模变量将在有限时间内稳定至原点. 当 $(s, \dot{s}) \in A$ 时, 证明类似. 因此, 当滑模变量进入区域 Ω_2 时, 将在有限时间内收敛到原点. 证毕. ■

注 3.3.2 从定理 3.3.2 的证明可以看出, 控制器 (3.3.20) 的参数应满足

$$\beta_2^+ > \frac{r_2(2+3\xi)(1+3\xi)^{\frac{2r_2}{a}} \beta_1^2}{3r_1 \underline{b} \xi}, \quad \beta_2^- > \left\{ \frac{1}{\underline{b}\xi}, \frac{2-3\xi}{3\xi\underline{b}}, \frac{2+3\xi}{3\underline{b}\xi} \right\}, \quad \beta_1 > 0, \tag{3.3.43}$$

其中, $0 < \xi < 1/3$. 另外, 根据式 (3.3.43), 可按如下条件选择参数:

$$\beta_1 > 0, \quad \beta_2^- > \frac{3}{\underline{b}}, \quad \beta_2^+ > \frac{3r_2 2^{\frac{2r_2}{a}} \beta_1^2}{r_1 \underline{b}}. \tag{3.3.44}$$

注 3.3.3 注意到文献 [153] 中已经提出了一种准连续二阶滑模控制方法. 该方法假设存在一个局部非零有界且勒贝格 (Lebesgue) 可测函数 $\Psi(t, x)$, 使得对于任意 d, 有足够大的常数 β_2 满足以下条件:

$$\beta_2 b(t, x)\Psi(t, x) > d + |a(t, x)|. \tag{3.3.45}$$

在条件 (3.3.45) 的情况下, 二阶滑模可以设计为

$$u = -\beta_2 \Psi(t, x)\frac{\dot{\sigma} + \beta_1 \operatorname{sig}^{\frac{1}{2}}(\sigma)}{|\dot{\sigma}| + \beta_1 |\sigma|^{\frac{1}{2}}}. \tag{3.3.46}$$

与控制器 (3.3.46) 相比, 所提控制器 (3.3.20) 具有如下优点: 一方面, 与控制器 (3.3.46) 中的参数 β_2 和 $\Psi(t, x)$ 选择相比, 控制器 (3.3.20) 中参数 β_1、β_2^+ 和 β_2^- 的选择更为简单; 另一方面, 注意到系统收敛速度是由分数幂决定的, 控制器 (3.3.20) 中的分数幂是可调的, 而控制器 (3.3.46) 中的分数幂不可调.

3.4 非匹配干扰由函数限定条件下的二阶滑模控制

3.4.1 系统建模和问题描述

从传统的二阶滑模控制方法来看, 滑模动力学都是基于滑模变量的二次求导得到的. 但这可能会带来一些问题: 首先, $\dot{s}$ 中所有信息将被迫转移到 $\ddot{s}$ 中, 增加了控制输入通道中不确定项的数量, 同时也意味着需要更大的增益来抑制上述不确定项; 其次, 直接求导可能会扩大 $\dot{s}$ 中的噪声. 若将 $\dot{s} = \dfrac{\partial s}{\partial t} + \dfrac{\partial s}{\partial x}\dot{x}$ 分为两部分, 即依赖可测变量 s 的第一部分及剩余非匹配项组成的第二部分, 则以上问题将有可能得到解决. 此时, 系统 (3.2.2) 等价于

$$\begin{cases} \dot{s}_1 = s_2 + c(t, s_1), \\ \dot{s}_2 = a(t, x) + b(t, x)u, \end{cases} \tag{3.4.1}$$

其中, $s_1 = s$; $\dfrac{\partial s_1}{\partial t} + \dfrac{\partial s_1}{\partial x}\dot{x} = s_2 + c(t, s_1)$; s_2 和 $c(t, s_1)$ 可根据需要自由选择, 且光滑函数 $a(t, x)$、$b(t, x)$ 和 $c(t, s_1)$ 满足以下假设.

假设 3.4.1 存在一个正常数 $\underline{b}$ 和连续函数 $\bar{a}(x) \geqslant 0, \rho(s_1) \geqslant 0$, 使得 $|a(t, x)| \leqslant \bar{a}(x)$, $b(t, x) \geqslant \underline{b}$, $|c(t, s_1)| \leqslant \rho(s_1)|s_1|^{\frac{1}{2}}$.

注 3.4.1 注意到 $c(t, s_1)$ 是连续可微的. 令 $\bar{s}_2 = s_2 + c(t, s_1)$, 则系统 (3.4.1) 等价于 $\ddot{s}_1 = a(t, x) + b(t, x)u + \dot{c}(t, s_1)$, 该系统的解仍然理解为 Filippov 解.

　　注 3.4.2　选择 $c(t, s_1)$ 的准则是看它能否减少控制通道中的不确定项和满足假设 3.4.1. 因此, 通常需要预先知道一些关于非匹配项 $c(t, s_1)$ 的信息, 甚至是全部的信息. 一旦 $c(t, s_1)$ 被选定, 即可得到 $s_2 = \dot{s}_1 - c(t, s_1)$. 如果 s_2 中包含干扰, 此时可用观测器来估计 s_2. 观测器设计具有可行性, 因为 $c(t, s_1)$ 仅依赖可测变量 s_1, 在观测误差系统中它能被直接抵消.

　　本节的控制设计目标是, 在非匹配项存在的情况下对系统 (3.4.1) 设计一个合适的二阶滑模控制器, 使滑模变量能在有限时间内稳定到平衡点 $s_1 = \dot{s}_1 = 0$.

3.4.2　非匹配受扰二阶滑模控制设计

　　本节针对非匹配受扰二阶滑模系统 (3.4.1), 利用反步法设计一种新的二阶滑模控制器, 主要结果如下.

　　定理 3.4.1　考虑非匹配受扰二阶滑模系统 (3.4.1), 若控制器设计为

$$u = -\beta_2(x, s_1) \operatorname{sgn}\left(\operatorname{sig}^{\frac{a}{r_2}}(s_2) + \beta_1(s_1) \operatorname{sig}^{\frac{a}{r_1}}(s_1) \right), \tag{3.4.2}$$

其中, $\beta_2(x, s_1) \geqslant \beta_1(s_1)$; $a \geqslant r_1 = 2r_2 > 0$, 则在该控制器作用下滑模变量将在有限时间内稳定到平衡点 $s_1 = \dot{s}_1 = 0$.

　　证明　证明分为两个步骤.

　　步骤 1　选择如下形式的 Lyapunov 函数:

$$V_1(s_1) = \int_0^{s_1} \operatorname{sig}^{\frac{2\rho - r_2}{r_1}}(\kappa) \mathrm{d}\kappa = \frac{r_1}{2\rho + r_2} |s_1|^{\frac{2\rho + r_2}{r_1}},$$

其中, $\rho \geqslant a \geqslant r_1 = 2r_2 > 0$. 沿系统 (3.4.1) 对 $V_1(s_1)$ 求导可得

$$\begin{aligned}
\dot{V}_1(s_1) &= \operatorname{sig}^{\frac{2\rho - r_2}{r_1}}(s_1) s_2 + \operatorname{sig}^{\frac{2\rho - r_2}{r_1}}(s_1) c(t, s_1) \\
&\leqslant \operatorname{sig}^{\frac{2\rho - r_2}{r_1}}(s_1)(s_2 - s_2^*) + \operatorname{sig}^{\frac{2\rho - r_2}{r_1}}(s_1) s_2^* + \rho(s_1) s_1^{\frac{2\rho}{r_1}},
\end{aligned} \tag{3.4.3}$$

其中, s_2^* 为虚拟控制器. 设计

$$s_2^* = -\beta_1(s_1) \operatorname{sig}^{\frac{r_2}{a}}(\xi_1),$$

其中, $\xi_1 = \operatorname{sig}^{\frac{a}{r_1}}(s_1)$; $\beta_1(s_1)$ 为已知光滑函数且满足

$$\beta_1(s_1) \geqslant \rho(s_1) + \beta_0, \quad \beta_0 > 0. \tag{3.4.4}$$

　　由式 (3.4.3) 可知

$$\dot{V}_1(s_1) \leqslant -\beta_0 \xi_1^{\frac{2\rho}{a}} + \operatorname{sig}^{\frac{2\rho - r_2}{a}}(\xi_1)(s_2 - s_2^*).$$

步骤 2 构造如下形式的 Lyapunov 函数:

$$V_2(s_1, s_2) = V_1(s_1) + W_2(s_1, s_2),$$

其中, $W_2(s_1, s_2) = \int_{s_2^*}^{s_2} \text{sig}^{\frac{2\rho}{a}}(\text{sig}^{\frac{a}{r_2}}(\kappa) - \text{sig}^{\frac{a}{r_2}}(s_2^*))d\kappa.$ 类似于文献 [151] 中命题 B.1 和 B.2 的证明, 容易验证函数 $V_2(s_1, s_2)$ 是正定、可导且径向无界的. 沿系统 (3.4.1) 对 $V_2(s_1, s_2)$ 求导可得

$$\dot{V}_2(s_1, s_2) = \dot{V}_1(s_1) + \frac{\partial W_2(s_1, s_2)}{\partial s_1}\dot{s}_1 + \frac{\partial W_2(s_1, s_2)}{\partial s_2}\dot{s}_2$$

$$\leqslant -\beta_0\xi_1^{\frac{2\rho}{a}} + \text{sig}^{\frac{2\rho-r_2}{a}}(\xi_1)(s_2 - s_2^*) + \frac{\partial W_2(s_1, s_2)}{\partial s_1}\dot{s}_1 + \text{sig}^{\frac{2\rho}{a}}(\xi_2)\dot{s}_2,$$
$$(3.4.5)$$

其中, $\xi_2 = \text{sig}^{\frac{a}{r_2}}(s_2) - \text{sig}^{\frac{a}{r_2}}(s_2^*).$ 接下来估计式 (3.4.5) 右边的每一项.

注意到 $|s_2 - s_2^*| = \left|\text{sig}^{\frac{a}{r_2}\times\frac{r_2}{a}}(s_2) - \text{sig}^{\frac{r_2}{a}\times\frac{a}{r_2}}(s_2^*)\right|$, 由引理 A.1.1 可得

$$\text{sig}^{\frac{2\rho-r_2}{a}}(\xi_1)(s_2 - s_2^*) \leqslant 2^{1-\frac{r_2}{a}}|\xi_1|^{\frac{2\rho-r_2}{a}}|\xi_2|^{\frac{r_2}{a}}.$$

结合上式, 利用引理 A.1.2 可得

$$\text{sig}^{\frac{2\rho-r_2}{a}}(\xi_1)(s_2 - s_2^*) \leqslant \frac{1}{4}\beta_0\xi_1^{\frac{2\rho}{a}} + c_1(\beta_0)\xi_2^{\frac{2\rho}{a}}, \qquad (3.4.6)$$

其中, $c_1(\beta_0) = 2^{1-\frac{r_2}{a}}\frac{r_1}{4\rho}\left[\frac{(4\rho-r_1)2^{1-\frac{r_2}{a}}}{\rho\beta_0}\right]^{\frac{4\rho-r_1}{r_1}}.$

同时, 根据引理 A.1.1 有

$$\left|\frac{\partial W_2(s_1, s_2)}{\partial s_1}\dot{s}_1\right| \leqslant \frac{2\rho}{a}2^{1-\frac{r_2}{a}}|\xi_2|^{\frac{r_2}{a}+\frac{2\rho}{a}-1}\left|\frac{\partial\text{sig}^{\frac{a}{r_2}}(s_2^*)}{\partial s_1}\dot{s}_1\right|. \qquad (3.4.7)$$

注意到 $s_2^* = -\beta_1(s_1)\text{sig}^{\frac{r_2}{a}}(\xi_1)$, 则有

$$\left|\frac{\partial(\text{sig}^{\frac{a}{r_2}}(s_2^*))}{\partial s_1}\right| \leqslant \left|\frac{\partial\beta_1^{\frac{a}{r_2}}(s_1)}{\partial s_1}\xi_1\right| + \beta_1^{\frac{a}{r_2}}(s_1)\left|\frac{\partial\xi_1}{\partial s_1}\right|$$

$$= \left|\frac{\partial\beta_1^{\frac{a}{r_2}}(s_1)\xi_1}{\partial s_1}\right| + \frac{a\beta_1^{\frac{a}{r_2}}(s_1)}{r_1}|s_1|^{\frac{a}{r_1}-1}. \qquad (3.4.8)$$

由引理 A.1.3 可得

$$|s_2| = \left|\xi_2 - \beta_1^{\frac{a}{r_2}}(s_1)\xi_1\right|^{\frac{r_2}{a}} \leqslant |\xi_2|^{\frac{r_2}{a}} + \beta_1(s_1)|\xi_1|^{\frac{r_2}{a}}.$$

将上式与式 (3.4.8) 和假设 3.4.1 结合得到

$$\left|\frac{\partial(\mathrm{sig}^{\frac{a}{r_2}}(s_2^*))}{\partial s_1}\dot{s}_1\right| \leqslant \left(\left|\frac{\partial\beta_1^{\frac{a}{r_2}}(s_1)}{\partial s_1}\xi_1^{\frac{r_1}{a}}\right| + \frac{a\beta_1^{\frac{a}{r_2}}(s_1)}{r_1}\right)|\xi_1|^{1-\frac{r_1}{a}}$$
$$\times \left(|\xi_2|^{\frac{r_2}{a}} + \beta_1(s_1)|\xi_1|^{\frac{r_2}{a}} + \rho(s_1)|\xi_1|^{\frac{r_2}{a}}\right). \tag{3.4.9}$$

运用引理 A.1.2, 由式 (3.4.9) 可知, 存在两个非负连续函数即 $c_2(s_1)$ 和 $c_3(s_1)$ 使得

$$\left|\frac{\partial(\mathrm{sig}^{\frac{a}{r_2}}(s_2^*))}{\partial s_1}\dot{s}_1\right| \leqslant c_2(s_1)|\xi_1|^{1-\frac{r_2}{a}} + c_3(s_1)|\xi_2|^{1-\frac{r_2}{a}}.$$

将上式和式 (3.4.7) 结合, 则有

$$\left|\frac{\partial W_2}{\partial s_1}\dot{s}_1\right| \leqslant \frac{2\rho}{a}2^{1-\frac{r_2}{a}}|\xi_2|^{\frac{r_2+2\rho}{a}-1}\left(c_2(s_1)|\xi_1|^{1-\frac{r_2}{a}} + c_3(s_1)|\xi_2|^{1-\frac{r_2}{a}}\right).$$

再次运用引理 A.1.2, 可得

$$\left|\frac{\partial W_2}{\partial s_1}\dot{s}_1\right| \leqslant \frac{1}{4}\beta_0\xi_1^{\frac{2\rho}{a}} + c_4(s_1)\xi_2^{\frac{2\rho}{a}}, \tag{3.4.10}$$

其中, $c_4(s_1)$ 为一个非负连续函数.

将式 (3.4.6) 和式 (3.4.10) 代入式 (3.4.5), 可得

$$\dot{V}_2(s_1,s_2) \leqslant -\frac{\beta_0}{2}\xi_1^{\frac{2\rho}{a}} + (c_1(\beta_0)+c_4(s_1))\xi_2^{\frac{2\rho}{a}} + \mathrm{sig}^{\frac{2\rho}{a}}(\xi_2)(a(t,x)+b(t,x)u). \tag{3.4.11}$$

构造如下形式的控制器:

$$u = -\beta_2(x,s_1)\,\mathrm{sgn}(\xi_2), \tag{3.4.12}$$

其中,

$$\beta_2(x,s_1) \geqslant \frac{c_1(\beta_0)+c_4(s_1)+\dfrac{\beta_0}{2}+\bar{a}(x)}{\underline{b}}. \tag{3.4.13}$$

将控制器 (3.4.12) 代入式 (3.4.11), 可得

$$\dot{V}_2(s_1, s_2) \leqslant -\frac{\beta_0}{2} \left(\xi_1^{\frac{2\rho}{a}} + \xi_2^{\frac{2\rho}{a}} \right).$$

注意到

$$\int_{s_2^*}^{s_2} \mathrm{sig}^{\frac{2\rho}{a}} \left(\mathrm{sig}^{\frac{a}{r_2}}(\kappa) - \mathrm{sig}^{\frac{a}{r_2}}(s_2^*) \right) \mathrm{d}\kappa \leqslant |s_2 - s_2^*||\xi_2|^{\frac{2\rho}{a}} = 2^{1 - \frac{r_2}{a}} |\xi_2|^{\frac{2\rho + r_2}{a}},$$

可以验证

$$V_2(s_1, s_2) \leqslant 2 \left(|\xi_1|^{\frac{2\rho + r_2}{a}} + |\xi_2|^{\frac{2\rho + r_2}{a}} \right).$$

令 $c = \dfrac{\beta_1}{2 \times 2^{\frac{2\rho}{2\rho + r_2}}}$, 可知

$$\dot{V}_2(s_1, s_2) + c V_2^{\frac{2\rho}{2\rho + r_2}}(s_1, s_2) \leqslant 0.$$

又因为 $\dfrac{2\rho}{2\rho + r_2} \in (0, 1)$, 由文献 [154] 中给出的有限时间 Lyapunov 理论可以看出, 系统 (3.4.1) 可被控制器 (3.4.12) 全局有限时间稳定. 注意到, 控制器 (3.4.12) 等价于控制器 (3.4.2). 证毕. ∎

若假设 3.4.1 退化为假设 3.4.2.

假设 3.4.2 存在非负常数 $\underline{b}$、$\bar{a}$ 和 $\bar{\rho}$, 使得 $|a(t, x)| \leqslant \bar{a}$, $b(t, x) \geqslant \underline{b}$, $|c(t, s_1)| \leqslant \bar{\rho}|s_1|^{1/2}$.

由定理 3.4.1 的证明可直接得到下列推论.

推论 3.4.1 在假设 3.4.2 条件下, 若控制器设计为

$$u = -\beta_2 \, \mathrm{sgn} \left(\mathrm{sig}^{\frac{a}{r_2}}(s_2) + \beta_1 \, \mathrm{sig}^{\frac{a}{r_1}}(s_1) \right), \tag{3.4.14}$$

其中, $\beta_2 > \beta_1 > 0$ 和 $a \geqslant r_1 = 2r_2 > 0$, 则二阶滑模系统 (3.4.1) 的滑模变量将在有限时间内稳定到平衡点 $s_1 = \dot{s}_1 = 0$.

注 3.4.3 由假设 3.2.1 可知, 控制器 (3.4.14) 也可当作系统 (3.2.2) 的二阶滑模控制器. 注意到, 文献 [5] 中有类似结构的控制器:

$$u = -\beta_2 \, \mathrm{sgn} \left(s_2 + \beta_1 \, \mathrm{sig}^{\frac{1}{2}}(s_1) \right). \tag{3.4.15}$$

很明显, 控制器 (3.4.14) 和 (3.4.15) 是两种不同的控制器. 事实上, 根据文献 [147], 控制器 (3.4.15) 可被当作传统的终端滑模控制器, 而控制器 (3.4.14) 为非奇异终端滑模控制器.

注 3.4.4   若非匹配项 $c(t, s_1)$ 等于零, 则假设 3.4.2 将退化为假设 3.4.3.

假设 3.4.3   *存在非负常数 $\underline{b}$ 和非负函数 $\bar{a}(x)$ 使得 $|a(t, x)| \leqslant \bar{a}(x), b(t, x) \geqslant \underline{b}$.*

假设 3.4.3 是假设 3.4.2 的一个特例. 根据推论 3.4.1, 控制器 (3.4.14) 对于满足假设 3.4.3 条件下的系统 (3.2.2) 仍然有效.

3.4.3   数值仿真

考虑下列变长度的倒立摆系统 [147], 示意图如图 3.4.1 所示, 其中 R 为点 O 到质心 m 的距离. 倒立摆由安装在顶部的电机驱动, 输出为控制力矩 u, x 为摆角. 该倒立摆的数学模型可以描述为

$$\ddot{x} = -2\frac{\dot{R}}{R}\dot{x} - g\frac{1}{R}\sin x + \frac{1}{mR^2}u, \tag{3.4.16}$$

其中, $m = 1\text{kg}$; $g = 9.8\text{m/s}^2$ 为重力加速度; $R = 1 - 0.2\sin t$. 控制目标是设计控制器 u 使得摆角 x 能够跟踪上参考信号 $x_c = -\dfrac{\pi}{3}$.

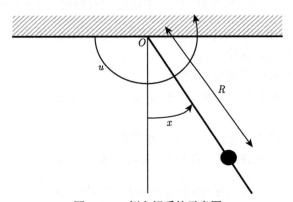

图 3.4.1   倒立摆系统示意图

令 $s = x - x_c$, 沿系统 (3.4.16) 对 s 二次求导可得

$$\ddot{s} = -\frac{2\dot{R}}{R}\dot{x} - \frac{g}{R}\sin x + \frac{1}{mR^2}u = a(t, x) + b(t, x)u,$$

其中, $a(t, x) = -\dfrac{2\dot{R}}{R}\dot{x} - \dfrac{g}{R}\sin x$; $b(t, x) = \dfrac{1}{mR^2}$.

令 $\bar{a}(x) = \dfrac{1}{2}|\dot{x}| + \dfrac{5}{4}g$, 以及 $\underline{b} = \dfrac{25}{36}$, 易验证

$$|a(t, x)| \leqslant \bar{a}(x), \quad b(t, x) \geqslant \underline{b}.$$

选取初始状态为 $(x(0), \dot{x}(0)) = \left(\dfrac{\pi}{3}, 2\right)$. 为保证对比的公平性, 控制信号幅值限制为 20N·m.

螺旋滑模控制方法 (3.2.3) 的参数取为 $k_1 = 20$, $k_2 = 12$. 在控制器 (3.2.3) 的作用下仿真结果如图 3.4.2～图 3.4.4 所示. 需要指出的是, 若初始状态较大, 滑模变量将会发散. 这是因为控制器 (3.2.3) 只能实现系统 (3.2.2) 的局部稳定.

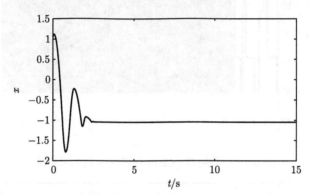

图 3.4.2　控制器 (3.2.3) 作用下状态 x 的响应曲线

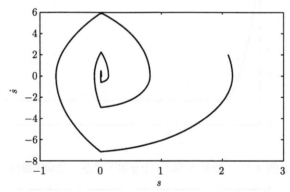

图 3.4.3　控制器 (3.2.3) 作用下 s-$\dot{s}$ 相平面图

令 $\rho = a = r_1 = 1, r_2 = 1/2, \beta_1 = 1$. 注意到, $\beta_2^- \geqslant \dfrac{1}{b} = 36/25$, 选取 $\beta_2^- = 36/25$, 由式 (3.3.2) 和式 (3.3.3) 计算可得 $\beta_2^+ \geqslant 38.22$. 因此, 选取 $\beta_2^+ = 38.5$. 根据定理 3.4.1, 系统 (3.4.16) 的控制器可以设计为

$$u = -(38.5 + 2.4\bar{a}(x)) \operatorname{sgn} \left(\operatorname{sig}^2(\dot{s}) + \beta_1^2 s \right). \tag{3.4.17}$$

在控制器 (3.4.17) 作用下, 仿真结果如图 3.4.5～图 3.4.7 所示.

由图 3.4.5 可看出, 输出信号可以很好地跟踪上参考信号. 事实上, 控制器 (3.4.17) 首先将系统状态控制到终端滑模面 $\operatorname{sig}^2(\dot{s}) + \beta_1^2 s = 0$. 然后, 滑模变量将会沿着该终端滑模面收敛到原点. 该性质也可由图 3.4.6 反映. 然而, 由图 3.4.7 可知, 抖振问题严重.

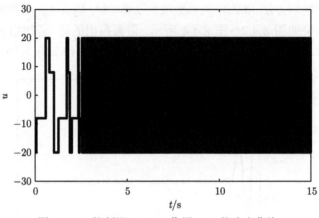

图 3.4.4   控制器 (3.2.3) 作用下 u 的响应曲线

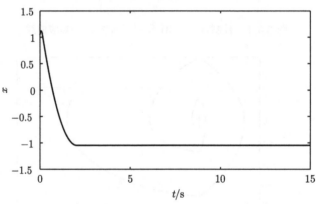

图 3.4.5   控制器 (3.4.17) 作用下状态 x 的响应曲线

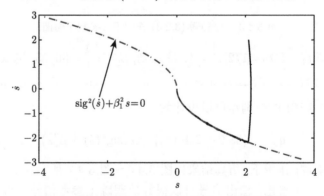

图 3.4.6   控制器 (3.4.17) 作用下 s-$\dot{s}$ 相平面图

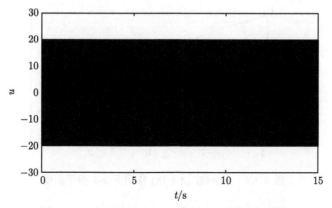

图 3.4.7　控制器 (3.4.17) 作用下 u 的响应曲线

令 $a = 4, r_1 = 2, r_2 = 1, \beta_1 = 1.5$. 由式 (3.3.44) 可知, $\beta_2^+ > 6.873, \beta_2^- > 4.32$.
因此, 可取 $\beta_2^+ = 7$, $\beta_2^- = 5$. 根据定理 3.3.2, 系统 (3.4.16) 的控制器可以设计为

$$u = -(7 + 5\bar{a}(x)) \frac{\mathrm{sig}^4(\dot{s}) + \beta_1^4 \, \mathrm{sig}^2(s)}{|\dot{s}|^4 + \beta_1^4 |s|^2}. \tag{3.4.18}$$

在控制器 (3.4.18) 作用下, 仿真结果如图 3.4.8~图 3.4.10 所示. 由图 3.4.5~
图 3.4.7 以及图 3.4.8~图 3.4.10可知, 在控制器 (3.4.17) 和 (3.4.18) 作用下闭
环系统的动态性能类似, 而准连续控制器 (3.4.18) 下的抖振却相应地削弱. 对控
制器 (3.4.17) 来说, 当 $\mathrm{sig}^{\frac{a}{r_2}}(\dot{s}) + \beta_1^{\frac{a}{r_2}} \mathrm{sig}^{\frac{a}{r_1}}(s)$ 变换符号时, 其为非连续, 也即当
系统状态到达滑模面 $\mathrm{sig}^{\frac{a}{r_2}}(\dot{s}) + \beta_1^{\frac{a}{r_2}} \mathrm{sig}^{\frac{a}{r_1}}(s) = 0$ 时, 抖振开始出现, 该现象由
图 3.4.7 可以直接看出. 与此同时, 由控制器 (3.4.18) 的结构可以看出, 它仅仅在
原点 $(s, \dot{s}) = (0, 0)$ 处非连续. 由图 3.4.8 和图 3.4.10 可以看出, 当状态 x 靠近 x_c
时, 抖振才会出现.

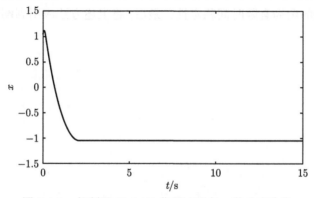

图 3.4.8　控制器 (3.4.18) 作用下状态 x 的响应曲线

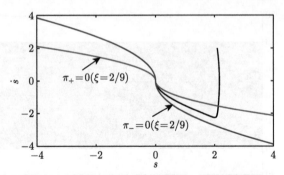

图 3.4.9　控制器 (3.4.18) 作用下 $s\text{-}\dot{s}$ 相平面图

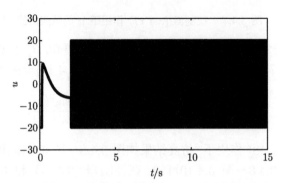

图 3.4.10　控制器 (3.4.18) 作用下 u 的响应曲线

3.5　本章小结

本章首先回顾了几类经典二阶滑模控制方法; 其次, 针对具有非匹配项的二阶滑模系统, 基于加幂积分方法, 给出了非匹配受扰二阶滑模控制设计方法, 并验证了闭环系统的全局有限时间稳定性; 最后, 将上述方法应用到倒立摆系统的控制问题中.

第 4 章 非线性系统的继电-多项式高阶滑模控制

考虑到抖振会给系统的动态性能带来负面影响, 而高阶滑模能有效地削弱抖振, 因此本章在继电-多项式二阶滑模控制方法的基础上, 讨论非线性系统的继电-多项式高阶滑模控制设计与分析, 给出基于 Lyapunov 方法和齐次系统理论的继电-多项式高阶滑模控制设计方法. 最后, 通过仿真算例验证所提方法的有效性.

4.1 引   言

二阶滑模可以削弱传统滑模的抖振, 三阶滑模可以削弱二阶滑模的抖振, 以此类推. 这是因为, 对 r 阶滑模动力学求导, 并将控制器的导数 $\dot{u}$ 看作新的控制器设计 $r+1$ 阶非连续时间滑模控制器, 此时 r 阶滑模控制器为非连续控制器的积分, 从而可以削弱抖振. 因此, 任意阶次的高阶滑模控制器设计具有重要的意义.

目前, 大多数关于高阶滑模的文献均基于齐次理论方法 [39,155,156]. 基于上述方法所得到的高阶滑模控制器结构一般较为复杂 [52,67,157]. 另外, 基于齐次理论的高阶滑模控制器只能保证闭环系统的收敛性, 无法证明其 Lyapunov 稳定性. 值得注意的是, 由于基于 Lyapunov 方法的控制设计可以给出参数与稳态误差之间的关系, 近年来 Lyapunov 方法在高阶滑模控制领域得到了广泛关注 [45,157-161], 然而, 大部分结果局限于二阶滑模, 关于高阶 ($n \geqslant 3$) 滑模的 Lyapunov 控制设计鲜有研究.

针对上述问题, 本章将给出两类任意阶滑模控制器的构造方法. 这类控制器的优点在于其结构简洁, 不含传统高阶滑模控制器中广泛存在的递归结构. 第一类控制器可以看作传统终端滑模控制器 [10,13] 的高阶形式, 或者连续有限时间控制器 [7] 的推广形式. 第二类控制器为第一类控制器的准连续形式, 因而相对于第一类控制器, 其能够进一步削弱抖振.

4.2 系统建模和问题描述

考虑如下形式的单输入单输出系统:

$$\dot{x} = A(t,x) + B(t,x)\, u, \quad s = s(t,x), \tag{4.2.1}$$

其中, $x \in \mathbb{R}^{n_x}$; $u \in \mathbb{R}$ 是控制输入; $s : \mathbb{R}^{n_x+1} \to \mathbb{R}$; A 和 B 是未知光滑函数. 由于待设计的控制器为非连续的, 所以系统的解为 Filippov 解[4]. 控制目标是使 s 在有限时间内收敛到零.

假设系统 (4.2.1) 的相对阶 n 是一个已知常数, 即控制输入将首次出现在 s 的 n 阶导数中, 则有

$$s^{(n)} = h(t,x) + g(t,x)u, \tag{4.2.2}$$

其中, $h(t,x)$ 和 $g(t,x)$ 是未知的光滑函数, 且 $g(t,x) \neq 0$. 值得注意的是, 函数 h 和 g 的不确定性, 使得连续状态反馈控制方法无法实现 s 的有限时间收敛.

根据传统高阶滑模控制方法[67], 可假设

$$0 < K_m \leqslant g(t,x) \leqslant K_M, \quad |h(t,x)| \leqslant C, \tag{4.2.3}$$

其中, K_m、K_M 和 C 均为非负常数. 同时, 假定对任意 Lebesgue 可测的有界控制输入 $u(t)$, 系统 (4.2.2) 的解可以在时间上无限延拓. 也即对任意 Lebesgue 可测的有界控制输入 $u(t)$, 系统不会发生有限时间逃逸现象. 事实上, 任意实际系统的工作区域总是有界的, 因此至少在局部上满足条件 (4.2.3).

选取任意正数 a, 继电-多项式高阶滑模控制器结构为

$$u = -\alpha \mathrm{sgn}\Big(\mathrm{sig}^{\frac{a}{1}}(s^{(n-1)}) + \tilde{\beta}_{n-2} \mathrm{sig}^{\frac{a}{2}}(s^{(n-2)}) + \cdots + \tilde{\beta}_0 \mathrm{sig}^{\frac{a}{n}}(s) \Big), \tag{4.2.4}$$

其准连续形式为

$$u = -\alpha \frac{\mathrm{sig}^{\frac{a}{1}}(s^{(n-1)}) + \tilde{\beta}_{n-2} \mathrm{sig}^{\frac{a}{2}}(s^{(n-2)}) + \cdots + \tilde{\beta}_0 \mathrm{sig}^{\frac{a}{n}}(s)}{|s^{(n-1)}|^{\frac{a}{1}} + \tilde{\beta}_{n-2}|s^{(n-2)}|^{\frac{a}{2}} + \cdots + \tilde{\beta}_0|s|^{\frac{a}{n}}}. \tag{4.2.5}$$

对于任意自然数 j, 令 $s_j = [s, \dot{s}, \cdots, s^{(j)}]^{\mathrm{T}}$. 值得注意的是, 式 (4.2.5) 中分子的绝对值小于分母, 因此式 (4.2.5) 不存在奇异性问题. 事实上, 在控制策略的数字化实现时, 控制器 u 总是在范围 $[-\alpha, \alpha]$ 内取值.

第一种控制器是传统意义上的非连续时间滑模控制器, 而第二种控制器则是准连续滑模控制器[52], 即只在 n 阶滑模面 $s_{n-1} = 0_n$ 上非连续. 除了滑模面, 当 $a > kn, k = 1, 2, \cdots$ 时, 准连续滑模控制器是 k 次可导的. 准连续滑模控制器的特点是有效减小了存在于非连续控制中的抖振. 实际情况下, 该控制器始终是连续的. 值得关注的是, 式 (4.2.5) 的结构实际上也说明了 n 阶高阶滑模的精准度, 滑模控制的精准度越高, 分母距零点越远; 反之也成立.

通过选取合适的 $\tilde{\beta}_j$ 和 α 可调节上述两种控制器的控制性能. 当 $n = 2, a = 1$ 时, 控制器 (4.2.4) 为终端滑模控制器[10,31]; 当 $a = 2$ 时, 控制器 (4.2.4) 为非奇异终端滑模控制器[13].

下面给出有关高阶滑模的齐次理论介绍.

4.3　高阶滑模控制相关的齐次理论

由式 (4.2.2) 和式 (4.2.3) 可得如下形式的微分包含:

$$s^{(n)} \in [-C, C] + [K_m, K_M]u. \tag{4.3.1}$$

高阶滑模控制问题可转变为系统 (4.3.1) 的控制设计问题. 将上述两种控制器合并写成如下形式:

$$u = U_n(s, \dot{s}, \cdots, s^{(n-1)}) = U_n(s_{n-1}). \tag{4.3.2}$$

注意到, 函数 $U_n(s_{n-1})$ 在 n 阶滑模面 $s_{n-1} = 0_n$ 上是非连续的 [39,52], 则控制器 (4.3.2) 的齐次性可以描述如下.

若函数 $f : \mathbb{R}^k \to \mathbb{R}$(向量集场 $F(y) \subset \mathbb{R}^k$, $y \in \mathbb{R}^k$ 或向量场 $f : \mathbb{R}^k \to \mathbb{R}^k$) 关于扩展 $d_\kappa : (y_1, y_2, \cdots, y_k) \mapsto (\kappa^{m_1}y_1, \kappa^{m_2}y_2, \cdots, \kappa^{m_k}y_k)$ 和权重系数 $m_1, m_2, \cdots, m_k > 0$ 具有齐次度 $q_y \in \mathbb{R}$ [162], 则对于任何 $\kappa > 0$, 满足恒等式 $f(y) = \kappa^{-q_y}f(d_\kappa y)$ 成立 ($F(y) = \kappa^{-q_y}d_\kappa^{-1}F(d_\kappa y)$ 或 $f(y) = \kappa^{-q_y}d_\kappa^{-1}f(d_\kappa y)$ 成立). 显然, 通过调节权重系数 $m_1, m_2, \cdots, m_k$ 的取值, 向量 (或向量集) 场的齐次度 q_y 总可以放缩到 ± 1.

值得注意的是, 向量 $f(y)$(或向量集 $F(y)$) 的齐次性可以等价定义为微分方程 $\dot{y} = f(y)$(或微分包含 $\dot{y} \in F(y)$) 关于时间-状态坐标变换 $(t, y) \mapsto (\kappa^{-q_y}t, d_\kappa y)$ 的不变性, 其中, q_y 可以看作变量 t 的权重系数. 从而, 齐次条件可以改写为

$$\dot{y} \in F(y) \Leftrightarrow \frac{\mathrm{d}(d_\kappa y)}{\mathrm{d}(\kappa^{-q_y}t)} \in F(d_\kappa y).$$

假设闭环微分包含 (4.3.1) 和 (4.3.2) 具有齐次性, 由于 $[-C, C]$, $C \neq 0$, 所以式 (4.3.2) 的右半部分齐次度只能是 0. 若将系统的齐次度设为 -1, 则变量 $t, s, \dot{s}, \cdots, s^{(n-1)}$ 相应的权重系数分别为 $1, n, n-1, \cdots, 1$. 这类齐次性称为标准 n 阶滑模齐次性 [39]. 同理, 如果对于任意的 $\kappa > 0$, 时间-状态坐标变换

$$(t, s_{n-1}) \mapsto (\kappa t, d_\kappa s_{n-1}), \quad d_\kappa s_{n-1} = (\kappa^n s, \kappa^{n-1}\dot{s}, \cdots, \kappa s^{(n-1)}) \tag{4.3.3}$$

能使闭环微分包含 (4.3.1) 和 (4.3.2) 具有不变性, 则微分包含 (4.3.1) 和 (4.3.2) 具有 n 阶滑模齐次性. 综上, 坐标变换 (4.3.3) 将式 (4.3.1) 和式 (4.3.2) 变换为

$$\frac{\mathrm{d}^n(\kappa^n s)}{\mathrm{d}(\kappa t)^n} = \frac{\mathrm{d}^n s}{\mathrm{d}t^n} \in [-C, C] + [K_m, K_M]U_n(d_\kappa s_{n-1}).$$

因此, n 阶滑模的齐次条件是

$$U_n(\kappa^n s, \kappa^{n-1}\dot{s}, \cdots, \kappa s^{(n-1)}) = U_n(s, \dot{s}, \cdots, s^{(n-1)}). \qquad (4.3.4)$$

同理, 如果对于任意的正数 κ 和任意的自变量都有等式 (4.3.4) 成立, 则可称式 (4.3.2) 为 n 阶齐次滑模控制器. 在这种情况下, 与之相应的 n 阶滑模 $s \equiv 0$ 也称为齐次滑模. 显然, 控制器 (4.2.4) 和 (4.2.5) 是 n 阶齐次滑模控制器.

4.4 继电-多项式高阶滑模控制

4.4.1 任意阶系统的状态反馈高阶滑模控制设计

考虑如下 Brunowsky 积分链系统:

$$s^{(j)} = u, \quad s, u \in \mathbb{R}, \ j \leqslant n. \qquad (4.4.1)$$

选取权重系数 $\deg s = r_0$, 记 τ 为预先选取的齐次度且满足 $0 < \tau \leqslant r_0/n$. 令 $\deg s^{(i)} = r_i$, $\deg s^{(n)} = r_n \geqslant 0$, 则有

$$\deg s^{(i)} = r_i = r_0 - i\tau = r_n + (n-i)\tau, \quad i = 0, 1, \cdots, n. \qquad (4.4.2)$$

设定 $p > r_0$, 在空间 s_j 上定义齐次规范函数:

$$\|s_j\|_h = \left(|s|^{\frac{p}{r_0}} + \cdots + |s^{(j)}|^{\frac{p}{r_j}}\right)^{\frac{1}{p}}, \quad p > r_0, j = 0, 1, \cdots, n-1. \qquad (4.4.3)$$

为使系统满足齐次性, 式 (4.4.1) 中控制器的权重系数应为 $r_j = r_0 - j\tau \geqslant 0$. 在 $\tau = r_0/n, r_n = 0$ 条件下, 系统 (4.4.1) 具有 n 阶滑模齐次性; 在 $\tau = 1, r_1 = n-1, r_2 = n-2, \cdots, r_n = 0$ 条件下, 系统 (4.4.1) 具有标准的 n 阶滑模齐次性.

定理 4.4.1 选定 $a > 0$, 令 $\beta_{n-1} > \beta_{n-2} > \cdots > \beta_1 > 0$, 则对每一个 $j = 1, 2, \cdots, n-1$ 以及 $j = n(r_n > 0)$, 系统

$$\mathrm{sig}^{\frac{a}{r_j}}(s^{(j)}) + \beta_{j-1}\Big\{\mathrm{sig}^{\frac{a}{r_{j-1}}}(s^{(j-1)}) + \cdots + \beta_2\Big[\mathrm{sig}^{\frac{a}{r_2}}(\ddot{s})$$
$$+ \beta_1(\mathrm{sig}^{\frac{a}{r_1}}(\dot{s}) + \beta_0\,\mathrm{sig}^{\frac{a}{r_0}}(s))\Big] + \cdots\Big\} = 0 \qquad (4.4.4)$$

有限时间稳定.

证明 (1) 齐次性分析. 对任意 $\kappa > 0$ 和权重系数 (4.4.2), 构成如下形式的齐次扩张:

$$d_{j,\kappa}s_j = (\kappa^{r_0}s, \kappa^{r_1}\dot{s}, \cdots, \kappa^{r_j}s^{(j)}). \qquad (4.4.5)$$

下面的证明将基于归纳法, 并分为两个步骤.

步骤 1 这个定理在 $j=1$ 时成立, 即等式 $\mathrm{sig}^{\frac{a}{r_1}}(\dot{s})+\beta_0\,\mathrm{sig}^{\frac{a}{r_0}}(s)=0$ 等价于 $\dot{s}=-\beta_0^{\frac{r_1}{a}}\,\mathrm{sig}^{\frac{r_1}{r_0}}(s)$. 很明显, 由于 $r_1<r_0$, 该系统是有限时间稳定的.

步骤 2 假设存在一组 $\beta_0,\beta_1,\cdots,\beta_{j-2}$ 使得任意阶数情况下系统 (4.4.4) 有限时间稳定.

引入函数

$$\begin{cases} \varphi_j(s_j)=\mathrm{sig}^{\frac{a}{r_j}}(s^{(j)})+\beta_{j-1}\big[\,\mathrm{sig}^{\frac{a}{r_{j-1}}}(s^{(j-1)})+\cdots+\beta_1(\mathrm{sig}^{\frac{a}{r_1}}(\dot{s})+\beta_0\,\mathrm{sig}^{\frac{a}{r_0}}(s))\cdots\big], \\ N_j(s_j)=|s^{(j)}|^{\frac{a}{r_j}}+\beta_{j-1}\big[|s^{(j-1)}|^{\frac{a}{r_{j-1}}}+\cdots+\beta_1(|\dot{s}|^{\frac{a}{r_1}}+\beta_0|s|^{\frac{a}{r_0}})\cdots\big], \\ \varPsi_j(s_j)=\varphi_j(s_j)/N_j(s_j). \end{cases}$$

$$(4.4.6)$$

将系统 (4.4.4) 改写为

$$\begin{cases} \varphi_j(s_j)=0, \\ \varphi_j(s_j)=\mathrm{sig}^{\frac{a}{r_j}}(s^{(j)})+\beta_{j-1}N_{j-1}(s_{j-1})\varPsi_{j-1}(s_{j-1}), \\ N_j(s_j)=|s^{(j)}|^{\frac{a}{r_j}}+\beta_{j-1}N_{j-1}(s_{j-1}). \end{cases}$$

$$(4.4.7)$$

显然有 $|\varPsi_{j-1}(s_{j-1})|\leqslant 1$, $\deg(\varPsi_{j-1})=0$. 根据步骤 2 的假设, 由 $\varPsi_{j-1}(s_{j-1})=0$ 可推出系统 $\varphi_{j-1}(s_{j-1})=0$ 是有限时间稳定的. 对于任意的 ε, $0\leqslant\varepsilon<1$, 根据引理 A.1.4, 由 $|\varPsi(s_{j-1})|\leqslant\varepsilon$ 可得

$$\left|\mathrm{sig}^{\frac{a}{r_{j-1}}}(s^{(j-1)})+\beta_{j-2}N_{j-2}(s_{j-2})\varPsi_{j-2}(s_{j-2})\right|\leqslant\frac{3\varepsilon}{1-2\varepsilon}\beta_{j-2}N_{j-2}(s_{j-2})$$

或者

$$\mathrm{sig}^{\frac{r_{j-1}}{a}}\left(-\beta_{j-2}N_{j-2}\varPsi_{j-2}-\frac{3\varepsilon}{1-2\varepsilon}\beta_{j-2}N_{j-2}\right)$$

$$\leqslant s^{(j-1)}\leqslant\mathrm{sig}^{\frac{r_{j-1}}{a}}\left(-\beta_{j-2}N_{j-2}\varPsi_{j-2}+\frac{3\varepsilon}{1-2\varepsilon}\beta_{j-2}N_{j-2}\right).$$

$$(4.4.8)$$

注意到, $\varphi_{j-1}(s_{j-1})=0_n$ 是有限时间稳定的齐次微分方程, 则对于足够小的 ε, 齐次微分包含 (4.4.8) 也是有限时间稳定的 [39]. 下面将证明对于任意 $\varepsilon>0$ 以及足够大的 β_{j-1}, 系统 (4.4.7) 的状态将在有限时间内进入并停留在区域 (4.4.8).

将式 (4.4.8) 改写为 $\varphi_-(s_{j-2})\leqslant s^{(j-1)}\leqslant\varphi_+(s_{j-2})$, 其中, 连续函数 φ_- 和 φ_+ 关于权重系数 $r_{j-1}=\deg(s^{(j-1)})$ 具有齐次性.

根据齐次理论, 任何定义在齐次球面 $S_1=\{s_{j-2}\in\mathbb{R}^{j-2}|\,||s_{j-2}||_h=1\}$ 上的连续函数都可以被一个光滑函数逼近. 因此, 通过在 S_1 上的不等式 $\tilde{\varPhi}_-(\omega)\leqslant s^{(j-1)}\leqslant\tilde{\varPhi}_+(\omega)$, 其中, ω 是闭球上的坐标, $\tilde{\varPhi}_+$ 和 $\tilde{\varPhi}_-$ 是光滑函数, 可以定义式 (4.4.8) 的一个子集. 假定在 S_1 上有 $\varphi_-\leqslant\tilde{\varPhi}_-\leqslant-\mathrm{sig}^{\frac{r_{j-1}}{a}}(\beta_{j-2}\varphi_{j-2})\leqslant\tilde{\varPhi}_+\leqslant\varphi_+$, 此外,

根据引理 A.1.4 可以选择 $\tilde{\Phi}_+$ 和 $\tilde{\Phi}_-$ 以便区域 $|\Psi(s_{j-1})| \leqslant \varepsilon$ 也在此区域内. 类似地, 定义除原点外处处光滑的函数 $\Phi_-(s_{j-2}) = ||s_{j-2}||_h^{r_{j-1}} \tilde{\Phi}_-(d_{j-2, ||s_{j-2}||_h^{-1} s_{j-2}})$, $\Phi_+(s_{j-2}) = ||s_{j-2}||_h^{r_{j-1}} \tilde{\Phi}_+(d_{j-2, ||s_{j-2}||_h^{-1} s_{j-2}})$ 以及 $\deg(\Phi_+) = \deg(\Phi_-) = r_{j-1}$.

因此, 不等式 $\varphi_- \leqslant \Phi_- \leqslant -\mathrm{sig}^{\frac{r_{j-1}}{a}}(\beta_{j-2}\varphi_{j-2}) \leqslant \Phi_+ \leqslant \varphi_+$ 处处成立. 显然, 空间 s_{j-1} 中的区域

$$\Phi_- \leqslant s^{(j-1)} \leqslant \Phi_+ \tag{4.4.9}$$

包含集合 $|\Psi(s_{j-1})| \leqslant \varepsilon$, 并且空间 s_{j-2} 中相应的微分系统也是有限时间稳定的.

下面证明当 β_{j-1} 足够大时, 经过有限时间不等式 (4.4.9) 总会成立.

注意到, $\deg(\dot{\Phi}_+) = \deg(\Phi_+ - \tau) = r_j$. 因为在空间 s_{j-1} 上 N_{j-1} 是正定的, 以及 $\deg(N_{j-1}) = a$, 所以存在 $k_N > 0$ 使得 $|\dot{\Phi}_+| \leqslant k_N N_{j-1}^{\frac{r_j}{a}}$, 例如, 取区域 (4.4.9) 的上界 $\pi_+ = 0$, 其中, $\pi_+ = s^{(j-1)} - \Phi_+(s_{j-2})$. 假设 $\pi_+ > 0$, 则意味着它在区域 (4.4.8) 之外, 以及 $\Psi(s_{j-1}) \geqslant \varepsilon$. 对其求导并应用式 (4.4.7) 可得

$$\dot{\pi}_+ = -\beta_{j-1}^{\frac{r_j}{a}} \mathrm{sig}^{\frac{r_j}{a}}(N_{j-1}\Psi_{j-1}) - \dot{\Phi}_+ \leqslant -[(\varepsilon\beta_{j-1})^{\frac{r_j}{a}} - k_N] N_{j-1}^{\frac{r_j}{a}}. \tag{4.4.10}$$

另外, 由 $\deg(\pi_+) = r_{j-1}$, $\pi_+ = \pi_+(s_{j-1})$ 可得, 存在 k_π 使得 $|\pi_+| \leqslant k_\pi N_{j-1}^{\frac{r_{j-1}}{a}}$. 因此, 由式 (4.4.10) 可得 $\dot{\pi}_+ \leqslant -[(\varepsilon\beta_{j-1})^{\frac{r_j}{a}} - k_N](k_\pi^{-1}\pi_+)^{\frac{r_j}{r_{j-1}}}$, 也即只要 β_{j-1} 足够大, π_+ 将在有限时间内收敛到零. 类似地, 考虑 $\pi_- = s^{j-1} - \Phi_- < 0$ 的情形, 可知微分系统 (4.4.7) 的状态也可在有限时间内收敛到不变集 (4.4.9).

(2) Lyapunov 稳定性分析 ($a \geqslant r_0$). 令 $\omega_1 = s, \omega_2 = \dot{s}, \cdots, \omega_n = s^{(n-1)}$, 并记

$$\overline{\omega}_i = (\omega_1, \omega_2, \cdots, \omega_i), \quad i = 1, 2, \cdots, n.$$

需要证明, 若控制器设计为

$$u_j = -\beta_{j-1}^{\frac{r_j}{a}} \mathrm{sig}^{\frac{r_j}{a}}\big(\mathrm{sig}^{\frac{a}{r_{j-1}}}(\omega_j) + \cdots + \beta_2(\mathrm{sig}^{\frac{a}{r_2}}(\omega_3) + \beta_1(\mathrm{sig}^{\frac{a}{r_1}}(\omega_2)$$
$$+ \beta_0 \mathrm{sig}^{\frac{a}{r_0}}(\omega_1)))\cdots\big), \tag{4.4.11}$$

则对任意的 $j = 1, 2, \cdots, n$, 系统

$$\dot{\omega}_1 = \omega_2, \quad \dot{\omega}_2 = \omega_3, \quad \cdots, \quad \dot{\omega}_j = u_j \tag{4.4.12}$$

是全局有限时间稳定的.

选取参数 ρ 满足 $\rho \geqslant a$, 证明仍以加幂积分技术 [151,163,164] 为基础, 分为两个步骤.

步骤 1 选择 Lyapunov 函数为

$$V_1(\omega_1) = \int_{\omega_1^*}^{\omega_1} \mathrm{sig}^{\frac{2\rho-r_0+\tau}{a}} \left(\mathrm{sig}^{a/r_0}(\lambda) - \mathrm{sig}^{a/r_0}(\omega_1^*)\right)\mathrm{d}\lambda, \quad \omega_1^* = 0.$$

沿式 (4.4.12) 对 $V_1(\omega_1)$ 求导可得

$$\frac{\mathrm{d}}{\mathrm{d}t}V_1(\omega_1) = \mathrm{sig}^{\frac{2\rho-r_0+\tau}{r_0}}(\omega_1)(\omega_2 - \omega_2^*) + \mathrm{sig}^{\frac{2\rho-r_0+\tau}{r_0}}(\omega_1)\omega_2^*, \tag{4.4.13}$$

其中, ω_2^* 为虚拟控制器. 定义

$$\omega_2^* = -\beta_0^{\frac{r_1}{a}} \mathrm{sig}^{\frac{r_1}{a}}(\xi_1),$$

其中, $\beta_0 > 0, \xi_1 = \mathrm{sig}^{\frac{a}{r_0}}(\omega_1)$. 由式 (4.4.13) 可知

$$\frac{\mathrm{d}}{\mathrm{d}t}V_1(\omega_1) \leqslant -\beta_0^{\frac{r_1}{a}}\xi_1^{\frac{2\rho}{a}} + \mathrm{sig}^{\frac{2\rho-r_0+\tau}{a}}(\xi_1)(\omega_2 - \omega_2^*). \tag{4.4.14}$$

步骤 2 假设在第 $i-1$ 步, 存在常数 $\beta_{i-2} > \cdots > \beta_0$ 和 Lyapunov 函数 $V_{i-1}(\overline{\omega}_{i-1})$ 使得

$$\frac{\mathrm{d}}{\mathrm{d}t}V_{i-1}(\overline{\omega}_{i-1}) \leqslant -\frac{\beta_0^{\frac{r_1}{a}}}{2^{i-2}}\xi_1^{\frac{2\rho}{a}} - \cdots - \frac{\beta_0^{\frac{r_1}{a}}}{2^{i-2}}\xi_{i-1}^{\frac{2\rho}{a}} + \mathrm{sig}^{\frac{2\rho-r_{i-2}+\tau}{a}}(\xi_{i-1})(\omega_i - \omega_i^*),$$

$$\tag{4.4.15}$$

其中,

$$\begin{cases} \omega_1^* = 0, \ \omega_k^* = -\beta_{k-2}^{\frac{r_{k-1}}{a}} \mathrm{sig}^{\frac{r_{k-1}}{a}}(\xi_{k-1}), & k = 2, 3, \cdots, i; \\ \xi_k = \mathrm{sig}^{\frac{a}{r_{k-1}}}(\omega_k) - \mathrm{sig}^{\frac{a}{r_{k-1}}}(\omega_k^*), & k = 1, 2, \cdots, i-1. \end{cases} \tag{4.4.16}$$

很明显, 当 $i = 2$ 时, 式 (4.4.15) 退化为式 (4.4.14). 下面将证明在第 i 步, 式 (4.4.15) 仍然成立.

为了完成第 i 步的证明, 选取下面的 Lyapunov 函数:

$$\begin{cases} V_i(\overline{\omega}_i) = V_{i-1}(\overline{\omega}_{i-1}) + W_i(\overline{\omega}_i), \\ W_i(\overline{\omega}_i) = \int_{\omega_i^*}^{\omega_i} \mathrm{sig}^{\frac{2\rho-r_{i-1}+\tau}{a}} \left(\mathrm{sig}^{\frac{a}{r_{i-1}}}(\lambda) - \mathrm{sig}^{\frac{a}{r_{i-1}}}(\omega_i^*)\right)\mathrm{d}\lambda. \end{cases} \tag{4.4.17}$$

对 $V_i(\overline{\omega}_i)$ 求导可得

$$\frac{\mathrm{d}}{\mathrm{d}t}V_i(\overline{\omega}_i) \leqslant -\frac{\beta_0^{\frac{r_1}{a}}}{2^{i-2}}\left(\xi_1^{\frac{2\rho}{a}} + \cdots + \xi_{i-1}^{\frac{2\rho}{a}}\right)$$

$$+ \text{sig}^{\frac{2\rho - r_{i-2} + \tau}{a}}(\xi_{i-1})(\omega_i - \omega_i^*) + \sum_{k=1}^{i-1} \frac{\partial W_i(\overline{\omega}_i)}{\partial \omega_k} \dot{\omega}_k$$

$$+ \text{sig}^{\frac{2\rho - r_{i-1} + \tau}{a}}(\xi_i)\omega_{i+1}^* + \text{sig}^{\frac{2\rho - r_{i-1} + \tau}{a}}(\xi_i)(\omega_{i+1} - \omega_{i+1}^*), \qquad (4.4.18)$$

其中, $\xi_i = \text{sig}^{\frac{a}{r_{i-1}}}(\omega_i) - \text{sig}^{\frac{a}{r_{i-1}}}(\omega_i^*)$; ω_{i+1}^* 为待定的虚拟控制器. 接下来, 估计式 (4.4.18) 右边的每一项.

注意到 $0 < r_{i-1}/a < 1$ 和 $r_{i-1} = r_{i-2} - \tau$, 由引理 A.1.1 和引理 A.1.2 可得

$$\text{sig}^{\frac{2\rho - r_{i-2} + \tau}{a}}(\xi_{i-1})(\omega_i - \omega_i^*) \leqslant 2^{1 - \frac{r_{i-1}}{a}} |\xi_{i-1}|^{\frac{2\rho - r_{i-2} + \tau}{a}} |\xi_i|^{\frac{r_{i-1}}{a}}$$

$$\leqslant \frac{\beta_0^{\frac{r_1}{a}}}{2^i} \xi_{i-1}^{\frac{2\rho}{a}} + \hat{c}_i \xi_i^{\frac{2\rho}{a}}, \qquad (4.4.19)$$

其中, $\hat{c}_i = \frac{r_{i-1}}{2^{\frac{r_{i-1}}{a}} \rho} \left[\frac{2^{\frac{i - r_{i-1}}{a}} (2\rho - r_{i-1})}{\rho \beta_0^{\frac{r_1}{a}}} \right]^{\frac{2\rho - r_{i-1}}{r_{i-1}}}$ 是一个正常数.

为了证明方便, 给出下面的命题. 命题的证明见附录 B.

命题 4.4.1　存在一个取决于 $\beta_0, \beta_1, \cdots, \beta_{i-2}$ 的增益 $\hat{\gamma}_i(\beta_0, \beta_1, \cdots, \beta_{i-2})$, 使得

$$\sum_{k=1}^{i-1} \frac{\partial W_i(\overline{\omega}_i)}{\partial \omega_k} \dot{\omega}_k \leqslant \frac{\beta_0^{\frac{r_1}{a}}}{2^{i-1}} \xi_1^{\frac{2\rho}{a}} + \cdots + \frac{\beta_0^{\frac{r_1}{a}}}{2^{i-1}} \xi_{i-2}^{\frac{2\rho}{a}} + \frac{\beta_0^{\frac{r_1}{a}}}{2^i} \xi_{i-1}^{\frac{2\rho}{a}} + \hat{\gamma}_i \xi_i^{\frac{2\rho}{a}}.$$

取 $\beta_{i-1}^{\frac{r_i}{a}} \geqslant \hat{c}_i + \hat{\gamma}_i + \frac{\beta_0^{\frac{r_1}{a}}}{2^{i-1}}$ 和 $\omega_{i+1}^* = -\beta_{i-1}^{\frac{r_i}{a}} \text{sig}^{\frac{r_i}{a}}(\xi_i)$. 结合命题 4.4.1, 并将式 (4.4.19) 代入式 (4.4.18) 可得

$$\frac{\mathrm{d}}{\mathrm{d}t} V_i(\omega_i) \leqslant -\frac{\beta_0^{\frac{r_1}{a}}}{2^{i-1}} \left(\xi_1^{\frac{2\rho}{a}} + \xi_2^{\frac{2\rho}{a}} + \cdots + \xi_{i-1}^{\frac{2\rho}{a}} \right) + (\hat{c}_i + \hat{\gamma}_i(\beta_0, \cdots, \beta_{i-2})) \xi_i^{\frac{2\rho}{a}}$$

$$+ \text{sig}^{\frac{2\rho - r_{i-1} + \tau}{a}}(\xi_i)\omega_{i+1}^* + \text{sig}^{\frac{2\rho - r_{i-1} + \tau}{a}}(\xi_i)(\omega_{i+1} - \omega_{i+1}^*),$$

$$\leqslant -\frac{\beta_0^{\frac{r_1}{a}}}{2^{i-1}} (\xi_1^{\frac{2\rho}{a}} + \cdots + \xi_i^{\frac{2\rho}{a}}) + \text{sig}^{\frac{2\rho - r_{i-1} + \tau}{a}}(\xi_i)(\omega_{i+1} - \omega_{i+1}^*).$$

从以上证明可知, 在第 j 步存在常数 $\beta_{j-2} > \cdots > \beta_1 > \beta_0$ 及控制器

$$u = \omega_{j+1}^* = -\beta_{j-1}^{\frac{r_j}{a}} \text{sig}^{\frac{r_j}{a}}(\xi_j), \qquad (4.4.20)$$

其中, $\xi_j = \text{sig}^{\frac{a}{r_{j-1}}}(\omega_j) - \text{sig}^{\frac{a}{r_{j-1}}}(\omega_j^*)$, $\beta_{j-1}^{\frac{r_j}{a}} \geqslant \hat{c}_j + \hat{\gamma}_j + \frac{\beta_0^{\frac{r_1}{a}}}{2^{j-1}}$, 使得

$$\frac{\mathrm{d}}{\mathrm{d}t} V_j(\overline{\omega}_j) \leqslant -\frac{\beta_0^{\frac{r_j}{a}}}{2^{j-1}} \left(\xi_1^{\frac{2\rho}{a}} + \cdots + \xi_j^{\frac{2\rho}{a}} \right).$$

由 $\displaystyle\int_{\omega_k^*}^{\omega_k} \text{sig}^{\frac{2\rho-r_{k-1}+\tau}{a}}\left(\text{sig}^{\frac{a}{r_{k-1}}}(\lambda)-\text{sig}^{\frac{a}{r_{k-1}}}(\omega_k^*)\right)\mathrm{d}\lambda \leqslant |\omega_k-\omega_k^*||\xi_k|^{\frac{2\rho-r_{k-1}+\tau}{a}} \leqslant$
$2^{\frac{1-r_{k-1}}{a}}|\xi_k|^{\frac{2\rho+\tau}{a}}$ 可以验证

$$V_j(\overline{\omega}_j) \leqslant 2\left(|\xi_1|^{\frac{2\rho+\tau}{a}}+\cdots+|\xi_j|^{\frac{2\rho+\tau}{a}}\right).$$

令 $c=\dfrac{\beta_0^{r_1/a}}{2^{\frac{2\rho}{2\rho+\tau}}2^{j-1}}$, 由引理 A.1.3 可得

$$\frac{\mathrm{d}}{\mathrm{d}t}V_j(\overline{\omega}_j)+cV_j^{\frac{2\rho}{2\rho+\tau}}(\overline{\omega}_j) \leqslant 0. \tag{4.4.21}$$

注意到 $\dfrac{2\rho}{2\rho+\tau}\in(0,1)$, 可知闭环系统 (4.4.12) 和 (4.4.20) 是全局有限时间稳定的. 由式 (4.4.16) 和

$$\xi_j=\text{sig}^{\frac{a}{r_{j-1}}}(\omega_j)+\beta_{j-2}\left[\text{sig}^{\frac{a}{r_{j-2}}}(\omega_{j-1})+\cdots+\beta_1\left(\text{sig}^{\frac{a}{r_1}}(\omega_2)+\beta_0\,\text{sig}^{\frac{a}{r_0}}(\omega_1)\right)+\cdots\right]$$

可知, 控制器 (4.4.20) 等价于式 (4.4.11). 证毕. ∎

定义

$$\begin{cases} \varphi_{n-1}=\text{sig}^{\frac{a}{r_{n-1}}}(s^{(n-1)})+\tilde{\beta}_{n-2}\,\text{sig}^{\frac{a}{r_{n-2}}}(s^{(n-2)})+\cdots+\tilde{\beta}_1\,\text{sig}^{\frac{a}{r_1}}(\dot{s})+\tilde{\beta}_0\,\text{sig}^{\frac{a}{r_0}}(s), \\[3mm] \Psi_{n-1}=\dfrac{\text{sig}^{\frac{a}{r_{n-1}}}(s^{(n-1)})+\tilde{\beta}_{n-2}\,\text{sig}^{\frac{a}{r_{n-2}}}(s^{(n-2)})+\cdots+\tilde{\beta}_0\,\text{sig}^{\frac{a}{r_0}}(s)}{|s^{(n-1)}|^{\frac{a}{r_{n-1}}}+\tilde{\beta}_{n-2}|s^{(n-2)}|^{\frac{a}{r_{n-2}}}+\cdots+\tilde{\beta}_0|s|^{\frac{a}{r_0}}}, \end{cases} \tag{4.4.22}$$

则对任意的 $j=n-1$, 方程 (4.4.4) 等价于 $\varphi_{n-1}(s_{n-1})=0$. 定义多项式齐次滑模控制器为

$$u=-\alpha\,\text{sgn}(\varphi_{n-1}(s,\dot{s},\cdots,s^{(n-1)})), \tag{4.4.23}$$

$$u=-\alpha\Psi_{n-1}(s,\dot{s},\cdots,s^{(n-1)}). \tag{4.4.24}$$

由定理 4.4.1 得到一种通过选取 β_i 使得系统 (4.4.1)($j=1,2,\cdots,n$) 能有限时间稳定的方法. 具体方法为, 选取任意的 $\beta_0>0$, 接着通过对式 (4.4.4) 进行仿真使其稳定, 进而逐次添加每一个系数 β_{j-1}. 如何选择系数将在定理 4.4.3 中做进一步讨论.

式 (4.4.23) 为继电-多项式滑模控制器, 而式 (4.4.24) 是准连续滑模控制器. 当滑模变量没有到达 n 阶滑模面 ($s_{n-1}\neq 0_n$) 时, 控制器 (4.4.24) 对于 $a=r_0$

的情形满足局部 Lipschitz 连续条件; 若 $a > kr_0$, 则其是 k 次连续可导的. 同时, $\deg(\dot{\Psi}_{n-1}) = 0 - \tau < 0$ 表明, 当系统进入 n 阶滑模面 $s_{n-1} = 0_n$ 时, $|\dot{\Psi}_{n-1}| \to \infty$; 当 $\|s_{n-1}\|_h \to \infty$ 时, $|\dot{\Psi}_{n-1}| \to 0$.

值得注意的是, 在 n 阶滑模满足齐次性的情况下 ($r_0 = n\tau$), 控制器 (4.4.23) 总可以写为式 (4.2.4) 的形式 ($r_0 = n, \tau = r_0/n = 1$). 在此情况下, 控制器 (4.4.24) 等价于式 (4.2.5).

定理 4.4.2　假设系数 $\beta_0, \beta_1, \cdots, \beta_{n-2}$ 的取法和定理 4.4.1 相同, 系统 (4.2.1) 的输出满足条件 (4.2.2) 和 (4.2.3), 则在满足 n 阶齐次滑模的情况下 ($r_0 = n\tau$), 当 α 足够大时, 控制器 (4.4.23) 和 (4.4.24) 可分别使闭环系统 (4.2.1)、(4.4.23) 和 (4.2.1)、(4.4.24) 在有限时间内实现 n 阶滑模运动 $s \equiv 0$. 当 $r_0 > n\tau$ 时, 控制器 (4.4.23) 和 (4.4.24) 都可实现滑模变量的局部有限时间稳定.

证明　(1) 齐次性分析. 下面将证明当 α 足够大时, 控制器 (4.4.23) 或 (4.4.24) 可使系统 (4.2.1) 在有限时间内实现 n 阶滑模运动.

首先考虑情形 $\tau = r_0/n$. 将式 (4.4.23) 和式 (4.4.24) 改写为

$$u = -\alpha \operatorname{sgn}(\varphi_{n-1}(s_{n-1})), \tag{4.4.25}$$

$$u = -\alpha \Psi_{n-1}(s_{n-1}), \quad \Psi_{n-1} = \frac{\varphi_{n-1}(s_{n-1})}{N_{n-1}(s_{n-1})}, \tag{4.4.26}$$

其中, φ_{n-1} 和 N_{n-1} 的定义如式 (4.4.6) 所示. 由定理 4.4.1 可知, 可选取 $\beta_i > 0$, $i = 0, 1, \cdots, n-2$ 使在空间 s_{n-2} 中定义的微分方程 $\varphi_{n-1} = 0$ 有限时间稳定. 因此, 对任意小的 $\varepsilon > 0$, 微分包含 $\varphi_{n-1} \leqslant \dfrac{2\varepsilon}{1-\varepsilon} N_{n-2}$ 也是有限时间稳定的.

现在仅需证明对于足够小的 $\varepsilon > 0$, 在空间 s_{n-1} 中的区域 $\varphi_{n-1} \leqslant \dfrac{3\varepsilon}{1-2\varepsilon} N_{n-2}$ 是其自身的一个有限时间不变吸引子, 并且包含集合 $|\Psi_{n-1}(s_{n-1})| \leqslant \varepsilon$. 该证明实际上与定理 4.4.1 的证明步骤相同.

事实上, 定义类似的 π_+ 和 π_-, 由式 (4.3.1) 注意到 $r_n = 0$, 可得 (类似于式 (4.4.10))

$$\dot{\pi}_+ = s^{(n)} - \dot{\Phi}_+ \leqslant h + gu - k_N N_{n-1}^{\frac{r_n}{a}} = h + gu - k_N. \tag{4.4.27}$$

因此, 由式 (4.2.3) 和 $|\Psi_{n-1}| \geqslant \varepsilon$, 在控制器 (4.4.25) 下, 有 $\dot{\pi}_+ \leqslant -(K_m\alpha - C) - k_N$ 成立, 而在控制器 (4.4.26) 下, 有 $\dot{\pi}_+ \leqslant -(K_m\alpha\varepsilon - C) - k_N$ 成立.

现在考虑情形 $\tau < r_0/n$. 由 $r_n > 0$ 和 $K_m\alpha > C$ 可知, 仅当 $N_{n-1}(s_{n-1})$ 足够小时, 不等式 $\dot{\pi}_+ \leqslant -(K_m u - C) - k_N N_{n-1}^{\frac{r_n}{a}} \leqslant 0$ 才成立, 即 $r_0 > n\tau$ 时, 控制器 (4.4.23) 和 (4.4.24) 可保证滑模变量的局部有限时间稳定.

(2) Lyapunov 稳定性分析. 这里仅考虑 $r_0 = n, \tau = 1$ 的情况, 在此情况下, n 阶滑模齐次控制器 (4.4.23) 可以改写为式 (4.2.4) 的形式, 也即仅需要证明在控制器 (4.2.4) 下, 系统

$$\dot{\omega}_1 = \omega_2, \quad \dot{\omega}_2 = \omega_3, \quad \cdots, \quad \dot{\omega}_n = h(t,x) + g(t,x)u \tag{4.4.28}$$

全局有限时间稳定.

令

$$V_n(\overline{\omega}_n) = \sum_{k=1}^{n} \int_{\omega_k^*}^{\omega_k} \mathrm{sig}^{\frac{2\rho - r_{k-1} + \tau}{a}} \left(\mathrm{sig}^{\frac{a}{r_{k-1}}}(\lambda) - \mathrm{sig}^{\frac{a}{r_{k-1}}}(\omega_k^*) \right) \mathrm{d}\lambda.$$

由定理 4.4.1 的证明部分可知, 存在常数

$$\beta_{n-2} > \cdots > \beta_1 > \beta_0, \quad \alpha \geqslant \frac{C + \hat{c}_n + \hat{\gamma}_n + \dfrac{\beta_0^{\frac{r_1}{a}}}{2^{n-1}}}{K_m}$$

和控制器

$$u = -\alpha \, \mathrm{sgn}(\xi_n), \tag{4.4.29}$$

使得

$$\dot{V}_n \leqslant -\frac{\beta_0^{\frac{r_1}{a}}}{2^{n-1}} \left(\xi_1^{\frac{2\rho}{a}} + \cdots + \xi_n^{\frac{2\rho}{a}} \right).$$

类似于定理 4.4.1 的证明, 此处也可以得到一个类似于式 (4.4.21) 的不等式用以证明闭环系统 (4.4.28) 和 (4.4.29) 全局有限时间稳定. 注意到, $r_0 = n, \tau = 1$, 以及 $\tilde{\beta}_{n-2} = \beta_{n-2}, \cdots, \tilde{\beta}_0 = \beta_{n-2} \cdots \beta_1 \beta_0$, 因此控制器 (4.4.29) 可以改写为式 (4.2.4), 也即闭环系统 (4.4.28) 和 (4.2.4) 全局有限时间稳定. 证毕. ■

定理 4.4.3 令 $\beta_0 = 1$ 及 $a \geqslant r_0$. 定理 4.4.1 和定理 4.4.2 的系数 $\beta_1, \beta_2, \cdots, \beta_{n-1}$ 可按照以下关系选取:

$$\beta_{i-1}^{\frac{r_i}{a}} \geqslant \frac{r_{i-1}}{2^{\frac{r_{i-1}}{a}} \rho} \left[\frac{2^{i - \frac{r_{i-1}}{a}} (2\rho - r_{i-1})}{\rho} \right]^{\frac{2\rho - r_{i-1}}{r_{i-1}}} + \hat{\gamma}_i + \frac{1}{2^{i-1}},$$

其中, $\hat{\gamma}_i = \bar{\Gamma}_{i1} + \cdots + \bar{\Gamma}_{i(i-1)} + \frac{1}{2^{i+1}}, i = 2, 3, \cdots, n;$

$$\bar{\Gamma}_{i1} = \frac{3}{2\rho} \left[\frac{1}{r_0} 2^{1 - \frac{r_{i-1}}{a}} (2\rho - r_{i-1} + \tau) \right]^{\frac{2\rho}{2\rho + \tau - a}} (\beta_{i-2} \cdots \beta_1)^{\frac{2\rho}{2\rho + \tau - a}}$$

$$\times (2\rho + \tau - a) \left[\frac{1}{\rho} 2^{i+1} (a - \tau) \right]^{\frac{a - \tau}{2\rho + \tau - a}};$$

$$\bar{\Gamma}_{ik} = \frac{3}{\rho}\left[\frac{1}{r_{k-1}}2^{1-\frac{r_{i-1}}{a}}(2\rho - r_{i-1} + \tau) \times \beta_{i-2} \times \cdots \times \beta_k \beta_{k-1}^{1+\frac{r_k}{a}} \beta_{k-2}^{1-\frac{r_{k-1}}{a}}\right]^{\frac{2\rho}{2\rho+\tau-a}}$$

$$\times (2\rho + \tau - a)\left[\frac{1}{\rho}2^{i+1}(a-\tau)\right]^{\frac{a-\tau}{2\rho+\tau-a}}, \quad k = 2, 3, \cdots, i-1.$$

证明　由命题 4.4.1 证明过程中 Γ_{i1}、Γ_{ik}、$\bar{\Gamma}_{i1}$ 和 $\bar{\Gamma}_{ik}$ 的定义可知, 定理 4.4.3 成立. 证毕. ∎

显然, 上述参数的选择与理想参数差距较大. 但是通常情况下, 控制器参数可通过仿真确定. 一般情况下, 总能够选取合适的参数使得闭环系统满足一定的收敛率.

假设系统不确定满足如下假设, 即存在一个非负函数 $\bar{h}(t,x(t)) \geqslant \underline{h} > 0$ 和一个常数 $\underline{g} > 0$ 使得

$$|h(t,x)| \leqslant \bar{h}(t,x), \quad g(t,x) \geqslant \underline{g}. \tag{4.4.30}$$

在条件 (4.4.30) 下, 有如下结果.

定理 4.4.4　令 $a > 0$, 参数 β_k, $k = 0, 1, \cdots, n-1$ 和 $\tilde{\beta}_i$, $i = 0, 1, \cdots, n-2$ 的选择与定理 4.4.1 和定理 4.4.2($r_n \geqslant 0$) 相同, 且系统 (4.2.1) 和 (4.2.2) 中的不确定性满足式 (4.4.30), 则对任意 $a \geqslant r_0$ 和足够大的 α, 控制器

$$u = -\alpha \operatorname{sig}^{\frac{r_n}{a}}(\varphi_{n-1}(s_{n-1})) - \frac{\bar{h}(t,x)}{\underline{g}}\operatorname{sgn}(\varphi_{n-1}(s_{n-1})) \tag{4.4.31}$$

可保证系统状态在有限时间内到达滑模面 $s = 0$.

在 n 阶滑模满足齐次性的条件下 $(r_0 = n\tau)$, 对于任意的正数 a 和足够大的 α, 下面控制器都可实现 n 阶滑模运动:

$$\begin{cases} u = -\alpha\dfrac{\bar{h}(t,x)}{\underline{g}}\operatorname{sgn}(\varphi_{n-1}(s, \dot{s}, \cdots, s^{(n-1)})), \\ u = -\alpha\dfrac{\bar{h}(t,x)}{\underline{g}}\Psi_{n-1}[s, \dot{s}, \cdots, s^{(n-1)}]. \end{cases} \tag{4.4.32}$$

证明　本定理的证明与定理 4.4.2 的证明类似, 仅需用 $\alpha \geqslant \dfrac{\hat{c}_n + \hat{\gamma}_n + \dfrac{\beta_0^{\frac{r_1}{a}}}{2^{n-1}}}{\underline{g}}$

代替 $\alpha \geqslant \dfrac{C + \hat{c}_n + \hat{\gamma}_n + \dfrac{\beta_0^{\frac{r_1}{a}}}{2^{n-1}}}{K_m}$. 对控制器 (4.4.32) 来说, 证明与定理 4.4.2 的证明类似, 可由关于 π_- 的不等式和不等式 (4.4.27) 直接得到. 证毕. ∎

4.4.2 任意阶系统的输出反馈高阶滑模控制设计

以上所有的控制器都可与微分器相结合得到相应的输出反馈控制方案 [67].

假设输入信号 $\phi(t)$ 的 k_d 阶导数存在已知的 Lipschitz 常数 $L > 0$, 则下列微分器可以用来估计基础信号的导数 $\phi^{(j)}$, $j = 0, 1, \cdots, k_d$, 且 $z_j = \phi^{(j)}$:

$$\begin{cases} \dot{z}_0 = -\lambda_{k_d} L^{\frac{1}{k_d+1}} \operatorname{sig}^{\frac{k_d}{k_d+1}} (z_0 - \phi(t)) + z_1, \\ \dot{z}_1 = -\lambda_{k_d-1} L^{\frac{1}{k_d}} \operatorname{sig}^{\frac{k_d-1}{k_d}} (z_1 - \dot{z}_0) + z_2, \\ \vdots \\ \dot{z}_{k_d-1} = -\lambda_1 L^{\frac{1}{2}} \operatorname{sig}^{\frac{1}{2}} (z_{k_d-1} - \dot{z}_{k_d-2}) + z_{k_d}, \\ \dot{z}_{k_d} = -\lambda_0 L \operatorname{sgn}(z_{k_d} - \dot{z}_{k_d-1}). \end{cases} \quad (4.4.33)$$

对于任意的 k_d, 参数 λ_j 具有多种选择. 特别地, 对于 $k_d \leqslant 5$ 的情形, 可以选择 $\lambda_0 = 1.1$, $\lambda_1 = 1.5$, $\lambda_2 = 3$, $\lambda_3 = 5$, $\lambda_4 = 8$, $\lambda_5 = 12$ [52]. 微分器 (4.4.33) 可以实现对信号的有限时间估计, 并且它的误差系统具有 -1 的齐次度和 $\deg(z_j - \phi^{(j)}) = k_d + 1 - j$.

在相同参数 λ_j 的情况下, 记式 (4.4.33) 为 $\dot{z} = D_{k_d}(z, \phi, L)$. 此时, 控制器 (4.3.2) 可以转化为输出反馈的形式:

$$u = U_n(z), \quad \dot{z} = D_{n-1}(z, s, L). \quad (4.4.34)$$

对于任意的 $L \geqslant C + K_M \alpha$, 定理 4.4.2 相对于输出反馈控制来说仍然有效. 在定理 4.4.4 的情况下, 输出反馈控制器可以通过状态反馈和微分器 (4.4.33) 来实现, 也可考虑快速收敛情况下的改进微分器 [165].

4.4.3 数值仿真

在系统收敛至 n 阶滑模 $s_{n-1} = 0_n$ 的过程中, a 的值越大, 准连续控制器越光滑. 值得注意的是, 控制器参数取决于 a. $n = 1$ 是一般性情况, 而对于 $n = 2$, $\tilde{\beta}_0$ 是没有限制的. 仿真发现, 对于 $n = 3, 4, 5$ 及 $a = r_0 = n$, $\tau = 1$, 参数 $\tilde{\beta}_0, \tilde{\beta}_1, \cdots, \tilde{\beta}_{n-2}$ 的取值如下: 当 $n = 3$ 时, 取 $\{1, 1\}$; 当 $n = 4$ 时, 取 $\{1, 2, 2\}$; 当 $n = 5$ 时, 取 $\{1, 3, 5, 6\}$.

因此, 对于 $n = 1, 2, \cdots, 5$, 继电-多项式滑模控制器 (4.2.4) 的形式如下:

$n = 1$, $u = -\alpha \operatorname{sgn}(s)$;

$n = 2$, $u = -\alpha \operatorname{sgn}\left(\operatorname{sig}^2(\dot{s}) + s\right)$;

$n = 3$, $u = -\alpha \operatorname{sgn}\left(\operatorname{sig}^3(\ddot{s}) + \operatorname{sig}^{\frac{3}{2}}(\dot{s}) + s\right)$;

$$n = 4, \ u = -\alpha \text{sgn}\left(\text{sig}^4(s^{(3)}) + 2\text{sig}^2(\ddot{s}) + 2\text{sig}^{\frac{4}{3}}(\dot{s}) + s\right);$$

$$n = 5, \ u = -\alpha \text{sgn}\left(\text{sig}^5(s^{(4)}) + 6\text{sig}^{\frac{5}{2}}(s^{(3)}) + 5\text{sig}^{\frac{5}{3}}(\ddot{s}) + 3\text{sig}^{\frac{5}{4}}(\dot{s}) + s\right).$$

其中, 当 k 为奇数时, 满足 $\text{sig}^k(s) = s^k$. 与此同时, 这些参数选择对准连续多项式滑模控制器 (4.2.5) 也同样适用. 特别地, 准连续 5 阶滑模控制器为

$$u = -\alpha \frac{\text{sig}^5(s^{(4)}) + 6\text{sig}^{\frac{5}{2}}(s^{(3)}) + 5\text{sig}^{\frac{5}{3}}(\ddot{s}) + 3\text{sig}^{\frac{5}{4}}(\dot{s}) + s}{|s^{(4)}|^5 + 6|s^{(3)}|^{\frac{5}{2}} + 5|\ddot{s}|^{\frac{5}{3}} + 3|\dot{s}|^{\frac{5}{4}} + |s|}. \tag{4.4.35}$$

例 4.4.1　考虑如下非线性系统:

$$\begin{cases} \dot{x}_1 = x_2, \\ \dot{x}_2 = x_3, \\ \dot{x}_3 = (1 + \sin^2 t)u + e^{x_1}\cos x_2, \end{cases} \tag{4.4.36}$$

控制设计的目的是使系统状态 x_1 能够跟踪上信号 $\sin t$.

令 $s = x_1 - \sin t$, 则有

$$s^{(3)} = (1 + \sin^2 t)u + e^{x_1}\cos x_2 + \cos t = h(t, x) + g(t, x)u$$

其中, $h(t, x) = e^{x_1}\cos x_2 + \cos t; g(t, x) = 1 + \sin^2 t$. 令 $\bar{h}(t, x) = e^{x_1} + 1, \underline{g} = 1$, 则满足条件 (4.4.30).

根据定理 4.4.4, 当 $a = 3$ 时, 继电-多项式滑模控制器和准连续多项式滑模控制器可以分别设计为

$$u = -(\alpha + e^{x_1} + 1)\text{sgn}\left(\ddot{s}^3 + \tilde{\beta}_1\text{sig}^{\frac{3}{2}}(\dot{s}) + \tilde{\beta}_0 s\right) \tag{4.4.37}$$

和

$$u = -\alpha(e^{x_1} + 1)\frac{\ddot{s}^3 + \tilde{\beta}_1\text{sig}^{\frac{3}{2}}(\dot{s}) + \tilde{\beta}_0 s}{|\ddot{s}|^3 + \tilde{\beta}_1|\dot{s}|^{\frac{3}{2}} + \tilde{\beta}_0|s|}. \tag{4.4.38}$$

令 $\beta_0 = 0.5, \beta_1 = 1, \alpha = 3$, 也即 $\tilde{\beta}_0 = 0.5, \tilde{\beta}_1 = 1$.

选取初始状态为 $x_1(0) = 2, x_2(0) = 2, x_3(0) = 2$. 采取欧拉方法进行仿真, 采样步长取为 0.001s. 控制器 (4.4.37) 和 (4.4.38) 下的仿真结果如图 4.4.1～图 4.4.6 所示.

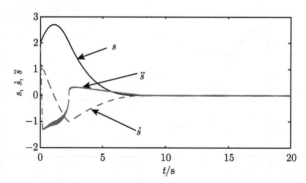

图 4.4.1　控制器 (4.4.37) 作用下的滑模变量输出响应曲线

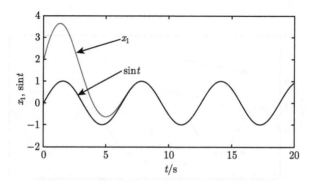

图 4.4.2　控制器 (4.4.37) 作用下的跟踪效果

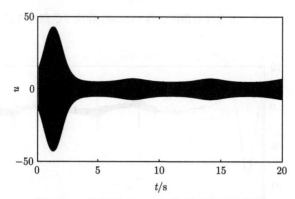

图 4.4.3　控制器 (4.4.37) 作用下的响应曲线

由图 4.4.3 可以看出, 系统状态首先快速进入滑模面 $\varphi_2(s,\dot{s},\ddot{s})=0$. 事实上, 当 $a<r_1$ 时, 滑模面 $\varphi_2=0$ 是非光滑的. 相比较而言, 准连续控制器使得系统状态收敛到 $\varphi_2=0$ 的某个小领域内, 而不是直接收敛到滑模面 $\varphi_2=0$. 只要系统状态没有到达 $s\equiv0$, 控制器仍然是连续的.

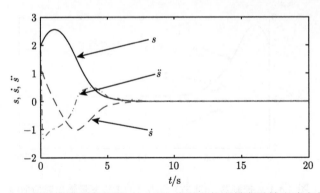

图 4.4.4　准连续滑模控制器 (4.4.38) 作用下的滑模变量输出响应曲线

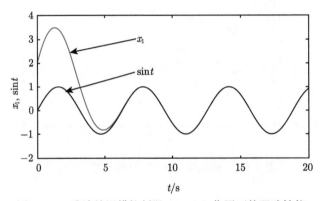

图 4.4.5　准连续滑模控制器 (4.4.38) 作用下的跟踪性能

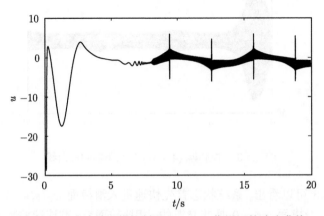

图 4.4.6　准连续滑模控制器 (4.4.38) 作用下的响应曲线

4.5 本 章 小 结

本章针对一般非线性系统, 提出了两类结构简单的高阶滑模控制设计方法, 即继电-多项式控制和准连续多项式控制设计方法. 继电-多项式控制器使得系统轨迹沿着滑模面 $\varphi_{n-1} = 0$ 收敛到原点. 准连续多项式控制器不仅可以使滑模变量收敛到原点, 而且可以保证在原点之外具有一定的光滑度. 另外, 准连续控制器只在原点不连续, 因此有效削弱了系统的抖振.

第 5 章　基于干扰观测器的非匹配受扰系统复合滑模控制

本章针对带有非匹配干扰的系统, 研究其滑模控制问题, 主要包括基于干扰观测器的复合滑模控制和基于有限时间干扰观测器的复合非奇异终端滑模控制. 首先, 构造非线性干扰观测器估计非匹配干扰信息和匹配干扰信息, 进而基于非匹配干扰估计信息设计新型滑模面和复合滑模控制器, 并实现闭环系统状态的渐近收敛. 然后, 构造有限时间干扰观测器估计非匹配和匹配干扰信息, 进而基于非匹配干扰估计信息设计新型终端滑模面和复合非奇异终端滑模控制器, 实现闭环系统状态的有限时间收敛. 所提复合滑模控制方法均有效削弱了抖振, 并可保持系统标称性能.

5.1　引　　言

在过去的五十多年里, 滑模控制已得到广泛研究. 滑模控制不仅概念简洁, 而且能很好地处理系统干扰和模型的不确定性, 因而在实际工业系统中得到了广泛应用 [3, 128, 166]. 在滑模面的设计方面, 已有研究成果大部分用于解决匹配干扰问题 [167], 而对非匹配干扰问题很少涉及. 在实际工业系统中广泛存在非匹配干扰, 因此对带非匹配干扰系统控制问题的研究具有重要意义, 很多研究者致力于研究非匹配受扰系统的滑模控制设计问题 [167-173]. 总体而言, 关于这类系统的滑模控制方法的研究成果可以分为如下两类:

第一类是基于一些传统设计工具的滑模控制方法, 如黎卡提 (Riccati) 方法 [168,169] 和基于线性矩阵不等式的方法 [167,170,171]. 上述这些方法要求非匹配干扰必须是 H_2 范数有界的 (即属于可消失干扰的范畴). 但这类假设在实际工业系统中并不合理, 因为很多工程系统可能会受到不满足 H_2 范数有界条件的非匹配干扰的影响. 以永磁同步电机为例, 系统中的集总干扰可能具有非零稳态值, 从而不满足 H_2 范数有界条件 [174].

第二类是积分滑模控制 (integral sliding-mode control, I-SMC) 方法 [169,173]. 与第一类处理非匹配干扰的滑模控制方法相比, 积分滑模设计简单, 鲁棒性好, 因而在许多实际工业系统中得到了应用 [169,173]. 然而, 积分运算通常会为系统带来一些不良影响, 如较大的超调、较长的调节时间等.

上述两种处理非匹配干扰的滑模控制方法均是鲁棒控制方法, 其抗干扰性能的实现以牺牲系统的标称控制性能为代价. 另外, 这些方法中的抖振问题也是一个待解决的问题. 本章基于非线性干扰观测器提出一种新型的滑模控制设计方法来处理系统中的非匹配干扰问题. 考虑的干扰可以是非消失的, 也可以不满足 H_2 范数有界条件. 通过设计基于干扰估计值的新型滑模面可使系统的状态在非匹配干扰情况下沿滑模面渐近收敛到期望平衡点. 接着设计具有高频切换增益的非连续控制器使系统状态有限时间内到达所设计的滑模面. 为实现闭环系统状态的有限时间收敛, 本章构造有限时间干扰观测器用于估计非匹配干扰信息和匹配干扰信息, 进而设计新型终端滑模面和复合非奇异终端滑模控制器. 本章所提出的方法具有三个特点. 第一, 控制器的高频切换增益只需比干扰估计误差值大, 而不是大于干扰值, 从而在很大程度上削弱了抖振. 第二, 该方法能够使系统保持其标称性能, 因为干扰观测器如同基准反馈控制器的补丁, 当系统中不存在非匹配干扰和不确定性时, 干扰观测器不会对系统造成不良影响. 第三, 基于有限时间干扰观测器的复合非奇异终端滑模控制方法能保证闭环系统状态在非匹配干扰存在时的有限时间收敛性.

5.2 基于干扰观测器的复合滑模控制

5.2.1 非匹配受扰情况下积分滑模控制设计

考虑如下受非匹配干扰影响的二阶系统:

$$\begin{cases} \dot{x}_1 = x_2 + d(t), \\ \dot{x}_2 = a(x) + b(x)u, \\ y = x_1, \end{cases} \tag{5.2.1}$$

其中, $x_1 \in \mathbb{R}$ 和 $x_2 \in \mathbb{R}$ 为系统状态; $u \in \mathbb{R}$ 为控制输入; $d(t) \in \mathbb{R}$ 为干扰; $y \in \mathbb{R}$ 为系统输出.

假设 5.2.1 系统 (5.2.1) 干扰是有界的, 即 $d^* = \sup\limits_{t \geqslant 0} |d(t)|$.

根据传统滑模控制的设计方法, 滑模面和控制器可分别设计为

$$s = x_2 + cx_1, \quad u = -b^{-1}(x)(a(x) + cx_2 + k\mathrm{sgn}(s)). \tag{5.2.2}$$

结合式 (5.2.1) 和式 (5.2.2) 可得

$$\dot{s} = cd(t) - k\mathrm{sgn}(s). \tag{5.2.3}$$

式 (5.2.3) 表明, 若式 (5.2.2) 中的切换增益满足 $k > cd^*$, 则系统 (5.2.1) 的状态将会在有限时间内到达滑模面 $s = 0$. 考虑到式 (5.2.2) 中的条件 $s = 0$, 系统的滑动模态为

$$\dot{x}_1 = -cx_1 + d(t). \tag{5.2.4}$$

注 5.2.1　式 (5.2.4) 表明, 即使控制器 (5.2.2) 能使系统状态在有限时间内到达滑模面, 系统状态也不能到达期望的平衡点. 这是传统滑模控制器仅对匹配干扰具有不敏感性而对非匹配干扰具有敏感性的重要原因.

积分滑模控制 (I-SMC) 是处理非匹配干扰的一种有效控制方法. 积分滑模面一般设计为如下形式:

$$s = x_2 + c_1 x_1 + c_2 \int_0^t x_1(\tau) \mathrm{d}\tau. \tag{5.2.5}$$

相应地, 滑模控制器设计为

$$u = -b^{-1}(x)(a(x) + c_1 x_2 + c_2 x_1 + k\mathrm{sgn}(s)). \tag{5.2.6}$$

结合式 (5.2.1)、式 (5.2.5) 和式 (5.2.6) 可得

$$\dot{s} = c_1 d(t) - k\mathrm{sgn}(s). \tag{5.2.7}$$

若式 (5.2.6) 中的切换增益满足 $k > c_1 d^*$, 则系统 (5.2.1) 的状态将会在有限时间内到达滑模面 (5.2.5). 在系统状态到达滑模面后满足

$$\ddot{x}_1 + c_1 \dot{x}_1 + c_2 x_1 = \dot{d}(t), \tag{5.2.8}$$

式 (5.2.8) 表明, 若系统的状态在有限时间内到达滑模面 $s = 0$ 且系统中干扰的稳态值为常数, 即 $\lim\limits_{t\to\infty} \dot{d}(t) = 0$, 则系统状态能渐近收敛到期望平衡点.

注 5.2.2　积分滑模控制对于消除由非匹配干扰对系统带来的影响是有效的, 但是该方法是一种鲁棒控制方法. 存在于积分滑模控制器中的积分动作往往会给系统的控制性能带来诸多不利影响, 如较大的超调、标称性能变差等. 上述不利影响将会在之后的仿真例子中体现.

5.2.2　基于干扰观测器的新型滑模控制设计

1. 控制器设计

设 $x = [x_1, x_2]^{\mathrm{T}} \in \mathbb{R}^2$, 系统 (5.2.1) 可表述为

$$\begin{cases} \dot{x} = f(x) + g_1(x)u + g_2 d, \\ y = x_1, \end{cases} \tag{5.2.9}$$

其中, $f(x) = [x_2, a(x)]^{\mathrm{T}}$; $g_1(x) = [0, b(x)]^{\mathrm{T}}$; $g_2 = [1, 0]^{\mathrm{T}}$.

为估计系统 (5.2.9) 中的干扰, 设计如下形式的非线性干扰观测器 (nonlinear disturbance observer, NDO) [177,178]:

$$\begin{cases} \dot{p} = -lg_2p - l(g_2lx + f(x) + g_1(x)u), \\ \hat{d} = p + lx, \end{cases} \tag{5.2.10}$$

其中, $\hat{d}$、p 和 l 分别是干扰的估计值、非线性观测器的内部状态和待设计的观测器增益.

针对带有非匹配干扰的系统 (5.2.1), 通过引入由式 (5.2.10) 得到的干扰估计值可以设计新型滑模面如下:

$$s = x_2 + cx_1 + \hat{d}, \tag{5.2.11}$$

其中, $\hat{d}$ 是由式 (5.2.10) 得到的干扰估计值; $c > 0$ 为待设计的控制参数.

基于干扰观测器的复合滑模控制器 (DOB-SMC) 设计如下:

$$u = -b^{-1}(x)[a(x) + c(x_2 + \hat{d}) + k\mathrm{sgn}(s)], \tag{5.2.12}$$

其中, $k > 0$ 为待设计的切换增益. 图 5.2.1 给出了基于干扰观测器的复合滑模控制结构框图.

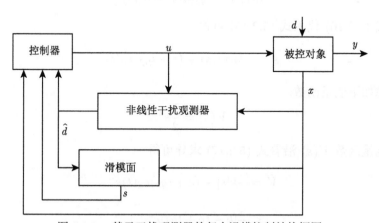

图 5.2.1　基于干扰观测器的复合滑模控制结构框图

2. 稳定性分析

假设 5.2.2　系统 (5.2.1) 中的干扰是有界的且满足 $\lim\limits_{t \to \infty} \dot{d}(t) = 0$.

引理 5.2.1　假设系统 (5.2.1) 同时满足假设 5.2.1 和假设 5.2.2. 若式 (5.2.10) 中观测器的增益 l 满足 $lg_2 > 0$, 则干扰的估计值 $\hat{d}$ 能够渐近跟踪干扰的真实值, 即

$$\dot{e}_d(t) + lg_2 e_d(t) = 0 \tag{5.2.13}$$

渐近稳定, 其中, $e_d(t) = d(t) - \hat{d}(t)$ 是干扰估计误差.

假设 5.2.3　系统 (5.2.13) 干扰估计误差是有界的, 即存在 e_d^* 满足 $e_d^* = \sup\limits_{t>0} |e_d(t)|$.

定理 5.2.1　假设系统 (5.2.1) 满足假设 5.2.1～假设 5.2.3, 若控制器 (5.2.12) 中的切换增益满足 $k > (c + lg_2)e_d^*$, 并且观测器增益 l 满足 $lg_2 > 0$, 则闭环系统 (5.2.1) 和 (5.2.12) 的状态在有限时间内收敛到原点.

证明　根据系统 (5.2.1), 计算滑模面 (5.2.11) 的一阶导数为

$$\dot{s} = a(x) + b(x)u + c(x_2 + d(t)) + \dot{\hat{d}}. \tag{5.2.14}$$

将控制器 (5.2.12) 的表达式代入式 (5.2.14) 可得

$$\dot{s} = -k\text{sgn}(s) + c(d(t) - \hat{d}(t)) + \dot{\hat{d}}. \tag{5.2.15}$$

由式 (5.2.10) 可得

$$\dot{\hat{d}}(t) = -lg_2(\hat{d}(t) - d(t)). \tag{5.2.16}$$

将式 (5.2.16) 代入式 (5.2.15) 可得

$$\dot{s} = -k\text{sgn}(s) + (c + lg_2)e_d(t). \tag{5.2.17}$$

考虑如下能量函数:

$$V(s) = \frac{1}{2}s^2. \tag{5.2.18}$$

对上述能量函数 $V(s)$ 沿着式 (5.2.17) 求导可得

$$\dot{V} = -k|s| + (c + lg_2)e_d(t)s$$

$$\leqslant -[k - (c + lg_2)e_d^*]|s|$$

$$= -\sqrt{2}[k - (c + lg_2)e_d^*]V^{\frac{1}{2}}. \tag{5.2.19}$$

考虑 $k > (c + lg_2)e_d^*$, 由式 (5.2.19) 可知, 系统状态将会在有限时间内到达滑模面 $s = 0$. 该条件表明

$$\dot{x}_1 = -cx_1 + d(t) - \hat{d}(t). \tag{5.2.20}$$

将式 (5.2.20) 与观测器动态相结合, 可得

$$\begin{cases} \dot{x}_1 = -cx_1 + e_d, \\ \dot{e}_d = -lg_2 e_d + \dot{d}, \\ x_2 = -cx_1 - \hat{d}. \end{cases} \tag{5.2.21}$$

在给定的条件 $c > 0$ 和 $lg_2 > 0$ 下, 系统

$$\begin{cases} \dot{x}_1 = -cx_1 + e_d \\ \dot{e}_d = -lg_2 e_d \end{cases} \tag{5.2.22}$$

是指数稳定的. 由上述结果和引理 A.3.2 可知, 系统

$$\begin{cases} \dot{x}_1 = -cx_1 + e_d \\ \dot{e}_d = -lg_2 e_d + \dot{d} \end{cases} \tag{5.2.23}$$

是输入-状态稳定的. 根据假设 5.2.2 的条件, 由引理 A.3.1 可得, 系统 (5.2.20) 中的状态满足 $\lim_{t\to\infty} x_1(t) = 0$ 和 $\lim_{t\to\infty} e_d(t) = 0$. 上述结论表明, 在所设计的控制器 (5.2.12) 的作用下, 系统的状态将会渐近收敛到原点. 证毕. ∎

注 5.2.3 为保证系统稳定性, 传统滑模控制器、积分滑模控制器和基于干扰观测器的滑模控制器的切换增益必须分别满足 $k > c|d|$、$k > c_1|d|$ 和 $k > (c + lg_2)|d - \hat{d}|$. 由于干扰值已经由干扰观测器精确估计, 即干扰估计误差 $d - \hat{d}$ 的幅值渐近收敛到零, 所以干扰估计误差的幅值比干扰本身的幅值要小很多. 文献 [179] 也给出了同样的结论. 本节所提基于干扰观测器的复合控制器的切换增益比传统滑模控制器和积分滑模控制器小得多, 因而在很大程度上削弱了抖振, 后面的仿真结果对比可以体现这一点.

注 5.2.4 在没有干扰的情况下, 由式 (5.2.16) 可得

$$\dot{\hat{d}}(t) = -lg_2 \hat{d}(t), \tag{5.2.24}$$

式 (5.2.24) 表明, 若初始状态选为 $\hat{d}(0) = 0$, 则 $\hat{d}(t) \equiv 0$. 本节所提出的滑模面 (5.2.11) 和控制器 (5.2.12) 将会退化为传统的滑模控制器 (5.2.2). 由此可见, 本节所提出的控制方法可以保证系统的标称控制性能, 这一优点可在 5.2.3 节的数值仿真结果中得到体现.

5.2.3　数值仿真

考虑下面的系统:

$$\begin{cases} \dot{x}_1 = x_2 + d(t), \\ \dot{x}_2 = -2x_1 - x_2 + \mathrm{e}^{x_1} + u, \\ y = x_1, \end{cases} \tag{5.2.25}$$

其中, $x_1 \in \mathbb{R}$; $x_2 \in \mathbb{R}$; $u \in \mathbb{R}$; $d(t) \in \mathbb{R}$; $y \in \mathbb{R}$.

1. 标称性能恢复

系统 (5.2.25) 的初始状态设置为 $x(0) = [-1, 1]^{\mathrm{T}}$, 在 $t = 6\mathrm{s}$ 时给系统一个阶跃干扰. 在仿真分析中, 针对系统 (5.2.25) 还分别设计了传统滑模控制器、积分滑模控制器. 三种控制方法的控制器参数如表 5.2.1 所示.

表 5.2.1　控制器参数 (标称性能恢复)

控制方法	控制器参数
SMC	$c = 5$, $k = 3$
I-SMC	$c_1 = 5$, $c_2 = 6$, $k = 3$
DOB-SMC	$c = 5$, $k = 3$, $\lambda(x) = 6x_1$

三种控制方法的系统状态响应曲线和控制输入响应曲线分别如图 5.2.2 和图 5.2.3 所示。

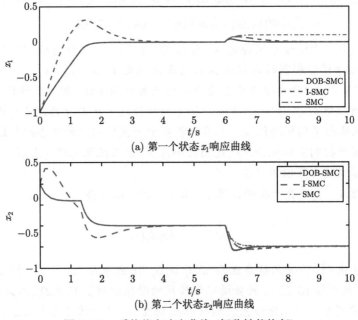

(a) 第一个状态 x_1 响应曲线

(b) 第二个状态 x_2 响应曲线

图 5.2.2　系统状态响应曲线 (标称性能恢复)

可以看出, 在前 6s, 系统的状态和控制输入在三种控制器作用下的响应曲线都是重合的, 可见注 5.2.4 中的分析是正确的, 本节所提出的控制方法可以维持系统的标称性能. 同时, 还要注意积分滑模中的积分动作会给控制效果带来不利影响, 如较大的超调和较长的调节时间.

另外从图 5.2.2 能够看出, 在系统中存在非匹配干扰的情况下, 传统的滑模控制不能使系统的状态到达期望的平衡点, 充分印证了注 5.2.1 中所说的传统滑模控制对非匹配干扰具有敏感性的讨论. 本节所提控制方法和积分滑模控制方法都能够压制非匹配干扰, 但是与积分滑模控制器相比, 本节所提出的基于观测器的控制方法表现出更快的收敛速度.

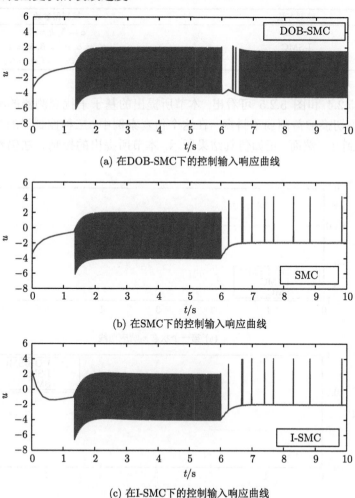

(a) 在DOB-SMC下的控制输入响应曲线

(b) 在SMC下的控制输入响应曲线

(c) 在I-SMC下的控制输入响应曲线

图 5.2.3　控制输入响应曲线 (标称性能恢复)

2. 抖振抑制

如图 5.2.3 所示, 三种控制器都会给系统带来抖振问题, 这是因为在控制器中设计了大的切换增益来处理干扰对系统的影响. 实际上, 正如注 5.2.3 中所阐述的, 本节所提出的控制方法能通过设计相对较小的切换增益来削弱抖振的影响. 该性质将会在本节中得到验证.

系统 (5.2.25) 的初始状态设置为 $x(0) = [0, 0]^{\mathrm{T}}$, 在$t = 2\mathrm{s}$ 时给系统加入一个阶跃形式的干扰 $d = -0.5$. 三种控制方法的控制器参数如表 5.2.2 所示.

表 5.2.2　控制器参数 (抖振抑制)

控制方法	控制器参数
SMC	$c = 5,\ k = 1$
I-SMC	$c_1 = 5,\ c_2 = 6,\ k = 1$
DOB-SMC	$c = 5,\ k = 1,\ \lambda(x) = 6x_1$

由图 5.2.4 和图 5.2.5 可看出, 本节所提出的基于干扰观测器的滑模控制方法通过减小切换增益削弱了抖振. 在这个仿真案例中, 三种控制器的切换增益 k 从 3 减小到 1. 然而, 正如仿真结果所示, 本节所提出的控制方法仍然能够维持

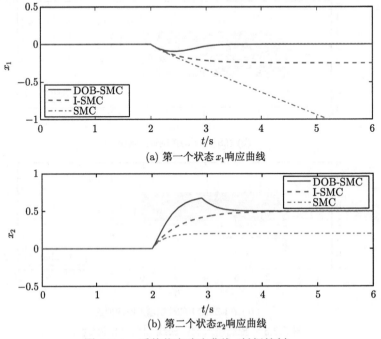

(a) 第一个状态 x_1 响应曲线

(b) 第二个状态 x_2 响应曲线

图 5.2.4　系统状态响应曲线 (抖振抑制)

系统的标称控制性能,并在很大程度上削弱抖振. 当尝试通过减小控制器切换增益来削弱传统滑模控制器和积分滑模控制器带来的抖振问题时, 很明显可看出上述两种方法不能有效抑制系统的干扰. 本案例所得到的仿真结果验证了注 5.2.3 的正确性.

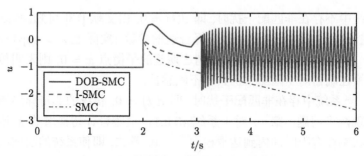

图 5.2.5 控制输入响应曲线 (抖振抑制)

5.3 基于有限时间干扰观测器的复合非奇异终端滑模控制

5.3.1 已有非奇异终端滑模控制方法存在的问题

考虑如下带有非匹配干扰的二阶系统:

$$\begin{cases} \dot{x}_1 = x_2 + d(t), \\ \dot{x}_2 = a(x) + b(x)u + d_0(t), \\ y = x_1, \end{cases} \tag{5.3.1}$$

其中, $x = [x_1, x_2]^{\mathrm{T}} \in \mathbb{R}^2$ 是系统的状态; $u \in \mathbb{R}$ 是控制输入; $y \in \mathbb{R}$ 是控制输出; $d_0(t)$ 和 $d(t)$ 分别是匹配干扰和非匹配干扰, $a(x)$ 和 $b(x) \neq 0$ 是关于 x 的光滑函数.

对于已有非奇异终端滑模控制方法, 非线性滑模面通常设计如下:

$$s = x_1 + \frac{1}{\beta} x_2^{p/q}, \tag{5.3.2}$$

其中, $\beta > 0$ 是待设计的常数; p 和 q 是正奇数且满足条件 $1 < p/q < 2$.

非奇异终端滑模控制律通常设计为

$$u = -b^{-1}(x) \left(a(x) + \beta \frac{q}{p} x_2^{2-p/q} + k\mathrm{sgn}(s) \right), \tag{5.3.3}$$

其中, k 是待设计的切换增益.

结合式 (5.3.2) 和式 (5.3.3) 可得

$$\dot{s} = -\frac{1}{\beta}\frac{p}{q}x_2^{p/q-1}\left(k\mathrm{sgn}(s) - d_0(t)\right) + d(t).　\quad (5.3.4)$$

当系统中不存在非匹配干扰时, 即 $d(t) = 0$, 由文献 [13] 可知, 传统的非奇异终端滑模控制器 (5.3.3) 可以通过选择合适的参数 (实际上 $k > \sup|d_0(t)|$) 使系统 (5.3.1) 的初始状态在有限时间内到达期望的平衡点 $x = 0$, 则表明传统的非奇异终端滑模控制器对于匹配干扰具有不敏感性.

然而, 当系统中存在非匹配干扰时, 即 $d(t) \neq 0$, 传统的非奇异终端滑模控制器将会出现两个问题. 第一, 对于系统 (5.3.1), 很难设计切换增益 k 使位于滑模面之外的状态在有限时间内到达滑模面 $s = 0$. 第二, 即使系统的状态能够到达滑模面 $s = 0$, 系统的动态也可以由以下微分方程描述:

$$\dot{x}_1 = -x_2 + d(t) = -\beta^{q/p}x_1^{q/p} + d(t),　\quad (5.3.5)$$

式 (5.3.5) 表明, 系统 (5.3.1) 的输出 $y = x_1$ 会受到非匹配干扰 $d(t)$ 的影响, 并且不能在有限时间内收敛到零. 因此, 有必要考虑在非匹配干扰存在的情况下解决非奇异终端滑模控制方法的干扰抑制问题.

5.3.2　二阶系统复合非奇异终端滑模控制设计

1. 有限时间干扰观测器

为简化分析, 首先仅考虑系统 (5.3.1) 存在非匹配干扰的情况, 关于匹配干扰的情况将会在注 5.3.2 中加以说明. 为介绍本节的主要结果, 首先针对系统 (5.3.1) 设计有限时间干扰观测器 (finite-time disturbance observer, FTDO) 来观测系统中的干扰.

假设 5.3.1　系统 (5.3.1) 中的非匹配干扰具有 r 阶导数, 并且 r 阶导数有界. 针对系统 (5.3.1) 的有限时间干扰观测器设计如下 [176,180]:

$$
\begin{cases}
\dot{z}_0 = v_0 + x_2, \quad \dot{z}_1 = v_1, \quad \cdots, \quad \dot{z}_{r-1} = v_{r-1}, \quad \dot{z}_r = v_r, \\
v_0 = -\lambda_0 L^{1/(r+1)}\mathrm{sig}^{r/(r+1)}(z_0 - x_1) + z_1, \\
v_1 = -\lambda_1 L^{1/r}\mathrm{sig}^{(r-1)/r}(z_1 - v_0) + z_2, \\
\vdots \\
v_{r-1} = -\lambda_{r-1}L^{1/2}\mathrm{sig}^{1/2}(z_{r-1} - v_{r-2}) + z_r, \\
v_r = -\lambda_r L\mathrm{sgn}(z_r - v_{r-1}), \\
\hat{x}_1 = z_0, \quad \hat{d} = z_1, \quad \cdots, \quad \hat{d}^{(r-1)} = z_r,
\end{cases}
\quad (5.3.6)
$$

其中, $\lambda_i > 0(i = 0, 1, \cdots, r)$ 为观测器中待设计的系数; $\hat{x}, \hat{d}, \cdots, \hat{d}^{(r-1)}$ 分别为 $x, d, \cdots, d^{(r-1)}$ 的估计值.

结合式 (5.3.1) 和式 (5.3.6), 观测器的估计误差系统为

$$
\begin{cases}
\dot{e}_0 = -\lambda_0 L^{1/(r+1)}\mathrm{sig}^{r/(r+1)}(e_0) + e_1, \\
\dot{e}_1 = -\lambda_1 L^{1/r}\mathrm{sig}^{(r-1)/r}(e_1 - \dot{e}_0) + e_2, \\
\vdots \\
\dot{e}_{r-1} = -\lambda_{r-1} L^{1/2}\mathrm{sig}^{1/2}(e_{r-1} - \dot{e}_{r-2}) + e_r, \\
\dot{e}_r \in -\lambda_r L\mathrm{sgn}(e_r - \dot{e}_{r-1}) + [-L, L],
\end{cases}
\tag{5.3.7}
$$

其中, 估计误差定义为 $e_0 = z_0 - x_1$, $e_1 = z_1 - d$, $\cdots$, $e_{r-1} = z_{r-1} - d^{(r-2)}$, $e_r = z_r - d^{(r-1)}$.

假设系统 (5.3.1) 中的非匹配干扰满足假设 5.3.1 的条件, 由引理 A.2.4 可得观测器的误差系统 (5.3.7) 是有限时间稳定的, 即存在一定的时间 $t_f > t_0$ 满足对任意 $t \geqslant t_f$ 都有 $e_i(t) = 0$ (或等效为对任意 $t \geqslant t_f$ 都有 $\hat{x}_1(t) = x_1(t)$, $\hat{d}(t) = d(t)$, $\cdots$, $\hat{d}^{(r-1)}(t) = d^{(r-1)}(t)$).

2. 控制器设计和收敛性分析

针对带有非匹配干扰的系统 (5.3.1), 设计如下基于干扰估计值的新型非线性滑模面:

$$
s = x_1 + \frac{1}{\beta}(x_2 + \hat{d})^{p/q},
\tag{5.3.8}
$$

其中, β、p 和 q 已经在式 (5.3.2) 中定义; $\hat{d}$ 是由有限时间干扰观测器 (5.3.6) 给出的干扰估计值.

定理 5.3.1 对于系统 (5.3.1), 利用式 (5.3.8) 设计的新型非线性滑模面, 基于有限时间干扰观测器的复合非奇异终端滑模控制器设计为

$$
u = -b^{-1}(x)\left[a(x) + \beta\frac{q}{p}(x_2 + \hat{d})^{2-p/q} + v_1 + k\mathrm{sig}^{\alpha}(s)\right],
\tag{5.3.9}
$$

其中, $0 < \alpha < 1$, v_1 已经在式 (5.3.6) 中定义, 那么系统的输出 $y = x_1$ 能够在有限时间内收敛到零.

证明 对于所提出的滑模面 (5.3.8), 根据系统 (5.3.1) 可求得其一阶导数为

$$
\begin{aligned}
\dot{s} &= \dot{x}_1 + \frac{1}{\beta}\frac{p}{q}(x_2 + \hat{d})^{p/q-1}(\dot{x}_2 + \dot{\hat{d}}) \\
&= x_2 + d + \frac{1}{\beta}\frac{p}{q}(x_2 + \hat{d})^{p/q-1}(a(x) + b(x)u + v_1)
\end{aligned}
$$

$$= -\frac{1}{\beta}\frac{p}{q}\bar{x}_2^{p/q-1}k\mathrm{sig}^{\alpha}(s) - e_1, \tag{5.3.10}$$

其中, $\bar{x}_2 = x_2 + \hat{d}$.

设计能量函数为 $V(s) = \frac{1}{2}s^2$, 结合式 (5.3.10) 可求得其一阶导数如下:

$$\dot{V}(s) = s\dot{s} = -\frac{1}{\beta}\frac{p}{q}\bar{x}_2^{p/q-1}k|s|^{\alpha+1} - e_1 s. \tag{5.3.11}$$

干扰观测器的误差系统是有限时间稳定的, 因此式 (5.3.7) 中的干扰估计误差 e_1 是有界的, 即存在 $\sigma > 0$ 使得 $|e_1| \leqslant \sigma$. 考虑到 p 和 q 均为正奇数, 由式 (5.3.11) 可得

$$\dot{V}(s) \leqslant \sigma|s|. \tag{5.3.12}$$

在 $|s| \geqslant 1$ 的情况下, 由式 (5.3.12) 可得 $\dot{V}(s) \leqslant KV(s)$, $K = 2\sigma$. 在 $|s| < 1$ 的情况下, 存在一个常数 $L = \frac{1}{2}K$ 使得 $\dot{V}(s) < L$. 综合上述两种情况可得

$$\dot{V}(s) \leqslant KV(s) + L. \tag{5.3.13}$$

由式 (5.3.13) 可得, s 不会在有限时间内逃逸.

由于干扰估计误差 e_1 能够在有限时间 t_f 内收敛到零, 系统 (5.3.10) 简化为

$$\dot{s} = -\rho(\bar{x}_2)k\mathrm{sig}^{\alpha}(s), \tag{5.3.14}$$

其中, $\rho(\bar{x}_2) = \frac{1}{\beta}\frac{p}{q}\bar{x}_2^{p/q-1}$. 接下来, 将要证明系统 (5.3.14) 是有限时间稳定的. 对于 $\bar{x}_2 \neq 0$ 的情况, 由 $\rho(\bar{x}_2) > 0$ 可知系统 (5.3.14) 是有限时间稳定的. 将控制器 (5.3.9) 代入系统 (5.3.1) 可得

$$\dot{\bar{x}}_2 = -\beta\frac{q}{p}\bar{x}_2^{2-p/q} - k\mathrm{sig}^{\alpha}(s). \tag{5.3.15}$$

对于 $\bar{x}_2 = 0$, 可得

$$\dot{\bar{x}}_2 = -k\mathrm{sig}^{\alpha}(s). \tag{5.3.16}$$

类似于文献 [13] 的证明, $\bar{x}_2 = 0$ 不是一个吸引子. 因此, 系统 (5.3.14) 是有限时间稳定的, 即存在时间 $t_r > 0$ 使得对于任意 $t \geqslant t_f + t_r$, 有 $s(t) = 0$.

当系统的状态到达滑模面 $s = 0$ 时, 由滑模面方程 (5.3.8) 和系统动力学方程 (5.3.1) 可得

$$s = x_1 + \frac{1}{\beta}(x_2 + d)^{p/q} = x_1 + \frac{1}{\beta}\dot{x}_1^{p/q} = 0, \tag{5.3.17}$$

其中, $t \geqslant t_f + t_r$. 在控制器参数满足到达条件的情况下, 系统 (5.3.17) 是有限时间稳定的, 表明存在有限时刻 $t_s > 0$ 使得 $y(t) = x_1(t) = 0$, 并且对于任意 $t \geqslant t_f + t_r + t_s$, 有 $x_2(t) = -d(t)$. 证毕. ∎

所提基于有限时间干扰观测器的复合非奇异终端滑模控制 (FTDO-NTSMC) 方法下的系统相平面图如图 5.3.1 所示. 相平面运动主要包括以下三个步骤.

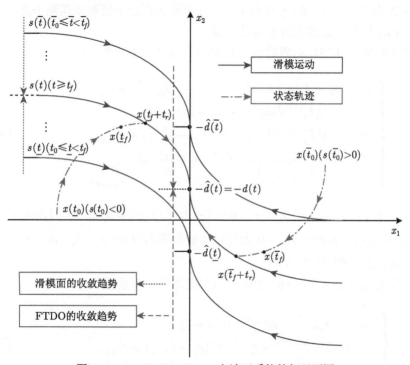

图 5.3.1 FTDO-NTSMC 方法下系统的相平面图

步骤 1 ($t_0 \leqslant t \leqslant t_f$) 有限时间干扰观测器收敛运动过程. 干扰的估计值将在有限时间内收敛到其真实值, 即对于所有 $t \geqslant t_f$, 有 $\hat{d}(t) = d(t)$. 相应地, 滑模面的收敛运动也在发生, 即对于所有 $t \geqslant t_f$, 有 $s(t) = x_1 + \frac{1}{\beta}(x_2 + d)^{p/q}$.

步骤 2 ($t_f < t \leqslant t_f + t_r$) 系统的状态在有限时间内到达滑模面, 即对于所有 $t \geqslant t_f + t_r$, 有 $s(t) = 0$.

步骤 3 ($t_f + t_r < t \leqslant t_f + t_r + t_s$) 非奇异终端滑模运动过程. 已经到达滑模面的系统状态 $(x_1, \bar{x}_2)$ 将会在有限时间内收敛到零, 即对于所有 $t \geqslant t_f + t_r + t_s$, 有 $y(t) = x_1(t) = 0$ 和 $x_2(t) = -d(t)$.

5.3.3　高阶系统复合非奇异终端滑模控制设计

对于高阶 $(n > 2)$ 非匹配受扰系统的情况, 系统描述为

$$\begin{cases} \dot{x}_i = x_{i+1} + d_i(\bar{x}_i, t), \quad i = 1, 2, \cdots, n-1, \\ \dot{x}_n = a(x) + b(x)u + d_n(x, t), \\ y = x_1, \end{cases} \tag{5.3.18}$$

其中, $x = [x_1, \cdots, x_n]^{\mathrm{T}} \in \mathbb{R}^n$ 为状态向量; $\bar{x}_i = [x_1, \cdots, x_i]^{\mathrm{T}}$; $u \in \mathbb{R}$ 为控制输入; $y \in \mathbb{R}$ 为控制输出; $d_n(x, t)$ 和 $d_i(\bar{x}_i, t)$ 分别为匹配干扰和非匹配干扰; $a(x)$ 和 $b(x) \neq 0$ 均为关于 x 的光滑非线性函数.

针对系统 (5.3.18), 有限时间干扰观测器设计如下 [176]:

$$\begin{cases} \dot{z}_0^i = v_0^i + f_i(x, u), \quad \dot{z}_1^i = v_1^i, \quad \cdots, \quad \dot{z}_{n-i+1}^i = v_{n-i+1}^i \\ v_0^i = -\lambda_0^i L_i^{\frac{1}{n-i+2}} \mathrm{sig}^{\frac{n-i+1}{n-i+2}}(z_0^i - x_i) + z_1^i, \\ v_j^i = -\lambda_j^i L_i^{\frac{1}{n-i+2-j}} \mathrm{sig}^{\frac{n-i+1-j}{n-i+2-j}}(z_j^i - v_{j-1}^i) + z_{j+1}^i, \\ v_{n-i+1}^i = -\lambda_{n-i+1}^i L_i \mathrm{sgn}(z_{n-i+1}^i - v_{n-i}^i), \\ \hat{x}_i = z_0^i, \quad \hat{d}_i = z_1^i, \quad \dot{\hat{d}}_i = z_2^i, \quad \cdots, \quad \hat{d}_i^{(n-i)} = z_{n-i+1}^i, \end{cases} \tag{5.3.19}$$

其中, $i = 1, 2, \cdots, n$, $j = 0, 1, \cdots, n-i+1$; $f_i(x, u) = x_{i+1}$, $i = 1, 2, \cdots, n-1$; $f_n(x, u) = a(x) + b(x)u$; $\lambda_j^i > 0$ 为待设计的观测器参数; $\hat{x}_i$、$\hat{d}_i$、$\dot{\hat{d}}_i$、$\hat{d}_i^{(n-i)}$ 分别为 x_i、d_i、$\dot{d}_i$、$d_i^{(n-i)}$ 的估计值.

结合式 (5.3.18) 和式 (5.3.19) 可得到观测器误差系统:

$$\begin{cases} \dot{e}_0^i = -\lambda_0^i L_i^{\frac{1}{n-i+2}} \mathrm{sig}^{\frac{n-i+1}{n-i+2}}(e_0^i) + e_1^i, \\ \dot{e}_j^i = -\lambda_j^i L_i^{\frac{1}{n-i+2-j}} \mathrm{sig}^{\frac{n-i+1-j}{n-i+2-j}}(e_j^i - \dot{e}_{j-1}^i) + e_{j+1}^i, \\ \dot{e}_{n-i+1}^i \in -\lambda_{n-i+1}^i L_i \mathrm{sgn}(e_{n-i+1}^i - \dot{e}_{n-i}^i) + [-L_i, L_i], \end{cases} \tag{5.3.20}$$

其中, 估计误差定义为 $e_0^i = z_0^i - x_i$, $e_j^i = z_j^i - d_i^{(j-1)}$. 由文献 [176] 可知, 观测器的误差系统是有限时间稳定的, 即存在一个有限时间使得 $e_j^i(t) = 0$.

对于系统 (5.3.18), 新型滑模面设计为

$$\begin{cases} s = \tilde{x}_n + \int_0^t \sum_{i=1}^n (k_i \mathrm{sig}^{\alpha_i}(\tilde{x}_i)) \, \mathrm{d}\tau, \\ \tilde{x}_1 = x_1, \quad \tilde{x}_i = x_i + \sum_{j=1}^{i-1} \hat{d}_j^{(i-j-1)}, \quad i = 2, 3, \cdots, n, \end{cases} \tag{5.3.21}$$

其中, $\alpha_{i-1} = \dfrac{\alpha_i\alpha_{i+1}}{2\alpha_{i+1}-\alpha_i}$ $(i = 2,3,\cdots,n)$, $\alpha_{n+1} = 1$, $\alpha_n = \alpha_0 \in (1-\epsilon,1)$, $\epsilon \in (0,1)$; $k_i > 0$, 并且 k_i 使多项式 $\lambda^n + k_n\lambda^{n-1} + \cdots + k_2\lambda + k_1$ 是 Hurwitz 稳定的.

定理 5.3.2 对于高阶系统 (5.3.18) 和非线性滑模面 (5.3.21), 若连续非奇异终端滑模控制器设计为

$$u = -b^{-1}(x)\left[a(x) + \hat{d}_n + \sum_{i=1}^{n-1} v_{n-i}^i + \sum_{i=1}^{n}\left(k_i\mathrm{sig}^{\alpha_i}(\tilde{x}_i)\right) + K_1s + K_2\mathrm{sig}^\alpha(s)\right],$$
(5.3.22)

其中, v_{n-i}^i 可以由有限时间干扰观测器 (5.3.19) 给出; $\alpha_{i-1} = \dfrac{\alpha_i\alpha_{i+1}}{2\alpha_{i+1}-\alpha_i}(i = 1,2,\cdots,n)$, $\alpha_{n+1} = 1$, $\alpha_n = \alpha_0 \in (0,1)$; $k_i > 0$ 是 Hurwitz 多项式 $\lambda^n + k_n\lambda^{n-1} + \cdots + k_2\lambda + k_1$ 的系数, 则存在 $\varepsilon \in (0,1), \forall \alpha_0 \in (1-\varepsilon,1)$ 使系统的输出 $y = x_1$ 能够在有限时间内收敛到零.

证明 对滑模面 (5.3.21) 沿着系统 (5.3.18) 求一阶导数, 并将控制器 (5.3.22) 代入可得

$$\dot{s} = -K_1s - K_2\mathrm{sgn}(s)|s|^\alpha - e_1^n.$$
(5.3.23)

由式 (5.3.21) 可得

$$\begin{cases} \dot{\tilde{x}}_i = \tilde{x}_{i+1} + \tilde{e}_i, \quad i = 1,2,\cdots,n-1, \\ \dot{\tilde{x}}_n = -\sum_{i=1}^{n}\left(k_i\mathrm{sig}^{\alpha_i}(\tilde{x}_i)\right) + \dot{s}, \end{cases}$$
(5.3.24)

其中, $\tilde{e}_1 = -e_1^1$, $\tilde{e}_i = \sum_{j=1}^{i-1}\left(\dot{e}_{i-j}^j - e_{i-j+1}^j\right) - e_1^i$, $i = 2,3,\cdots,n-1$. 式 (5.3.24) 表明, 系统状态受到滑模面动态 (5.3.23) 和观测误差系统动态 (5.3.20) 的影响. 接下来将证明观测误差不会在有限时间内逃逸.

针对系统 (5.3.24), 定义 Lyapunov 函数 $V_2(s,\tilde{x}) = \dfrac{1}{2}s^2 + \sum_{i=1}^{n}\dfrac{1}{2}\tilde{x}_i^2$. 由于参数 $\alpha_i(i = 1,2,\cdots,n)$ 满足 $\alpha_i \in (0,1)$, 所以 $|\tilde{x}_i|^{\alpha_i} < 1 + |\tilde{x}_i|$. 对 $V_2(\tilde{x})$ 求一阶导数可得

$$\dot{V}_2 = s\dot{s} + \sum_{i=1}^{n-1}\tilde{x}_i(\tilde{x}_{i+1} + \tilde{e}_i) - \tilde{x}_n\sum_{i=1}^{n}k_i\mathrm{sig}^{\alpha_i}(\tilde{x}_i) + \tilde{x}_n\dot{s}$$

$$\leqslant |se_1^n| + \sum_{i=1}^{n-1}|\tilde{x}_i|(|\tilde{x}_{i+1}| + |\tilde{e}_i|) + |\tilde{x}_n|\sum_{i=1}^{n}k_i(1 + |\tilde{x}_i|)$$

$$+ |\tilde{x}_n|[K_1|s| + K_2(1 + |s|) + |e_1^n|]$$

$$\leqslant \frac{s^2 + (e_1^n)^2}{2} + \sum_{i=1}^{n-1} \frac{\tilde{x}_i^2 + \tilde{x}_{i+1}^2}{2} + \sum_{i=1}^{n-1} \frac{\tilde{x}_i^2 + \tilde{e}_i^2}{2}$$

$$+ \frac{\tilde{x}_n^2 + \left(\sum\limits_{i=1}^n k_i\right)^2}{2} + \sum_{i=1}^n k_i \frac{\tilde{x}_i^2 + \tilde{x}_n^2}{2}$$

$$+ \frac{K_1 + K_2}{2}(\tilde{x}_n^2 + s^2) + \frac{\tilde{x}_n^2 + (K_2 + |e_1^n|)^2}{2}$$

$$\leqslant K_{v2}V_2 + L_{v2}, \tag{5.3.25}$$

其中, $K_{v2} = 3 + k_n + \sum\limits_{i=1}^n k_i + K_1 + K_2$; $L_{v2} = \dfrac{1}{2} \max\left[(e_1^n)^2 + \sum\limits_{i=1}^{n-1} \tilde{e}_i^2 + \left(\sum\limits_{i=1}^n k_i\right)^2 + (K_2 + |e_1^n|)^2\right]$. 式 (5.3.20) 表明, 观测误差 e_j^i 将会在有限时间内收敛到零, 从而 $\tilde{e}_i$、e_1^n 以及 L_{v2} 是有界的. 因此, 由式 (5.3.25) 可得, 在观测器误差系统收敛之前 $V_2(s,\tilde{x})$ 以及 $\tilde{x}_i$ 不会在有限时间内逃逸. 由于干扰估计误差 e_1^1 和 e_1^2 会在有限时间内收敛到零, 系统 (5.3.23) 简化为

$$\dot{s} = -K_1 s - K_2 \mathrm{sig}^\alpha(s), \tag{5.3.26}$$

式 (5.3.26) 是有限时间稳定的. 一旦滑动模态 $s = 0$ 和干扰估计误差 $e_j^i = 0$ 在有限时间内成立, 系统 (5.3.24) 将会简化为下面的形式:

$$\dot{\tilde{x}}_i = \tilde{x}_{i+1}, \quad \dot{\tilde{x}}_n = -\sum_{i=1}^n (k_i \mathrm{sig}^{\alpha_i}(\tilde{x}_i)), \quad i = 1, 2, \cdots, n-1 \tag{5.3.27}$$

由引理 A.2.3 可知, 系统 (5.3.27) 是有限时间稳定的. 证毕. ■

注 5.3.1 (标称性能恢复)　当系统不存在干扰时, 若有限时间干扰观测器的初始状态设置为 $z_0(t_0) = x_1(t_0)$ 和 $z_1(t_0) = \cdots = z_r(t_0) = 0$, 则观测器的误差动力学方程 (5.3.7) 为 $e_0(t) = e_1(t) = \cdots = e_r(t) = 0$ 和 $v_1(t) = 0$. 在这种情况下, 本节所提出的滑模面 (5.3.8) 和控制器 (5.3.9) 将会退化为传统的非奇异终端滑模控制器 (5.3.2) 和 (5.3.3). 因此, 在本节所提出的控制方法作用下, 系统的标称性能能够得到维持.

注 5.3.2　尽管上面的论述中并未考虑系统存在匹配干扰的情况, 但是本节所提出的连续非奇异终端滑模控制器 (5.3.9) 能够很容易地推广到同时处理匹配

干扰和非匹配干扰的情况. 实际上, 推广的控制器设计为

$$u = -b^{-1}(x)\left[a(x) + \hat{d}_n + \beta \frac{q}{p}(x_2 + \hat{d})^{2-p/q} + v_1 + k\mathrm{sgn}^{\alpha}(s)\right], \qquad (5.3.28)$$

其中, $\hat{d}_n$(由另外一个有限时间干扰观测器得到[176,180]) 为系统匹配干扰 d_n 的估计值. 该结果的证明过程与定理 5.3.1 的证明过程相同, 此处略去.

5.3.4 数值仿真

仿真中考虑系统 (5.2.25), 采用四种控制方法进行比较, 分别是本节所提出的方法 (FTDO-NTSMC)、非奇异终端滑模控制方法 (NTSMC)、基于干扰观测器的线性滑模控制方法 (DO-LSMC)、积分滑模控制方法 (I-SMC). 本节所提出的控制方法中观测器和控制器的参数设计如下:

$$\beta = 3,\ p = 5,\ q = 3,\ k = 3,\ \alpha = 1/3,\ L = 10,\ \lambda_0 = 3,\ \lambda_1 = 1.5,\ \lambda_2 = 1.1.$$

非奇异终端滑模控制器参数的选取与 FTDO-NTSMC 方法中的控制器参数相同. DO-LSMC 和 I-SMC 控制器参数与 5.3.3 节仿真中参数选取相同.

本例中系统的初始状态设置为 $x(0) = [1, -1]^{\mathrm{T}}$. 假设加在系统中的非匹配干扰为

$$d(t) = \begin{cases} 0, & t < 5\mathrm{s}, \\ 0.6, & 5\mathrm{s} \leqslant t < 10\mathrm{s}, \\ 0.6 + 0.2\sin 2(\pi t), & 10\mathrm{s} \leqslant t \leqslant 15\mathrm{s}. \end{cases} \qquad (5.3.29)$$

在四种控制器的作用下系统状态响应曲线如图 5.3.2 所示, 其中实线为 FTDO-NTSMC 方法, 点划线为 NTSMC 方法, 虚线为 DO-LSMC 方法, 点虚线为 I-SMC 方法. 与之对应的控制信号的响应曲线如图 5.3.3 所示.

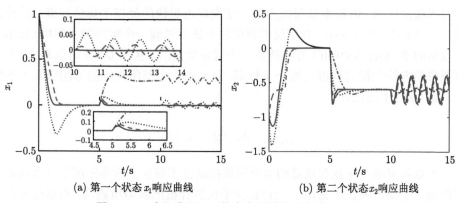

(a) 第一个状态 x_1 响应曲线   (b) 第二个状态 x_2 响应曲线

图 5.3.2   未知非匹配干扰存在时系统状态响应曲线

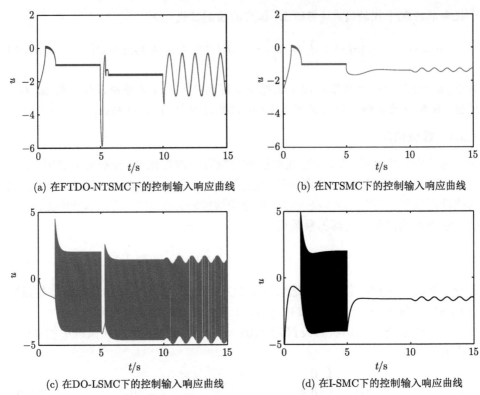

(a) 在FTDO-NTSMC下的控制输入响应曲线　　　　(b) 在NTSMC下的控制输入响应曲线

(c) 在DO-LSMC下的控制输入响应曲线　　　　(d) 在I-SMC下的控制输入响应曲线

图 5.3.3　　非匹配干扰存在时控制输入响应曲线

　　从图 5.3.2 可以看出, 在前 5s 时利用本节所提出的控制方法得到的响应曲线与基本的非奇异终端滑模控制器作用下系统的响应曲线相同, 这印证了注 5.3.1 所陈述的本节所提出的控制方法能维持系统的标称性能这一结论的正确性. 如图 5.3.2(a) 所示, 尽管 DO-LSMC 和 I-SMC 方法能够渐近处理非匹配阶跃干扰对系统的影响, 但是本节所提出的方法表现出更快的处理干扰的速度. 除此之外, DO-LSMC 和 I-SMC 方法仅能将谐波干扰削弱到一个特定的小邻域, 而本节所提出的 FTDO-NTSMC 方法能够将干扰完全抵消. 从图 5.3.3 可以看出, 本节所提出的方法在很大程度上减小了抖振, 这是由于本节所提出的方法引入了连续控制器 (5.3.9) 的设计.

5.4　本 章 小 结

　　本章利用基于干扰观测器的复合滑模控制技术解决了带非匹配干扰系统的控制问题. 主要贡献在于提出了一种包含干扰估计值的新型滑模面, 当系统存在非匹配干扰时, 系统的状态沿着滑模面运动可以到达期望的平衡点. 与传统的滑模控制器和积分滑模控制器相比, 本章所提出的方法具有两个优势: 标称性能恢复和抖振的抑制. 仿真结果进一步表明与传统滑模控制方法和积分滑模控制方法相比, 本章所提控制方法能为系统提供更好的动态性能、静态性能以及标称性能恢复能力, 并有效削弱了抖振.

利用基于有限时间干扰观测器的复合非奇异终端滑模控制技术解决了带非匹配干扰系统的连续有限时间控制问题. 为处理系统的非匹配干扰, 基于有限时间干扰观测器设计了一种新型非线性动态滑模面, 并提出了相应的复合非奇异终端滑模控制方法.

第 6 章　受扰高阶多智能体系统复合滑模一致性协议

本章针对非匹配受扰高阶多智能体系统, 研究其输出一致性问题. 首先, 针对非匹配受扰无领导者和领导者-跟随者高阶多智能体系统, 分别研究渐近输出一致性问题. 通过有机结合滑模控制和基于干扰观测器的控制技术, 设计一种复合滑模一致性协议, 实现多智能体系统的渐近输出一致性, 所提设计方法被应用于多导弹系统的联合攻击制导律设计. 然后, 针对非匹配受扰领导者-跟随者高阶多智能体系统, 研究有限时间输出一致性问题. 通过将非奇异终端滑模控制和基于干扰观测器的控制技术相结合, 提出一种复合滑模一致性协议, 实现多智能体系统的输出有限时间一致性.

6.1　引　言

近年来, 多智能体系统 (multi-agent system) 的分布式协调控制受到了学者越来越多的关注. 其原因主要在于两方面: 一方面, 分布式协调控制具有广泛的应用前景, 如多移动机器人系统的编队控制 [181] 和多航天器系统的姿态协调控制 [182] 等; 另一方面, 与传统的集中式控制相比, 分布式控制具有更高的效率、更低的通信要求以及更好的鲁棒性 [183,184]. 一致性问题一直是多智能体系统分布式协调控制领域最基本的研究课题之一. 具体地, 一致性问题是指如何设计合理的通信协议 (如最邻近规则等) 使智能体通过相互作用, 就某一状态变量值 (如运动的速度、方位、姿态等) 达成一致 [185,186]. 一般而言, 一致性问题包括无领导者 (leaderless) 一致性和领导者-跟随者 (leader-follower) 一致性两种. 在一致性问题方面已经取得了丰富的研究成果, 包括连续时间系统的一致性 [187,188]、离散时间系统的一致性 [187,189,190]、低阶系统的一致性 [187-189]、高阶系统的一致性 [190-192]、固定拓扑下的一致性 [190,191]、切换拓扑下的一致性 [187,189,192]、通信时延下的一致性 [187]、输入饱和约束下的一致性 [190] 以及多输入多输出多智能体系统的一致性 [192] 等. 然而, 这些结果大多是针对较为理想的多智能体系统得到的, 即不受不确定性和外部干扰影响的系统. 在实际系统中, 不确定性和外部干扰都是不可忽略的影响因素. 因此, 十分有必要研究受扰多智能体系统的一致性问题. 在受扰多智能体系统的一致性方面, 研究者已经提出了多种控制方法, 如自适应控制 [193,194]、H_∞ 控

制 [195]、滑模控制 [14,15,196] 以及输出调节理论 [197] 等反馈控制方法. 然而, 这些控制方法主要是用于处理匹配干扰的, 即外部干扰或不确定性与智能体的控制输入处在同一通道.

不同于匹配干扰, 非匹配干扰处在与系统控制输入不同的通道. 实际上, 非匹配干扰广泛存在于实际多智能体系统中, 如多导弹系统 [177] 和多液压机械臂协同装配系统 [198]. 在多导弹系统中, 由未建模动态、风以及参数摄动构成的集总干扰不通过输入通道而直接作用于导弹 [177], 因此属于非匹配干扰. 在多液压机械臂协同装配系统中, 机械臂驱动执行机构, 即电液伺服作动器中, 模型参数摄动、不确定摩擦力及环境干扰力矩等干扰直接影响液压缸活塞杆和机械臂的运动, 而不是通过控制电压通道, 因而也是典型的非匹配干扰 [198]. 非匹配干扰不处在输入通道, 无法通过设计反馈控制器直接抑制或削弱这类干扰对系统输出的影响. 因此, 相对于仅受匹配干扰影响的多智能体系统, 非匹配受扰多智能体系统的一致性问题具有更强的挑战性. 尽管该问题研究难度较大, 研究者仍然提出了一些解决方案 [199-202]. 利用输出调节理论, 文献 [199] 解决了非匹配受扰二阶多智能体系统的聚集问题. 基于 H_∞ 控制方法, 文献 [200] 和 [201] 解决了非匹配受扰高阶多智能体系统的近似输出同步问题. 文献 [202] 利用自适应反步控制方法, 实现了非匹配受扰高阶多智能体系统的输出一致性.

值得注意的是, 上述一致性控制方法均属于被动抗干扰控制方法. 通常, 被动抗干扰控制方法通过反馈量与设定值之间的偏差来调节控制量以达到抑制干扰的目的. 一方面, 当系统存在干扰 (尤其是强干扰) 时, 基于反馈调节的被动抗干扰控制器往往无法实时快速地处理干扰, 而只能通过反馈调节这种相对较慢的方式来抑制干扰 [203]. 另一方面, 大多数被动抗干扰控制方法都是以一种鲁棒的方式来实现抗干扰, 即牺牲系统的标称性能来提高系统的抗干扰性能 [203]. 为克服被动抗干扰控制方法在处理干扰影响方面的不足, 研究者提出了基于干扰观测器的控制 (disturbance observer-based control, DOBC) 方法. 该类方法属于主动抗干扰控制方法, 即采用前馈-反馈复合控制来处理系统所受到的外部干扰和不确定性的影响 [145,177,203-205]. 具体地, 一个基于 DOBC 的复合控制器由两部分组成, 即来自干扰观测器 (disturbance observer, DO) 的前馈控制器和基准反馈控制器. 相比于被动抗干扰控制方法, DOBC 方法具有以下优势 [145,177,203-205]: ① 由于在控制器中加入了干扰前馈补偿项, DOBC 方法能更快、更及时地处理干扰; ② DOBC 中的干扰前馈补偿项是已有反馈控制器的 “补丁”, 不影响反馈控制器设计; ③ DOBC 方法并不基于 “最坏情况”, 既可对干扰进行动态估计和补偿, 保守性小, 又可保持系统标称性能 (当不存在干扰时, 干扰补偿项为 “零”, 复合控制器退化为基准反馈控制器).

基于上述优势, DOBC 方法已被应用于匹配受扰多智能体系统的一致性研究

中 [206-208]. 然而, 一方面, 这些基于 DOBC 方法得到的一致性结果均是针对匹配受扰系统得到的, 非匹配受扰系统的相关结果尚未见公开报道. 另一方面, 上述结果仅实现了多智能体系统的渐近一致性, 闭环系统的收敛速度仍存在提高空间. 考虑到这两方面的问题, 非常有必要针对非匹配受扰多智能体系统设计有限时间一致性协议. 实际上, 除了具有更快的收敛速度, 相比于渐近稳定的系统, 有限时间稳定的系统还具有更强的抗干扰性能和鲁棒性 [6, 209, 210]. 由于这些优点, 有限时间控制方法已被用于解决多智能体系统的一致性问题 [14, 15, 183, 184, 188, 210-213]. 然而, 上述有限时间一致性的结果仍局限于多智能体系统受匹配干扰影响的情况.

本章针对非匹配受扰高阶多智能体系统, 研究其输出一致性问题. 首先, 针对非匹配受扰高阶多智能体系统的输出一致性问题, 基于 SMC 和 DOBC 方法, 设计复合滑模一致性协议, 实现了多智能体系统的输出渐近一致性; 然后, 针对领导者-跟随者非匹配受扰高阶多智能体系统, 利用非奇异终端滑模控制和有限时间干扰观测器技术, 设计复合滑模一致性协议, 实现了各智能体的有限时间输出一致性.

本章的主要贡献包括两个方面.

(1) 渐近一致性协议设计方面: ① 首次利用 DOBC 方法解决非匹配受扰高阶多智能体系统的输出一致性问题, 所提复合控制方法能快速处理干扰对系统输出的影响, 实现了智能体输出的渐近一致性, 并且能保持系统的标称性能. ② 提出了一种复合滑模一致性协议设计方法, 该方法与现有基于 DOBC 方法的分布式协调控制方法相比, 区别在于其能够分布式地抗干扰. ③ 与文献 [14]、[15] 和 [196] 利用 SMC 方法研究匹配受扰二阶领导者-跟随者多智能体的一致性问题不同, 本章同时研究非匹配受扰高阶无领导者和领导者-跟随者两类多智能体系统的一致性问题. 因此, 本章所提设计方法适用范围更广. ④ 所提一致性协议设计方法, 也被成功应用于多导弹系统的联合攻击制导律设计问题.

(2) 有限时间一致性协议设计方面: ① 对于非匹配受扰高阶多智能体系统, 本章提出一种复合滑模有限时间一致性协议设计方法. 闭环系统的抗干扰性能得到了加强 (干扰对输出的影响可以在有限时间内被消除), 并且收敛速度也得到了提高 (一致性跟踪误差在有限时间内收敛到零). ② 在一致性协议设计中避免了对拉普拉斯 (Laplacian) 矩阵求逆的运算. 文献 [14] 和 [211] 针对匹配受扰二阶多智能体系统设计了 NTSMC 一致性协议, 但智能体使用了 Laplacian 矩阵逆的信息. 在实际系统中, Laplacian 矩阵逆的信息难以得到, 因为这是一种全局信息. 本章所设计的一致性协议仅需要利用 Laplacian 矩阵的最小特征根和其他一些局部信息. 因此, 基于更小的通信代价, 本章所提一致性协议设计方法就为更复杂的高阶多智能体系统实现了有限时间输出一致性目标.

6.2 数学符号和图论介绍

6.2.1 数学符号

记 $1_n = [1, \cdots, 1]^T \in \mathbb{R}^n$, $0_n = [0, \cdots, 0]^T \in \mathbb{R}^n$, $0_{m \times n}$ 为 $m \times n$ 零矩阵. 对于任意向量 $x = [x_1, \cdots, x_n]^T \in \mathbb{R}^n$ 和实数 $\alpha \in \mathbb{R}$, 令 $[x]_i$ 表示分量 x_i, 并记 $\text{sig}^\alpha(x) = [\text{sig}^\alpha(x_1), \cdots, \text{sig}^\alpha(x_n)]^T$ 和 $\text{sgn}(x) = [\text{sgn}(x_1), \cdots, \text{sgn}(x_n)]^T$. 令 $\|x\|_1 = \sum_{i=1}^n |x_i|$、$\|x\|_2 = \sqrt{x^T x}$ 和 $\|x\|_\infty = \max\limits_{i=1,2,\cdots,n} \{|x_i|\}$ 分别表示向量 x 的 1-范数、欧几里得 (Euclidean) 范数和无穷范数. 关于上述范数的一个基本性质是 $\|x\|_2 \leqslant \|x\|_1 \leqslant \sqrt{n}\|x\|_2, \forall x \in \mathbb{R}^n$. 对于任意对称矩阵 $P \in \mathbb{R}^{n \times n}$, 以升序方式记其特征根为 $\lambda_{\min}(P) = \lambda_1(P) \leqslant \lambda_2(P) \leqslant \cdots \leqslant \lambda_n(P) = \lambda_{\max}(P)$. 令 I_n 表示 $n \times n$ 单位阵.

6.2.2 图论介绍

令 $G = (\mathcal{V}, \mathcal{E}, \mathcal{A})$ 表示一个有向图, 其中 $\mathcal{V} = \{1, 2, \cdots, n\}$ 为节点集合, $\mathcal{E} \subseteq \mathcal{V} \times \mathcal{V}$ 为边集, $\mathcal{A} = [a_{ij}] \in \mathbb{R}^{n \times n}$ 为图 G 的加权邻接矩阵. 矩阵 $\mathcal{A}$ 的元素为: 若 $(j, i) \in \mathcal{E}$, 则 $a_{ij} > 0$, 否则 $a_{ij} = 0$; $a_{ii} = 0, \forall i \in \mathcal{V}$. 若 $(j, i) \in \mathcal{E}$, 则称节点 j 为节点 i 的一个邻居, 节点 i 的邻居集合记为 $N_i = \{j \in \mathcal{V} | (j, i) \in \mathcal{E}\}$. 当且仅当 $(j, i) \in \mathcal{E} \Leftrightarrow (i, j) \in \mathcal{E}$ 时, 图 G 是一个无向图. 一般而言, 在一个无向图 G 中, $a_{ij} = a_{ji}$. 图 G 的 Laplacian 矩阵记为 $\mathcal{L} = [l_{ij}] \in \mathbb{R}^{n \times n}$, 其中对角线元素定义为 $l_{ii} = \sum_{j \in N_i} a_{ij}$, 其余元素定义为 $l_{ij} = -a_{ij}, \forall i \neq j$. 在一个有向图中, 一系列头尾相连的边 $(k_1, k_2), (k_2, k_3), \cdots, k_i \in \mathcal{V}$ 表示一条有向路径. 无向图中的路径也可进行类似定义. 若一个无向图中的任意两个节点间都存在一条无向路径, 则称该图是连通的.

在一个有向图 G 中, 若从节点 i 到节点 j 存在一条有向边, 则称节点 i 为父节点, 节点 j 为子节点. 一棵有向树指的是这样一个图: 在该图中, 除一个节点外其余每个节点都有一个父节点, 这个例外的节点称为根节点, 其没有父节点但是从它到其余任意节点都有一条有向路径. 有向图 G 的一棵生成树是指节点集和图 G 相同但边集属于图 G 边集的一棵有向树. 若有向图 G 中至少存在一个节点, 该节点到其他任意节点都存在一条有向路径, 则图 G 就含有 (至少) 一棵生成树.

对于领导者-跟随者多智能体系统, 领导者由节点 0 表示, 跟随者由节点 $1, \cdots$, n 表示. 跟随者之间的通信是无向的, 将代表跟随者节点之间的无向通信拓扑图记为 $G = (\mathcal{V}, \mathcal{E}, \mathcal{A})$, 相应的 Laplacian 矩阵记为 $\mathcal{L}$. 将包含领导者节点在内的全体智能体节点的通信拓扑图记为 $\bar{G} = (\bar{\mathcal{V}}, \bar{\mathcal{E}}, \bar{\mathcal{A}})$, 其中 $\bar{\mathcal{V}} = \mathcal{V} \cup \{0\}$. 此外, 跟随者与领导者之间的通信是单向的, 即由领导者发出, 且由跟随者接收. 领导者和跟随者之间的通信权值记为 $b_i, i \in \mathcal{V}$. 若第 i 个跟随者能接收到领导者的信息, 则 $b_i > 0$, 否则 $b_i = 0$. 将矩阵 $\mathcal{B} = \mathrm{diag}\{b_1, \cdots, b_n\}$ 和 $\bar{\mathcal{L}} = \mathcal{L} + \mathcal{B} \in \mathbb{R}^{n \times n}$ 分别称为图 G 的领导者邻接矩阵和 Laplacian 矩阵.

引理 6.2.1 [187]　无向连通图 G 的 Laplacian 矩阵具有以下性质: 对任意 $x = [x_1, \cdots, x_n]^{\mathrm{T}} \in \mathbb{R}^n$, 有 $x^{\mathrm{T}} \mathcal{L} x = \dfrac{1}{2} \sum\limits_{i=1}^{n} \sum\limits_{j=1}^{n} a_{ij}(x_i - x_j)^2$ 成立, 即矩阵 $\mathcal{L}$ 是半正定的. 0 是矩阵 $\mathcal{L}$ 的单重特征根, 对应的特征向量为 1_n. 若按升序将矩阵 $\mathcal{L}$ 的特征根记为 $0 \leqslant \lambda_2(\mathcal{L}) \leqslant \cdots \leqslant \lambda_n(\mathcal{L})$, 则 $\lambda_2(\mathcal{L}) > 0$. 此外, 若 x 满足 $1_n^{\mathrm{T}} x = 0$, 则 $x^{\mathrm{T}} \mathcal{L} x \geqslant \lambda_2(\mathcal{L}) x^{\mathrm{T}} x$ 成立.

6.3　复合滑模渐近一致性协议

本节针对非匹配受扰高阶多智能体系统, 设计带有干扰估计补偿的复合滑模渐近一致性协议.

6.3.1　系统建模和问题描述

不失一般性, 智能体 i 的动态可描述为

$$\begin{cases} \dot{x}_{i,k} = x_{i,k+1} + d_{i,k}(t), & k = 1, 2, \cdots, M-1, \\ \dot{x}_{i,M} = u_i + d_{i,M}(t), \end{cases} \tag{6.3.1}$$

其中, $x_{i,k} \in \mathbb{R}, i \in \mathcal{V}, k = 1, 2, \cdots, M$ 表示各状态分量; $u_i \in \mathbb{R}$ 表示控制输入; $y_i = x_{i,1}$ 表示输出; $d_{i,k}(t) \in \mathbb{R}$ 表示匹配/非匹配干扰; M 表示系统阶数. 记 $x_i = [x_{i,1}, \cdots, x_{i,M}]^{\mathrm{T}}, i \in \mathcal{V}, u = [u_1, \cdots, u_n]^{\mathrm{T}}, w_k = [x_{1,k}, \cdots, x_{n,k}]^{\mathrm{T}}, \Delta_k = [d_{1,k}, \cdots, d_{n,k}]^{\mathrm{T}}, k = 1, 2, \cdots, M$.

在领导者-跟随者情况下, 领导者的动态描述如下:

$$\dot{x}_{0,k} = x_{0,k+1}, \quad k = 1, 2, \cdots, M-1, \quad \dot{x}_{0,M} = u_0, \tag{6.3.2}$$

其中, $x_{0,k} \in \mathbb{R}, k = 1, 2, \cdots, M$ 表示各状态分量; $u_0 \in \mathbb{R}$ 表示预设的控制输入; $y_0 = x_{0,1}$ 表示输出.

本节的设计目标为: 在无领导者和领导者-跟随者两种情况下, 针对非匹配受扰高阶多智能体系统分别设计输出一致性协议, 使各智能体的输出达到渐近一致.

6.3.2　复合滑模渐近一致性协议设计

一致性协议设计包括两部分, 即干扰观测器设计和复合滑模一致性协议设计.

1. 干扰观测器设计

针对智能体系统 (6.3.1) 设计如下的 DO(参考文献 [214]):

$$
\begin{bmatrix} \hat{d}_{i,1} \\ \hat{d}_{i,2} \\ \vdots \\ \hat{d}_{i,M-1} \\ \hat{d}_{i,M} \end{bmatrix} = \begin{bmatrix} l_{i,1} & 0 & 0 & \cdots & 0 & 0 \\ 0 & l_{i,2} & 0 & \cdots & 0 & 0 \\ \vdots & \vdots & \vdots & & \vdots & \vdots \\ 0 & 0 & 0 & \cdots & l_{i,M-1} & 0 \\ 0 & 0 & 0 & \cdots & 0 & l_{i,M} \end{bmatrix} \begin{bmatrix} x_{i,1} - z_{i,1} \\ x_{i,2} - z_{i,2} \\ \vdots \\ x_{i,M-1} - z_{i,M-1} \\ x_{i,M} - z_{i,M} \end{bmatrix},
$$

$$
\begin{bmatrix} \dot{z}_{i,1} \\ \dot{z}_{i,2} \\ \vdots \\ \dot{z}_{i,M-1} \\ \dot{z}_{i,M} \end{bmatrix} = \begin{bmatrix} x_{i,2} \\ x_{i,3} \\ \vdots \\ x_{i,M} \\ 0 \end{bmatrix} + \begin{bmatrix} 0 \\ 0 \\ \vdots \\ 0 \\ 1 \end{bmatrix} u_i + \begin{bmatrix} \hat{d}_{i,1} \\ \hat{d}_{i,2} \\ \vdots \\ \hat{d}_{i,M-1} \\ \hat{d}_{i,M} \end{bmatrix}, \qquad (6.3.3)
$$

其中, $l_{i,k} > 0$; $\hat{d}_{i,k}, i \in \mathcal{V}, k = 1, 2, \cdots, M$ 表示干扰 $d_{i,k}$ 的估计量. 记干扰估计误差为 $\tilde{d}_{i,k}(t) = d_{i,k}(t) - \hat{d}_{i,k}(t), i \in \mathcal{V}, k = 1, 2, \cdots, M$. 令 $\hat{\Delta}_k = [\hat{d}_{1,k}, \cdots, \hat{d}_{n,k}]^{\mathrm{T}}$, $\tilde{\Delta}_k = [\tilde{d}_{1,k}, \cdots, \tilde{d}_{n,k}]^{\mathrm{T}}, k = 1, 2, \cdots, M$. 由式 (6.3.1) 和式 (6.3.3) 可得

$$
\dot{\hat{d}}_{i,k}(t) = l_{i,k}\tilde{d}_{i,k}(t), \quad i \in \mathcal{V}, k = 1, 2, \cdots, M, \qquad (6.3.4)
$$

$$
\dot{\tilde{d}}_{i,k}(t) = -l_{i,k}\tilde{d}_{i,k}(t) + \dot{d}_{i,k}(t), \quad i \in \mathcal{V}, k = 1, 2, \cdots, M. \qquad (6.3.5)
$$

假设 6.3.1 干扰 $d_{i,k}(t), i \in \mathcal{V}, k = 1, 2, \cdots, M$ 及其导数 $\dot{d}_{i,k}(t)$ 均是有界的, 即存在有限常数 $d_{i,k}^*$ 和 $\varphi_{i,k}$, 满足 $d_{i,k}^* = \sup_{t \geqslant 0}\{|d_{i,k}(t)|\}, \varphi_{i,k} = \sup_{t \geqslant 0}\{|\dot{d}_{i,k}(t)|\}$.

注 6.3.1 实际上, 在 DOBC 领域这是一个常见的假设[145,177,178,203,214]. 该假设主要是基于两方面的考虑: 一方面, 如果系统所受干扰是快速时变的, 那么就难以设计 DO 来估计干扰并进行补偿; 另一方面, 在实际系统中, 很多类型的干扰至少分段地满足该假设, 如常值干扰、斜坡干扰或谐波干扰等. 很多例子都可以说明, 该假设在实际应用中是可以放宽的, 如文献 [178] 和 [214] 给出的例子就说明, 即使在干扰不严格满足该假设的情况下, 仍可以通过设计类似于式 (6.3.3) 的 DO 来有效估计干扰.

假设 6.3.2 干扰 $d_{i,k}(t), i \in \mathcal{V}, k = 1, 2, \cdots, M$ 的导数满足 $\lim_{t \to \infty} \dot{d}_{i,k}(t) = 0$.

注 6.3.2 该假设将被用于证明干扰估计误差系统 (6.3.5) 的渐近稳定性. 下面的命题将说明, 即使在干扰不满足假设 6.3.2 的情况下, 通过选取适当的观测器增益, DO(6.3.3) 仍能够较为精确地估计干扰.

命题 6.3.1　本命题包括如下两个结论:

(1) 若假设 6.3.1 成立, 则 DO(6.3.3) 的干扰估计误差是有界的, 即存在常数 $\tilde{d}_{i,k}^*, i \in \mathcal{V}, k = 1, 2, \cdots, M$ 满足 $\tilde{d}_{i,k}^* = \sup\limits_{t \geqslant 0}\{|\tilde{d}_{i,k}(t)|\}$, 并且 $|\tilde{d}_{i,k}(\infty)| \leqslant \dfrac{\varphi_{i,k}}{l_{i,k}}$.

(2) 若假设 6.3.1 和假设 6.3.2 成立, 则 DO(6.3.3) 的干扰估计量 $\hat{d}_{i,k}, i \in \mathcal{V}, k = 1, 2, \cdots, M$ 渐近收敛到其真实值 $d_{i,k}$.

证明　(1) 由式 (6.3.5) 可得

$$e^{l_{i,k}t}\dot{\tilde{d}}_{i,k}(t) + l_{i,k}e^{l_{i,k}t}\tilde{d}_{i,k}(t) = e^{l_{i,k}t}\dot{d}_{i,k}(t), \quad i \in \mathcal{V}, k = 1, 2, \cdots, M,$$

从而有 $\left|e^{l_{i,k}t}\tilde{d}_{i,k}(t) - \tilde{d}_{i,k}(0)\right| = \left|\displaystyle\int_0^t e^{l_{i,k}\tau}\dot{d}_{i,k}(\tau)\mathrm{d}\tau\right|$. 因如下两式

$$\left|e^{l_{i,k}t}\tilde{d}_{i,k}(t)\right| - \left|\tilde{d}_{i,k}(0)\right| \leqslant \left|e^{l_{i,k}t}\tilde{d}_{i,k}(t) - \tilde{d}_{i,k}(0)\right|,$$

$$\left|\int_0^t e^{l_{i,k}\tau}\dot{d}_{i,k}(\tau)\mathrm{d}\tau\right| \leqslant \varphi_{i,k}\int_0^t e^{l_{i,k}\tau}\mathrm{d}\tau = \frac{\left(e^{l_{i,k}t} - 1\right)\varphi_{i,k}}{l_{i,k}}$$

均成立, 则对任意 $t \geqslant 0$, 可得

$$|\tilde{d}_{i,k}(t)| \leqslant e^{-l_{i,k}t}|\tilde{d}_{i,k}(0)| + \frac{\left(1 - e^{-l_{i,k}t}\right)\varphi_{i,k}}{l_{i,k}}, \tag{6.3.6}$$

并有 $|\tilde{d}_{i,k}(t)| \leqslant |\tilde{d}_{i,k}(0)| + \dfrac{\varphi_{i,k}}{l_{i,k}}$. 通过以上分析, 可以得到干扰估计误差 $\tilde{d}_{i,k}(t)$ 的一个上界 $\tilde{d}_{i,k}^*(t) \leqslant |\tilde{d}_{i,k}(0)| + \dfrac{\varphi_{i,k}}{l_{i,k}}$. 此外, 还可得到 $|\tilde{d}_{i,k}(\infty)| \leqslant \dfrac{\varphi_{i,k}}{l_{i,k}}$. 命题 6.3.1 结论 (1) 得证.

(2) 因系统 $\dot{\tilde{d}}_{i,k}(t) = -l_{i,k}\tilde{d}_{i,k}(t)$ 全局指数稳定, 由引理 A.3.2 可得, 系统 (6.3.5) 是输入状态稳定 (input-state stable, ISS) 的. 若假设 6.3.2 成立, 则有 $\lim\limits_{t \to \infty}\dot{d}_{i,k}(t) = 0$. 再由引理 A.3.1 可得, $\lim\limits_{t \to \infty}\tilde{d}_{i,k}(t) = 0, i \in \mathcal{V}, k = 1, 2, \cdots, M$. 命题 6.3.1 的结论 (2) 得证. ■

在给出具体的一致性协议设计之前, 先进行如下假设.

假设 6.3.3　各智能体均能接收到其邻居发送的状态信息及干扰估计信息.

2. 无领导者多智能体系统的复合滑模一致性协议设计

以下定理将给出无领导者情况下的结论.

定理 6.3.1 针对无领导者多智能体系统 (6.3.1), 假设其通信拓扑图 G 连通且假设 6.3.3 成立, 并且将一致性协议设计如下:

$$u_i = -c_M^{-1}k_{1,i}\text{sgn}\left(\sum_{j=1}^n a_{ij}(s_i - s_j)\right) - c_M^{-1}\sum_{k=1}^{M-1} c_k(x_{i,k+1} + \hat{d}_{i,k}) - \hat{d}_{i,M}, \quad i \in \mathcal{V},$$

$$(6.3.7)$$

其中, 参数 c_k 满足多项式 $p_o(s) = c_M s^{M-1} + \cdots + c_2 s + c_1, c_M > 0$ 是 Hurwitz 稳定的; 增益满足 $k_{1,i} = \sum_{k=1}^{M-1}(c_k + c_{k+1}l_{i,k})\tilde{d}_{i,k}^* + c_M\tilde{d}_{i,M}^* + \epsilon_{1,i}$; $l_{i,k}$ 是 DO(6.3.3) 的增益; $\epsilon_{1,i} > 0$; $\hat{d}_{i,k}$ 是干扰 $\hat{d}_{i,k}, i \in \mathcal{V}, k = 1, 2, \cdots, M$ 的估计量, 并且滑模面 s_i 设计为

$$s_i = c_1\sum_{j=1}^n a_{ij}(x_{i,1} - x_{j,1}) + \sum_{k=1}^{M-1} c_{k+1}\sum_{j=1}^n a_{ij}\Big[(x_{i,k+1} + \hat{d}_{i,k}) - (x_{j,k+1} + \hat{d}_{j,k})\Big],$$

$$(6.3.8)$$

那么, 有如下结论成立.

(1) 若假设 6.3.1 成立, 则存在有限常数 $H_1 > 0$ 满足

$$\lim_{t\to\infty}\sum_{i=1}^n\sum_{j=1}^n a_{ij}\left(y_i(t) - y_j(t)\right)^2 \leqslant H_1,$$

即各智能体均渐近收敛到其邻居的有界邻域中.

(2) 若假设 6.3.1 和假设 6.3.2 均成立, 则各智能体输出渐近达到一致, 即

$$\lim_{t\to\infty}\left(y_i(t) - y_j(t)\right) = 0, \quad \forall i \neq j \in \mathcal{V}.$$

证明 证明包括两步, 即滑模面的到达段和滑动段.

步骤 1 (到达段) 记 $s = [s_1, \cdots, s_n]^{\mathrm{T}}$, 则由式 (6.3.8) 可得

$$s = c_1\mathcal{L}w_1 + \sum_{k=1}^{M-1} c_{k+1}\mathcal{L}(w_{k+1} + \hat{\Delta}_k). \quad (6.3.9)$$

选取能量函数 $V = \dfrac{s^{\mathrm{T}}s}{2}$, 则 V 沿闭环系统 (6.3.1) 和 (6.3.7) 的时间导数满足

$$\dot{V} = -\sum_{i=1}^n k_{1,i}|[\mathcal{L}s]_i| + s^{\mathrm{T}}\mathcal{L}\left[\sum_{k=1}^{M-1}(c_k I_n + c_{k+1}l_k)\tilde{\Delta}_k + c_M\tilde{\Delta}_M\right]$$

$$\leqslant - \sum_{i=1}^{n} \left[k_{1,i} - \sum_{k=1}^{M-1} (c_k + c_{k+1} l_{i,k}) \tilde{d}_{i,k}^* - c_M \tilde{d}_{i,M}^* \right] |[\mathcal{L}s]_i|$$

$$= -\epsilon_1 \|\mathcal{L}s\|_1 \leqslant -\epsilon_1 \|\mathcal{L}s\|_2, \tag{6.3.10}$$

其中, $l_k = \mathrm{diag}\{l_{1,k}, l_{2,k}, \cdots, l_{n,k}\}$; $\epsilon_1 = \min_{i=1,2,\cdots,n} \{\epsilon_{1,i}\}$, $\epsilon_{1,i} = k_{1,i} - \sum_{k=1}^{M-1}(c_k + c_{k+1} l_{i,k}) \tilde{d}_{i,k}^* - c_M \tilde{d}_{i,M}^* > 0, i \in \mathcal{V}$. 因为

$$(\mathcal{L}^{1/2} 1_n)^{\mathrm{T}} \mathcal{L}^{1/2} 1_n = 1_n^{\mathrm{T}} \mathcal{L} 1_n = 0,$$

所以有 $\mathcal{L}^{1/2} 1_n = 0_n$ 和 $1_n^{\mathrm{T}}(\mathcal{L}^{1/2} s) = 0$. 注意到, $\|\mathcal{L}s\|_2 = (s^{\mathrm{T}} \mathcal{L}^2 s)^{1/2}$, 则由引理 6.2.1 可得

$$s^{\mathrm{T}} \mathcal{L}^2 s = (\mathcal{L}^{1/2} s)^{\mathrm{T}} \mathcal{L}(\mathcal{L}^{1/2} s) \geqslant \lambda_2(\mathcal{L}) s^{\mathrm{T}} \mathcal{L} s.$$

又因为 $1_n^{\mathrm{T}} s = \sum_{i=1}^{n} s_i = 0$, 结合引理 6.2.1 可得

$$\|\mathcal{L}s\|_2 \geqslant \lambda_2(\mathcal{L}) \|s\|_2. \tag{6.3.11}$$

将式 (6.3.11) 代入式 (6.3.10), 可得

$$\dot{V} \leqslant -\epsilon_1 \lambda_2(\mathcal{L}) \|s\|_2 = -2^{1/2} \epsilon_1 \lambda_2(\mathcal{L}) V^{1/2}.$$

因此, 各智能体的状态将在有限时间内到达滑模面 $s = 0_n$.

步骤 2 (滑动段)　记 $\xi_1 = \mathcal{L} w_1$, $\xi_k = \mathcal{L}(w_k + \hat{\Delta}_{k-1})$, $k = 2, 3, \cdots, M$, $\xi = [\xi_1^{\mathrm{T}}, \cdots, \xi_{M-1}^{\mathrm{T}}]^{\mathrm{T}}$.

在滑模面 $s = 0_n$ 上, 有以下关系成立:

$$\xi_M = -c_M^{-1} c_1 \xi_1 - c_M^{-1} c_2 \xi_2 - \cdots - c_M^{-1} c_{M-1} \xi_{M-1}.$$

由式 (6.3.1) 和式 (6.3.4) 可得

$$\dot{\xi} = A_\xi \xi + B_\xi [\tilde{\Delta}_1^{\mathrm{T}}, \cdots, \tilde{\Delta}_{M-1}^{\mathrm{T}}]^{\mathrm{T}}, \tag{6.3.12}$$

其中,

$$A_\xi = \begin{bmatrix} 0 & I_n & \cdots & 0 \\ \vdots & \vdots & & \vdots \\ 0 & 0 & \cdots & I_n \\ -c_M^{-1} c_1 I_n & -c_M^{-1} c_2 I_n & \cdots & -c_M^{-1} c_{M-1} I_n \end{bmatrix},$$

$$B_\xi = \begin{bmatrix} \mathcal{L} & 0 & \cdots & 0 & 0 & 0 \\ \mathcal{L}l_1 & \mathcal{L} & \cdots & 0 & 0 & 0 \\ \vdots & \vdots & & \vdots & \vdots & \vdots \\ 0 & 0 & \cdots & \mathcal{L}l_{M-3} & \mathcal{L} & 0 \\ 0 & 0 & \cdots & 0 & \mathcal{L}l_{M-2} & \mathcal{L} \end{bmatrix} ..$$

因多项式 $p_o(s) = c_M s^{M-1} + \cdots + c_2 s + c_1$ 是 Hurwitz 的, 则矩阵 A_ξ 是 Hurwitz 稳定的. 故系统

$$\dot{\xi} = A_\xi \xi$$

是全局指数稳定的. 由引理 A.3.2 可知, 系统 (6.3.12) 是 ISS 的. 由假设 6.3.1、命题 6.3.1 以及定义 A.3.1, 可得存在有限常数 $m_1 > 0$, 满足

$$\lim_{t\to\infty} \|\xi_1(t)\|_2 \leqslant m_1.$$

因为 $\xi_1 = \mathcal{L}^{1/2}(\mathcal{L}^{1/2} w_1)$ 和 $1_n^{\mathrm{T}}(\mathcal{L}^{1/2} w_1) = 0$ 成立, 所以由引理 6.2.1 可得

$$\begin{aligned} \|\xi_1\|_2^2 &= (\mathcal{L}^{1/2} w_1)^{\mathrm{T}} \mathcal{L}(\mathcal{L}^{1/2} w_1) \\ &\geqslant \lambda_2(\mathcal{L})(\mathcal{L}^{1/2} w_1)^{\mathrm{T}}(\mathcal{L}^{1/2} w_1) \\ &= \frac{\lambda_2(\mathcal{L})}{2} \sum_{i=1}^{n} \sum_{j=1}^{n} a_{ij}(y_i(t) - y_j(t))^2. \end{aligned}$$

因此

$$\lim_{t\to\infty} \sum_{i=1}^{n} \sum_{j=1}^{n} a_{ij}(y_i(t) - y_j(t))^2 \leqslant \frac{2m_1{}^2}{\lambda_2(\mathcal{L})} \overset{\text{def}}{=\!=\!=} H_1.$$

定理 6.3.1 的结论 (1) 证毕.

若假设 6.3.2 也成立, 则由命题 6.3.1 可得

$$\lim_{t\to\infty} \tilde{\Delta}_k(t) = 0_n, \quad k = 1, 2, \cdots, M-1.$$

因此, 对于系统 (6.3.12), 由引理 A.3.1 可得 $\lim_{t\to\infty} \xi(t) = 0_{(M-1)n}$. 又因为图 G 是连通的, 且

$$\|\xi_1\|_2^2 \geqslant \frac{\lambda_2(\mathcal{L})}{2} \sum_{i=1}^{n} \sum_{j=1}^{n} a_{ij}(y_i(t) - y_j(t))^2,$$

所以有

$$\lim_{t\to\infty} (y_i(t) - y_j(t)) = 0, \quad \forall i \neq j \in \mathcal{V}.$$

定理 6.3.1 的结论 (2) 证毕. ∎

注 6.3.3　实际上, 定理 6.3.1 中给出的关于一致性协议增益的条件是充分不必要条件. 若一致性协议设计如式 (6.3.7) 所示, 由式 (6.3.10), 可得

$$\dot{V} \leqslant \varepsilon \|\mathcal{L}s\|_1 \leqslant \sqrt{n}\varepsilon \|\mathcal{L}s\|_2 = \sqrt{2n}\lambda_{\max}(\mathcal{L})\varepsilon V^{1/2}, \tag{6.3.13}$$

其中, $\varepsilon = \max\limits_{i=1,2,\cdots,n} \left\{ \sum\limits_{k=1}^{M-1}(c_k + c_{k+1}l_{i,k})\tilde{d}_{i,k}^* + c_M \tilde{d}_{i,M}^* \right\}$. 由命题 6.3.1 可知, ε 是有界的. 由式 (6.3.13) 还可得

$$\dot{V} \leqslant n\lambda_{\max}^2(\mathcal{L})\varepsilon^2 V + 1/2.$$

因此, 能量函数 $V(t) = \dfrac{s^{\mathrm{T}}s}{2}$ 在任意有限时间区间 $[0,T]$ 是有界的. 进而, $s(t)$ 在该时间区间内也是有界的. 由式 (6.3.9), 可得

$$\dot{\xi} = A_\xi \xi + B_\xi [\tilde{\Delta}_1^{\mathrm{T}}, \cdots, \tilde{\Delta}_{M-1}^{\mathrm{T}}]^{\mathrm{T}} + C_\xi s, \tag{6.3.14}$$

其中, 矩阵 A_ξ 和 B_ξ 与式 (6.3.12) 中定义的相同; 矩阵 $C_\xi = [0, \cdots, 0, c_M^{-1}I_n]^{\mathrm{T}}$. 因为系统 (6.3.14) 是 ISS 的, 故一致性误差 $\xi_i, i \in \mathcal{V}$ 在时间区间 $[0,T]$ 有界. 由式 (6.3.6) 可得

$$|\tilde{d}_{i,k}(t)| \leqslant \mathrm{e}^{-l_{i,k}t}|\tilde{d}_{i,k}(0)| + \frac{(1 - \mathrm{e}^{-l_{i,k}t})\varphi_{i,k}}{l_{i,k}}.$$

因此, 只要选取的一致性协议增益满足

$$k_{1,i} = \sum_{k=1}^{M-1} \left(\frac{c_k}{l_{i,k}} + c_{k+1} \right) \varphi_{i,k} + \frac{c_M}{l_{i,k}}\varphi_{i,M} + \epsilon_{1,i}, \tag{6.3.15}$$

其中, $\epsilon_{1,i} > 0$, 可知始终存在有限时间 T^*, 当 $t \geqslant T^*$ 时, 如下公式成立:

$$k_{1,i} > \sum_{k=1}^{M-1}(c_k + c_{k+1}l_{i,k})\tilde{d}_{i,k} + c_M \tilde{d}_{i,M}.$$

因此, 若假设 6.3.1 成立, 则滑模面 s 在有限时间内收敛到 0_n, 从而可得到定理 6.3.1 的结论 (1). 特别地, 若假设 6.3.2 也成立, 因为 $\varphi_{i,k} = 0$, 所以式 (6.3.15) 中的条件退化为

$$k_{1,i} = \epsilon_{1,i} > 0.$$

换言之, 若假设 6.3.1 和假设 6.3.2 均成立, 一致性协议 (6.3.7) 的增益 $k_{1,i}$ 可选为任意正实数, 且定理 6.3.1 的结论 (1) 和 (2) 均成立. 此外, 值得注意的是, 一致性协议 (6.3.7) 的设计并没有用到干扰 $d_{i,k}$ 的上界信息 $d_{i,k}^*$.

注 6.3.4 在实际应用中, 一些系统所受的干扰仅满足假设 6.3.1, 而不满足假设 6.3.2. 在这些情况下, 定理 6.3.1的结论 (1) 已经充分说明, 各智能体虽然不能实现精确的输出一致性, 但它们的输出仍能收敛到邻居输出的有界邻域中. 进一步地, 通过适当选取一致性协议 (6.3.7) 的参数 $k_{1,i}, l_{i,k}, c_k, i \in \mathcal{V}, k = 1, 2, \cdots, M$, 可使上述邻域足够小.

注 6.3.5 对于智能体 i, 一致性协议 (6.3.7) 用到了其自身以及邻居的 (非匹配) 干扰估计信息. 这一点区别于基于传统 SMC 方法所得到的一致性协议. 若基于传统 SMC 方法, 则滑模面可设计为

$$\bar{s}_i = \sum_{k=1}^{M} \bar{c}_k \sum_{j=1}^{n} a_{ij}(x_{i,k} - x_{j,k}), \quad i \in \mathcal{V}, \tag{6.3.16}$$

其中, $\bar{c}_k$ 满足多项式 $p_o(s) = \bar{c}_M s^{M-1} + \cdots + \bar{c}_2 s + \bar{c}_1, \bar{c}_M > 0$ 是 Hurwitz 稳定的. 一方面, 对各智能体, 因为式 (6.3.16) 描述的滑模面 $\bar{s}_i$ 的时间导数包含了其邻居的非匹配干扰信息, 为设计滑模一致性协议, 所以就要知道这些干扰的上界信息. 然而, 在实际中, 这些上界信息往往难以得到. 另一方面, 若基于滑模面 (6.3.16) 设计的一致性协议能使各智能体到达滑模面 $\bar{s} = [\bar{s}_1, \cdots, \bar{s}_n]^T = 0_n$, 定义 $\varrho_k = \mathcal{L} w_k, k = 1, 2, \cdots, M, \varrho = [\varrho_1, \cdots, \varrho_{M-1}]^T$, 可得

$$\dot{\varrho} = A_\varrho \varrho + B_\varrho [\Delta_1^T, \cdots, \Delta_{M-1}^T]^T, \tag{6.3.17}$$

其中, 矩阵 A_ϱ 同式 (6.3.12) 中的矩阵 A_ξ(但是注意这里 c_k 变为了 $\bar{c}_k$), 且 $B_\varrho = \text{diag}\{\mathcal{L}, \cdots, \mathcal{L}\}$. 注意到, $\varrho_1 = 0_n \iff y_i = y_j, \forall i \neq j \in \mathcal{V}$. 由于系统 (6.3.17) 带有非匹配干扰 $\Delta_1, \cdots, \Delta_{M-1}$, 若这些干扰为非消失的, 则即使假设 6.3.1 和假设 6.3.2 都成立, 一致性误差 ϱ_1 也无法收敛到 0_n. 因此, 上述两点足以说明, 传统的 SMC 方法无法解决非匹配受扰多智能体系统的输出一致性问题. 将各智能体非匹配干扰的估计信息分布式地嵌入到滑模面中, 形成动态滑模面, 这一设计具有原创性. 借助非匹配干扰的估计信息在邻居智能体之间的相互传递, 本章所提出的分布式主动抗干扰协调控制方案实现了非匹配干扰的分布式处理, 并使各智能体的输出达到了渐近一致.

注 6.3.6 若智能体系统 (6.3.1) 不带干扰, 则由式 (6.3.4) 可得

$$\dot{\hat{d}}_{i,k}(t) = -l_{i,k}\hat{d}_{i,k}(t), \quad i \in \mathcal{V}, \ k = 1, 2, \cdots, M, \tag{6.3.18}$$

若令 $\hat{d}_{i,k}(0) = 0$, 则有 $\hat{d}_{i,k}(t) \equiv 0$. 从而, 一致性协议 (6.3.7) 退化为相应的 (是在不带干扰情况下设计的) 基准反馈一致性协议. 因此, 定理 6.3.1 中给出的一致性协议 (6.3.7) 能够保持系统的标称性能.

3. 领导者-跟随者多智能体系统的复合一致性协议设计

在给出具体的一致性协议设计之前, 先对系统的通信拓扑图做如下假设.

假设 6.3.4　对于领导者-跟随者多智能体系统 (6.3.1)～(6.3.2), 其通信拓扑图 $\bar{G}$ 至少含有一棵有向生成树.

引理 6.3.1 [215]　若假设 6.3.4 成立, 则图 $\bar{G}$ 的 Laplacian 矩阵 $\bar{\mathcal{L}}$ 正定.

令 $\mathcal{E}_{w_k} = [e_1^{w_k}, \cdots, e_n^{w_k}]^{\mathrm{T}}, k = 1, 2, \cdots, M$, 其中

$$e_i^{w_1} = \sum_{j=1}^n a_{ij}(x_{i,1} - x_{j,1}) + b_i(x_{i,1} - x_{0,1}),$$

$$e_i^{w_k} = \sum_{j=1}^n a_{ij}\left[(x_{i,k} + \hat{d}_{i,k-1}) - (x_{j,k} + \hat{d}_{j,k-1})\right] + b_i(x_{i,k} + \hat{d}_{i,k-1} - x_{0,k}),$$

$$k = 2, 3, \cdots, M.$$

由上述向量定义, 可得

$$\mathcal{E}_{w_1} = \bar{\mathcal{L}}w_1 - \mathcal{B}1_n x_{0,1}, \ \mathcal{E}_{w_k} = \bar{\mathcal{L}}(w_k + \hat{\Delta}_{k-1}) - \mathcal{B}1_n x_{0,k}, \quad k = 2, 3, \cdots, M.$$

因为 $\mathcal{L}1_n = \mathbf{0}_n$ 和 $\bar{\mathcal{L}} = \mathcal{L} + \mathcal{B}$, 所以可得

$$\mathcal{E}_{w_1} = \bar{\mathcal{L}}w_1 - \bar{\mathcal{L}}1_n x_{0,1}, \ \mathcal{E}_{w_k} = \bar{\mathcal{L}}(w_k + \hat{\Delta}_{k-1}) - \bar{\mathcal{L}}1_n x_{0,k}, \quad k = 2, 3, \cdots, M.$$

当假设 6.3.1 成立时, 矩阵 $\bar{\mathcal{L}}$ 可逆, 因此有

$$\mathcal{E}_{w_1} = 0_n \iff w_1 = 1_n y_0.$$

由式 (6.3.1)、式 (6.3.2) 和式 (6.3.4), 可得如下的一致性跟踪误差系统:

$$\begin{cases} \dot{\mathcal{E}}_{w_1} = \mathcal{E}_{w_2} + \bar{\mathcal{L}}\tilde{\Delta}_1, \\ \dot{\mathcal{E}}_{w_k} = \mathcal{E}_{w_{k+1}} + \bar{\mathcal{L}}l_{k-1}\tilde{\Delta}_{k-1} + \bar{\mathcal{L}}\tilde{\Delta}_k, \quad k = 2, 3, \cdots, M-1, \\ \dot{\mathcal{E}}_{w_M} = \bar{\mathcal{L}}u + \bar{\mathcal{L}}l_{M-1}\tilde{\Delta}_{M-1} + \bar{\mathcal{L}}\Delta_M - \bar{\mathcal{L}}1_n u_0. \end{cases} \tag{6.3.19}$$

下面的设计主要分为两部分, 即分布式观测器的设计和一致性协议设计.

并非所有的智能体都能接收到领导者传递的信息, 因此为实现一致性, 有必要为跟随者设计分布式观测器, 以重构领导者的状态信息.

在给出分布式观测器之前, 先做如下假设.

假设 6.3.5　领导者的状态 $x_{0,k}, k = 1, 2, \cdots, M$ 是有界的, 且其预设控制输入也是有界的, 即存在有限常数 $\bar{u}_0$ 满足 $|u_0(t)| \leqslant \bar{u}_0, \forall t \geqslant 0$.

命题 6.3.2 针对领导者-跟随者多智能体系统 (6.3.1)～(6.3.2), 若假设 6.3.4 和假设 6.3.5 成立, 并设计如下的分布式观测器:

$$
\begin{cases}
\dot{\phi}_{i,k}=\phi_{i,k+1}-\rho_k\mathrm{sig}^{\alpha_k}\left(\displaystyle\sum_{j=1}^{n}a_{ij}(\phi_{i,k}-\phi_{j,k})+b_i(\phi_{i,k}-x_{0,k})\right), \quad k=1,2,\cdots,M-1, \\
\dot{\phi}_{i,M}=-\rho_M\mathrm{sgn}\left(\displaystyle\sum_{j=1}^{n}a_{ij}(\phi_{i,M}-\phi_{j,M})+b_i(\phi_{i,M}-x_{0,M})\right), \quad i\in\mathcal{V},
\end{cases}
$$

$$(6.3.20)$$

其中, $\phi_{i,k}, i\in\mathcal{V}, k=1,2,\cdots,M$ 表示跟随者 i 获得的领导者状态 $x_{0,k}$ 的观测值, 且 $\rho_k>0, 0\leqslant\alpha_k<1, k=1,2,\cdots,M-1, \rho_M>\bar{u}_0$, 那么分布式观测器 (6.3.20) 是全局有限时间收敛的, 即观测误差 $\phi_{i,k}(t)-x_{0,k}(t), i\in\mathcal{V}, k=1,2,\cdots,M$ 在有限时间内收敛到零.

证明 记观测误差 $\tilde{\phi}_{i,k}=\phi_{i,k}-x_{0,k}, i\in\mathcal{V}, k=1,2,\cdots,M$, 以及 $\tilde{\eta}_k=[\tilde{\phi}_{1,k},\cdots,\tilde{\phi}_{n,k}]^{\mathrm{T}}$, 则有

$$
\begin{cases}
\dot{\tilde{\eta}}_k=\tilde{\eta}_{k+1}-\rho_k\mathrm{sig}^{\alpha_k}(\bar{\mathcal{L}}\tilde{\eta}_k), \quad k=1,2,\cdots,M-1, \\
\dot{\tilde{\eta}}_M=-\rho_M\mathrm{sgn}(\bar{\mathcal{L}}\tilde{\eta}_M)-1_n u_0, \quad i\in\mathcal{V}.
\end{cases}
\tag{6.3.21}
$$

下面的证明过程是一个由下向上递推的过程. 首先, 考虑系统 (6.3.21) 的最后一个子等式:

$$\dot{\tilde{\eta}}_M=-1_n u_0-\rho_M\mathrm{sgn}(\bar{\mathcal{L}}\tilde{\eta}_M).$$

选取能量函数 $V_M=\tilde{\eta}_M^{\mathrm{T}}\bar{\mathcal{L}}\tilde{\eta}_M/2$, 容易得到, V_M 满足 $V_M\leqslant\lambda_{\max}(\bar{\mathcal{L}})\|\tilde{\eta}_M\|_2^2/2$, 且其沿系统 (6.3.21) 的时间导数满足

$$
\begin{aligned}
\dot{V}_M&=\tilde{\eta}_M^{\mathrm{T}}\bar{\mathcal{L}}\left(-\rho_M\mathrm{sgn}(\bar{\mathcal{L}}\tilde{\eta}_M)-1_n u_0\right) \\
&\leqslant-(\rho_M-\bar{u}_0)\|\bar{\mathcal{L}}\tilde{\eta}_M\|_1\leqslant-(\rho_M-\bar{u}_0)\|\bar{\mathcal{L}}\tilde{\eta}_M\|_2.
\end{aligned}
\tag{6.3.22}
$$

因为

$$\|\bar{\mathcal{L}}\tilde{\eta}_M\|_2=(\tilde{\eta}_M^{\mathrm{T}}\bar{\mathcal{L}}^2\tilde{\eta}_M)^{1/2}\geqslant\frac{2^{1/2}\lambda_{\min}(\bar{\mathcal{L}})}{\lambda_{\max}^{1/2}(\bar{\mathcal{L}})}V_M^{1/2},$$

所以结合式 (6.3.22) 可得

$$\dot{V}_M\leqslant-\frac{2^{1/2}(\rho_M-\bar{u}_0)\lambda_{\min}(\bar{\mathcal{L}})}{\lambda_{\max}^{1/2}(\bar{\mathcal{L}})}V_M^{1/2}.
\tag{6.3.23}$$

由已知条件 $\rho_M > \bar{u}_0$, 可知 $\tilde{\eta}_M(t)$ 在有限时间 t_1 内收敛到 0, 且 $\tilde{\eta}_M(t)$ 在区间 $[0, t_1)$ 内有界.

其次, 讨论观测误差 $\tilde{\eta}_k(t), k = 1, 2, \cdots, M-1$ 在时间区间 $[0, t_1)$ 内的有界性. 考虑系统 (6.3.21) 的倒数第二个子等式:

$$\dot{\tilde{\eta}}_{M-1} = \tilde{\eta}_M - \rho_{M-1}\mathrm{sig}^{\alpha_{M-1}}(\bar{\mathcal{L}}\tilde{\eta}_{M-1}). \tag{6.3.24}$$

选取能量函数 $V_{M-1} = \tilde{\eta}_{M-1}^{\mathrm{T}}\bar{\mathcal{L}}\tilde{\eta}_{M-1}/2$. 可知 V_{M-1} 满足 $V_{M-1} \geqslant \lambda_{\min}(\bar{\mathcal{L}})\|\tilde{\eta}_{M-1}\|_2^2/2$, 且其沿系统 (6.3.21) 的时间导数满足

$$\begin{aligned}
\dot{V}_{M-1} &= \tilde{\eta}_{M-1}^{\mathrm{T}}\bar{\mathcal{L}}\Big(\tilde{\eta}_M - \rho_{M-1}\mathrm{sig}^{\alpha_{M-1}}(\bar{\mathcal{L}}\tilde{\eta}_{M-1})\Big) \\
&= -\rho_{M-1}\sum_{i=1}^{n}\big|[\bar{\mathcal{L}}\tilde{\eta}_{M-1}]_i\big|^{1+\alpha_{M-1}} + \tilde{\eta}_{M-1}^{\mathrm{T}}\bar{\mathcal{L}}\tilde{\eta}_M \\
&\leqslant \|\tilde{\eta}_M\|_{\infty}\|\bar{\mathcal{L}}\tilde{\eta}_{M-1}\|_1 \\
&\leqslant \sqrt{n}\lambda_{\max}(\bar{\mathcal{L}})\|\tilde{\eta}_M\|_{\infty}\|\tilde{\eta}_{M-1}\|_2.
\end{aligned} \tag{6.3.25}$$

上面不等式的推导利用了 Hölder's 不等式 [183]:

$$\|x^{\mathrm{T}}y\|_2 \leqslant \|x\|_1\|y\|_{\infty}, \quad \forall x, y \in \mathbb{R}^n,$$

从而, 结合式 (6.3.25) 可得

$$\dot{V}_{M-1} \leqslant \frac{\sqrt{2n}\|\tilde{\eta}_M\|_{\infty}\lambda_{\max}(\bar{\mathcal{L}})}{\lambda_{\min}^{1/2}(\bar{\mathcal{L}})}V_{M-1}^{1/2}.$$

因此, 观测误差 $\tilde{\eta}_{M-1}(t)$ 在时间区间 $[0, t_1)$ 内有界. 同理, 可以证明观测误差 $\tilde{\eta}_k(t), k = 1, 2, \cdots, M-2$ 在时间区间 $[0, t_1)$ 内均有界.

当 $t \geqslant t_1$ 时, $\tilde{\eta}_M(t) = 0$ 成立, 则式 (6.3.24) 变为

$$\dot{\tilde{\eta}}_{M-1} = -\rho_{M-1}\mathrm{sig}^{\alpha_{M-1}}(\bar{\mathcal{L}}\tilde{\eta}_{M-1}).$$

仍取能量函数 $V_{M-1} = \tilde{\eta}_{M-1}^{\mathrm{T}}\bar{\mathcal{L}}\tilde{\eta}_{M-1}/2$, 则有 $V_{M-1} \leqslant \lambda_{\max}(\bar{\mathcal{L}})\|\tilde{\eta}_{M-1}\|_2^2/2$, 且

$$\begin{aligned}
\dot{V}_{M-1} &= -\rho_{M-1}\sum_{i=1}^{n}\big|[\bar{\mathcal{L}}\tilde{\eta}_{M-1}]_i\big|^{1+\alpha_{M-1}} \\
&\leqslant -\rho_{M-1}\|\bar{\mathcal{L}}\tilde{\eta}_{M-1}\|_2^{1+\alpha_{M-1}} \\
&\leqslant -\rho_{M-1}\lambda_{\min}^{1+\alpha_{M-1}}(\bar{\mathcal{L}})\|\tilde{\eta}_{M-1}\|_2^{1+\alpha_{M-1}}.
\end{aligned}$$

因此, 可得

$$\dot{V}_{M-1} \leqslant -\frac{2^{(1+\alpha_{M-1})/2}\rho_{M-1}\lambda_{\min}^{1+\alpha_{M-1}}(\bar{\mathcal{L}})}{\lambda_{\max}^{(1+\alpha_{M-1})/2}(\bar{\mathcal{L}})} V_{M-1}^{(1+\alpha_{M-1})/2}. \tag{6.3.26}$$

因为 $\alpha_{M-1} \in [0,1)$, 由式 (6.3.26) 可得, $\tilde{\eta}_{M-1}(t)$ 在有限时间 $t_2(> t_1)$ 内收敛到 0, 且观测误差 $\tilde{\eta}_k(t), k = 1, 2, \cdots, M-1$ 在时间区间 $[t_1, t_2)$ 内有界.

类似地, 对系统 (6.3.21) 由下往上进行递推分析, 可以得到, 存在有限时间 $t_M > 0$, 满足所有观测误差 $\tilde{\eta}_k(t), k = 1, 2, \cdots, M$ 均在 $t \leqslant t_M$ 时间内收敛到零. 证毕. ∎

定理 6.3.2 针对领导者-跟随者多智能体系统(6.3.1)~(6.3.2), 若假设 6.3.3~假设 6.3.5 均成立, 且一致性协议设计如下 $(i \in \mathcal{V})$:

$$u_i = -c_M^{-1}k_{2,i}\mathrm{sgn}\left(\sum_{j=1}^n a_{ij}(s_i - s_j) + b_i s_i\right)$$

$$-c_M^{-1}\sum_{k=1}^{M-1} c_k\left(x_{i,k+1} + \hat{d}_{i,k} - \phi_{i,k+1}\right) - \hat{d}_{i,M}, \tag{6.3.27}$$

其中, 参数 c_k 满足多项式 $p_o(s) = c_M s^{M-1} + \cdots + c_2 s + c_1, c_M > 0$ 是 Hurwitz 稳定的; $k_{2,i} = \sum_{k=1}^{M-1}(c_k + c_{k+1}l_{i,k})\tilde{d}_{i,k}^* + c_M(\tilde{d}_{i,M}^* + \bar{u}_0) + \epsilon_{2,i}$ 为一致性协议的增益; $l_{i,k} > 0$ 为 DO(6.3.3)的增益; $\epsilon_{2,i} > 0$; $\hat{d}_{i,k}$ 表示干扰 $d_{i,k}$ 的估计量; $\phi_{i,k+1}$ 表示观测器 (6.3.20) 产生的领导者状态 $x_{0,k+1}$ 的估计量, 且滑模面 s_i 设计为

$$s_i = \sum_{k=1}^M c_k e_i^{w_k}, \quad i \in \mathcal{V}, \tag{6.3.28}$$

那么, 有以下结论成立.

(1) 若假设 6.3.1 成立, 则存在有限常数 $H_2 > 0$ 满足

$$\lim_{t \to \infty}\|\mathcal{E}_{w_1}(t)\|_2 \leqslant H_2,$$

即各跟随者均渐近收敛到领导者的一个有界邻域中.

(2) 若假设 6.3.1 和假设 6.3.2 均成立, 则

$$\lim_{t \to \infty}(y_i(t) - y_0(t)) = 0, \quad \forall i \in \mathcal{V},$$

即各智能体的输出达到渐近一致.

证明　定理的证明包括两步, 即闭环系统 (6.3.1)、(6.3.2)、(6.3.3)、(6.3.20) 和 (6.3.27) 的状态在时间区间 $[0, t_M)$ 的有界性 (其中 t_M 为分布式观测器 (6.3.20) 的有限收敛时间) 和闭环系统的全局稳定性. 记 $s = [s_1, \cdots, s_n]^T$, 则由式 (6.3.28) 可得 $s = \sum_{k=1}^{M} c_k \mathcal{E}_{w_k}$.

步骤 1 (闭环系统状态在 $[0, t_M)$ 内的有界性)　选取能量函数 $V = \dfrac{s^T s}{2}$, 则 V 沿闭环系统 (6.3.1)、(6.3.2)、(6.3.3)、(6.3.20) 和 (6.3.27) 的时间导数满足

$$\dot{V} = s^T \sum_{k=1}^{M} c_k \dot{\mathcal{E}}_{w_k} = -\sum_{i=1}^{n} k_{2,i} |[\bar{\mathcal{L}}s]_i|$$
$$+ s^T \bar{\mathcal{L}} \left[\sum_{k=1}^{M-1} (c_k I_n + c_{k+1} l_k) \tilde{\Delta}_k + c_M (\tilde{\Delta}_M - 1_n u_0) + \sum_{k=1}^{M-1} c_k \tilde{\eta}_{k+1} \right]$$
$$\leqslant -\epsilon_2 \sum_{i=1}^{n} |[\bar{\mathcal{L}}s]_i| + \sum_{i=1}^{n} \sum_{k=1}^{M-1} c_k |\tilde{\phi}_{i,k+1}| |[\bar{\mathcal{L}}s]_i|. \tag{6.3.29}$$

因此, 有

$$\dot{V} \leqslant \delta \|\bar{\mathcal{L}}s\|_1 \leqslant \sqrt{n}\delta \|\bar{\mathcal{L}}s\|_2, \tag{6.3.30}$$

其中, $l_k = \text{diag}\{l_{1,k}, \cdots, l_{n,k}\}$; $\epsilon_2 = \min_{i=1,2,\cdots,n} \{\epsilon_{2,i}\}$; $\epsilon_{2,i} = k_{2,i} - \sum_{k=1}^{M-1} (c_k + c_{k+1} l_{i,k}) \tilde{d}_{i,k}^* - c_M(\tilde{d}_{i,M}^* + \bar{u}_0) > 0$; $\tilde{\phi}_{i,k} = \phi_{i,k} - x_{0,k}$, $i \in \mathcal{V}$, $k = 1,2,\cdots,M$; $\tilde{\eta}_k = [\tilde{\phi}_{1,k}, \cdots, \tilde{\phi}_{n,k}]^T$; $\delta = \max_{i \in \mathcal{V}} \left\{ \sum_{k=1}^{M-1} c_k \tilde{\phi}_{i,k+1}^* \right\}$, $\tilde{\phi}_{i,k+1}^* = \sup_{t \in [0,t_M)} \{|\phi_{i,k+1}(t)|\}$. 这里, $\tilde{\phi}_{i,k+1}^*$, $k = 1,2,\cdots$, $M-1$ 的存在性是由观测器 (6.3.20) 的全局有限时间收敛性保证的. 因为

$$\|\bar{\mathcal{L}}s\|_2 = (s^T \bar{\mathcal{L}}^2 s)^{1/2} \leqslant \lambda_{\max}(\bar{\mathcal{L}})(s^T s)^{1/2} = 2^{1/2} \lambda_{\max}(\bar{\mathcal{L}}) V^{1/2},$$

所以结合式 (6.3.30), 可得

$$\dot{V} \leqslant \sqrt{2n}\delta \lambda_{\max}(\bar{\mathcal{L}}) V^{1/2}.$$

因此, $s(t)$ 在时间区间 $[0, t_M)$ 内是有界的. 注意到

$$\mathcal{E}_{w_M} = -c_M^{-1} c_1 \mathcal{E}_{w_1} - \cdots - c_M^{-1} c_{M-1} \mathcal{E}_{w_{M-1}} + c_M^{-1} s. \tag{6.3.31}$$

令 $\zeta_k = \mathcal{E}_{w_k}, k = 1, 2, \cdots, M-1$, $\zeta = [\zeta_1^{\mathrm{T}}, \cdots, \zeta_{M-1}^{\mathrm{T}}]^{\mathrm{T}}$, 则系统 (6.3.19) 可重新描述为

$$\dot{\zeta} = A_\zeta \zeta + B_\zeta [\tilde{\Delta}_1^{\mathrm{T}}, \cdots, \tilde{\Delta}_{M-1}^{\mathrm{T}}]^{\mathrm{T}} + D_\zeta s, \tag{6.3.32}$$

其中,

$$A_\zeta = \begin{bmatrix} 0 & I_n & \cdots & 0 \\ \vdots & \vdots & & \vdots \\ 0 & 0 & \cdots & I_n \\ -c_M^{-1}c_1 I_n & -c_M^{-1}c_2 I_n & \cdots & -c_M^{-1}c_{M-1} I_n \end{bmatrix};$$

$$B_\xi = \begin{bmatrix} \bar{\mathcal{L}} & 0 & \cdots & 0 & 0 & 0 \\ \bar{\mathcal{L}}l_1 & \bar{\mathcal{L}} & \cdots & 0 & 0 & 0 \\ \vdots & \vdots & & \vdots & \vdots & \vdots \\ 0 & 0 & \cdots & \bar{\mathcal{L}}l_{M-3} & \bar{\mathcal{L}} & 0 \\ 0 & 0 & \cdots & 0 & \bar{\mathcal{L}}l_{M-2} & \bar{\mathcal{L}} \end{bmatrix}.$$

$D_\zeta = [0, \cdots, c_M^{-1}I_n]^{\mathrm{T}}$. 与定理 6.3.1 滑动段的证明类似, 可推知系统 (6.3.32) 是 ISS 的. 因此, 一致性跟踪误差 $\mathcal{E}_{w_k}(t), k = 1, 2, \cdots, M$ 在时间区间 $[0, t_M)$ 内均是有界的.

步骤 2 (闭环系统全局稳定性) 当 $t \geqslant t_M$ 时, 有 $\phi_{i,k}(t) = x_{0,k}(t), k = 1, 2, \cdots, M$ 成立. 仍选取能量函数 $V = \dfrac{s^{\mathrm{T}}s}{2}$, 注意到 $\tilde{\eta}_{k+1} = 0, k = 1, 2, \cdots, M-1$, 则通过与式 (6.3.29) 类似的推导可得

$$\dot{V} \leqslant -\epsilon_2 \sum_{i=1}^{n} |[\bar{\mathcal{L}}s]_i| = -\epsilon_2 \|\bar{\mathcal{L}}s\|_1 \leqslant -\epsilon_2 \|\bar{\mathcal{L}}s\|_2. \tag{6.3.33}$$

因为

$$\|\bar{\mathcal{L}}S\|_2 = (s^{\mathrm{T}}\bar{\mathcal{L}}^2 s)^{1/2} \geqslant \lambda_{\min}(\bar{\mathcal{L}})(s^{\mathrm{T}}s)^{1/2} = 2^{1/2}\lambda_{\min}(\bar{\mathcal{L}})V^{1/2},$$

所以结合式 (6.3.33) 可得

$$\dot{V} \leqslant -2^{1/2}\epsilon_2 \lambda_{\min}(\bar{\mathcal{L}})V^{1/2}.$$

因此, 各跟随者的状态在有限时间内到达滑模面 $s = 0_n$ 上. 在 $s = 0_n$ 上, 由式 (6.3.31) 可得

$$\mathcal{E}_{w_M} = -c_M^{-1}c_1 \mathcal{E}_{w_1} - \cdots - c_M^{-1}c_{M-1} \mathcal{E}_{w_{M-1}}.$$

从而, 系统 (6.3.32) 退化为如下 ISS 系统:

$$\dot{\zeta} = A_\zeta \zeta + B_\zeta [\tilde{\Delta}_1^{\mathrm{T}}, \cdots, \tilde{\Delta}_{M-1}^{\mathrm{T}}]^{\mathrm{T}}.$$

由假设 6.3.1、命题 6.3.1 和定义 A.3.1 可推知, 存在有限常数满足

$$\lim_{t \to \infty} \|\mathcal{E}_{w_1}(t)\|_2 \leqslant H_2.$$

从而定理 6.3.2 的结论 (1) 得证.

若假设 6.3.2 也成立, 则由命题 6.3.1和引理 A.3.1 可得 $\lim_{t \to \infty} \mathcal{E}_{w_1}(t) = 0_n$, 从而有

$$\lim_{t \to \infty} (y_i(t) - y_0(t)) = 0, \quad \forall i \in \mathcal{V},$$

即各智能体的输出达到渐近一致. 因此, 定理的 6.3.2 结论 (2) 也得证. 证毕. ■

注 6.3.7　与注 6.3.3 中的分析类似, 定理 6.3.2 中给出的关于一致性 (6.3.27) 增益的条件也是充分不必要条件. 实际上, 一致性协议 (6.3.27) 的增益只需要满足

$$k_{2,i} = \sum_{k=1}^{M-1} \left(\frac{c_k}{l_{i,k}} + c_{k+1} \right) \varphi_{i,k} + \frac{c_M}{l_{i,k}} \varphi_{i,M} + c_M \bar{u}_0 + \epsilon_{2,i}, \quad i \in \mathcal{V}, \qquad (6.3.34)$$

其中, $\epsilon_{2,i} > 0$. 特别地, 若假设 6.3.2 也成立, 则条件 (6.3.34) 退化为

$$k_{2,i} = c_M \bar{u}_0 + \epsilon_{2,i} > 0, \quad i \in \mathcal{V}.$$

从上述分析可以看出, 一致性协议 (6.3.27) 的设计也没有用到干扰 $d_{i,k}$ 的上界信息 $d_{i,k}^*$.

注 6.3.8　若去掉各干扰补偿项, 一致性协议 (6.3.27) 退化为如下基于传统 SMC 方法设计得到的一致性协议:

$$u_i = -\bar{c}_M^{-1} \sum_{k=1}^{M-1} \bar{c}_k (x_{i,k+1} - \phi_{i,k+1}) - \bar{c}_M^{-1} \bar{k}_{2,i} \mathrm{sgn} \left(\sum_{j=1}^n a_{ij}(\bar{s}_i - \bar{s}_j) + b_i \bar{s}_i \right), \quad i \in \mathcal{V},$$

$$(6.3.35)$$

其中, 参数 $\bar{c}_k$ 使得多项式 $p_o(s) = \sum_{k=1}^M \bar{c}_k s^{k-1}, \bar{c}_M > 0$ 满足 Hurwitz 条件; 增益满足 $\bar{k}_{2,i} = \sum_{k=1}^{M-1} \bar{c}_k d_{i,k}^* + \bar{c}_M(d_{i,M}^* + \bar{u}_0) + \bar{\epsilon}_{2,i}, \bar{\epsilon}_{2,i} > 0$; $\phi_{i,k+1}$ 为由观测器 (6.3.20) 产生的领导者状态 $x_{0,k+1}$ 的估计量.

滑模面设计形式如下：

$$\bar{s}_i = \sum_{k=1}^{M} \bar{c}_k \bar{e}_i^{w_k}, \quad i \in \mathcal{V},$$

其中，$\bar{e}_i^{w_k} = \sum_{j=1}^{n} a_{ij}(x_{i,k} - x_{j,k}) + b_i(x_{i,k} - x_{0,k}), k = 1, 2, \cdots, M.$ 与注 6.3.5 中的分析类似，由于闭环的一致性跟踪误差系统中含有非匹配干扰，在退化的一致性协议 (6.3.35) 作用下，各跟随者的输出将无法再与领导者的输出达到一致.

注 6.3.9　文献 [14]、[15] 和 [196] 中提出的滑模一致性协议均是针对不带非匹配干扰的领导者-跟随者多智能体系统提出的. 定理 6.3.2 则针对非匹配受扰领导者-跟随者多智能体系统给出了相应的一致性协议设计方案. 因此，本章所提设计方案具有更广的适用范围. 此外，与注 6.3.6 中的分析类似，定理 6.3.2 中提出的一致性协议设计方案同样能够保持闭环系统的标称性能.

上述所提分布式主动抗干扰协调控制方案的闭环系统框图如图 6.3.1 所示.

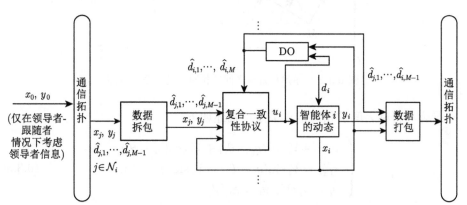

图 6.3.1　分布式主动抗干扰协调控制方案的闭环系统框图

6.3.3　数值仿真

本节给出一个关于领导者-跟随者多导弹系统联合攻击的仿真实例. 因为在大多数情况下，导弹是无法直接测量目标机动 (即与速度垂直方向的加速度) 的 [216]，故目标机动需要被当作干扰来处理. 特别地，当考虑导弹的自动驾驶仪动态时，该干扰属于非匹配干扰. 很多实际的导弹制导任务要求导弹以特定的撞击角来攻击目标，因为这样可以增大弹头的杀伤力 [217]. 本节的仿真实例考虑多导弹系统联合攻击问题，其目标在于使所有导弹以相同的撞击角攻击目标.

在二维平面内，导弹与目标之间的相对运动关系示意图如图 6.3.2 所示. 其中，T 表示目标，$M_i, i \in \{0, 1, \cdots, n\}$ 表示各导弹，且 M_0 为领导者导弹，$M_i, i =$

$1, 2, \cdots, n$ 为各跟随者导弹. 跟随者导弹之间的通信拓扑由图 $G = (\mathcal{V}, \mathcal{E}, \mathcal{A})$ 表示, 其中 $\mathcal{V} = \{1, 2, \cdots, n\}$、$\mathcal{E}$、$\mathcal{A}$ 分别为节点集、边集、加权邻接矩阵. 图 G 的 Laplacian 矩阵记为 $\mathcal{L}$. 对于由领导者导弹和各跟随者导弹组成的全体导弹系统, 其通信拓扑由图 $\bar{G} = (\bar{\mathcal{V}}, \bar{\mathcal{E}}, \bar{\mathcal{A}})$ 表示, 其中节点集为 $\bar{\mathcal{V}} = \mathcal{V} \cup \{0\}$. 图 $\bar{G}$ 的领导者邻接矩阵和 Laplacian 矩阵分别由 $\mathcal{B}$ 和 $\bar{\mathcal{L}}$ 表示.

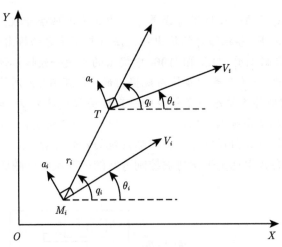

图 6.3.2　导弹和目标之间的相对运动关系示意图

导弹与目标之间的相对运动关系可描述如下:

$$\begin{cases} \dot{r}_i = -V_i \cos(q_i - \theta_i) + V_t \cos(q_i - \theta_t), \\ r_i \dot{q}_i = V_i \sin(q_i - \theta_i) - V_t \sin(q_i - \theta_t), \\ \dot{\theta}_i = a_i/V_i, \quad \dot{\theta}_t = a_t/V_t, \end{cases} \tag{6.3.36}$$

其中, r_i 表示导弹与目标之间的相对距离; q_i 表示导弹与目标之间的视线 (line-of-sight, LOS) 角; V_t 和 V_i 分别表示目标和导弹的速度; θ_t 表示目标飞行偏角; θ_i 表示导弹弹道倾角; a_t 和 a_i 分别表示目标和导弹与速度垂直方向的加速度. 导弹的撞击角定义为 $\sigma_i = \theta_i - \theta_t$.

由系统 (6.3.36) 可得

$$\ddot{r}_i = r_i \dot{q}_i^2 - u_{ri} + w_{ri}, \quad r_i \ddot{q}_i = -2\dot{r}_i \dot{q}_i - u_{qi} + w_{qi}, \tag{6.3.37}$$

其中, $u_{ri} = \dot{V}_i \cos(q_i - \theta_i) + a_i \sin(q_i - \theta_i)$ 和 $w_{ri} = \dot{V}_t \cos(q_i - \theta_t) + a_t \sin(q_i - \theta_t)$ 分别表示导弹和目标沿 LOS 方向的加速度; $u_{qi} = a_i \cos(q_i - \theta_i) - \dot{V}_i \sin(q_i - \theta_i)$ 和 $w_{qi} = a_t \cos(q_i - \theta_t) - \dot{V}_t \sin(q_i - \theta_t)$ 分别表示导弹和目标与 LOS 垂直方向的加速度.

领导者导弹的动态为

$$\dot{x}_{0,1} = x_{0,2}, \ \dot{x}_{0,2} = x_{0,3}, \ \dot{x}_{0,3} = u_0, \ y_0 = x_{0,1}, \quad (6.3.38)$$

其中, $x_{0,1}$、$x_{0,2}$ 和 $x_{0,3}$ 分别表示领导者导弹的 LOS 角 q_0、角速度 $\dot{q}_0$ 和角加速度 $\ddot{q}_0$; u_0 表示预设的输入信号 (即制导律); y_0 表示输出, 即 LOS 角. 描述领导者导弹与目标之间相对运动关系的主要参数还包括相对距离 r_0、速度 V_0、导弹弹道偏角 θ_0、撞击角 $\sigma_0 = \theta_0 - \theta_t$ 以及与速度垂直方向的加速度 a_0. 通常, 在实际应用中, 相对距离 r_i 可用主动雷达系统测得, LOS 角 q_i 可用红外导引头系统测得, 导弹弹道偏角 θ_i 可用一些传感器测得, 如惯性陀螺仪等. 在测得相对距离 r_i 和 LOS 角 q_i 后, 其余的参数可以用一些滤波方法计算得到. 基于上述分析, 在仿真中, 可认为 r_i、$\dot{r}_i$、q_i、$\dot{q}_i$ 和 θ_i 均已知.

注 6.3.10 基于平行接近法 [218], 若设计的制导律能使导弹始终保持同一个 LOS 角, 则导弹最终会击中目标. 由式 (6.3.36) 可知, 若 $\dot{q}_i \equiv 0$, 则可得 $V_i \sin(q_i - \theta_i) - V_t \sin(q_i - \theta_t) = 0$, 即

$$\sigma_i = \theta_i - \theta_t = q_i - \arcsin(V_i^{-1} V_t \sin(q_i - \theta_t)) - \theta_t.$$

因此, 若导弹的 LOS 角保持恒定, 其撞击角和 LOS 角具有一一映射关系 [218]. 假设联合攻击任务中使用的导弹均为同型号, 从而各导弹具有相同的设计速度 V_m. 若设计的分布式制导律能够使得各导弹具有相同的 LOS 角, 则它们的撞击角也将达到一致. 在导弹制导过程中, 一方面, 通常认为 [219]

$$\dot{r}_i(t) < 0, \ 0 < r_i(t) < r_i(0), \quad \forall t > 0, \ i \in \mathcal{V},$$

即存在有限常数 $\bar{r}_i$ 满足 $\sup_{t \geqslant 0}\{|r_i(t)|\} \leqslant \bar{r}_i$. 另一方面, 通常也认为导弹引爆时, 其与目标间的距离 r_i 非 0, 而是处在区间 $[0.1, 0.25]\text{m}$ [180], 即存在常数 $\underline{r}_i$ 满足 $\inf_{t \geqslant 0}\{|r_i(t)|\} \geqslant \underline{r}_i$.

假设 6.3.6 领导者导弹的 LOS 角满足

$$\lim_{t \to \infty} \dot{q}_0(t) = 0.$$

注 6.3.11 领导者导弹的预设制导律可认为是传统的比例制导 (proportional navigation, PN) 律. 在这种情况下, 假设 6.3.6 是完全合理的.

令 $x_{i,1} = q_i, x_{i,2} = \dot{q}_i$, 结合式 (6.3.36) 和式 (6.3.37) 可得

$$\begin{cases} \dot{x}_{i,1} = x_{i,2}, \\ \dot{x}_{i,2} = -2\dot{r}_i x_{i,2}/r_i - u_{qi}/r_i + w_{qi}/r_i, \end{cases} \quad (6.3.39)$$

其中, LOS 角为系统输出, 即 $y_i = x_{i,1}$. 通常, 导弹自动驾驶仪动态可描述为 [217]

$$\dot{u}_{qi} = -u_{qi}/\tau_i + u_i/\tau_i + d_i^u, \quad (6.3.40)$$

其中, u_i 为待设计的制导律; τ_i 为时间常数; d_i^u 为外部干扰. 因为导弹无法直接测量目标垂直加速度 a_t, 该加速度被看作对导弹系统的干扰 [216]. 令 $x_{i,3} = -2\dot{r}_i x_{i,2} - u_{qi}$, 则结合式 (6.3.39) 和式 (6.3.40) 可得

$$\begin{cases} \dot{x}_{i,1} = x_{i,2}, \\ \dot{x}_{i,2} = x_{i,3}/r_i + d_{i,2}, \\ \dot{x}_{i,3} = f_i(x_{i,1}, x_{i,2}, x_{i,3}) - u_i/\tau_i + d_{i,3}, \\ y_i = x_{i,1}, \end{cases} \tag{6.3.41}$$

其中, $f_i(x_{i,1}, x_{i,2}, x_{i,3}) = -2(r_i x_{i,2}^2 - u_{ri} + \dot{r}_i/\tau_i)x_{i,2} - (2\dot{r}_i/r_i + 1/\tau_i)x_{i,3}$; $d_{i,2} = w_{qi}/r_i$ 表示包含目标垂直加速度 a_t 在内的非匹配干扰; $d_{i,3} = -2w_{ri}x_{i,2} - 2\dot{r}_i d_{i,2} - d_i^u$ 表示处在输入通道的集总干扰. 令 $w_k = [x_{1,k}, \cdots, x_{n,k}]^{\mathrm{T}}, k = 1, 2, 3$, 以及

$$e_i^{w_1} = \sum_{j=1}^{n} a_{ij}(x_{i,1} - x_{j,1}) + b_i(x_{i,1} - x_{0,1}),$$

$$e_i^{w_2} = \sum_{j=1}^{n} a_{ij}(x_{i,2} - x_{j,2}) + b_i(x_{i,2} - x_{0,2}),$$

$$e_i^{w_3} = \sum_{j=1}^{n} a_{ij}\left[(x_{i,3} + r_i\hat{d}_{i,2}) - (x_{j,3} + r_j\hat{d}_{j,2})\right] + b_i(x_{i,3} + r_i\hat{d}_{i,2} - r_i x_{0,3}).$$

根据定理 6.3.2, 针对领导者-跟随者多导弹系统 (6.3.38)~(6.3.41), 设计如下的分布式制导律:

$$u_i = c_3^{-1}\tau_i\left[c_1(x_{i,2} - \phi_{i,2}) + c_2 r_i^{-1} x_{i,3} + c_3 f_i - (c_2 + c_3\dot{r}_i)(\phi_{i,3} - \hat{d}_{i,2}) \right.$$

$$\left. + c_3\hat{d}_{i,3} + k_{3,i}\mathrm{sgn}\left(\sum_{j=1}^{n} a_{ij}(s_i - s_j) + b_i s_i\right)\right], \quad i \in \mathcal{V}, \tag{6.3.42}$$

其中, $c_3 > 0$, c_1、c_2、c_3 使得多项式 $p_o(s) = c_3 s^2 + c_2 s + c_1$ 满足 Hurwitz 条件; 增益满足 $k_{3,i} = (c_2 + c_3 h_{i,2})\tilde{d}_{i,2}^* + c_3(\tilde{d}_{i,3}^* + \bar{r}_i\bar{u}_0) + \epsilon_{3,i}, \epsilon_{3,i} > 0$; $\hat{d}_{i,2}$、$\hat{d}_{i,3}$ 分别为如下 DO 产生的干扰 $d_{i,2}$、$d_{i,3}$ 的估计量, $i \in \mathcal{V}$:

$$\begin{cases} \begin{bmatrix} \hat{d}_{i,2} \\ \hat{d}_{i,3} \end{bmatrix} = \begin{bmatrix} h_{i,2} & 0 \\ 0 & h_{i,3} \end{bmatrix} \begin{bmatrix} x_{i,2} - \psi_{i,2} \\ x_{i,3} - \psi_{i,3} \end{bmatrix}, \\ \begin{bmatrix} \dot{\psi}_{i,2} \\ \dot{\psi}_{i,3} \end{bmatrix} = \begin{bmatrix} x_{i,3}/r_i \\ f_i \end{bmatrix} + \begin{bmatrix} 0 \\ -1/\tau_i \end{bmatrix} u_i + \begin{bmatrix} \hat{d}_{i,2} \\ \hat{d}_{i,3} \end{bmatrix}, \end{cases} \tag{6.3.43}$$

$h_{i,2} > 0$ 和 $h_{i,3} > 0$ 为观测器增益; $\tilde{d}_{i,2}^*$ 和 $\tilde{d}_{i,3}^*$ 分别表示干扰估计误差 $\tilde{d}_{i,2} = d_{i,2} - \hat{d}_{i,2}$ 和 $\tilde{d}_{i,3} = d_{i,3} - \hat{d}_{i,3}$ 的上界; $\phi_{i,2}$ 和 $\phi_{i,3}$ 分别表示分布式观测器 (6.3.20) 产生的领导者状态 $x_{0,2}$ 和 $x_{0,3}$ 的估计量, 且滑模面 s_i 设计为

$$s_i = c_1 e_i^{w_1} + c_2 e_i^{w_2} + c_3 e_i^{w_3}, \quad i \in \mathcal{V}.$$

同时, 根据注 6.3.8 中的分析, 基于传统的 SMC 方法, 针对领导者-跟随者多导弹系统 (6.3.38)~(6.3.41), 也可以设计如下的分布式制导律:

$$u_i = \bar{c}_3^{-1} \tau_i \Bigg[\bar{c}_1 (x_{i,2} - \phi_{i,2}) + \bar{c}_2 r_i^{-1} x_{i,3} + \bar{c}_3 f_i - (\bar{c}_2 + \bar{c}_3 \dot{r}_i) \phi_{i,3}$$

$$+ \bar{k}_{3,i} \mathrm{sgn} \Bigg(\sum_{j=1}^{n} a_{ij} (\bar{s}_i - \bar{s}_j) + b_i \bar{s}_i \Bigg) \Bigg], \quad i \in \mathcal{V}, \tag{6.3.44}$$

其中, $\bar{c}_3 > 0$, $\bar{c}_1$、$\bar{c}_2$、$\bar{c}_3$ 使得 $p_o(s) = \bar{c}_3 s^2 + \bar{c}_2 s + \bar{c}_1$ 满足 Hurwitz 稳定条件; 增益满足 $\bar{k}_{3,i} = \bar{c}_2 d_{i,2}^* + \bar{c}_3 (d_{i,3}^* + \bar{r}_i u_0) + \bar{\epsilon}_{3,i}$; $\bar{\epsilon}_{3,i} > 0$, $d_{i,2}^*$、$d_{i,3}^*$ 分别表示干扰 $d_{i,2}$、$d_{i,3}$ 的上界 (为方便比较, 在仿真中假设干扰上界已知), 且滑模面 $\bar{s}_i$ 为

$$\bar{s}_i = \bar{c}_1 \bar{e}_i^{w_1} + \bar{c}_2 \bar{e}_i^{w_2} + \bar{c}_3 \bar{e}_i^{w_3}, \quad i \in \mathcal{V},$$

其中,

$$\bar{e}_i^{w_1} = \sum_{j=1}^{n} a_{ij} (x_{i,1} - x_{j,1}) + b_i (x_{i,1} - x_{0,1});$$

$$\bar{e}_i^{w_2} = \sum_{j=1}^{n} a_{ij} (x_{i,2} - x_{j,2}) + b_i (x_{i,2} - x_{0,2});$$

$$\bar{e}_i^{w_3} = \sum_{j=1}^{n} a_{ij} (x_{i,3} - x_{j,3}) + b_i (x_{i,3} - r_i x_{0,3}).$$

在仿真中, 假设所有的导弹都具有相同的速度 $V_m = 400\mathrm{m/s}$, 目标的速度为 $V_t = 300\mathrm{m/s}$. 目标在 $t = 20\mathrm{s}$ 时刻开始做垂直机动, 即其加速度为: 当 $0\mathrm{s} \leqslant t < 20\mathrm{s}$ 时, $a_t = 0\mathrm{m/s^2}$; 当 $t \geqslant 20\mathrm{s}$ 时, $a_t = 3g \exp[-0.05(t - 20)]\mathrm{m/s^2}$, 其中, 重力加速度为 $g = 9.8\mathrm{m/s^2}$. 自动驾驶仪参数 τ_i 取值为 0.5. 所有导弹的通信拓扑图如图 6.3.3 所示. 假设领导者导弹具有恒定的 LOS 角, 目标飞行偏角初始值为 $\theta(0) = 0$, 且各导弹的初始状态如表 6.3.1 所示.

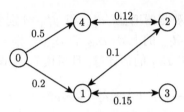

图 6.3.3　导弹之间的通信拓扑图

表 6.3.1　各导弹的初始状态

导弹	初始距离 $r_i(0)$/km	初始 LOS 角 $q_i(0)$/(°)	初始弹道偏角 $\theta_i(0)$/(°)
导弹 0(领导者)	6.0	18	4.6
导弹 1	5.5	22.5	11.25
导弹 2	5.8	15	11.25
导弹 3	6.5	16.36	10.36
导弹 4	7.0	20	12

假设在 $t = 20\mathrm{s}$ 时刻, 各导弹受到突加干扰 $d_i^u(t)$ 的影响, 即当 $0\mathrm{s} \leqslant t < 20\mathrm{s}$ 时, $d_i^u(t) = 0, i \in \mathcal{V}$; 当 $t \geqslant 20\mathrm{s}$ 时, $d_1^u(t) = 4, d_2^u(t) = 5, d_3^u(t) = -7, d_4^u(t) = -5$. DO(6.3.43)的增益取值为 $h_{1,2} = 22, h_{1,3} = 30$(导弹 1), $h_{2,2} = 20, h_{2,3} = 28$(导弹 2), $h_{3,2} = 18, h_{3,3} = 23$(导弹 3), $h_{4,2} = 23, h_{4,3} = 30$(导弹 4), 且分布式观测器 (6.3.20) 各参数取值为 $\rho_1 = 15, \alpha_1 = 0.6, \rho_2 = 16, \alpha_2 = 0.8, \rho_3 = 18$.

为了公平比较, 将各导弹输入信号均限制在 $8g$ 以内. 在这一约束下, 通过调节参数, 使得分别在制导律 (6.3.42) 和 (6.3.44) 作用下的导弹闭环系统具有较好的动态、稳态性能. 最终, 复合分布式制导律 (6.3.42) 的各参数取值为

$$c_1 = 500, \ c_2 = 3000, \ c_3 = 1, \ k_{3,1} = 45, \ k_{3,2} = 35, \ k_{3,3} = 30, \ k_{3,4} = 50.$$

基于传统 SMC 方法的分布式制导律 (6.3.44) 的各参数取值为

$$\bar{c}_1 = 500, \ \bar{c}_2 = 3000, \ \bar{c}_3 = 1, \ \bar{k}_{3,1} = 65, \bar{k}_{3,2} = 50, \ \bar{k}_{3,3} = 45, \ \bar{k}_{3,4} = 80.$$

仿真结果如图 6.3.4～图 6.3.6 所示. 图 6.3.5 说明 DO(6.3.43) 能快速、准确地估计各导弹所受干扰. 图 6.3.4 说明, 复合分布式制导律 (6.3.42) 能保持闭环系统的标称性能并在导弹系统受到非匹配干扰影响时, 成功地实现各导弹撞击角的一致性. 作为对比, 由于缺乏干扰前馈补偿机制, 基于传统 SMC 方法的分布式制导律 (6.3.44) 则无法实现非匹配受扰多导弹系统撞击角的一致性.

注 6.3.12　在系统 (6.3.41) 中, 干扰 $d_{i,3} = -2w_{ri}x_{i,2} - 2\dot{r}_i d_{i,2} - d_i^u$ 包含了系统状态 $x_{i,2}$. 尽管该干扰不直接满足假设 6.3.1 和假设 6.3.2 (这是因为在进行控制设计之前, 不能假设系统状态或其导数有界), 图 6.3.5 说明了 DO(6.3.43)仍能较为精确地估计干扰 $d_{i,3}$. 这一点很好地说明, 在实际应用中, 关于干扰的假设 6.3.1 和假设 6.3.2 可以在一定程度上放宽.

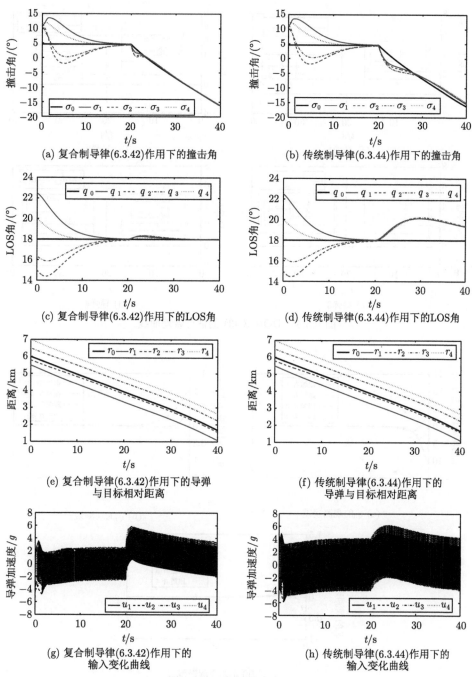

(a) 复合制导律(6.3.42)作用下的撞击角

(b) 传统制导律(6.3.44)作用下的撞击角

(c) 复合制导律(6.3.42)作用下的LOS角

(d) 传统制导律(6.3.44)作用下的LOS角

(e) 复合制导律(6.3.42)作用下的导弹
与目标相对距离

(f) 传统制导律(6.3.44)作用下的
导弹与目标相对距离

(g) 复合制导律(6.3.42)作用下的
输入变化曲线

(h) 传统制导律(6.3.44)作用下的
输入变化曲线

图 6.3.4　各导弹响应曲线

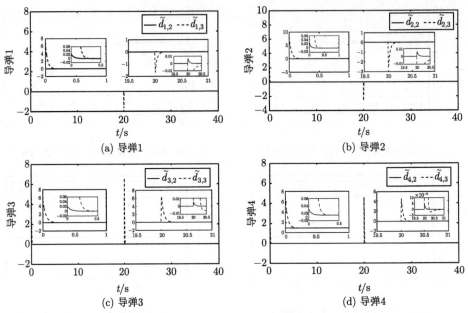

图 6.3.5　DO(6.3.43) 的估计误差曲线

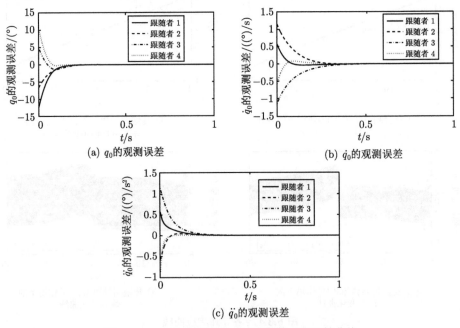

图 6.3.6　分布式观测器 (6.3.20) 的观测误差曲线

6.4 复合滑模有限时间一致性协议

本节研究非匹配受扰领导者-跟随者高阶多智能体系统的复合非奇异终端滑模有限时间一致性协议的设计.

6.4.1 系统建模和问题描述

不失一般性地, 各跟随者的动态描述如下 $(i \in \mathcal{V}, \varrho = 1, 2, \cdots, N)$:

$$\begin{cases} \dot{x}_{i,\varrho}^k = x_{i,\varrho}^{k+1} + d_{i,\varrho}^k(x_{i,\varrho}, t), & k = 1, 2, \cdots, M-1, \\ \dot{x}_{i,\varrho}^M = u_{i,\varrho} + f_{i,\varrho}^M(x_{i,\varrho}) + d_{i,\varrho}^M(x_{i,\varrho}, t), \\ y_{i,\varrho} = x_{i,\varrho}^1, \end{cases} \tag{6.4.1}$$

其中, $x_{i,\varrho}^k$ 为各状态分量; $x_{i,\varrho} = [x_{i,\varrho}^1, \cdots, x_{i,\varrho}^M]^{\mathrm{T}}$; M 为系统阶数; N 为系统维数; $u_{i,\varrho}$ 为控制输入; $y_{i,\varrho}$ 为系统输出; $f_{i,\varrho}^M(x_{i,\varrho})$ 为已知非线性项; $d_{i,\varrho}^1, \cdots, d_{i,\varrho}^{M-1}$ 和 $d_{i,\varrho}^M$ 分别为非匹配干扰和匹配干扰. 记 $x_i^k = [x_{i,1}^k, \cdots, x_{i,N}^k]^{\mathrm{T}}$, $y_i = [y_{i,1}, \cdots, y_{i,N}]^{\mathrm{T}}$, $u_\varrho = [u_{1,\varrho}, \cdots, u_{n,\varrho}]^{\mathrm{T}}$, $\eta_\varrho^k = [x_{1,\varrho}^k, \cdots, x_{n,\varrho}^k]^{\mathrm{T}}$, $f_\varrho^M = [f_{1,\varrho}^M(x_{1,\varrho}), \cdots, f_{n,\varrho}^M(x_{n,\varrho})]^{\mathrm{T}}$.

领导者的动态为 $(\varrho = 1, 2, \cdots, N)$

$$\begin{cases} \dot{x}_{0,\varrho}^k = x_{0,\varrho}^{k+1}, & k = 1, \cdots, M-1, \\ \dot{x}_{0,\varrho}^M = u_{0,\varrho}, \\ y_{0,\varrho} = x_{0,\varrho}^1, \end{cases} \tag{6.4.2}$$

其中, $x_{0,\varrho}^k$ 为各状态分量; $u_{0,\varrho}$ 为控制输入; $y_{0,\varrho}$ 为系统输出. 记 $x_0^k = [x_{0,1}^k, \cdots, x_{0,N}^k]^{\mathrm{T}}, k = 1, 2, \cdots, M; u_0 = [u_{0,1}, \cdots, u_{0,N}]^{\mathrm{T}}; y_0 = [y_{0,1}, \cdots, y_{0,N}]^{\mathrm{T}}$.

本节的设计目标为: 针对非匹配受扰领导者-跟随者多智能体系统 (6.4.1)~(6.4.2), 设计有限时间一致性协议, 使各智能体的输出在有限时间内达到一致.

6.4.2 复合滑模有限时间一致性协议设计

一致性协议设计包括两部分, 即有限时间干扰观测器设计和有限时间复合一致性协议设计.

1. 有限时间干扰观测器设计

在给出具体的设计之前, 先对系统 (6.4.1) 所受干扰进行以下假设.

假设 6.4.1 系统 (6.4.1) 所受干扰 $d_{i,\varrho}^k$, $i \in \mathcal{V}, k = 1, 2, \cdots, M, \varrho = 1, 2, \cdots, N$ 是 $M - k$ 阶可微的, 且 $(d_{i,\varrho}^k)^{(M-k)}$ 具有 Lipschitz 常数 $L_{i,\varrho}^k$.

注 6.4.1 假设 6.4.1 借鉴文献 [176]. 基于假设 6.4.1, 引理 A.2.4 便可被用于干扰观测器的设计. 在实际系统中, 很多类型的干扰都满足假设 6.4.1, 如常值干扰、斜坡干扰、高阶干扰和谐波干扰等.

针对各跟随者智能体, 设计如下的非线性 DO:

$$\dot{z}_{i,\varrho}^{k,0} = v_{i,\varrho}^{k,0} + g_{i,\varrho}^{k}(x_{i,\varrho}, u_{i,\varrho}),$$

$$v_{i,\varrho}^{k,0} = -\lambda_{i,\varrho}^{k,0}(L_{i,\varrho}^{k})^{\frac{1}{M-k+2}}\mathrm{sig}^{\frac{M-k+1}{M-k+2}}(z_{i,\varrho}^{k,0} - x_{i}^{k}) + z_{i,\varrho}^{k,1},$$

$$\dot{z}_{i,\varrho}^{k,l} = v_{i,\varrho}^{k,l}, \tag{6.4.3}$$

$$v_{i,\varrho}^{k,l} = -\lambda_{i,\varrho}^{k,l}(L_{i,\varrho}^{k})^{\frac{1}{M-k+2-l}}\mathrm{sig}^{\frac{M-k+1-l}{M-k+2-l}}(z_{i,\varrho}^{k,l} - v_{i,\varrho}^{k,l-1}) + z_{i,\varrho}^{k,l+1},$$

$$k = 1, 2, \cdots, M, \ l = 1, 2, \cdots, M - k,$$

$$\dot{z}_{i,\varrho}^{k,M-k+1} = v_{i,\varrho}^{k,M-k+1}, \tag{6.4.4}$$

$$v_{i,\varrho}^{k,M-k+1} = -\lambda_{i,\varrho}^{k,M-k+1}L_{i,\varrho}^{k}\mathrm{sgn}(z_{i,\varrho}^{k,M-k+1} - v_{i,\varrho}^{k,M-k}),$$

其中, $g_{i,\varrho}^{k}(x_{i,\varrho}, u_{i,\varrho}) = x_{i,\varrho}^{k+1}, k = 1, 2, \cdots, M-1, \varrho = 1, 2, \cdots, N$; $g_{i,\varrho}^{M}(x_{i,\varrho}, u_{i,\varrho}) = f_{i,\varrho}^{M}(x_{i,\varrho}) + u_{i,\varrho}$; $\lambda_{i,\varrho}^{k,0}, \cdots, \lambda_{i,\varrho}^{k,M-k+1} > 0$ 为观测器增益; $z_{i,\varrho}^{k,0} = \widehat{x_i^k}$、$z_{i,\varrho}^{k,l} = \widehat{(d_{i,\varrho}^k)^{(l-1)}}$ 分别为 $x_{i,\varrho}^k$、$(d_{i,\varrho}^k)^{(l-1)}$ 的估计量, $l = 1, 2, \cdots, M-k+1$.

由式 (6.4.1) 和式 (6.4.3), 估计误差系统可描述为

$$\dot{w}_{i,\varrho}^{k,0} = -\lambda_{i,\varrho}^{k,0}(L_{i,\varrho}^{k})^{\frac{1}{M-k+2}}\mathrm{sig}^{\frac{M-k+1}{M-k+2}}(w_{i,\varrho}^{k,0}) + w_{i,\varrho}^{k,1},$$

$$\dot{w}_{i,\varrho}^{k,l} = -\lambda_{i,\varrho}^{k,l}(L_{i,\varrho}^{k})^{\frac{1}{M-k+2-l}}\mathrm{sig}^{\frac{M-k+1-l}{M-k+2-l}}\left(w_{i,\varrho}^{k,l} - \dot{w}_{i,\varrho}^{k,l-1} + w_{i,\varrho}^{k,l+1}\right), \quad l = 1, 2, \cdots, M-k,$$

$$\dot{w}_{i,\varrho}^{k,M-k+1} \in -\lambda_{i,\varrho}^{k,M-k+1}L_{i,\varrho}^{k}\mathrm{sgn}(w_{i,\varrho}^{k,M-k+1} - \dot{w}_{i,\varrho}^{k,M-k}) + [-L_{i,\varrho}^{k}, L_{i,\varrho}^{k}], \tag{6.4.5}$$

其中, $w_{i,\varrho}^{k,0} = x_i^k - z_{i,\varrho}^{k,0}, w_{i,\varrho}^{k,l} = (d_{i,\varrho}^k)^{(l-1)} - z_{i,\varrho}^{k,l}, l = 1, 2, \cdots, M-k+1$ 为估计误差. 令 $(\Delta_\varrho^k)^{(l)} = [(d_{1,\varrho}^k)^{(l)}, \cdots, (d_{n,\varrho}^k)^{(l)}]^{\mathrm{T}}, \widehat{(\Delta_\varrho^k)^{(l)}} = [\widehat{(d_{1,\varrho}^k)^{(l)}}, \cdots, \widehat{(d_{n,\varrho}^k)^{(l)}}]^{\mathrm{T}}$ 以及 $(W_\varrho^k)^{(l)} = (\Delta_\varrho^k)^{(l)} - \widehat{(\Delta_\varrho^k)^{(l)}}, k = 1, 2, \cdots, M, l = 0, 1, \cdots, M-k, \varrho = 1, 2, \cdots, N$.

命题 6.4.1　通过选取适当的观测器增益 $\lambda_{i,\varrho}^{k,l} > 0, i \in \mathcal{V}, k = 1, 2, \cdots, M, l = 0, 1, \cdots, M-k+1, \varrho = 1, 2, \cdots, N$, DO(6.4.3) 为有限时间收敛, 即存在有限时刻 T_1, 满足

$$w_{i,\varrho}^{k,l}(t) = 0, \quad \forall t \geqslant T_1.$$

证明　该命题的结论可由引理 A.2.4 直接得到, 故这里不再详述.　■

注 6.4.2　在确定了增益 $\lambda_{i,\varrho}^{k,0}$ 后, 其余观测器增益 $\lambda_{i,\varrho}^{k,l}$ 可以通过递推关系得到 (具体过程请参考文献 [176] 及其引文).

2. 有限时间复合一致性协议设计

将一致性跟踪误差记为 $\mathcal{E}_\varrho^{\eta_k} = [e_{1,\varrho}^{\eta_k}, \cdots, e_{n,\varrho}^{\eta_k}]^{\mathrm{T}}$, 其中

$$e_{i,\varrho}^{\eta_1} = \sum_{j=1}^{n} a_{ij}(x_{i,\varrho}^1 - x_{j,\varrho}^1) + b_i(x_{i,\varrho}^1 - x_{0,\varrho}^1);$$

$$e_{i,\varrho}^{\eta_k} = \sum_{j=1}^{n} a_{ij}\left\{ \left[x_{i,\varrho}^k + \sum_{l=1}^{k-1} \widehat{(d_{i,\varrho}^l)^{(k-1-l)}} \right] - \left[x_{j,\varrho}^k + \sum_{l=1}^{k-1} \widehat{(d_{j,\varrho}^l)^{(k-1-l)}} \right] \right\}$$

$$+ b_i\left[x_{i,\varrho}^k + \sum_{l=1}^{k-1} \widehat{(d_{i,\varrho}^l)^{(k-1-l)}} - x_{0,\varrho}^k \right];$$

$k = 2,3,\cdots,M; \varrho = 1,2,\cdots,N.$ 由以上定义可得

$$\mathcal{E}_\varrho^{\eta_1} = \bar{\mathcal{L}}\eta_\varrho^1 - \mathcal{B}1_n x_{0,\varrho}^1, \quad \mathcal{E}_\varrho^{\eta_k} = \bar{\mathcal{L}}\left[\eta_\varrho^k + \sum_{l=1}^{k-1} \widehat{(\Delta_\varrho^l)^{(k-1-l)}} \right] - \mathcal{B}1_n x_{0,\varrho}^k.$$

若 $\mathcal{L}1_n = 0$ 和 $\bar{\mathcal{L}} = \mathcal{L} + \mathcal{B}$, 则有 $\bar{\mathcal{L}}1_n x_{0,\varrho}^k = \mathcal{B}1_n x_{0,\varrho}^k, k = 1,2,\cdots,M, \varrho = 1,2,\cdots,N.$ 从而有

$$\mathcal{E}_\varrho^{\eta_1} = \bar{\mathcal{L}}\eta_\varrho^1 - \bar{\mathcal{L}}1_n x_{0,\varrho}^1, \mathcal{E}_\varrho^{\eta_k} = \bar{\mathcal{L}}\left[\eta_\varrho^k + \sum_{l=1}^{k-1} \widehat{(\Delta_\varrho^l)^{(k-1-l)}} \right] - \bar{\mathcal{L}}1_n x_{0,\varrho}^k,$$

$$k = 2,3,\cdots,M, \varrho = 1,2,\cdots,N.$$

对于系统 (6.4.1)~(6.4.2), 若假设 6.3.4 成立, 则有

$$\mathcal{E}_\varrho^{\eta_1} = 0_n \Longleftrightarrow \eta_\varrho^1 = 1_n y_{0,\varrho}, \quad \varrho = 1,2,\cdots,N.$$

由系统 (6.4.1)~(6.4.2), 可得一致性跟踪误差动态为

$$\begin{cases} \dot{\mathcal{E}}_\varrho^{\eta_k} = \mathcal{E}_\varrho^{\eta_{k+1}} + \tilde{W}_\varrho^k, & k = 1,2,\cdots,M-1, \\ \dot{\mathcal{E}}_\varrho^{\eta_M} = \bar{\mathcal{L}}\left[u_\varrho + f_\varrho^M + \sum_{l=1}^{M-1} \frac{\mathrm{d}\widehat{(\Delta_\varrho^l)^{(M-1-l)}}}{\mathrm{d}t} + \Delta_\varrho^M - 1_n u_{0,\varrho} \right], \end{cases} \quad (6.4.6)$$

其中, $\tilde{W}_\varrho^1 = \bar{\mathcal{L}}W_\varrho^1, \tilde{W}_\varrho^k = \sum_{l=1}^{k-1} \bar{\mathcal{L}}\left[(W_\varrho^l)^{(k-l)} - \frac{\mathrm{d}(W_\varrho^l)^{(k-l-1)}}{\mathrm{d}t} \right] + \bar{\mathcal{L}}W_\varrho^k, k = 2,3,\cdots,$ $M-1, \varrho = 1,2,\cdots,N.$

假设 6.4.2 对于领导者智能体, 其各状态分量 $x_{0,\varrho}^k, k = 1,2,\cdots,M, \varrho = 1,$ $2,\cdots,N$ 在任意有限时间内均是有界的, 且存在有限常数 $\bar{u}_0$ 满足

$$\|u_{0,\varrho}(t)\|_2 \leqslant \bar{u}_0, \forall t \geqslant 0.$$

定理 6.4.1　针对领导者-跟随者多智能体系统 (6.4.1)~(6.4.2)，若假设 6.3.3、假设 6.3.4、假设 6.4.1 和假设 6.4.2 成立，并设计如下的一致性协议 $(i \in \mathcal{V}, \varrho = 1, 2, \cdots, N)$：

$$u_{i,\varrho} = -k_{i,\varrho}\mathrm{sgn}\left(\sum_{j=1}^{n} a_{ij}(s_{i,\varrho} - s_{j,\varrho}) + b_i s_{i,\varrho}\right) - f_{i,\varrho}^M(x_{i,\varrho}) - \sum_{l=1}^{M-1} v_{i,\varrho}^{l,M-l} - \widehat{d_{i,\varrho}^M},$$

$$(6.4.7)$$

其中，$k_{i,\varrho} \geqslant \max\limits_{j \in \mathcal{V}}\left[\left(b_j \bar{u}_0 + \left|\sum\limits_{k=1}^{M} c_{j,k}\mathrm{sig}^{\alpha_{j,k}}(e_{j,\varrho}^{\eta_k})\right| + \epsilon_{j,\varrho}\right)\Big/\left(\lambda_{\min}(\bar{\mathcal{L}})/\sqrt{n}\right)\right]; \epsilon_{i,\varrho} >$

$0; v_{i,\varrho}^{l,M-l} = \dfrac{\mathrm{d}(d_{i,\varrho}^l)^{\widehat{(M-1-l)}}}{\mathrm{d}t}; \widehat{d_{i,\varrho}^l}, i = 1, 2, \cdots, n, l = 1, 2, \cdots, M-1$ 是来自 DO (6.4.3) 的干扰 $d_{i,\varrho}^l$ 的估计量，且滑模面 $s_{i,\varrho}$ 为

$$s_{i,\varrho} = e_{i,\varrho}^{\eta_M} + \int_0^t \left(\sum_{k=1}^{M} c_{i,k}\mathrm{sig}^{\alpha_{i,k}}(e_{i,\varrho}^{\eta_k})\right)\mathrm{d}\tau, \quad i \in \mathcal{V}, \qquad (6.4.8)$$

其中，$\alpha_{i,k-1} = \dfrac{\alpha_{i,k}\alpha_{i,k+1}}{2\alpha_{i,k+1} - \alpha_{i,k}}, i \in \mathcal{V}, k = 2, 3, \cdots, M; \alpha_{i,M+1} = 1; \alpha_{i,M} = \alpha_{i,0} \in$ $(0,1)$；参数 $c_{i,k} > 0$ 是 Hurwitz 多项式 $\lambda^M + c_{i,M}\lambda^{M-1} + \cdots + c_{i,2}\lambda + c_{i,1}, i \in \mathcal{V}$ 的系数．存在 $\varepsilon_i \in (0,1), \forall \alpha_{i,0} \in (1 - \varepsilon_i, 1)$，各智能体的输出在一致性协议(6.4.7) 作用下有限时间内达到一致，即跟踪误差 $y_i - y_0, \forall i \in \mathcal{V}$ 在有限时间会收敛到零．

证明　记 $s_\varrho = [s_{1,\varrho}, \cdots, s_{n,\varrho}]^{\mathrm{T}}, \varrho = 1, 2, \cdots, N$. 由式(6.4.8) 可得

$$s_\varrho = \mathcal{E}_\varrho^{\eta_M} + \int_0^t \left(\sum_{k=1}^{M} C_k \zeta_{k,\varrho}\right)\mathrm{d}\tau,$$

其中，$C_k = \mathrm{diag}\{c_{1,k}, \cdots, c_{n,k}\}; \zeta_{k,\varrho} = \left[\mathrm{sig}^{\alpha_{1,k}}(e_{1,\varrho}^{\eta_k}), \cdots, \mathrm{sig}^{\alpha_{n,k}}(e_{n,\varrho}^{\eta_k})\right]^{\mathrm{T}}$. 由式(6.4.7) 可得

$$u_\varrho = -K_\varrho\mathrm{sgn}(\bar{\mathcal{L}}s_\varrho) - f_\varrho^M - \sum_{l=1}^{M-1} \frac{\mathrm{d}(\Delta_\varrho^l)^{\widehat{(M-1-l)}}}{\mathrm{d}t} - \widehat{\Delta_\varrho^M}, \qquad (6.4.9)$$

其中，$K_\varrho = \mathrm{diag}\{k_{1,\varrho}, \cdots, k_{n,\varrho}\}$. 对滑模面求导，并将控制律(6.4.9)代入其中，可得

$$\dot{s}_\varrho = \dot{\mathcal{E}}_\varrho^{\eta_M} + \sum_{k=1}^{M} C_k \zeta_{k,\varrho}$$

$$= \bar{\mathcal{L}}\left(-K_\varrho\mathrm{sgn}(\bar{\mathcal{L}}s_\varrho) + W_\varrho^M - 1_n u_{0,\varrho}\right) + \sum_{k=1}^{M} C_k\zeta_{k,\varrho}.$$

于是, 一致性跟踪误差系统 (6.4.6) 可描述为

$$\begin{cases} \dot{\mathcal{E}}_\varrho^{\eta_k} = \mathcal{E}_\varrho^{\eta_{k+1}} + \tilde{W}_\varrho^k, \quad k = 1, 2, \cdots, M-1, \ \varrho = 1, 2, \cdots, N, \\ \dot{\mathcal{E}}_\varrho^{\eta_M} = -\sum_{k=1}^{M} C_k\zeta_{k,\varrho} + \dot{s}_\varrho. \end{cases} \tag{6.4.10}$$

以下的证明包括两步, 即闭环系统 (6.4.10) 状态在时间区间 $t \in [0, T_1)$ 内的有界性 (其中 T_1 表示 DO(6.4.3) 的有限收敛时间) 和闭环系统的全局有限时间稳定性.

步骤 1 (闭环系统状态在 $t \in [0, T_1)$ 内的有界性) 令 $V_\varrho^b = s_\varrho^{\mathrm{T}}s_\varrho/2 + \sum_{k=1}^{M}(\mathcal{E}_\varrho^{\eta^k})^{\mathrm{T}}\mathcal{E}_\varrho^{\eta^k}/2$, 则 $\dot{V}_\varrho^b$ 沿系统 (6.4.10) 时间导数为

$$\begin{aligned} \dot{V}_\varrho^b &= s_\varrho^{\mathrm{T}}\dot{s}_\varrho + \sum_{k=1}^{M}(\mathcal{E}_\varrho^{\eta^k})^{\mathrm{T}}\dot{\mathcal{E}}_\varrho^{\eta^k} \\ &= -s_\varrho^{\mathrm{T}}\bar{\mathcal{L}}K_\varrho\mathrm{sgn}(\bar{\mathcal{L}}s_\varrho) + s_\varrho^{\mathrm{T}}\bar{\mathcal{L}}(W_\varrho^M - 1_n u_{0,\varrho}) \\ &\quad + s_\varrho^{\mathrm{T}}\sum_{k=1}^{M}C_k\zeta_{k,\varrho} + \sum_{k=1}^{M-1}(\mathcal{E}_\varrho^{\eta_k})^{\mathrm{T}}(\mathcal{E}_\varrho^{\eta_{k+1}} + \tilde{W}_\varrho^k) \\ &\quad + (\mathcal{E}_\varrho^{\eta_M})^{\mathrm{T}}\bar{\mathcal{L}}\left(-K_\varrho\mathrm{sgn}(\bar{\mathcal{L}}s_\varrho) + W_\varrho^M - 1_n u_{0,\varrho}\right). \end{aligned} \tag{6.4.11}$$

由范数的基本性质可得

$$-s_\varrho^{\mathrm{T}}\bar{\mathcal{L}}K_\varrho\mathrm{sgn}(\bar{\mathcal{L}}s_\varrho) \leqslant -\underline{k}_\varrho\|\bar{\mathcal{L}}s_\varrho\|_1 \leqslant -\frac{\lambda_{\min}(\bar{\mathcal{L}})}{\sqrt{n}}\underline{k}_\varrho\sum_{i=1}^{n}|s_{i,\varrho}|,$$

其中, $\underline{k}_\varrho = \min\limits_{i=1,2,\cdots,n}\{k_{i,\varrho}\}$. 注意到 $s_\varrho^{\mathrm{T}}\sum_{k=1}^{M}C_k\zeta_{k,\varrho} = \sum_{i=1}^{n}\sum_{k=1}^{M}c_{i,k}s_{i,\varrho}\mathrm{sig}^{\alpha_{i,k}}(e_{i,\varrho}^{\eta_k})$, 由引理 A.1.2 可得

$$s_{i,\varrho}\mathrm{sig}^{\alpha_{i,k}}(e_{i,\varrho}^{\eta_k}) \leqslant \frac{|s_{i,\varrho}|^{1+\alpha_{i,k}}}{1+\alpha_{i,k}} + \frac{\alpha_{i,k}|e_{i,\varrho}^{\eta_k}|^{1+\alpha_{i,k}}}{1+\alpha_{i,k}} \leqslant \frac{|s_{i,\varrho}|^2}{2} + \frac{\alpha_{i,k}|e_{i,\varrho}^{\eta_k}|^2}{2} + \frac{1-\alpha_{i,k}}{2},$$

从而可得

$$s_\varrho^{\mathrm{T}}\sum_{k=1}^{M}C_k\zeta_{k,\varrho} \leqslant \sum_{i=1}^{n}\left(\sum_{k=1}^{M}\frac{c_{i,k}}{2}\right)|s_{i,\varrho}|^2$$

$$+ \sum_{k=1}^{M} \left(\sum_{i=1}^{n} \frac{c_{i,k}\alpha_{i,k}}{2} |e_{i,\varrho}^{\eta_k}|^2 \right) + \sum_{k=1}^{M} \sum_{i=1}^{n} \frac{c_{i,k}(1-\alpha_{i,k})}{2}$$

$$\leqslant \delta_\varrho^1 \|s_\varrho\|_2^2 + \delta_\varrho^2 \sum_{k=1}^{M} \|\mathcal{E}_\varrho^{\eta_k}\|_2^2 + \sum_{k=1}^{M} \sum_{i=1}^{n} \frac{c_{i,k}(1-\alpha_{i,k})}{2}, \qquad (6.4.12)$$

其中, $\delta_\varrho^1 = \max\limits_{i \in \mathcal{V}} \left\{ \sum_{k=1}^{M} \frac{c_{i,k}}{2} \right\}$, $\delta_\varrho^2 = \max\limits_{i \in \mathcal{V}, k=1,2,\cdots,M} \left\{ \frac{c_{i,k}\alpha_{i,k}}{2} \right\}$.

由式 (6.4.9) 和式 (6.4.11) 可得

$$\dot{V}_\varrho^b \leqslant (\|W_\varrho^M\|_2 + \sqrt{n}\bar{u}_0)\|\bar{\mathcal{L}}\|_2 \|s_\varrho\|_2 + \delta_\varrho^1 \|s_\varrho\|_2^2$$

$$+ \delta_\varrho^2 \sum_{k=1}^{M} \|\mathcal{E}_\varrho^{\eta_k}\|_2^2 + \sum_{k=1}^{M} \sum_{i=1}^{n} \frac{c_{i,k}(1-\alpha_{i,k})}{2}$$

$$+ \sum_{k=1}^{M-1} \|\mathcal{E}_\varrho^{\eta_k}\|_2 (\|\mathcal{E}_\varrho^{\eta_{k+1}}\|_2 + \|\tilde{W}_\varrho^k\|_2) + [\|W_\varrho^M\|_2 + \sqrt{n}(\tilde{k}_\varrho + \bar{u}_0)]\|\bar{\mathcal{L}}\|_2 \|\mathcal{E}_\varrho^{\eta_M}\|_2$$

$$\leqslant \left\{ \sum_{k=1}^{M-1} \|\tilde{W}_\varrho^k\|_2 + [\|W_\varrho^M\|_2 + \sqrt{n}(\tilde{k}_\varrho + \bar{u}_0)]\|\bar{\mathcal{L}}\|_2 \right\} \left(\|S_\varrho\|_2 + \sum_{k=1}^{M} \|\mathcal{E}_\varrho^{\eta_k}\|_2 \right)$$

$$+ \sum_{k=1}^{M} \|\mathcal{E}_\varrho^{\eta_k}\|_2^2 + \delta_\varrho^1 \|S_\varrho\|_2^2 + \delta_\varrho^2 \sum_{k=1}^{M} \|\mathcal{E}_\varrho^{\eta_k}\|_2^2 + \sum_{k=1}^{M} \sum_{i=1}^{n} \frac{c_{i,k}(1-\alpha_{i,k})}{2}, \qquad (6.4.13)$$

其中, $\tilde{k}_\varrho = \max\limits_{i=1,2,\cdots,n} \{k_{i,\varrho}\}$. 根据引理 A.1.2, 有以下不等式成立:

$$\|s_\varrho\|_2 \leqslant \frac{1 + \|s_\varrho\|_2^2}{2}, \quad \|\mathcal{E}_\varrho^{\eta_k}\|_2 \leqslant \frac{1 + \|\mathcal{E}_\varrho^{\eta_k}\|_2^2}{2},$$

$$\|s_\varrho\|_2^{1+\alpha_k} \leqslant \frac{1+\alpha_k}{2}\|s_\varrho\|_2^2 + \frac{1-\alpha_k}{2},$$

$$\|\mathcal{E}_\varrho^{\eta_l}\|_2^{1+\alpha_k} \leqslant \frac{1+\alpha_k}{2}\|\mathcal{E}_\varrho^{\eta_l}\|_2^2 + \frac{1-\alpha_k}{2},$$

$$l, k = 1, 2, \cdots, M.$$

将上述不等式代入式 (6.4.13), 可得

$$\dot{V}_\varrho^b \leqslant \delta_\varrho^3 V_\varrho + \delta_\varrho^4, \qquad (6.4.14)$$

其中,

$$\delta_\varrho^3 = \sum_{k=1}^{M-1} \|\tilde{W}_\varrho^k\|_2 + [\|W_\varrho^M\|_2 + \sqrt{n}(\tilde{k}_\varrho + \bar{u}_0)]\|\bar{\mathcal{L}}\|_2 + 2\delta_\varrho^1 + 2\delta_\varrho^2 + 2,$$

$$\delta_{\varrho}^4 = \frac{M+1}{2}\left\{\sum_{k=1}^{M-1}\|\tilde{W}_{\varrho}^k\|_2 + [\|W_{\varrho}^M\|_2 + \sqrt{n}(\tilde{k}_{\varrho} + \bar{u}_0)]\|\bar{\mathcal{L}}\|_2\right\} + \sum_{k=1}^M\sum_{i=1}^n\frac{c_{i,k}(1-\alpha_{i,k})}{2}.$$

因为 DO(6.4.3)是有限时间收敛的, 所以 $W_{\varrho}^M(t)$ 和 $\tilde{W}_{\varrho}^k(t), k = 1, 2, \cdots, M-1$ 在时间区间 $\forall t \in [0, +\infty)$ 内均是有界的. 因此, $s_{\varrho}(t)$ 和 $\mathcal{E}_{\varrho}^{\eta_k}(t), k = 1, 2, \cdots, M$ 在时间区间 $\forall t \in [0, +\infty)$(包含了时间区间 $[0, T_1)$) 内也均是有界的.

步骤 2 (闭环系统全局有限时间稳定性) 当 $t \geqslant T_1$ 时, $W_{\varrho}^k(t) = 0, k = 1, 2, \cdots, M$. 选取能量函数 $V_{\varrho}^s = \frac{s_{\varrho}^{\mathrm{T}}S_{\varrho}}{2}$, 则由式 (6.4.7) 可得

$$\dot{V}_{\varrho}^s = s_{\varrho}^{\mathrm{T}}\bar{\mathcal{L}}\left(-K_{\varrho}\mathrm{sgn}(\bar{\mathcal{L}}s_{\varrho}) - 1_n u_{0,\varrho}\right) + s_{\varrho}^{\mathrm{T}}\sum_{k=1}^M C_k\zeta_{k,\varrho}$$

$$\leqslant -\left[(\lambda_{\min}(\bar{\mathcal{L}})/\sqrt{n})\sum_{i=1}^n \underline{k}_{\varrho} - \sum_{i=1}^n b_i\bar{u}_0 - \sum_{i=1}^n\left|\sum_{k=1}^M c_{i,k}\mathrm{sig}^{\alpha_{i,k}}(e_{i,\varrho}^{\eta_k})\right|\right]|s_{i,\varrho}|$$

$$\leqslant -\underline{\epsilon}_{\varrho}\sum_{i=1}^n|s_{i,\varrho}| \leqslant -\sqrt{2}\underline{\epsilon}_{\varrho}(V_{\varrho}^s)^{1/2}, \tag{6.4.15}$$

其中, $\underline{\epsilon}_{\varrho} = \min_{i=1,2,\cdots,n}\{\epsilon_{i,\varrho}\}$. 因此, 各跟随者的状态在有限时间 $T_2 > 0$ 内到达滑模面 $s = [s_1^{\mathrm{T}}, \cdots, s_N^{\mathrm{T}}]^{\mathrm{T}} = 0_{nN}$. 在滑模面 $s = 0_{nN}$ 上, 由式 (6.4.10) 可得如下的等价系统 $(\varrho = 1, 2, \cdots, N)$:

$$\dot{\mathcal{E}}_{\varrho}^{\eta_k} = \mathcal{E}_{\varrho}^{\eta_{k+1}}, \quad k = 1, 2, \cdots, M-1,$$

$$\dot{\mathcal{E}}_{\varrho}^{\eta_M} = -\sum_{k=1}^M C_k\zeta_{k,\varrho}. \tag{6.4.16}$$

由引理 A.2.3, 可得 $\mathcal{E}_{\varrho}^{\eta_1}$ 在有限时间内收敛到 0_n. 因此, 跟踪误差 $\eta_{\varrho}^1 - 1_n y_{0,\varrho}$, $\varrho = 1, 2, \cdots, N$ 在有限时间内收敛到零, 即各智能体的输出在有限时间内达到一致. 证毕. ∎

注 6.4.3 由上述证明可知, 当 $t \geqslant T_1$ 时, $W_{\varrho}^k(t) = 0_n, k = 1, 2, \cdots, M$, 则有

$$\dot{s}_{\varrho} = -\bar{\mathcal{L}}K_{\varrho}\mathrm{sgn}(\bar{\mathcal{L}}s_{\varrho}) - \bar{\mathcal{L}}1_n u_{0,\varrho} + \sum_{k=1}^M C_k\zeta_{k,\varrho}.$$

此外, 还有 $s_{\varrho}(t) \equiv 0_n, \forall t \geqslant T_2 \geqslant T_1$. 因为 $\dot{s}_{\varrho}$ 是非连续的, 所以闭环系统 (6.4.10) 的解是 Filippov 解. 对于任意 $t_2 > t_1 \geqslant T_2$, 有

$$\int_{t_1}^{t_2}\dot{s}_{\varrho}(t)\mathrm{d}t = 0_n.$$

因此, 当 $t \geqslant T_2$ 时, $\dot{s}_\varrho$ 会从闭环系统中被自然地过滤出来. 从而, 当 $t \geqslant T_2$ 时, 从"平均"的角度看, $\dot{s}_\varrho$ 可被等价地视为零. 在此基础上, 可得到定理 6.4.1 的结论.

注 6.4.4　对于智能体 $i, i \in \mathcal{V}$, 定理 6.4.1 中所给出的一致性协议 (6.4.7) 具有前馈-反馈复合的形式. 一致性协议 (6.4.7) 利用了智能体 i 及其邻居的状态信息和干扰估计信息. 进一步地, 在一致性协议 (6.4.7) 中, $u_{i,\varrho}^s = -k_{i,\varrho}\mathrm{sgn}\left(\sum\limits_{j=1}^{n} a_{ij}(s_{i,\varrho} - s_{j,\varrho}) + b_i s_{i,\varrho}\right)$ 为切换控制器, 其可以使得各跟随者状态在有限时间内到达滑模面 $s = 0_n$ 上.

注 6.4.5　文献 [14] 和 [211] 利用 NTSMC 方法实现了匹配受扰二阶领导者-跟随者多智能体系统的有限时间一致性. 然而, 这两篇文献所设计的一致性协议均依赖 Laplacian 矩阵 $\bar{\mathcal{L}}$ 逆的信息. 在实际应用中, 该矩阵逆的信息是难以得到的, 因为它是一种全局通信拓扑信息, 绝大部分的智能体无法得到该信息. 本节针对非匹配受扰高阶多智能体系统, 设计了一种复合一致性协议. 针对每个跟随者, 所设计的一致性协议仅需要利用 Laplacian 矩阵最小特征根 $\lambda_{\min}(\bar{\mathcal{L}})$ 的信息及其他一些局部信息. 文献 [15] 利用快速终端滑模控制方法针对匹配受扰高阶领导者-跟随者多智能体系统, 设计了有限时间一致性协议, 但快速终端滑模控制仍属于基于反馈控制的被动抗干扰控制方法. 本节则利用一种前馈-反馈复合控制思想 (即主动抗干扰控制思想) 为非匹配受扰高阶多智能体系统设计有限时间一致性协议.

注 6.4.6　若去掉干扰补偿项, 一致性协议 (6.4.7) 退化为如下的基准 NTSMC 协议:

$$u_{i,\varrho} = -\bar{k}_{i,\varrho}\mathrm{sgn}\left(\sum_{j=1}^{n} a_{ij}(\bar{s}_{i,\varrho} - \bar{s}_{j,\varrho}) + b_i \bar{s}_{i,\varrho}\right) - f_{i,\varrho}^M(x_{i,\varrho}), \quad \varrho = 1, 2, \cdots, N,$$

$$(6.4.17)$$

其中, $\bar{k}_{i,\varrho} \geqslant \max_{j \in \mathcal{V}}\left[\left(b_j \bar{u}_0 + \Big|\sum\limits_{k=1}^{M} \bar{c}_{j,k}\mathrm{sig}^{\bar{\alpha}_{j,k}}(\bar{e}_{j,\varrho}^k)\Big| + \bar{\epsilon}_{j,\varrho}\right)/(\lambda_{\min}(\bar{\mathcal{L}})/\sqrt{n})\right]$. 一致性跟踪误差定义为 $\bar{e}_{i,\varrho}^{\eta_k} = \sum\limits_{j=1}^{n} a_{ij}(x_{i,\varrho}^k - x_{j,\varrho}^k) + b_i(x_{i,\varrho}^k - x_{0,\varrho}^k), k = 1, 2, \cdots, M; \bar{\epsilon}_{i,\varrho} > 0$ 为待设计的常数. 滑模面设计为

$$\bar{s}_{i,\varrho} = \bar{e}_{i,\varrho}^{\eta_M} + \int_0^t \left(\sum_{k=1}^{M} \bar{c}_{i,k}\mathrm{sig}^{\bar{\alpha}_{i,k}}(\bar{e}_{i,\varrho}^{\eta_k})\right)\mathrm{d}\tau, \quad i \in \mathcal{V}, \qquad (6.4.18)$$

其中, $\bar{\alpha}_{i,k-1} = \dfrac{\bar{\alpha}_{i,k}\bar{\alpha}_{i,k+1}}{2\bar{\alpha}_{i,k+1} - \bar{\alpha}_{i,k}}, i \in \mathcal{V}, k = 2, 3, \cdots, M, \bar{\alpha}_{i,M+1} = 1, \bar{\alpha}_{i,M} = \bar{\alpha}_{i,0} \in$

$(1 - \bar{\varepsilon}_i, 1), \bar{\varepsilon}_i \in (0,1)$; 参数 $\bar{c}_{i,M} > 0$ 且 $\lambda^M + \bar{c}_{i,M}\lambda^{M-1} + \cdots + \bar{c}_{i,2}\lambda + \bar{c}_{i,1}$ 为 Hurwitz 多项式. 令 $\bar{\mathcal{E}}_\varrho^{\eta_k} = [\bar{e}_{1,\varrho}^{\eta_k}, \cdots, \bar{e}_{n,\varrho}^{\eta_k}]^T, \varrho = 1, 2, \cdots, N$. 令 $\bar{\epsilon}_{i,\varrho} > \sup\limits_{t \in [0, +\infty)} \{\lambda_{\max}(\bar{\mathcal{L}})\|\Delta_\varrho^M(t)\|_2\}, i \in \mathcal{V}$, 则闭环系统 (6.4.1)、(6.4.2) 和 (6.4.17) 的状态在有限时间内到达滑模面 $\bar{s} = [\bar{s}_1^T, \cdots, \bar{s}_N^T]^T$, 其中 $\bar{s}_\varrho = [\bar{s}_{1,\varrho}, \cdots, \bar{s}_{n,\varrho}]^T, \varrho = 1, 2, \cdots, N$. 然而, 一方面, 干扰 $d_{i,\varrho}^M(t), i \in \mathcal{V}$ 的上界信息难以得到; 另一方面, 即使闭环系统状态能在有限时间内到达滑模面 $\bar{s} = 0_{nN}$, 各智能体的输出仍无法达到一致. 具体地, 在滑模面 $\bar{s} = 0_{nN}$ 上, 由式 (6.4.18) 可得

$$\begin{cases} \dot{\bar{\mathcal{E}}}_\varrho^{\eta_k} = \bar{\mathcal{E}}_\varrho^{\eta_{k+1}} + \bar{\mathcal{L}}\Delta_\varrho^k, & k = 1, 2, \cdots, M-1, \\ \dot{\bar{\mathcal{E}}}_\varrho^{\eta_M} = -\sum\limits_{k=1}^M \bar{C}_k \bar{\zeta}_{k,\varrho}, \end{cases} \tag{6.4.19}$$

其中, $\Delta_\varrho^k = [d_{1,\varrho}^k, \cdots, d_{n,\varrho}^k]^T, k = 1, 2, \cdots, M, \varrho = 1, 2, \cdots, N$; $\bar{C}_k = \mathrm{diag}\{\bar{c}_{1,k}, \cdots, \bar{c}_{n,k}\}$; $\bar{\zeta}_{k,\varrho} = \left[\mathrm{sig}^{\bar{\alpha}_{1,k}}(\bar{e}_{1,\varrho}^{\eta_k}), \cdots, \mathrm{sig}^{\bar{\alpha}_{n,k}}(\bar{e}_{n,\varrho}^{\eta_k})\right]^T$. 由于系统中含有非匹配干扰 $\Delta_\varrho^k, k = 1, 2, \cdots, M-1$, 各智能体的输出无法达到一致. 因此, 将非匹配干扰的估计量分布式地嵌入滑模面中 (即利用非匹配干扰估计信息在邻居智能体之间的传递) 的设计具有原创性. 通过这种方式, 本章所提的一致性协议设计方案能分布式地抗干扰, 并实现了各智能体的有限时间输出一致性.

注 6.4.7 当智能体系统 (6.4.1) 不受干扰影响时, 由式 (6.4.5) 可得

$$\begin{cases} \dot{w}_{i,\varrho}^{k,0} = -\lambda_{i,\varrho}^{k,0}(L_{i,\varrho}^k)^{\frac{1}{M-k+2}} \mathrm{sig}^{\frac{M-k+1}{M-k+2}}(w_{i,\varrho}^{k,0}) - z_{i,\varrho}^{k,1}, \\ \dot{z}_{i,\varrho}^{k,l} = -\lambda_{i,\varrho}^{k,l}(L_{i,\varrho}^k)^{\frac{1}{M-k+2-l}} \mathrm{sig}^{\frac{M-k+1-l}{M-k+2-l}}(z_{i,\varrho}^{k,l} + w_{i,\varrho}^{k,l-1}) + z_{i,\varrho}^{k,l+1}, & l = 1, 2, \cdots, M-k, \\ \dot{z}_{i,\varrho}^{k,M-k+1} \in -\lambda_{i,\varrho}^{k,M-k+1} L_{i,\varrho}^k \mathrm{sgn}(z_{i,\varrho}^{k,M-k+1} + w_{i,\varrho}^{k,M-k}) + [-L_{i,\varrho}^k, L_{i,\varrho}^k]. \end{cases} \tag{6.4.20}$$

若将 DO(6.4.3) 的初始状态选取为 $z_{i,\varrho}^{k,0}(0) = x_{i,\varrho}^k(0), z_{i,\varrho}^{k,l}(0) = 0, i = 1, 2, \cdots, n, \varrho = 1, 2, \cdots, N, k = 1, 2, \cdots, M, l = 1, 2, \cdots, M-k+1$, 则有

$$w_{i,\varrho}^{k,l}(t) \equiv 0, \quad \forall t \geqslant 0.$$

于是, 复合一致性协议 (6.4.7) 退化为基准 NTSMC 协议 (6.4.17). 一方面, 这说明定理 6.4.1 中提出的复合一致性协议 (6.4.7) 能保持系统的标称控制性能; 另一方面, 由于退化得到的基准协议缺少必要的前馈干扰补偿项, 所以其无法使领导者-跟随者多智能体系统 (6.4.1) 和 (6.4.2) 中各智能体的输出达到一致.

本节所提分布式有限时间主动抗干扰协调控制方案的闭环系统框图如图 6.4.1 所示.

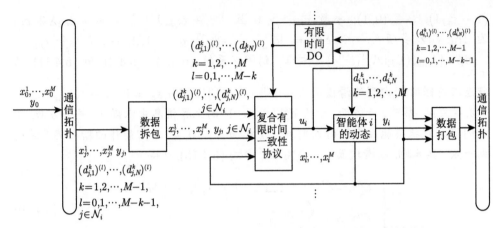

图 6.4.1　分布式有限时间主动抗干扰协调控制方案的闭环系统框图

6.4.3　数值仿真

本节将针对一个含有 4 个跟随者的领导者-多智能体系统进行数值仿真. 该系统的跟随者智能体动态描述如下:

$$\dot{x}_i^1 = x_i^2 + d_i^1, \ \dot{x}_i^2 = x_i^3 + d_i^2, \ \dot{x}_i^3 = u_i + d_i^3, \quad i = 1, 2, 3, 4, \tag{6.4.21}$$

其中, $y_i = x_i^1 \in \mathbb{R}$ 表示输出; x_i^2, $x_i^3 \in \mathbb{R}$ 表示各状态分量; $u_i \in \mathbb{R}$ 表示控制输入; $d_i^1, d_i^2, d_i^3 \in \mathbb{R}$ 表示干扰. 领导者的动态为

$$\dot{x}_0^1 = x_0^2, \ \dot{x}_0^2 = x_0^3, \ \dot{x}_0^3 = u_0, \tag{6.4.22}$$

其中, $y_0 = x_0^1 \in \mathbb{R}$ 表示输出; x_0^2, $x_0^3 \in \mathbb{R}$ 表示各状态分量; $u_0 \in \mathbb{R}$ 表示预设控制输入.

本节数值仿真的主要目的是: 对复合一致性协议 (6.4.7) 作用下的闭环系统性能和基准一致性协议 (6.4.17) 作用下的闭环系统性能进行对比. 系统 (6.4.21) 和 (6.4.22) 的通信拓扑图如图 6.4.2所示.

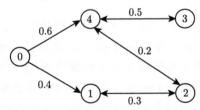

图 6.4.2　通信拓扑图 (0 表示领导者, $\mathcal{V} = \{1, 2, 3, 4\}$ 表示跟随者)

领导者智能体的运动方程为

$$x_0^1(t) = \begin{cases} -\dfrac{4}{625}(t-5)^4 + 6, & t \leqslant 5, \\ 6, & t > 5. \end{cases} \qquad (6.4.23)$$

于是, 控制输入上界可以取为 $\bar{u}_0 = 0.8$, 各跟随者的初始状态为: $x_1^1(0) = 2.5$, $x_1^2(0) = 3, x_1^3(0) = 0$(跟随者 1); $x_2^1(0) = 3, x_2^2(0) = 3.6, x_2^3(0) = 0$(跟随者 2); $x_3^1(0) = 4, x_3^2(0) = 3.5, x_3^3(0) = 0$(跟随者 3); $x_4^1(0) = 1, x_4^2(0) = 4, x_4^3(0) = -0.5$(跟随者 4).

假设在 $t = 20$s 时各跟随者开始受到突加干扰的影响, 各干扰的具体形式为: $d_1^1(t) = 0.2\sin[2(t-20)] + 1.5, d_1^2(t) = 0.3(t-20)^2 - 2.5, d_1^3(t) = 1.5 + 0.5\sin[3(t-20)]$(跟随者 1); $d_2^1(t) = 0.5(t-20)^3 + 2, d_2^2(t) = 0.4\cos[1.5(t-20)], d_2^3(t) = -3$(跟随者 2); $d_3^1(t) = (t-20)^2 + 2, d_3^2(t) = 2(t-20) - 2, d_3^3(t) = 2 + 0.5\sin[2.5(t-20)]$(跟随者 3); $d_4^1(t) = 1 + 0.2\sin[1.5(t-20)], d_4^2(t) = -1.5(t-20) + \sin[5(t-20)] + 2, d_4^3(t) = -2 - 0.2\cos[2(t-20)]$(跟随者 4).

为公平比较起见, 将控制输入 $u_i, i \in \mathcal{V}$ 限制在 200 以内. 在该约束条件下, 根据定理 6.4.1 和注 6.4.6 给出的充分条件, 最终复合一致性协议 (6.4.7) 各参数值选取如下: $\epsilon_1 = 0.2, c_{1,1} = 5, c_{1,2} = 9, c_{1,3} = 5, \alpha_{1,0} = 4/5$(跟随者 1); $\epsilon_2 = 0.3, c_{2,1} = 4, c_{2,2} = 8, c_{2,3} = 6, \alpha_{2,0} = 7/10$(跟随者 2); $\epsilon_3 = 0.05, c_{3,1} = 4, c_{3,2} = 8, c_{3,3} = 4, \alpha_{3,0} = 3/5$(跟随者 3); $\epsilon_4 = 0.1, c_{4,1} = 4, c_{4,2} = 9, c_{4,3} = 6, \alpha_{4,0} = 3/4$(跟随者 4). 基准一致性协议 (6.4.17) 对应的滑模面参数 $\bar{c}_{i,k}, \bar{\alpha}_{i,k}$ 和复合一致性协议 (6.4.7) 中的取值相同, 即 $\bar{c}_{i,k} = c_{i,k}, \bar{\alpha}_{i,0} = \alpha_{i,0}$, 其余各参数取值为 (在仿真中, 假设干扰 $d_i^3(t)$ 的上界已知, 以方便基准一致性协议 (6.4.7) 的使用): $\bar{\epsilon}_1 = 7.8$(跟随者 1); $\bar{\epsilon}_2 = 8.8$(跟随者 2); $\bar{\epsilon}_3 = 7.9$(跟随者 3); $\bar{\epsilon}_4 = 8.2$(跟随者 4).

DO(6.4.3)的各参数选取如下: $L_1^1 = 3, \lambda_1^{1,0} = 9, \lambda_1^{1,1} = 7, \lambda_1^{1,2} = 6, \lambda_1^{1,3} = 8, L_1^2 = 5, \lambda_1^{2,0} = 6, \lambda_1^{2,1} = 8, \lambda_1^{2,2} = 9, L_1^3 = 4, \lambda_1^{3,0} = 6, \lambda_1^{3,1} = 8$(跟随者 1); $L_2^1 = 3, \lambda_2^{1,0} = 10, \lambda_2^{1,1} = 8, \lambda_2^{1,2} = 7, \lambda_2^{1,3} = 6, L_2^2 = 3, \lambda_2^{2,0} = 5, \lambda_2^{2,1} = 6, \lambda_2^{2,2} = 4, L_2^3 = 2, \lambda_2^{3,0} = 5, \lambda_2^{3,1} = 9$(跟随者 2); $L_3^1 = 4, \lambda_3^{1,0} = 8, \lambda_3^{1,1} = 7, \lambda_3^{1,2} = 8, \lambda_3^{1,3} = 5, L_3^2 = 4, \lambda_3^{2,0} = 6, \lambda_3^{2,1} = 7, \lambda_3^{2,2} = 9, L_3^3 = 3, \lambda_3^{3,0} = 8, \lambda_3^{3,1} = 10$(跟随者 3); $L_4^1 = 4, \lambda_4^{1,0} = 7, \lambda_4^{1,1} = 6, \lambda_4^{1,2} = 5, \lambda_4^{1,3} = 7, L_4^2 = 5, \lambda_4^{2,0} = 8, \lambda_4^{2,1} = 7, \lambda_4^{2,2} = 12, L_4^3 = 2, \lambda_4^{3,0} = 3, \lambda_4^{3,1} = 4$(跟随者 4).

仿真步长取 0.01s, 仿真结果如图 6.4.3~图 6.4.5 所示. 图 6.4.3 和图 6.4.4 表明, 复合一致性协议 (6.4.7) 能保持闭环系统的标称系统, 并且在受非匹配干扰影响下, 能实现各智能体的有限时间输出一致性. 然而, 基准一致性协议 (6.4.17) 却无法实现各智能体的输出一致性. 图 6.4.5 表明, DO(6.4.3) 能快速、准确地估计出各跟随者所受干扰.

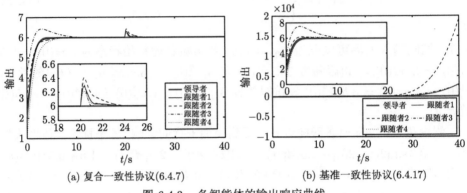

(a) 复合一致性协议(6.4.7)　　　　　　(b) 基准一致性协议(6.4.17)

图 6.4.3　各智能体的输出响应曲线

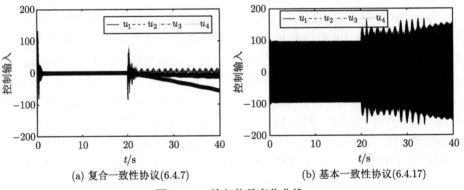

(a) 复合一致性协议(6.4.7)　　　　　　(b) 基本一致性协议(6.4.17)

图 6.4.4　输入信号变化曲线

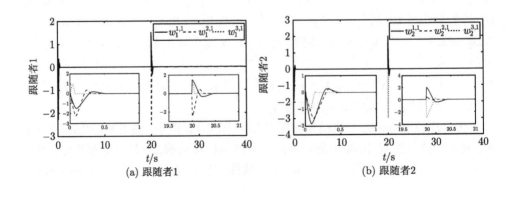

(a) 跟随者1　　　　　　　　　　　(b) 跟随者2

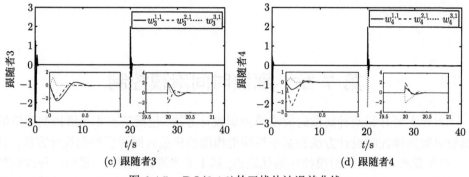

(c) 跟随者3

(d) 跟随者4

图 6.4.5 DO(6.4.3)的干扰估计误差曲线

6.5 本章小结

针对非匹配受扰高阶多智能体系统, 本章研究了其输出一致性问题. 首先, 针对非匹配受扰高阶多智能体系统的渐近输出一致性问题, 在无领导者和领导者-跟随者两种情况下, 通过将 SMC 和 DOBC 方法相结合, 提出了一种复合滑模一致性协议, 使智能体输出达到渐近一致. 然后, 针对非匹配受扰领导者-跟随者高阶多智能体系统, 将 NTSMC 方法和 DOBC 方法相结合, 提出了一种复合滑模一致性协议设计方案, 使领导者-跟随者多智能体系统输出达到有限时间一致.

第 7 章　离散时间滑模控制

本章主要介绍两种离散时间滑模控制设计方法, 包括基于非光滑控制理论的离散时间滑模控制设计方法和基于终端滑模面的离散时间滑模控制设计方法. 首先, 分析现有离散时间滑模控制的优缺点, 基于非光滑控制理论, 提出一种改进的无抖振离散时间滑模控制方法, 既可以避免基于趋近律设计离散时间滑模控制器导致的抖振问题, 又可以避免基于等价控制设计离散时间滑模控制器导致的控制量过大的问题; 其次, 为提高滑动段收敛速度, 引入离散终端滑模面设计, 基于欧拉离散化方法, 提出一种离散时间终端滑模控制方法, 并给出相应的稳定性和抗干扰性能分析. 最后, 给出相关的仿真结果.

7.1　引　　言

作为一种典型的非线性控制方法, 滑模控制方法已经在理论界和工业界得到了广泛的关注 [220,221]. 这主要是因为滑模控制本身有许多特性, 如简洁性、强鲁棒性和抗干扰性能 [99,220-222]. 由于越来越多的现代控制系统需借助计算机来实现, 基于离散时间系统的滑模控制研究, 即离散时间滑模控制研究, 已经成为滑模控制领域中的一个重要研究方向 [74].

离散时间滑模控制与连续时间滑模控制的主要区别在于离散时间滑模控制的切换频率是受限制的, 这也导致了离散时间滑模控制系统不再具有滑模面的不变特性 [222]. 在这种情况下, 研究者对离散时间滑模控制进行了更细致的研究, 大致可划分为两个方向. 一个方向是遵循连续时间滑模控制的设计思想, 仍然保留切换项. 例如, 直接基于离散时间系统的离散时间滑模控制方法设计 [71,223] (通常也称为基于离散时间滑模趋近律的方法), 以及连续时间滑模控制系统直接离散化的研究 [81,110,112,224,225]. 另一个方向是基于离散时间系统的等价控制, 即基于等价控制的离散时间滑模控制方法 [87,95].

在基于趋近律所设计的离散时间滑模控制器中, 由于切换项的存在, 抖振问题仍不可避免, 而基于等价控制所设计的离散时间滑模控制器, 尽管没有采用切换项, 但由于不存在到达过程, 会产生一个过大的控制量. 此外, 由于实际系统中的干扰不可避免, 且难以完全消除, 无论采用哪种离散时间滑模控制方法, 滑模变量都不能精确地保持为零. 在这种情况下, 问题的关键是如何确保滑模运动的边界层更小. 在该方面, 一些文献提出了改进的离散时间滑模控制方法, 如基于干扰观测器的离散时间滑模控制[87]、离散时间积分滑模控制[226] 等. 然而, 这些改进的离散时间滑模控制方法仍然属于基于等价控制的离散时间滑模控制方法.

此外, 在滑模控制领域, 绝大多数的滑模面都是线性滑模面, 这也就意味着闭环系统状态渐近收敛到平衡点. 为提高系统的收敛速度, 不少学者采用非线性滑模面来代替线性滑模面, 其中最为典型的是终端滑模面[10,12,227], 即通过设计一个滑模面来保证系统的状态沿滑模面可以在有限时间内收敛到平衡点. 除了更快的收敛速度, 终端滑模控制另外一个优点是能提高系统的抗干扰能力和系统的控制精度. 然而, 上述终端滑模控制结果都是关于连续时间系统的. 因此, 不少学者对离散化的连续时间滑模控制系统展开了研究. 文献 [228] 考虑了一类一阶离散时间终端滑模控制系统, 理论分析表明系统的最终稳态行为是周期为 2 的极限环. 文献 [229] 和 [230] 针对二阶离散时间终端滑模控制系统, 分析了系统的稳定性并估计了系统的最终稳态界. 然而, 这些结果都是针对低阶系统得到的. 文献 [231] 考虑了连续时间高阶终端滑模控制系统离散化的问题, 基于一定的假设条件重新设计了一类离散时间有限时间控制器. 然而, 该文献中并没有分析离散化高阶终端滑模控制系统的稳定性.

本章首先基于非光滑控制方法提出一种新的离散时间滑模控制设计形式. 为避免抖振和控制量过大问题, 所提出的新型离散时间滑模控制器利用一个非光滑项 (连续函数) 代替切换项, 同时增加一个到达过程. 严格的理论分析表明, 所提出的离散时间滑模控制方法既可以使滑模变量达到与基于等价控制所设计的离散时间滑模控制相同级别的准滑动模态精度, 又提高了基于传统趋近律所设计的离散时间滑模控制的控制精度. 此外, 针对一类高阶终端滑模控制系统, 考虑欧拉离散化对系统稳态行为的影响. 主要包括两个问题: ① 如何保持连续时间终端滑模控制有限时间收敛性; ② 如何保持和连续时间终端滑模控制相同的精度. 针对以上两个问题, 本章首先从理论上证明连续时间终端滑模控制系统的有限时间收敛性将不再保持, 在这样的前提下, 其系统的最终状态将会收敛到一个有界区域, 并对该有界区域上界给出相应的估计. 其次, 针对连续时间终端滑模控制系统能提高系统控制精度的特性, 证明离散时间终端滑模控制系统仍能保持该特性.

7.2 系统建模和问题描述

与文献 [87] 和 [112] 一致, 考虑如下带匹配干扰的单输入连续时间系统:

$$\dot{x} = Ax + B_u u + B_d f, \tag{7.2.1}$$

其中, $x \in \mathbb{R}^n$、$u \in \mathbb{R}$ 和 $f \in \mathbb{R}$ 分别是系统状态、系统输入和干扰; A、B_u 和 B_d 是常数矩阵. 由于干扰是匹配的, 所以满足以下约束条件: $\text{rank}[B_u, B_d] = \text{rank}[B_u]$. 此外, 假设干扰 f 是光滑且有界的.

假设控制器 u 是基于零阶保持器来实现数字化控制的, 即在时间间隔 $[kh, (k+1)h)$ 内, 始终有 $u(t) = u(k)$, 其中, h 是采样周期. 将系统在时刻 kh 的状态 $x(kh)$ 简记为 $x(k)$. 连续时间系统 (7.2.1) 在离散时间控制器 $u(k)$ 作用下可以写成如下离散时间系统的形式:

$$x(k+1) = \Phi x(k) + \Gamma u(k) + d(k), \tag{7.2.2}$$

其中, $\Phi = \mathrm{e}^{Ah}$; $\Gamma = \int_0^h \mathrm{e}^{A\tau} \mathrm{d}\tau B_u$; $d(k) = \int_0^h \mathrm{e}^{A\tau} B_d f((k+1)h - \tau) \mathrm{d}\tau$. 根据文献 [226], 对于离散时间系统 (7.2.2), 有如下性质[①].

性质 7.2.1 (1) $\Phi = I + Ah + \dfrac{A^2 h^2}{2!} + \cdots = I + O(h)$;

(2) $\Gamma = B_u h + \dfrac{AB_u h^2}{2!} + \cdots = O(h)$;

(3) $d(k) = O(h)$;

(4) 干扰变化率 $\delta(k) = d(k) - d(k-1) = O(h^2)$.

7.3 传统离散时间滑模控制

为设计离散时间滑模控制器, 与文献 [87] 一致, 通常设计一个离散时间切换函数:

$$s(k) = Cx(k), \tag{7.3.1}$$

其中, $C \in \mathbb{R}^{1 \times n}$ 是常数矩阵, 且使 $C\Gamma$ 可逆. 在复平面 z 的单位圆中, 矩阵 $[\Phi - \Gamma(C\Gamma)^{-1}C\Phi]$ 有 1 个零点和 $n-1$ 个极点. 基于矩阵 C 和性质 7.2.1的 (4), 可以进行如下假设.

假设 7.3.1 存在一个常数 δ^* 使得 $|C\delta(k)| \leqslant \delta^*, k = 0, 1, 2, \cdots$, 常数 δ^* 的界和 $O(h^2)$ 是等阶的.

注 7.3.1 事实上, 若系统 (7.2.1) 的干扰 f 变化率有界, 即 $\dot{f}(t)$ 有界, 则假设 7.3.1 总成立, 具体的证明可见文献 [226] 中引理 1 的证明. 在实际系统中, 多种情形下的干扰都满足该假设条件, 如永磁同步电机伺服系统中的负载干扰[232].

7.3.1 基于到达过程的离散时间滑模控制设计

类似于连续时间滑模控制设计, 文献 [71] 介绍了一种基于趋近律的离散时间滑模控制设计方法. 该方法所设计的滑模面函数趋近律为

---

① 本书中, $O(\cdot)$ 指函数 $f(h)$ 的阶次为 $g(h)$, 当 $h \to 0$ 时, $f(h) = O(g(h))$, 若存在 $\delta > 0$ 且 $M > 0$, 对于 $|h| < \delta$, 有 $|f(h)| < M|g(h)|$.

$$s(k+1) = s(k) - qhs(k) - \varepsilon h \mathrm{sgn}(s(k)), \quad \varepsilon > 0, q > 0, 0 < 1 - qh < 1. \quad (7.3.2)$$

在该趋近律作用下, 滑模变量将进入滑模面 $s(k) = 0$ 附近运动, 且运动边界层的厚度为 Δ, 也就是说, 存在一个 k^*, 使得 $\forall k > k^*$, 都有 $|s(k)| \leqslant \Delta$. 显然, Δ 的大小决定了滑模变量的精度和最终系统稳态精度. 基于式 (7.2.2) 和式 (7.3.1), 通过求解方程 (7.3.2) 可以推导出

$$u(k) = -(C\Gamma)^{-1}[C\Phi x(k) - (1 - qh)s(k) + \varepsilon h \mathrm{sgn}(s(k)) + Cd(k)]. \quad (7.3.3)$$

该控制器含有未知的干扰信息 $d(k)$, 因此不能实现. 文献 [87] 提出了一种干扰估计的方法, 即时延估计方法. 干扰估计具体形式为

$$\hat{d}(k) = d(k-1) = x(k) - \Phi x(k-1) - \Gamma u(k-1). \quad (7.3.4)$$

基于该估计值可得最终可物理实现的控制器为

$$u(k) = -(C\Gamma)^{-1}[C\Phi x(k) - (1 - qh)s(k) + \varepsilon h \mathrm{sgn}(s(k)) + C\hat{d}(k)]. \quad (7.3.5)$$

在该控制器下, 可得滑模变量的动态方程为

$$s(k+1) = (1 - qh)s(k) - \varepsilon h \mathrm{sgn}(s(k)) + C\delta(k). \quad (7.3.6)$$

根据引理 A.1.5 及假设 7.3.1, 可得滑模变量 $s(k)$ 将以有限步数进入以下区域且保持不变:

$$\{s(k) : |s(k)| \leqslant \varepsilon h + \delta^* = O(h)\}. \quad (7.3.7)$$

7.3.2 基于等价控制的离散时间滑模控制设计

为避免抖振问题, 文献 [87] 提出了另外一种离散时间滑模控制设计方法, 即基于等价控制的离散时间滑模控制设计方法. 具体为: 通过直接求解 $s(k+1) = 0$, 即 $Cx(k+1) = 0$, 可得如下离散时间滑模控制器:

$$u(k) = -(C\Gamma)^{-1}(C\Phi x(k) + Cd(k)). \quad (7.3.8)$$

与式 (7.3.5) 一样, 干扰项 $d(k)$ 可以用式 (7.3.4) 中的估计值 $\hat{d}(k)$ 来代替, 从而得到最终可实现的控制器为

$$u(k) = -(C\Gamma)^{-1}(C\Phi x(k) + C\hat{d}(k)). \quad (7.3.9)$$

在该离散时间控制器下, 滑模变量的动态方程为

$$s(k+1) = Cx(k+1) = C\Phi x(k) + C\Gamma u(k) + Cd(k) = C(d(k) - \hat{d}(k)) = C\delta(k). \quad (7.3.10)$$

基于假设 7.3.1, $s(k)$ 的稳态界为

$$|s(k)| \leqslant \delta^* = O(h^2). \tag{7.3.11}$$

注 7.3.2　与基于趋近律所设计的离散时间滑模控制相比, 基于等价控制得到的滑模变量 $s(k)$ 具有更高的精度. 但是, 根据性质 7.2.1 的 (3) 可得 $(C\Gamma)^{-1} = O(h^{-1})$, $C\Phi = O(1)$ 以及 $C\hat{d}(k) = Cd(k-1) = O(h)$, 因此基于等价控制所设计的离散时间滑模控制器 (7.3.9) 中的 $u(k)$ 幅值和 $O(h^{-1})$ 是等阶的. 若采样周期 h 很小, 则基于等价控制所设计的离散时间滑模控制器具有很大的幅值. 由于实际系统的控制饱和限制, 这往往会导致闭环系统的设计性能和实现性能出现明显的差异.

7.4　改进的无抖振离散时间滑模控制

如何设计离散时间滑模控制器使其既保证滑模变量收敛到更小的区域, 又可以避免抖振, 是一个值得研究的方向. 本节将利用非光滑控制方法提出一种改进的无抖振离散时间滑模控制设计方法.

7.4.1　离散时间滑模面及滑模函数趋近律设计

针对离散时间系统 (7.2.2), 设计一个离散时间切换函数:

$$s(k) = Cx(k), \tag{7.4.1}$$

其中, $C \in \mathbb{R}^{1 \times n}$ 是常数矩阵, 且使得 $C\Gamma$ 是可逆的, Γ 是系统 (7.2.2) 的控制矩阵.

为提高控制系统收敛速度和精度, 在传统滑模函数趋近律 (7.3.2) 的基础上, 本节基于非光滑控制理论, 提出一种改进的含分数幂滑模控制趋近律为

$$s(k+1) = s(k) - q_1 h s(k) - q_2 h \mathrm{sig}^\alpha(s(k)), \tag{7.4.2}$$

其中, $0 < q_1 h < 1$; $0 < q_2 h < 1$; $0 < \alpha < 1$; $\mathrm{sig}^\alpha(s(k)) = |s(k)|^\alpha \mathrm{sgn}(s(k))$ 是一个连续的函数. 在该趋近律的作用下, 滑模变量将进入并稳定在滑模面 $s(k) = 0$ 附近运动. 对此, 7.4.2 节将给出具体分析.

7.4.2　含分数幂的改进离散时间滑模控制设计

定理 7.4.1　对于满足假设 7.3.1 的离散时间系统 (7.2.2), 若选择离散时间滑模面为式 (7.4.1), 滑模趋近律为式 (7.4.2), 干扰估计 $\hat{d}(k)$ 采用式 (7.3.4) 中的估计值, 并且离散时间滑模控制器设计为

$$u(k) = -(C\Gamma)^{-1}(C\Phi x(k) - s(k) + q_1 h s(k) + q_2 h \mathrm{sig}^\alpha(s(k)) + C\hat{d}(k)), \tag{7.4.3}$$

那么有如下结论.

(1) 对任意初始状态, 其滑模变量 $s(k)$ 将至多在 K^* 步内进入区域 Ω,

$$
\begin{cases}
\Omega = \left(s(k) : |s(k)| \leqslant \rho = \psi(\alpha) \max \left\{ \left(\dfrac{\delta^*}{q_2 h} \right)^{\frac{1}{\alpha}}, \left(\dfrac{q_2 h}{1 - q_1 h} \right)^{\frac{1}{1-\alpha}} \right\} \right), \\
\psi(\alpha) = 1 + \alpha^{\frac{\alpha}{1-\alpha}} - \alpha^{\frac{1}{1-\alpha}},
\end{cases} \tag{7.4.4}
$$

$$
K^* = [m^*] + 1, \ m^* = \frac{s^2(0) - \rho^2}{\mu^2}, \ \mu = q_1 h \rho + [\psi^\alpha(\alpha) - 1]\delta^*; \tag{7.4.5}
$$

其中, $[m^*]$ 表示实数 m^* 的最大整数下界.

(2) 滑模变量 $s(k)$ 一旦进入区域 Ω, 将始终保持在该区域中.

证明 基于式 (7.2.2) 和式 (7.3.1), 可得

$$
s(k+1) = C(\Phi x(k) + \Gamma u(k) + d(k)). \tag{7.4.6}
$$

在离散时间滑模控制器 (7.4.3) 的作用下, 有

$$
s(k+1) = s(k) - q_1 h s(k) - q_2 h \mathrm{sig}^\alpha(s(k)) + C\delta(k). \tag{7.4.7}
$$

接下来, 将证明滑模变量 $s(k)$ 在有限步内进入区域 Ω. 由于分数幂的存在, 这里将使用 Lyapunov 分析法, 构建一个 Lyapunov 方程 $V(k) = s^2(k)$. 根据式 (7.4.7), 可得

$$
\begin{aligned}
\Delta V(k) &= V(k+1) - V(k) \\
&= -\Big(q_1 h s(k) + q_2 h \mathrm{sig}^\alpha(s(k)) - C\delta(k) \Big) \\
&\quad \times \Big(2s(k) - q_1 h s(k) - q_2 h \mathrm{sig}^\alpha(s(k)) + C\delta(k) \Big).
\end{aligned} \tag{7.4.8}
$$

首先, 考虑 $s(k) \notin \Omega$ 时的两种情况.

情况 1 $s(k) > \rho = \psi(\alpha) \max \left\{ \left(\dfrac{\delta^*}{q_2 h} \right)^{\frac{1}{\alpha}}, \left(\dfrac{q_2 h}{1 - q_1 h} \right)^{\frac{1}{1-\alpha}} \right\}$. 在这种情况下, 有

$$
s(k) > \psi(\alpha) \left(\frac{\delta^*}{q_2 h} \right)^{\frac{1}{\alpha}}, \tag{7.4.9}
$$

且 $\mathrm{sig}^\alpha(s(k)) = s^\alpha(k)$, 则有

$$
q_1 h s(k) + q_2 h s^\alpha(k) - C\delta(k) \geqslant q_1 h s(k) + \psi^\alpha(\alpha)\delta^* - |C\delta(k)|
$$

$$\geqslant q_1 h \rho + (\psi^\alpha(\alpha) - 1)\delta^* := \mu. \tag{7.4.10}$$

因为 $1 < \psi^\alpha(\alpha) < 2$ 且 $\delta^* > 0$, 所以 μ 是一个正常数. 另外, 注意到

$$s(k) > \psi(\alpha)\left(\frac{q_2 h}{1 - q_1 h}\right)^{\frac{1}{1-\alpha}},$$

从而

$$(1 - q_1 h)s^{1-\alpha}(k) > \psi^{1-\alpha}(\alpha)q_2 h. \tag{7.4.11}$$

通过计算, 可得

$$(1 - q_1 h)s(k) > \psi^{1-\alpha}(\alpha)q_2 h s^\alpha(k) > q_2 h s^\alpha(k), \tag{7.4.12}$$

即

$$s(k) > q_1 h s(k) + q_2 h s^\alpha(k). \tag{7.4.13}$$

基于不等式 (7.4.13) 和式 (7.4.10), 对式 (7.4.8) 的后一项进行如下估计:

$$2s(k) - q_1 h s(k) - q_2 h s^\alpha(k) + C\delta(k) \geqslant q_1 h s(k) + q_2 h s^\alpha(k) - |C\delta(k)| \geqslant \mu. \tag{7.4.14}$$

最终, 可以得出 $\Delta V(k) \leqslant -\mu^2$.

情况 2　$s(k) < -\rho$. 同情况 1 证明类似, 可以得出 $\Delta V(k) \leqslant -\mu^2$ 依旧成立. 因此, 基于情况 1 和情况 2 的结果, 若 $s(i) \notin \Omega, i = 0, 1, \cdots, m-1$, 则 $\Delta V(i) = s^2(i+1) - s^2(i) \leqslant -\mu^2$, 这意味着

$$s^2(1) \leqslant s^2(0) - \mu^2, s^2(2) \leqslant s^2(1) - \mu^2 \leqslant s^2(0) - 2\mu^2, \cdots, s^2(m) \leqslant s^2(0) - m\mu^2. \tag{7.4.15}$$

通过求解 $s^2(0) - m\mu^2 = \rho^2$, 可得式 (7.4.5) 中的解为 m^*, 即在 $K^* = [m^*] + 1$ 步之后, $|s(K^*)| \leqslant \rho$.

下面将证明当 $s(k) \in \Omega$ 时, $s(k+1) \in \Omega$. 为了简洁直观, 记

$$\Phi = \max\left\{\left(\frac{\delta^*}{q_2 h}\right)^{\frac{1}{\alpha}}, \left(\frac{q_2 h}{1 - q_1 h}\right)^{\frac{1}{1-\alpha}}\right\},$$

即 $\rho = \psi(\alpha)\Phi$. 进一步, 可得如下结论 (其证明见附录 C 部分).

命题 7.4.1　$\delta^* \leqslant q_2 h \Phi^\alpha \leqslant (1 - q_1 h)\Phi.$

因为 $-\rho \leqslant s(k) \leqslant \rho$, 所以可先假设

$$s(k) = \theta\rho = \theta\psi(\alpha)\varPhi, \quad -1 \leqslant \theta \leqslant 1. \tag{7.4.16}$$

基于式 (7.4.7), 有

$$\begin{aligned}
s(k+1) &= (1 - q_1 h)\theta\rho - q_2 h\mathrm{sig}^\alpha(\theta\rho) + C\delta(k) \\
&\leqslant (1 - q_1 h)\psi(\alpha)\theta\varPhi - q_2 h\mathrm{sig}^\alpha(\psi(\alpha)\theta)\varPhi^\alpha + \delta^*.
\end{aligned} \tag{7.4.17}$$

基于命题 7.4.1 的结果, 可得当 $\psi(\alpha)\theta \geqslant 0$ 时, 有

$$s(k+1) \leqslant (1 - q_1 h)\psi(\alpha)\theta\varPhi - (\psi(\alpha)\theta)^\alpha \delta^* + \delta^*.$$

若 $\psi(\alpha)\theta \geqslant 1$, 则有

$$s(k+1) \leqslant (1 - q_1 h)\psi(\alpha)\theta\varPhi \leqslant \psi(\alpha)\varPhi = \rho. \tag{7.4.18}$$

若 $0 \leqslant \psi(\alpha)\theta < 1$, 则有

$$s(k+1) \leqslant [1 + \psi(\alpha)\theta - (\psi(\alpha)\theta)^\alpha](1 - q_1 h)\varPhi \leqslant (1 - q_1 h)\varPhi < \psi(\alpha)\varPhi = \rho. \tag{7.4.19}$$

当 $\psi(\alpha)\theta < 0$ 时, 由命题 7.4.1 可推断

$$s(k+1) \leqslant -(1 - q_1 h)|\psi(\alpha)\theta|\varPhi + |\psi(\alpha)\theta|^\alpha(1 - q_1 h)\varPhi + \delta^*.$$

若 $\psi(\alpha)\theta \leqslant -1$, 则有

$$s(k+1) \leqslant \delta^* \leqslant (1 - q_1 h)\varPhi < \psi(\alpha)\varPhi = \rho. \tag{7.4.20}$$

若 $-1 < \psi(\alpha)\theta < 0$, 则有

$$s(k+1) \leqslant -(|\psi(\alpha)\theta| - |\psi(\alpha)\theta|^\alpha - 1)(1 - q_1 h)\varPhi. \tag{7.4.21}$$

通过引理 A.1.6, 可得

$$|\psi(\alpha)\theta| - |\psi(\alpha)\theta|^\alpha - 1 \geqslant -\psi(\alpha), \tag{7.4.22}$$

从而导致

$$s(k+1) \leqslant (1 - q_1 h)\psi(\alpha)\varPhi < \psi(\alpha)\varPhi = \rho. \tag{7.4.23}$$

接下来, 将证明 $s(k+1) \geqslant -\rho$. 基于式 (7.4.17) 的第一行公式和 ρ 的定义, 可得

$$s(k+1) \geqslant (1-q_1 h)\psi(\alpha)\theta\Phi - q_2 h\mathrm{sig}^\alpha(\psi(\alpha)\theta)\Phi^\alpha - \delta^*.$$

同理, 基于命题 7.4.1, 若 $\psi(\alpha)\theta \geqslant 1$, 则有

$$s(k+1) \geqslant -\delta^* \geqslant -(1-q_1 h)\Phi > -\rho. \tag{7.4.24}$$

若 $0 \leqslant \psi(\alpha)\theta < 1$, 则有

$$s(k+1) \geqslant [\psi(\alpha)\theta - (\psi(\alpha)\theta)^\alpha - 1](1-q_1 h)\Phi \geqslant -\psi(\alpha)(1-q_1 h)\Phi > -\psi(\alpha)\Phi = -\rho. \tag{7.4.25}$$

若 $-1 < \psi(\alpha)\theta < 0$, 则有

$$
\begin{aligned}
s(k+1) &\geqslant -(1-q_1 h)|\psi(\alpha)\theta|\Phi + |\psi(\alpha)\theta|^\alpha \delta^* - \delta^* \\
&\geqslant -(1 + |\psi(\alpha)\theta| - |\psi(\alpha)\theta|^\alpha)(1-q_1 h)\Phi \\
&\geqslant -(1-q_1 h)\Phi > -\rho. \tag{7.4.26}
\end{aligned}
$$

若 $\psi(\alpha)\theta \leqslant -1$, 则有

$$
\begin{aligned}
s(k+1) &\geqslant (1-q_1 h)\psi(\alpha)\theta\Phi + |\psi(\alpha)\theta|^\alpha \delta^* - \delta^* \\
&\geqslant (1-q_1 h)\psi(\alpha)\theta\Phi > -\psi(\alpha)\Phi = -\rho. \tag{7.4.27}
\end{aligned}
$$

因此, $-\rho \leqslant s(k+1) \leqslant \rho$, 即 $s(k+1) \in \Omega$. 证毕.　■

注 7.4.1　文献 [133] 基于非光滑函数 $\mathrm{sig}^\alpha(\cdot)$ 设计了一种连续时间滑模控制器. 然而, 相应的离散时间滑模控制设计方法尚未见公开报道. 本节首次给出了基于该类函数的离散时间滑模控制设计方法.

注 7.4.2　注意到滑模运动状态 $s(k)$ 的最终边界层由 ρ 决定. 在假设 7.3.1 条件下, 即 $\delta^* = O(h^2)$, 根据式 (7.4.4) 可得

$$\rho = \psi(\alpha)\max\left\{\left(O(h)\right)^{\frac{1}{\alpha}}, \left(O(h)\right)^{\frac{1}{1-\alpha}}\right\}. \tag{7.4.28}$$

为保证最终的滑模运动边界层最小, 其最佳参数值是选择 $\alpha = 1/2$, 即 $1/\alpha = 1/(1-\alpha) = 2$, 从而 $\rho = O(h^2)$, 即滑模变量可以达到和基于等价控制的离散时间滑模控制相同级别的精度. 此外, 对于本章所提出新的离散时间滑模控制器 (7.4.3), 由于 $C\Phi x(k) - s(k) = C(\Phi - I)x(k)$, $u(k)$ 的幅值与 $O(1)$ 等价, 从而可以避免基于等价控制的离散时间滑模控制中采样周期 h 很小造成控制量过大的情况. 同时, 新的离散时间滑模控制方法没有采用切换项, 从而可以避免控制信号的抖振问题.

7.4.3 数值仿真

考虑一个基于压电驱动的高精度直线运动控制系统[229], 其动态方程为

$$\dot{x}_1 = x_2, \quad \dot{x}_2 = \frac{k_f}{m}u - \frac{k_v}{m}x_2 + f, \tag{7.4.29}$$

其中, $x_1 \in \mathbb{R}$ 是线位移; $x_2 \in \mathbb{R}$ 是线速度; $u \in \mathbb{R}$ 是输入电压; $f \in \mathbb{R}$ 是一个未知的干扰.

在仿真中, 参数选择如下: $m = 1, k_v = 144, k_f = 6$, 未知干扰假设为: 当 $0 \leqslant t \leqslant 10\text{s}$ 时, $f(t) = 1$; 当 $10 \leqslant t \leqslant 20\text{s}$ 时, $f(t) = 1 + 2.2\sin(0.5\pi t)$. 初始条件为 $x(0) = [-1, 0]^{\mathrm{T}}$. 采样周期选定为 $h = 1\text{ms}$. 矩阵 C 选定为 $C = [0.5, 0.5]$.

采用三种离散时间滑模控制方法进行对比, 即基于趋近律的离散时间滑模控制方法 (7.3.4) 和 (7.3.5)、基于等价控制的离散时间滑模控制方法 (7.3.4) 和 (7.3.9) 以及基于非光滑控制的离散时间滑模控制方法 (7.3.4) 和 (7.4.3). 闭环系统响应曲线如图 7.4.1~图 7.4.3所示.

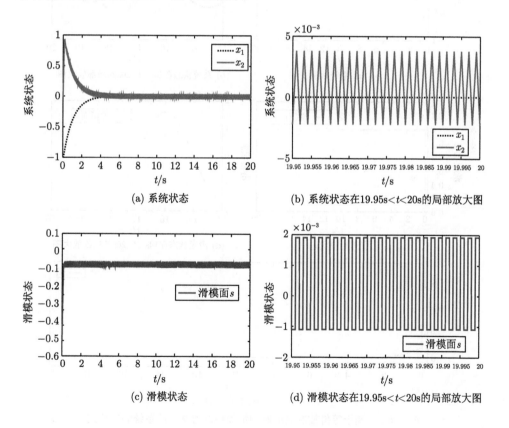

(a) 系统状态

(b) 系统状态在19.95s<t<20s的局部放大图

(c) 滑模状态

(d) 滑模状态在19.95s<t<20s的局部放大图

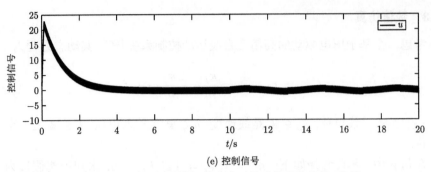

(e) 控制信号

图 7.4.1　基于趋近律离散时间滑模控制方法下的系统响应曲线 (参数 $q_1 = \varepsilon = 5$)

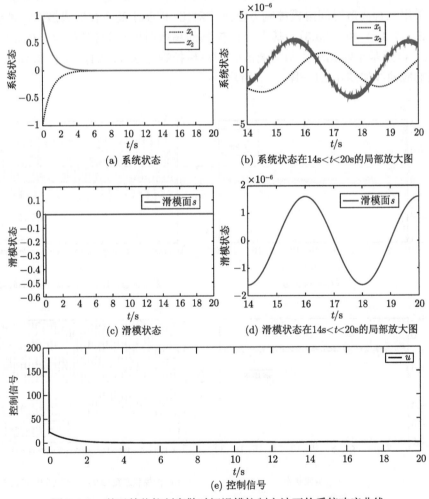

图 7.4.2　基于等价控制离散时间滑模控制方法下的系统响应曲线

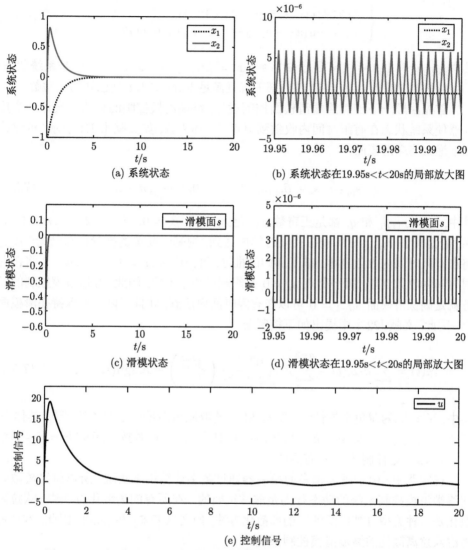

(a) 系统状态

(b) 系统状态在19.95s<t<20s的局部放大图

(c) 滑模状态

(d) 滑模状态在19.95s<t<20s的局部放大图

(e) 控制信号

图 7.4.3　基于非光滑控制离散时间滑模控制方法下的系统响应曲线 (参数 $q_1 = q_2 = 3, \alpha = 1/2$)

7.5　离散时间终端滑模控制

为便于推导, 在 7.4 节的离散时间滑模控制设计中, 所采用的滑模面函数仍然是线性滑模面. 本节将进行离散终端滑模面的设计. 与文献 [12] 和 [225] 中一致, 本节考虑以下线性 n 阶 SISO 系统的规范形式:

$$\begin{cases} \dot{x}_i = x_{i+1}, \quad i = 1, 2, \cdots, n-1, \\ \dot{x}_n = -a_1 x_1 - a_2 x_2 - \cdots - a_n x_n + u + d(t), \end{cases} \quad (7.5.1)$$

其中, $a_i, i = 1, 2, \cdots, n$ 是已知常数; $x = [x_1, x_2, \cdots, x_n]^{\mathrm{T}} \in \mathbb{R}^n$ 是系统状态; $u \in \mathbb{R}$ 是控制输入; $d(t) \in \mathbb{R}$ 是外部干扰且满足 $|d(t)| \leqslant l$, l 是已知的正常数.

首先回顾一下连续终端滑模面控制设计, 终端滑模控制的目的是设计一个控制器使系统状态在有限时间内收敛到原点. 具体来说, 如文献 [227] 所示, 可设计如下递归终端滑模面:

$$s_{i+1} = \dot{s}_i + \beta_{i+1} s_i^{\frac{q_{i+1}}{p_{i+1}}}, \quad i = 0, 1, \cdots, n-2, \quad (7.5.2)$$

其中, $s_0 = x_1$; p_i 和 q_i 都是正奇数且满足 $q_i < p_i$; $\beta_i > 0$, $i = 1, 2, \cdots, n-1$. 显然, 若滑模面 $s_{n-1} = 0$ 能在有限时间内达到, 则基于简单的推导可得结论: s_{n-2} 将在有限时间内收敛到零. 基于递归的推导, 可证明 $s_i, i = 0, 1, \cdots, n-3$ 将在有限时间内收敛到零, 即平衡点 $s_i = 0$ 是终端吸引子 [227]. 因此, 终端滑模控制的任务就是确保滑模面 $s_{n-1} = 0$ 可以在有限时间内达到, 并且可以一直保持在滑模面上. 因此, 文献 [227] 中提出如下控制器:

$$u(t) = \sum_{i=1}^{n} a_i x_i(t) - \sum_{i=0}^{n-2} \beta_{i+1} \frac{\mathrm{d}^{n-i-1}}{\mathrm{d}t^{n-i-1}} \left(s_i^{\frac{q_{i+1}}{p_{i+1}}} \right) - K \operatorname{sgn}(s_{n-1}), \quad (7.5.3)$$

其中, $K > l$. 为避免奇异性, 参数 p_i 和 q_i 选取应该满足一定的条件 [227]. 具体为, 若选择 $q_{k+1}/p_{k+1} > (n-k-1)/(n-k)$, 且当 $s_k \to 0$ 时按顺序从 $k = n-2$ 至 $k = 0$ 收敛, 则控制量 u 是有界的.

在实践中, 由于越来越多的控制器通过数字计算机来实现, 所以研究离散时间终端滑模控制系统的动态行为是非常重要的. 在所有的离散化方法中, 欧拉离散化是一种典型且被广泛使用的离散化方法, 如文献 [225] 和 [230]. 因此, 本章将考虑欧拉离散化的终端滑模控制系统.

本节将研究欧拉离散化系统 (7.5.1)~(7.5.3). 首先, 系统 (7.5.1) 的欧拉离散化模型为

$$\begin{cases} x_i(k+1) = x_i(k) + h x_{i+1}(k), \quad i = 1, 2, \cdots, n-1, \\ x_n(k+1) = x_n(k) - h(a_1 x_1(k) + a_2 x_2(k) + \cdots + a_n x_n(k)) + h u(k) + h d(k), \end{cases} \quad (7.5.4)$$

其中, h 是采样周期. 为便于表达, 用符号 Δ 表示前向差分算子, 即

$$\Delta^1 s(k) \equiv \Delta s(k) = (s(k+1) - s(k))/h, \quad \forall s(k) \in \mathbb{R}. \quad (7.5.5)$$

基于此符号, 定义 $\Delta^i := \Delta(\Delta^{i-1})$, 其中, $i = 2, 3, \cdots, n$.

由于终端滑模控制器 (7.5.3) 是基于递归终端滑模结构 (7.5.2) 所设计的, 所以首先得到欧拉离散化终端滑模结构如下:

$$
\begin{aligned}
s_{i+1}(k) &= (s_i(k+1) - s_i(k))/h + \beta_{i+1} s_i^{\frac{q_{i+1}}{p_{i+1}}}(k) \\
&= \Delta s_i(k) + \beta_{i+1} s_i^{\frac{q_{i+1}}{p_{i+1}}}(k), \quad i = 0, 1, \cdots, n-2,
\end{aligned}
\tag{7.5.6}
$$

其中, $s_0(k) = x_1(k)$. 从式 (7.5.5) 和式 (7.5.6) 可得, 离散时间终端滑模控制器为

$$
u(k) = \sum_{i=1}^{n} a_i x_i(k) - \sum_{i=0}^{n-2} \beta_{i+1} \Delta^{n-i-1} \left(s_i^{\frac{q_{i+1}}{p_{i+1}}}(k) \right) - K \operatorname{sgn}(s_{n-1}(k)), \quad K > l.
\tag{7.5.7}
$$

注 7.5.1 值得注意的是, 在前面部分中, 针对连续时间终端滑模控制器, 为避免奇异性, 其分数幂的选择应该满足一定的条件. 对于离散时间控制器 (7.5.7), 为避免奇异性, 分数幂的选择也需要满足该条件, 具体的分析将在后面给出.

众所周知, 连续时间终端滑模控制的优点主要有两点: ① 系统的状态可以在有限时间内收敛到平衡点; ② 当系统存在干扰时, 终端滑模控制可以提高系统的抗干扰性能和控制精度. 那么, 对于欧拉离散化的离散时间终端滑模控制系统, 其连续时间域上的两大特性是否仍然能得到保持是值得研究的一个问题. 接下来, 将针对该问题展开讨论.

7.5.1 离散化终端滑模结构分析

连续时间终端滑模控制法的设计主要基于以下事实: 若滑模面 $s_{n-1} = 0$ 首先可以在有限时间内达到且可以一直保持, 则滑模面 $s_{n-2} = 0$ 也将在有限时间内达到. 然而, 对于离散时间终端控制器, 该事实却不再成立. 具体地说, 若 $s_{n-1}(k) = 0$, 则由系统 (7.5.6) 可知

$$
s_{n-2}(k+1) = s_{n-2}(k) - h\beta_{n-1} s_{n-2}^{\frac{q_{n-1}}{p_{n-1}}}(k).
\tag{7.5.8}
$$

根据文献 [228], 状态 $s_{n-2}(k)$ 将收敛到周期-2 轨道 $\left(\pm \dfrac{h\beta_{n-1}}{2} \right)^{\frac{1}{1-\frac{q_{n-1}}{p_{n-1}}}}$, 也就是说, 平衡点是周期极限环, 而不是原点. 这也就意味着 $s_{n-2}(k)$ 不可能在有限时间内收敛到原点. 尽管离散化终端滑模控制系统的有限时间收敛性不再得到保持, 但离散时间系统 (7.5.4) 和 (7.5.7) 的稳定性仍需进一步分析.

7.5.2　系统稳态和抗干扰性能分析

1. 离散时间终端滑模面稳态分析

本节将分析终端滑模面 s_i, $i = 0, 1, \cdots, n-1$ 的稳态行为.

定理 7.5.1　对于系统 (7.5.4), 若滑模面选取为式 (7.5.6) 且控制器设计为式 (7.5.7), 则存在一个有界的整数 $K^* > 0$, 使得 $\forall k \geqslant K^*$,

$$|s_i(k)| \leqslant \rho_i, \quad i = 0, 1, \cdots, n-1, \tag{7.5.9}$$

其中, $\rho_{n-1} = h(K + l)$;

$$\rho_i = \psi\left(\frac{q_{i+1}}{p_{i+1}}\right) \max\left\{\left(\frac{\rho_{i+1}}{\beta_{i+1}}\right)^{\frac{p_{i+1}}{q_{i+1}}}, (h\beta_{i+1})^{\frac{1}{1-\frac{q_{i+1}}{p_{i+1}}}}\right\}, \quad i = n-2, n-3, \cdots, 0. \tag{7.5.10}$$

证明　首先考虑 s_{n-1}. 由式 (7.5.6) 可得

$$s_{n-1}(k+1) - s_{n-1}(k) = h\Delta^2 s_{n-2}(k) + h\beta_{n-1}\Delta\left(s_{n-2}^{\frac{q_{n-1}}{p_{n-1}}}(k)\right). \tag{7.5.11}$$

因为 $s_i(k) = \Delta s_{i-1}(k) + \beta_i s_{i-1}^{\frac{q_i}{p_i}}(k)$, $i = n-1, n-2, \cdots, 1$, 所以 $\Delta^l s_i(k) = \Delta^{l+1} s_{i-1}(k) + \beta_i \Delta^l\left(s_{i-1}^{\frac{q_i}{p_i}}(k)\right)$. 基于这种关系, 从式 (7.5.11) 得出

$$s_{n-1}(k+1) - s_{n-1}(k) = h\Delta^n s_0(k) + h\sum_{i=0}^{n-2}\beta_{i+1}\Delta^{n-i-1}\left(s_i^{\frac{q_{i+1}}{p_{i+1}}}(k)\right). \tag{7.5.12}$$

同时, 从式 (7.5.4) 可以得出

$$\Delta^n s_0(k) = -a_1 x_1(k) - \cdots - a_n x_n(k) + u(k) + d(k). \tag{7.5.13}$$

将式 (7.5.13) 和式 (7.5.7) 代入式 (7.5.12) 有

$$s_{n-1}(k+1) - s_{n-1}(k) = -hK\,\text{sgn}(s_{n-1}(k)) + hd(k). \tag{7.5.14}$$

基于引理 A.1.5 可知, 存在一个有界的整数 $K_1^* > 0$ 使 $\forall k \geqslant K_1^*$,

$$|s_{n-1}(k)| \leqslant h(K + l) = \rho_{n-1}. \tag{7.5.15}$$

接下来, 考虑 s_{n-2}, 由式 (7.5.6) 可得

$$s_{n-2}(k+1) = s_{n-2}(k) - h\beta_{n-1}s_{n-2}^{\frac{q_{n-1}}{p_{n-1}}}(k) + hs_{n-1}(k), \tag{7.5.16}$$

根据引理 A.1.9, 结合 $|s_{n-1}(k)| \leqslant \rho_{n-1}$, 由式 (7.5.16) 可知, 存在一个有界的整数 $K_2^* > 0$, 使得 $\forall k \geqslant K_2^*$,

$$|s_{n-2}(k)| \leqslant \rho_{n-2} = \psi\left(\frac{q_{n-1}}{p_{n-1}}\right) \max\left\{\left(\frac{\rho_{n-1}}{\beta_{n-1}}\right)^{\frac{p_{n-1}}{q_{n-1}}}, (h\beta_{n-1})^{-\frac{1}{1-\frac{q_{n-1}}{p_{n-1}}}}\right\}.$$

同时, 考虑 s_{n-3}, 由式 (7.5.6) 可得

$$s_{n-3}(k+1) = s_{n-3}(k) - h\beta_{n-2}s_{n-3}^{\frac{q_{n-2}}{p_{n-2}}}(k) + hs_{n-2}(k), \tag{7.5.17}$$

且存在一个有界的整数 $K_3^* > 0$, 使得 $\forall k \geqslant K_3^*$,

$$|s_{n-3}(k)| \leqslant \rho_{n-3} = \psi\left(\frac{q_{n-2}}{p_{n-2}}\right) \max\left\{\left(\frac{\rho_{n-2}}{\beta_{n-2}}\right)^{\frac{p_{n-2}}{q_{n-2}}}, (h\beta_{n-2})^{-\frac{1}{1-\frac{q_{n-2}}{p_{n-2}}}}\right\}.$$

基于以上递归分析, 可以证明该定理. 证毕. ■

2. 系统状态 $x(k)$ 的稳态分析

定理 7.5.2 对于系统 (7.5.4), 若滑模面定义为式 (7.5.6) 且控制器设计为式 (7.5.7), 则存在一个有界的整数 $K^* > 0$, 使得 $\forall k \geqslant K^*$,

$$|x_1(k)| \leqslant \rho_0, |x_i(k)| \leqslant \delta_{0,i-1}, \quad i = 2, 3, \cdots, n, \tag{7.5.18}$$

其中,

$$\begin{cases} \delta_{i,1} = \rho_{i+1} + \beta_{i+1}\rho_i^{\frac{q_{i+1}}{p_{i+1}}}, & i = 0, 1, \cdots, n-2; \\ \delta_{i,j+1} = \delta_{i+1,j} + \beta_{i+1}\left(\frac{2}{h}\right)^{j-\frac{q_{i+1}}{p_{i+1}}} \delta_{i,1}^{\frac{q_{i+1}}{p_{i+1}}}, & j = 1, 2, \cdots, n-2, \ i = 0, 1, \cdots, n-1-j. \end{cases} \tag{7.5.19}$$

证明 首先, 考虑 $\Delta s_i(k), i = 0, 1, \cdots, n-2$. 根据式 (7.5.6), 有

$$\Delta s_i(k) = s_{i+1}(k) - \beta_{i+1}s_i(k)^{\frac{q_{i+1}}{p_{i+1}}}. \tag{7.5.20}$$

基于定理 7.5.1, 可得 $\forall k \geqslant K^*$,

$$|\Delta s_i(k)| \leqslant |s_{i+1}(k)| + \beta_{i+1}|s_i(k)|^{\frac{q_{i+1}}{p_{i+1}}} \leqslant \rho_{i+1} + \beta_{i+1}\rho_i^{\frac{q_{i+1}}{p_{i+1}}} := \delta_{i,1}. \tag{7.5.21}$$

然后, 考虑 $\Delta^2 s_i(k), i = 0, 1, \cdots, n-3$. 由式 (7.5.21) 可得

$$|\Delta^2 s_i(k)| \leqslant |\Delta s_{i+1}(k)| + \beta_{i+1}\left|\Delta\left(s_i(k)^{\frac{q_{i+1}}{p_{i+1}}}\right)\right|. \tag{7.5.22}$$

基于引理 A.1.1 可得

$$\left| \Delta \left(s_i^{\frac{q_{i+1}}{p_{i+1}}}(k) \right) \right| = \left| s_i^{\frac{q_{i+1}}{p_{i+1}}}(k+1) - s_i^{\frac{q_{i+1}}{p_{i+1}}}(k) \right| / h$$

$$\leqslant \left(\frac{2}{h} \right)^{1 - \frac{q_{i+1}}{p_{i+1}}} \left| \frac{s_i(k+1) - s_i(k)}{h} \right|^{\frac{q_{i+1}}{p_{i+1}}}$$

$$= \left(\frac{2}{h} \right)^{1 - \frac{q_{i+1}}{p_{i+1}}} |\Delta s_i(k)|^{\frac{q_{i+1}}{p_{i+1}}}, \tag{7.5.23}$$

因此,

$$|\Delta^2 s_i(k)| \leqslant |\Delta s_{i+1}(k)| + \beta_{i+1} \left(\frac{2}{h} \right)^{1 - \frac{q_{i+1}}{p_{i+1}}} |\Delta s_i(k)|^{\frac{q_{i+1}}{p_{i+1}}}$$

$$\leqslant \delta_{i+1,1} + \beta_{i+1} \left(\frac{2}{h} \right)^{1 - \frac{q_{i+1}}{p_{i+1}}} \delta_{i,1}^{\frac{q_{i+1}}{p_{i+1}}} := \delta_{i,2}, \quad \forall k \geqslant K^*. \tag{7.5.24}$$

通过递归分析, 可以先假设

$$|\Delta^j s_i(k)| \leqslant \delta_{i,j},$$

$$\left| \Delta^{j-1} \left(s_i^{\frac{q_{i+1}}{p_{i+1}}}(k) \right) \right| \leqslant \left(\frac{2}{h} \right)^{j-1 - \frac{q_{i+1}}{p_{i+1}}} \delta_{i,1}^{\frac{q_{i+1}}{p_{i+1}}}, \tag{7.5.25}$$

$$j = 2, 3, \cdots, n-2, \ i = 0, 1, \cdots, n-1-j, \ \forall k \geqslant K^*.$$

考虑 $|\Delta^{j+1} s_i(k)|, i = 0, 1, \cdots, n-2-j$. 根据式 (7.5.6), 有

$$|\Delta^{j+1} s_i(k)| \leqslant |\Delta^j s_{i+1}(k)| + \beta_{i+1} \left| \Delta^j \left(s_i^{\frac{q_{i+1}}{p_{i+1}}}(k) \right) \right|. \tag{7.5.26}$$

对于第二项, 可以做以下估计:

$$\left| \Delta^j \left(s_i^{\frac{q_{i+1}}{p_{i+1}}}(k) \right) \right| = \left| \Delta^{j-1} \left(s_i^{\frac{q_{i+1}}{p_{i+1}}}(k+1) \right) - \Delta^{j-1} \left(s_i^{\frac{q_{i+1}}{p_{i+1}}}(k) \right) \right| / h$$

$$\leqslant \left| \Delta^{j-1} \left(s_i^{\frac{q_{i+1}}{p_{i+1}}}(k+1) \right) \right| / h + \left| \Delta^{j-1} \left(s_i^{\frac{q_{i+1}}{p_{i+1}}}(k) \right) \right| / h$$

$$\leqslant \left(\frac{2}{h} \right)^{j - \frac{q_{i+1}}{p_{i+1}}} \delta_{i,1}^{\frac{q_{i+1}}{p_{i+1}}}, \tag{7.5.27}$$

从而, 进一步有

$$|\Delta^{j+1} s_i(k)| \leqslant \delta_{i+1,j} + \beta_{i+1} \left(\frac{2}{h} \right)^{j - \frac{q_{i+1}}{p_{i+1}}} \delta_{i,1}^{\frac{q_{i+1}}{p_{i+1}}} := \delta_{i,j+1}, \quad \forall k \geqslant K^*. \tag{7.5.28}$$

接下来, 分析 $x_i(k), i = 1, 2, \cdots, n$. 由式 (7.5.4) 和式 (7.5.6) 可推导出

$$x_1(k) = s_0(k), x_i(k) = \Delta^{i-1} s_0(k), \quad i = 2, 3, \cdots, n. \tag{7.5.29}$$

证毕. ∎

3. 离散时间终端滑模控制精度分析

考虑系统 (7.5.1), 其输出为 $y = x_1$. 假设参考输出信号为 y_r, 且 $y_r, \dot{y}_r, \cdots, y_r^{(n)}$ 有界. 定义 $e = y - y_r$ 为输出跟踪误差, 并记 $e_1 = e, e_2 = \dot{e}_1, \cdots, e_n = \dot{e}_{n-1}$. 由式 (7.5.1) 可知

$$\dot{e}_i = e_{i+1}, \quad i = 1, 2, \cdots, n-1; \quad \dot{e}_n = -a_1 x_1 - a_2 x_2 - \cdots - a_n x_n + u - y_r^{(n)}. \tag{7.5.30}$$

根据定理 7.5.1 和定理 7.5.2, 对于系统 (7.5.30) 的欧拉离散化模型, 可设计以下离散时间终端滑模控制器:

$$u(k) = \sum_{i=1}^{n} a_i x_i(k) - \sum_{i=0}^{n-2} \beta_{i+1} \Delta^{n-i-1} \left(s_i^{\frac{q_{i+1}}{p_{i+1}}}(k) \right) - K \operatorname{sgn}(s_{n-1}(k)) + y_r^{(n)}, \tag{7.5.31}$$

其中, $s_0(k) = e(k); s_{i-1}(k) = \Delta s_{i-2}(k) + \beta_{i-1} s_{i-2}^{\frac{q_{i-1}}{p_{i-1}}}(k), i = 2, 3, \cdots, n.$ 那么, 跟踪误差 e 是最终有界的, 其界为

$$|e(k)|_{\mathrm{TSMC}} \leqslant \rho_0, \tag{7.5.32}$$

$$\rho_{n-1} = hK; \quad \rho_i = \psi \left(\frac{q_{i+1}}{p_{i+1}} \right) \max \left\{ \left(\frac{\rho_{i+1}}{\beta_{i+1}} \right)^{\frac{p_{i+1}}{q_{i+1}}}, (h\beta_{i+1})^{\frac{1}{1 - \frac{q_{i+1}}{p_{i+1}}}} \right\}, \tag{7.5.33}$$

$$i = n-2, n-3, \cdots, 0.$$

另外, 若采用线性滑模面, 则根据文献 [225] 可以设计一个基于线性滑模面的离散时间滑模控制器:

$$u(k) = \sum_{i=1}^{n} a_i x_i(k) - (cb)^{-1} cAz(k) - \alpha (cb)^{-1} \operatorname{sgn}(cz(k)) + y_r^{(n)}, \tag{7.5.34}$$

其中, $z(k) = [e_1(k), e_2(k), \cdots, e_n(k)]^{\mathrm{T}}; c = (c_1, c_2, \cdots, c_{n-1}, 1); \alpha > 0; c_i, i = 1, 2, \cdots, n-1$ 是 Hurwitz 多项式 $p(\lambda) = \lambda^n + c_{n-1}\lambda^{n-1} + \cdots + c_2\lambda + c_1$ 的系数,

$$A = \begin{bmatrix} 0 & 1 & \cdots & 0 \\ \vdots & \vdots & & \vdots \\ 0 & 0 & \cdots & 1 \\ 0 & 0 & \cdots & 0 \end{bmatrix}, \quad b = \begin{bmatrix} 0 \\ \vdots \\ 0 \\ 1 \end{bmatrix}.$$

在基于线性滑模面的滑模控制作用下, 根据文献 [225] 中的定理 1, 输出跟踪误差 e 也最终有界, 其界为

$$|e(k)|_{\mathrm{LSMC}} \leqslant \frac{\alpha h}{2c_1} \left[1 + \frac{c_1}{|1+S|} \left(\frac{h}{2} \right)^{n-1} \right], \tag{7.5.35}$$

其中, $S = \sum_{i=1}^{n-1} c_i \left(-\frac{h}{2} \right)^{n-i}$; h 为采样周期.

首先, 根据式 (7.5.32) 和式 (7.5.35), 可以对两个离散时间滑模控制器作用下系统的控制精度进行比较. 由式 (7.5.32) 和式 (7.5.33) 可知, $\rho_{n-1} = O(h)$, 进一步有

$$\rho_{n-2} = \max \left\{ \psi \left(\frac{q_{n-1}}{p_{n-1}} \right) \left(O(h) \right)^{\frac{p_{n-1}}{q_{n-1}}}, \psi \left(\frac{q_{n-1}}{p_{n-1}} \right) \left(O(h) \right)^{\frac{1}{1-\frac{q_{n-1}}{p_{n-1}}}} \right\}. \tag{7.5.36}$$

因为 $\frac{1}{2} < \frac{q_{n-1}}{p_{n-1}} < 1$, 且 $1 < \frac{p_{n-1}}{q_{n-1}} < \frac{1}{1-\frac{q_{n-1}}{p_{n-1}}}$, 所以 $\rho_{n-2} = O\left(h^{\frac{p_{n-1}}{q_{n-1}}} \right)$. 同理, 可得结论:

$$\lim_{k \to \infty} |e(k)|_{\mathrm{TSMC}} \leqslant \rho_0 = O\left(h^{\frac{p_{n-1}}{q_{n-1}} \cdots \frac{p_2}{q_2} \cdot \frac{p_1}{q_1}} \right).$$

其次, 由式 (7.5.35) 可知

$$\lim_{k \to \infty} |e(k)|_{\mathrm{LSMC}} = O(h).$$

最后, 注意到 $p_i/q_i > 1, i = 1, 2, \cdots, n-1$, 可调整分数幂 $p_i/q_i, i = 1, 2, \cdots, n-1$ 使得

$$\lim_{k \to \infty} |e(k)|_{\mathrm{TSMC}} \ll \lim_{k \to \infty} |e(k)|_{\mathrm{LSMC}},$$

即在离散时间终端滑模控制作用下系统具有更好的输出控制精度, 但如何分析精确离散化模型仍是一个颇具挑战的问题.

注 7.5.2 应该指出的是, 根据定理 7.5.1 和定理 7.5.2, 所估计的稳态界是针对欧拉离散化的离散时间系统 (7.5.4), 而不是连续时间模型 (7.5.1) 的精确离散化模型.

7.5.3　离散时间终端滑模控制器奇异性问题的讨论

为避免连续时间控制器 (7.5.3) 的奇异性问题, 在 7.5.2 节中已经指出其分数幂应该满足一定的条件. 对于离散时间终端滑模控制器, 与文献 [12] 和 [227] 中的奇异性概念一致, 奇异性是指当 $s_i \to 0$ 时 $u \to \infty$ 的现象. 实际上, 对于离

散时间控制器 (7.5.7), 为避免奇异, 参数幂需要满足同等条件, 即若 $q_{k+1}/p_{k+1} > (n-k-1)/(n-k)$, 则在控制器 (7.5.7) 作用下, 当 s_k 依次从 $k=n-1$ 到 $k=0$ 进入区域 $\{s_k : |s_k| \leqslant \rho_k\}$ (即 s_{n-1} 第一个进入区域 $\{s_{n-1} : |s_{n-1}| \leqslant \rho_{n-1}\}$, 然后 s_{n-2} 进入区域 $\{s_{n-2} : |s_{n-2}| \leqslant \rho_{n-2}\}$ 等) 时, 奇异性问题可以避免.

具体证明如下: 控制器 (7.5.7) 可写成

$$
u(k) = \sum_{i=1}^{n} a_i x_i(k) - \beta_1 \Delta^{n-1} \left(s_0^{\frac{q_1}{p_1}}(k) \right) - \cdots - \beta_{n-2} \Delta^2 \left(s_{n-3}^{\frac{q_{n-2}}{p_{n-2}}}(k) \right)
$$

$$
- \beta_{n-1} \Delta \left(s_{n-2}^{\frac{q_{n-1}}{p_{n-1}}}(k) \right) - K \operatorname{sgn}(s_{n-1}(k)). \tag{7.5.37}
$$

首先, 分析 $\Delta \left(s_{n-2}^{\frac{q_{n-1}}{p_{n-1}}}(k) \right)$. 根据式 (7.5.6), 有

$$
\Delta \left(s_{n-2}^{\frac{q_{n-1}}{p_{n-1}}}(k) \right) = \frac{1}{h} \left[\left(s_{n-2}(k) - \beta_{n-1} h s_{n-2}^{\frac{q_{n-1}}{p_{n-1}}}(k) + h s_{n-1}(k) \right)^{\frac{q_{n-1}}{p_{n-1}}} - s_{n-2}^{\frac{q_{n-1}}{p_{n-1}}}(k) \right]. \tag{7.5.38}
$$

通过计算, 得到

$$
\lim_{h \to 0} \Delta \left(s_{n-2}^{\frac{q_{n-1}}{p_{n-1}}}(k) \right) = \lim_{h \to 0} \frac{q_{n-1}}{p_{n-1}} \frac{-\beta_{n-1} s_{n-2}^{\frac{q_{n-1}}{p_{n-1}}}(k) + s_{n-1}(k)}{\left(s_{n-2}(k) - \beta_{n-1} h s_{n-2}^{\frac{q_{n-1}}{p_{n-1}}}(k) + h s_{n-1}(k) \right)^{1 - \frac{q_{n-1}}{p_{n-1}}}}
$$

$$
= \lim_{h \to 0} \frac{q_{n-1}}{p_{n-1}} \left(-\beta_{n-1} s_{n-2}^{\frac{2q_{n-1}}{p_{n-1}} - 1}(k) + s_{n-1}(k) s_{n-2}^{\frac{q_{n-1}}{p_{n-1}} - 1}(k) \right). \tag{7.5.39}
$$

根据前面的假设条件: s_{n-1} 首先进入区域 $\{s_{n-1} : |s_{n-1}| \leqslant \rho_{n-1}\}$, 然后 s_{n-2} 再进入区域 $\{s_{n-2} : |s_{n-2}| \leqslant \rho_{n-2}\}$, 同时注意到 $\rho_{n-1} = O(h), \rho_{n-2} = O\left(h^{\frac{p_{n-1}}{q_{n-1}}}\right)$ 以及 $\frac{q_{n-1}}{p_{n-1}} > \frac{1}{2}$, 因此有

$$
\lim_{h \to 0} \left(s_{n-1}(k) s_{n-2}^{\frac{q_{n-1}}{p_{n-1}} - 1} \right) \leqslant \lim_{h \to 0} \left(\rho_{n-1} \rho_{n-2}^{\frac{q_{n-1}}{p_{n-1}} - 1} \right) = \lim_{h \to 0} O\left(h^{2 - \frac{p_{n-1}}{q_{n-1}}} \right) = 0. \tag{7.5.40}
$$

进一步, 根据式 (7.5.39) 可得 $\Delta \left(s_{n-2}^{\frac{q_{n-1}}{p_{n-1}}}(k) \right)$ 不存在奇异性.

其次, 分析 $\Delta^2 \left(s_{n-3}^{\frac{q_{n-2}}{p_{n-2}}}(k) \right)$. 根据式 (7.5.6), 有

$$\Delta^2\left(s_{n-3}^{\frac{q_{n-2}}{p_{n-2}}}(k)\right)$$

$$=\frac{1}{h^2}\left\{\left[\left(s_{n-3}(k+1)-\beta_{n-2}hs_{n-3}^{\frac{q_{n-2}}{p_{n-2}}}(k+1)+hs_{n-2}(k+1)\right)^{\frac{q_{n-2}}{p_{n-2}}}-s_{n-3}^{\frac{q_{n-2}}{p_{n-2}}}(k+1)\right]\right.$$

$$\left.-\left[\left(s_{n-3}(k)-\beta_{n-2}hs_{n-3}^{\frac{q_{n-2}}{p_{n-2}}}(k)+hs_{n-2}(k)\right)^{\frac{q_{n-2}}{p_{n-2}}}-s_{n-3}^{\frac{q_{n-2}}{p_{n-2}}}(k)\right]\right\}. \tag{7.5.41}$$

通过计算, 得到

$$\lim_{h\to 0}\Delta^2\left(s_{n-3}^{\frac{q_{n-2}}{p_{n-2}}}(k)\right)$$

$$=\lim_{h\to 0}\frac{1}{2h}\cdot\frac{q_{n-2}}{p_{n-2}}\cdot\left[\left(-\beta_{n-2}s_{n-3}^{\frac{2q_{n-2}}{p_{n-2}}-1}(k+1)+s_{n-2}(k+1)s_{n-3}^{\frac{q_{n-2}}{p_{n-2}}-1}(k+1)\right)\right.$$

$$\left.-\left(-\beta_{n-2}s_{n-3}^{\frac{2q_{n-2}}{p_{n-2}}-1}(k)+s_{n-2}(k)s_{n-3}^{\frac{q_{n-2}}{p_{n-2}}-1}(k)\right)\right],$$

$$=\frac{q_{n-2}}{2p_{n-2}}\left[\left(2\frac{q_{n-2}}{p_{n-2}}-1\right)\left(\beta_{n-2}^2s_{n-3}^{\frac{3q_{n-2}}{p_{n-2}}-2}(k)-\beta_{n-2}s_{n-2}(k)s_{n-3}^{\frac{2q_{n-2}}{p_{n-2}}-2}(k)\right)\right.$$

$$-\beta_{n-1}s_{n-2}^{\frac{q_{n-1}}{p_{n-1}}}(k)s_{n-3}^{\frac{q_{n-2}}{p_{n-2}}-1}(k)+s_{n-1}(k)s_{n-3}^{\frac{q_{n-2}}{p_{n-2}}-1}(k)$$

$$\left.-\beta_{n-2}s_{n-2}(k)s_{n-3}^{\frac{2q_{n-2}}{p_{n-2}}-1}(k)+s_{n-2}^2(k)s_{n-3}^{\frac{q_{n-2}}{p_{n-2}}-1}(k)\right]. \tag{7.5.42}$$

根据条件 s_k 按顺序 $k=n-1,n-2,n-3$ 进入区域 $\{s_k:|s_k|\leqslant\rho_k\}$ 且 $\frac{q_{n-2}}{p_{n-2}}>\frac{2}{3}$, 因此 $\Delta^2\left(s_{n-3}^{\frac{q_{n-2}}{p_{n-2}}}(k)\right)$ 没有奇异现象. 同理可得, $\Delta^{n-i}\left(s_{i-1}^{\frac{q_i}{p_i}}(k)\right)$, $i=1,2,\cdots,n-3$ 也没有奇异现象. 证毕. ∎

注 7.5.3 对于连续时间终端滑模控制, 文献 [233] 中指出了可能存在另一种奇异性问题. 对于离散时间终端滑模控制, 同样, 在初始时刻, 也可能存在这样的情况, 即 $|s_i(t_0)|>\rho_i$ 且 $|s_j(t_0)|\leqslant\rho_j$, $0\leqslant j<i\leqslant n-1$. 事实上, 为避免这种奇异性问题, 实际中可以采用和文献 [233] 针对连续时间终端滑模控制一样的方法, 即 $s_j(t_0)$ 可以替换成以下的映射函数: $\mathrm{Map}(s_j(t_0))=\begin{cases}s_j(t_0), & |s_j(t_0)|>\rho_j,\\ \delta, & |s_j(t_0)|\leqslant\rho_j,\end{cases}$ 其中, $\delta>0$.

7.5.4 数值仿真

例 7.5.1 考虑一维二阶系统:

$$\dot{x}_1 = x_2, \quad \dot{x}_2 = u. \tag{7.5.43}$$

通过欧拉离散化, 其离散时间模型为

$$x_1(k+1) = x_1(k) + hx_2(k), \quad x_2(k+1) = x_2(k) + hu(k). \tag{7.5.44}$$

相应的离散时间终端滑模控制器是

$$u(k) = -\beta_1 \Delta \left(s_0^{\frac{q_1}{p_1}}(k) \right) - K \operatorname{sgn}\left(s_1(k) \right), \tag{7.5.45}$$

其中, $s_0(k) = x_1(k)$; $s_1(k) = \Delta s_0(k) + \beta_1 s_0^{\frac{q_1}{p_1}}(k)$; $\beta_1 > 0$; $K > 0$; $1/2 < q_1/p_1 < 1$. 选取 $\beta_1 = K = 1$, $q_1 = 3$, $p_1 = 5$.

由定理 7.5.2 可知, 系统状态 x 是最终一致有界的: 当 $h = 0.5\text{ms}$ 时, $\lim\limits_{k \to \infty} |x_1(k)| \leqslant 0.008$, $\lim\limits_{k \to \infty} |x_2(k)| \leqslant 0.1054$; 当 $h = 1\text{ms}$ 时, $\lim\limits_{k \to \infty} |x_1(k)| \leqslant 0.0255$, $\lim\limits_{k \to \infty} |x_2(k)| \leqslant 0.2108$. 仿真结果显示在图 7.5.1 和图 7.5.2 中.

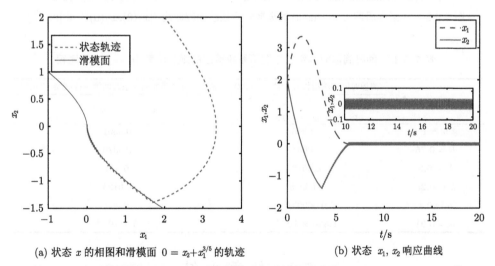

(a) 状态 x 的相图和滑模面 $0 = x_2 + x_1^{3/5}$ 的轨迹 (b) 状态 x_1, x_2 响应曲线

图 7.5.1 在采样周期 $h = 0.5\text{ms}$ 时的离散时间系统响应曲线 ($[x_1(0), x_2(0)] = [2, 2]^{\mathrm{T}}$)

例 7.5.2 考虑一维三阶系统, 假设期望的输出信号为 $y_r = 0$:

$$\dot{x}_1 = x_2, \quad \dot{x}_2 = x_3, \quad \dot{x}_2 = u, \quad y = x_1, \tag{7.5.46}$$

　　控制器使用离散时间终端滑模控制器 (7.5.32) 和基于线性滑模面的离散时间滑模控制器 (7.5.34). 为公平地比较两种控制器之间的动态性能, 控制量被限制为不超过相同的水平. 在这一约束下, 通过反复调试, 选择一组最佳的控制增益.

　　表 7.5.1 是输出跟踪误差 $|y - y_r|$ 范围的比较. 很明显, 在离散时间终端滑模控制器作用下, 闭环系统有更高的输出控制精度.

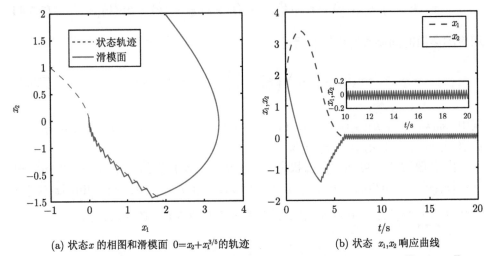

(a) 状态 x 的相图和滑模面 $0 = x_2 + x_1^{3/5}$ 的轨迹　　　　　(b) 状态 x_1, x_2 响应曲线

图 7.5.2　　在采样周期 $h = 1$ms 时的离散时间系统响应曲线 ($[x_1(0), x_2(0)]^{\mathrm{T}} = [2, 2]^{\mathrm{T}}$)

表 7.5.1　　两种离散时间滑模控制下系统输出的跟踪误差 $|y - y_r|$ 的比较

控制参数	离散时间终端滑模控制器 (7.5.32) $\beta_1 = \beta_2 = K = 1, q_1 = 5$ $p_1 = 7, q_2 = 3, p_2 = 5$	基于线性滑模面的离散时间滑模控制器 (7.5.34) $c_1 = c_2 = \alpha = 1$
$h = 1$	0.0066	0.0501
$h = 0.75$	0.0034	0.0376
$h = 0.5$	0.0013	0.025
$h = 0.25$	0.00026	0.0125
$h = 0.1$	0.000031	0.005
$h = 0.01$	1.426×10^{-7}	5×10^{-4}

7.6　本 章 小 结

　　本章首先总结了目前主要的两种离散时间滑模控制方法, 然后介绍了一种改进的无抖振离散时间滑模控制方法. 该离散时间滑模控制方法既不会引起抖振, 又避免了控制量过大的问题. 该方法利用非光滑控制的优点, 既保证了滑模运动的

高精度, 又为离散时间滑模控制方法的设计提供了一种新的思路. 此外, 本章分析了欧拉离散化对连续时间终端滑模控制系统的影响. 通过严格的理论分析, 给出了离散时间终端滑模控制系统的稳定性分析以及稳态误差的估计, 并与基于线性滑模面的离散时间滑模控制器进行了控制精度对比.

第三部分
滑模控制应用

第 8 章　Buck 型直流-直流变换器的二阶滑模控制

本章针对 Buck 型直流-直流变换器系统的输出电压跟踪控制问题, 提出一种新的基于 Lyapunov 理论的二阶滑模控制方法. 首先, 考虑参数不确定和外部干扰的影响, 对 Buck 型直流-直流变换器进行建模. 然后, 基于该数学模型, 将输出电压信号与参考电压信号之差作为滑模变量, 结合加幂积分技术, 设计二阶滑模控制器. 最后, 通过仿真和实验验证所提控制方法的有效性.

8.1　引　　言

根据功率开关器件的工作特点, Buck 型直流-直流变换器本质上为变结构系统, 因此滑模控制方法天然适用于 Buck 型直流-直流变换器的控制. 近年来, 针对 Buck 型直流-直流变换器的滑模控制设计问题, 研究者已取得一些研究成果, 如文献 [234]~[236] 基于传统滑模控制技术给出了 Buck 型直流-直流变换器的多种控制设计思路. 以此为基础, 文献 [237] 设计了 Buck 型直流-直流变换器的终端滑模控制方法, 但该方法存在奇异性问题. 为消除奇异性问题, 文献 [234] 和 [238] 设计了非奇异终端滑模面, 进而给出非奇异终端滑模控制方法.

然而, 以上针对 Buck 型直流-直流变换器的滑模控制方法均为一阶滑模控制方法. 该类方法存在两个问题: 首先, 控制精度相对较低; 其次, 相对阶数必须为 1, 限制了滑模面的选取. 为解决上述问题, 文献 [239] 和 [240] 提出了 Buck 型直流-直流变换器的高阶滑模控制方法. 如文献 [39] 和 [149] 所述, 与传统一阶滑模控制方法相比, 高阶滑模控制方法不仅具有强抗干扰性能和鲁棒性, 而且其控制精度更高, 滑模面的选取更灵活. 然而, 从现有 Buck 型直流-直流变换器二阶滑模控制的结果来看, 仅在理论上证明了闭环系统的有限时间收敛性, 未给出闭环系统的 Lyapunov 稳定性分析. 针对上述问题, 本章考虑 Buck 型直流-直流变换器系统的电压跟踪控制问题, 设计一种新的二阶滑模控制方法, 并给出相应的仿真和实验验证.

8.2　系统建模和问题描述

Buck 型直流-直流变换器原理图如图 8.2.1 所示. 它由一个直流电压源 v_{in}、一个电力三极管 S_w、一个二极管 D、一个滤波电容 C、一个滤波电感 L 以及

一个负载电阻 R 组成. 图中 v_0 表示负载电压, i 表示电感电流.

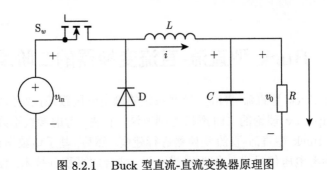

图 8.2.1   Buck 型直流-直流变换器原理图

假设 Buck 型直流-直流变换器开关是瞬时完成的, 同时不包含内阻, 电路中的电流处于连续状态. Buck 型直流-直流变换器在运行过程中有两种工作状态, 当 S_w 导通时, 直流电压源 v_{in} 为电路供电, 电容开始储能, 负载电流增大; 当 S_w 关断时, 由于储能元件如电感、电容的存在, 电路会持续工作一段时间, 此时, 电容开始释放能量, 电流通过二极管 D 续流, 负载电流减小. 因此, 通过 S_w 周期性的通断, 可使电路输出稳定的直流电压.

根据 Buck 型直流-直流变换器的工作原理 (图 8.2.2), 可以通过状态空间平均法建立其数学模型.

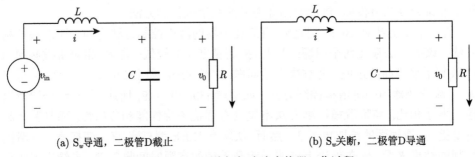

(a) S_w导通, 二极管D截止   (b) S_w关断, 二极管D导通

图 8.2.2   Buck 型直流-直流变换器工作过程

当 S_w 导通时, 二极管 D 截止, 如图 8.2.2(a) 所示, 此时的电路状态方程可描述如下:

$$
\begin{cases}
L\dfrac{\mathrm{d}i(t)}{\mathrm{d}t} = v_{in} - v_0(t), \\
C\dfrac{\mathrm{d}v_0(t)}{\mathrm{d}t} = i(t) - \dfrac{v_0(t)}{R}.
\end{cases} \tag{8.2.1}
$$

当 S_w 关断时, 二极管 D 导通, 如图 8.2.2(b) 所示, 此时的电路状态方程可描述

如下:

$$
\begin{cases}
L\dfrac{\mathrm{d}i(t)}{\mathrm{d}t} = -v_0(t), \\
C\dfrac{\mathrm{d}v_0(t)}{\mathrm{d}t} = i(t) - \dfrac{v_0(t)}{R}.
\end{cases}
\tag{8.2.2}
$$

在低频条件下, 可将式 (8.2.1) 和式 (8.2.2) 合并, 得到 Buck 型直流-直流变换器在一个周期内的平均状态表达式如下:

$$
\begin{cases}
L\dfrac{\mathrm{d}i(t)}{\mathrm{d}t} = d(t)\,(v_{\mathrm{in}} - v_0(t)) + (1 - d(t))(-v_0(t)) = v_{\mathrm{in}}d(t) - v_0(t), \\
C\dfrac{\mathrm{d}v_0(t)}{\mathrm{d}t} = i(t) - \dfrac{v_0(t)}{R},
\end{cases}
\tag{8.2.3}
$$

其中, $d(t)$ 表示占空比. 对式 (8.2.3) 进行整理, 可得理想 Buck 型直流-直流变换器时域系统模型如下:

$$
\begin{bmatrix}
\dfrac{\mathrm{d}i(t)}{\mathrm{d}t} \\[2mm]
\dfrac{\mathrm{d}v_0(t)}{\mathrm{d}t}
\end{bmatrix}
=
\begin{bmatrix}
0 & -\dfrac{1}{L} \\[2mm]
\dfrac{1}{C} & -\dfrac{1}{RC}
\end{bmatrix}
\begin{bmatrix}
i(t) \\[2mm]
v_0(t)
\end{bmatrix}
+
\begin{bmatrix}
\dfrac{v_{\mathrm{in}}}{L} \\[2mm]
0
\end{bmatrix}
d(t).
\tag{8.2.4}
$$

前面对低频条件下的理想 Buck 型直流-直流变换器状态空间平均模型进行了分析, 由式 (8.2.3) 可知, 通过调节占空比 $d(t)$ 来控制 Buck 型直流-直流变换器的输出电压. 但是, 这种状态空间平均模型在高频段不再适用. 为此, 在本章中将式 (8.2.3) 改写为

$$
\begin{cases}
\dfrac{\mathrm{d}i_L}{\mathrm{d}t} = \dfrac{1}{L}\left(\mu v_{\mathrm{in}} - v_0\right), \\
\dfrac{\mathrm{d}v_0}{\mathrm{d}t} = \dfrac{1}{C}\left(i_L - \dfrac{v_0}{R}\right),
\end{cases}
\tag{8.2.5}
$$

其中, μ 可取 "0" 或 "1", 分别代表开关的关断和导通状态. 另外, 考虑到 Buck 型直流-直流变换器在实际工作时, 存在外部干扰和参数不确定, 系统模型 (8.2.5) 应满足

$$
\begin{cases}
\dfrac{\mathrm{d}i_L}{\mathrm{d}t} = \dfrac{1}{L_0 + \Delta L}\left[\mu\left(v_{\mathrm{in}0} + \Delta v_{\mathrm{in}}\right) - v_0\right] + d_1(t), \\
\dfrac{\mathrm{d}v_0}{\mathrm{d}t} = \dfrac{1}{C_0 + \Delta C}\left(i_L - \dfrac{v_0(t)}{R_0 + \Delta R}\right) + d_2(t),
\end{cases}
\tag{8.2.6}
$$

其中, L_0、C_0、R_0、$v_{\mathrm{in}0}$ 为式(8.2.5)中 L、C、R、v_{in} 的标称值; ΔL、ΔC、ΔR、Δv_{in} 分别为 L、C、R、v_{in} 的摄动量; $d_1(t)$、$d_2(t)$ 为满足 Lipschitz 连续条件的外部干扰. 整理可得

$$\begin{cases} \dfrac{\mathrm{d}i_L}{\mathrm{d}t} = \dfrac{1}{L_0}\left(\mu v_{\mathrm{in}0} - v_0\right) + w_1(t), \\[3mm] \dfrac{\mathrm{d}v_0}{\mathrm{d}t} = \dfrac{1}{C_0}\left(i_L - \dfrac{v_0}{R_0}\right) + w_2(t), \end{cases} \tag{8.2.7}$$

其中, $w_1(t)$、$w_2(t)$ 为集总干扰, 表达式为

$$\begin{cases} w_1(t) = \dfrac{\mu \Delta v_{\mathrm{in}0} L_0 - \mu \Delta L v_{\mathrm{in}0} + \Delta L v_0}{(L_0 + \Delta L)\, L_0} + d_1(t); \\[4mm] w_2(t) = \dfrac{v_0 \Delta R}{R_0\,(R_0 + \Delta R)\,(C_0 + \Delta C)} + \dfrac{v_0 \Delta C - i_L \Delta C R_0}{C_0 R_0\,(C_0 + \Delta C)} + d_2(t). \end{cases} \tag{8.2.8}$$

本章的控制目标为, 对 Buck 型直流-直流变换器系统 (8.2.7), 通过设计合适的控制器 μ 使输出电压 v_0 能快速跟踪上参考电压 v_{ref}.

8.3　Buck 型直流-直流变换器的二阶滑模控制设计

本节考虑 Buck 型直流-直流变换器的二阶滑模控制, 并给出控制器的具体设计方法. 首先, 利用加幂积分技术设计二阶滑模控制器, 并给出稳定性分析; 其次, 给出该二阶滑模控制方法的仿真与实验验证.

根据二阶滑模理论, 针对系统 (8.2.7), 选择滑模变量为

$$s = v_0 - v_{\mathrm{ref}}. \tag{8.3.1}$$

根据系统 (8.2.7), Buck 型直流-直流变换器系统的滑模动力学方程为

$$\ddot{s} = a(t, x) + b(t, x)U, \tag{8.3.2}$$

其中, U 为待设计的控制器;

$$a(t, x) = \left(\dfrac{1}{R_0^2 C_0^2} - \dfrac{1}{L_0 C_0}\right) v_0 - \dfrac{i_L}{R_0 C_0^2} + \dfrac{w_1(t)}{C_0} - \dfrac{w_1(t)}{R_0 C_0} + \dot{w}_2(t); \tag{8.3.3}$$

$$b(t, x) = \dfrac{v_{\mathrm{in}0}}{L_0 C_0}.$$

取 $v_0^{\max}$ 和 $i_L^{\max}$ 分别为 v_0 和 i_L 的最大值, 显然有

$$0 \leqslant v_0 \leqslant v_0^{\max} \leqslant v_{\mathrm{ref}} + \Delta, \quad 0 \leqslant i_L \leqslant i_L^{\max} \leqslant \dfrac{v_{\mathrm{ref}}}{R_0} + \Delta, \tag{8.3.4}$$

其中, Δ 为干扰量. 由式 (8.3.4) 可得

$$|a(t, x)| \leqslant \left|\dfrac{1}{R_0^2 C_0^2} - \dfrac{1}{L_0 C_0}\right|(v_{\mathrm{ref}} + \Delta) + \dfrac{v_{\mathrm{ref}} + R_0 \Delta}{(R_0 C_0)^2} + \left|\dfrac{w_1(t)}{C_0} - \dfrac{w_2(t)}{R_0 C_0} + \dot{w}_2(t)\right|. \tag{8.3.5}$$

根据集总干扰的定义, 可知存在正常数 d^* 使

$$\left| \frac{1}{R_0^2 C_0^2} - \frac{1}{L_0 C_0} \right| \Delta + \frac{\Delta}{R_0 C_0^2} + \left| \frac{w_1(t)}{C_0} - \frac{w_2(t)}{R_0 C_0} + \dot{w}_2(t) \right| \leqslant d^*, \tag{8.3.6}$$

将其代入式 (8.3.5), 可得

$$|a(t,x)| \leqslant \left| \frac{1}{R_0^2 C_0^2} - \frac{1}{L_0 C_0} \right| v_{\text{ref}} + \frac{v_{\text{ref}}}{R_0^2 C_0^2} + d^*. \tag{8.3.7}$$

因此, 存在正常数 β_1, 使不等式

$$\frac{v_{\text{in}0}}{L_0 C_0} > \left| \frac{1}{R_0^2 C_0^2} \frac{1}{L_0 C_0} \right| v_{\text{ref}} + \frac{v_{\text{ref}}}{R_0^2 C_0^2} + d^* + \frac{27}{\beta_1^{\frac{3}{2}}} + \sqrt{2}\beta_1 + \beta_1^{\frac{11}{6}} + \frac{1}{4}\sqrt{\beta_1} \tag{8.3.8}$$

成立.

针对系统 (8.3.2), 构造如下二阶滑模控制器:

$$U = -\text{sgn}\left(\text{sig}^2(\dot{s}) + \beta_1 s \right), \tag{8.3.9}$$

进而可得如下定理.

定理 8.3.1 针对系统 (8.3.2), 在控制器 (8.3.9) 作用下, 可使滑模变量 s 在有限时间内收敛到零, 也即控制器 (8.3.9) 可使输出电压在有限时间内跟踪上参考电压 v_{ref}.

证明 令 $y_1 = s$, $y_2 = \dot{s}$, 可将系统 (8.3.2) 改写为

$$\dot{y}_1 = y_2, \quad \dot{y}_2 = a(t,x) + b(t,x)U, \tag{8.3.10}$$

此时, 控制器 (8.3.9) 为

$$U = -\text{sgn}\left(\text{sig}^2(y_2) + \beta_1 y_1 \right). \tag{8.3.11}$$

接下来, 将利用文献 [151] 和 [241] 中提出的加幂积分方法证明系统 (8.3.10) 和 (8.3.11) 的有限时间稳定性, 证明步骤可分为如下两步.

步骤 1 选择 Lyapunov 函数:

$$V_1(y_1) = \frac{2\left| y_1 \right|^{\frac{5}{2}}}{5}.$$

对 $V_1(y_1)$ 求导可得

$$\dot{V}_1(y_1) = \text{sig}^{\frac{3}{2}}(y_1)y_2 = \text{sig}^{\frac{3}{2}}(y_2)y_2^* + \text{sig}^{\frac{3}{2}}(y_1)\left(y_2 - y_2^* \right), \tag{8.3.12}$$

其中, y_2^* 为虚拟控制器. 将 y_2^* 设计为

$$y_2^* = -\beta_1^{\frac{1}{2}} \operatorname{sig}^{\frac{1}{2}}(y_1), \tag{8.3.13}$$

并代入式 (8.3.12) 可得

$$\dot{V}_1(y_1) = -\beta_1^{\frac{1}{2}} y_1^2 + \operatorname{sig}^{\frac{3}{2}}(y_1)(y_2 - y_2^*). \tag{8.3.14}$$

步骤 2　选择 Lyapunov 函数:

$$V_2(y_1, y_2) = V_1(y_1) + W(y_1, y_2),$$

其中,

$$W(y_1, y_2) = \int_{y_2^*}^{y_2} \operatorname{sig}^2(\operatorname{sig}^2(k) - \operatorname{sig}^2(y_2^*)) \mathrm{d}k,$$

则函数 $V_2(y_1, y_2)$ 为正定可导函数. 对 $V_2(y_1, y_2)$ 求导可知

$$\dot{V}_2(y_1, y_2) \leqslant -\beta_1^{\frac{1}{2}} y_1^2 + \operatorname{sig}^{\frac{3}{2}}(y_1)(y_2 - y_2^*) + \frac{\partial W(y_1, y_2)}{\partial y_1} \dot{y}_1 + \operatorname{sig}^2(\xi)\dot{y}_2, \quad (8.3.15)$$

其中, $\xi = \operatorname{sig}^2(y_2) - \operatorname{sig}^2(y_2^*)$.

根据引理 A.1.1, 可以得到

$$\operatorname{sig}^{\frac{3}{2}}(y_1)(y_2 - y_2^*) = |y_1|^{\frac{3}{2}} \left| |y_2|^{2 \times \frac{1}{2}} - |y_2^*|^{2 \times \frac{1}{2}} \right| \leqslant 2^{\frac{1}{2}} |y_1|^{\frac{3}{2}} |\xi|^{\frac{1}{2}}.$$

同时, 根据引理 A.1.2, 令 $\gamma = \dfrac{\beta_1^{\frac{1}{2}}}{3 \times 2^{\frac{1}{2}}}$, $c = \dfrac{3}{2}$, $d = \dfrac{1}{2}$, 可得到不等式:

$$\operatorname{sig}^{\frac{1}{2}}(y_1)(y_2 - y_2^*) \leqslant \frac{\beta_1^{\frac{1}{2}}}{4} y_1^2 + \left(\frac{3}{\beta_1^{\frac{1}{2}}} \right)^3 \xi^2. \tag{8.3.16}$$

考虑到 $\dfrac{\partial \operatorname{sig}^2(y_2^*)}{\partial y_1} = -\beta_1$, 再次利用引理 A.1.1 可得

$$\frac{\partial W(y_1, y_2)}{\partial y_1} \dot{y}_1 \leqslant |y_2 - y_2^*| \, |\xi| \left| \frac{\partial \operatorname{sig}^2(y_2^*)}{\partial y_1} y_2 \right| \leqslant 2^{\frac{1}{2}} \beta_1 |\xi|^{\frac{3}{2}} |y_2|, \tag{8.3.17}$$

又因为

$$|y_2| = \left| \operatorname{sig}^2(y_2) \right|^{\frac{1}{2}} = \left| \xi + \operatorname{sig}^2(y_2^*) \right|^{\frac{1}{2}} \leqslant \left(|\xi| + |y_2^*|^2 \right)^{\frac{1}{2}},$$

由引理 A.1.3 可得 $|y_2| \leqslant |\xi|^{\frac{1}{2}} + |y_2^*|$.

综上, 由式 (8.3.17) 可知

$$\frac{\partial W(y_1, y_2)}{\partial y_1} \dot{y}_1 \leqslant 2^{\frac{1}{2}} \beta_1 |\xi|^{\frac{3}{2}} \left(|\xi|^{\frac{1}{2}} + |y_2^*| \right) \leqslant 2^{\frac{1}{2}} \beta_1 \xi^2 + 2^{\frac{1}{2}} \beta_1^{\frac{3}{2}} |\xi|^{\frac{3}{2}} |y_1|^{\frac{1}{2}}, \quad (8.3.18)$$

利用引理 A.1.1, 令 $\gamma = \dfrac{2^{\frac{1}{2}}}{\beta_1}$, $C = \dfrac{1}{2}$, $d = \dfrac{3}{2}$, 可得

$$2^{\frac{1}{2}} \beta_1^{\frac{3}{2}} |\xi|^{\frac{3}{2}} |y_1|^{\frac{1}{2}} \leqslant 2^{\frac{1}{2}} \beta_1^{\frac{1}{2}} y_1^2 + \frac{3}{4} \times 2^{\frac{1}{2}} \beta_1^{\frac{3}{2}} \times \left(2^{-\frac{1}{2}} \beta_1 \right)^{\frac{1}{3}} \xi^2 \leqslant \frac{1}{2} \beta_1^{\frac{1}{2}} y_1^2 + \beta_1^{\frac{11}{6}} \xi^2, \quad (8.3.19)$$

把式 (8.3.19) 代入式 (8.3.18) 可得

$$\frac{\partial W(y_1, y_2)}{\partial y_1} \dot{y}_1 \leqslant \frac{1}{2} \beta_1^{\frac{1}{2}} y_1^2 + \left(\frac{1}{2} \beta_1 + \beta_1^{\frac{11}{6}} \right) \xi^2. \quad (8.3.20)$$

结合式 (8.3.16) 和式 (8.3.20), 可以将不等式 (8.3.15) 改写为

$$\dot{V}_2(y_1, y_2) \leqslant \left(\frac{27}{\beta_1^{\frac{3}{2}}} + 2^{\frac{1}{2}} \beta_1 + \beta_1^{\frac{11}{6}} \right) \xi^2 - \frac{\beta_1^{\frac{1}{2}}}{4} y_1^2 + \mathrm{sig}^2(\xi)(a(t,x) + b(t,x)U), \quad (8.3.21)$$

将式 (8.3.11) 代入式 (8.3.21) 可得

$$\dot{V}_2(y_1, y_2) \leqslant -\frac{\beta_1^{\frac{1}{2}}}{4} y_1^2 + \left(\frac{27}{\beta_1^{\frac{3}{2}}} + 2^{\frac{1}{2}} \beta_1 + \beta_1^{\frac{11}{6}} \right) \xi^2$$

$$+ \mathrm{sig}^2(\xi) \left[a(t,x) - b(t,x) \, \mathrm{sgn} \left(\mathrm{sig}^2(y_2) + \beta_1 y_1 \right) \right], \quad (8.3.22)$$

又因为 $\mathrm{sig}^2(y_2) - \mathrm{sig}^2(y_2^*) = \mathrm{sig}^2(y_2) + \beta_1 y_1 = \xi$, 以及 $b(t,x) = \dfrac{v_{\mathrm{in}0}}{L_0 C_0}$, 所以式 (8.3.22) 可转化为

$$\dot{V}_2(y_1, y_2) \leqslant \left(\frac{27}{\beta_1^{\frac{3}{2}}} + 2^{\frac{1}{2}} \beta_1 + \beta_1^{\frac{11}{6}} \right) \xi^2 - \frac{\beta_1^{\frac{1}{2}}}{4} y_1^2 + \mathrm{sig}^2(\xi) a(t,x) - \frac{v_{\mathrm{in}0}}{L_0 C_0} |\xi|^2, \quad (8.3.23)$$

由式 (8.3.5) 可知

$$|a(t,x)| \leqslant \left| \frac{1}{R_0^2 C_0^2} - \frac{1}{L_0 C_0} \right| v_{\mathrm{ref}} + \frac{v_{\mathrm{ref}}}{R_0^2 C_0^2} + d. \quad (8.3.24)$$

另外, 由条件式 (8.3.8) 可得

$$\frac{v_{\mathrm{in}0}}{L_0 C_0} > \left| \frac{1}{R_0^2 C_0^2} - \frac{1}{L_0 C_0} \right| v_{\mathrm{ref}} + \frac{v_{\mathrm{ref}}}{R_0^2 C_0^2} + d + \frac{27}{\beta_1^{\frac{3}{2}}} + \sqrt{2}\beta_1 + \beta_1^{\frac{1}{8}} + \frac{1}{4}\sqrt{\beta_1}.$$

综上, 可得

$$\dot{V}_2\left(y_1, y_2\right) \leqslant -\frac{\beta_1^{\frac{1}{2}}}{4}\left(y_1^2 + \xi^2\right),$$

再根据 $\displaystyle\int_{y_2^*}^{y_2} \mathrm{sig}^2(\mathrm{sig}^2(k) - \mathrm{sig}^2(y_2^*))\mathrm{d}k \leqslant |y_2 - y_2^*|\,|\xi|^2 \leqslant 2^{\frac{1}{2}}|\xi|^{\frac{5}{2}}$, 可知

$$V_2\left(y_1, y_2\right) \leqslant 2\left(|y_1|^{\frac{5}{2}} + |\xi|^{\frac{5}{2}}\right).$$

令 $c = 2^{-\frac{14}{5}}\beta_1^{\frac{1}{2}}$, $\alpha = \dfrac{4}{5}$, 利用定理 A.1.3, 可得

$$\dot{V}_2\left(y_1, y_2\right) + cV_2^{\alpha}\left(y_1, y_2\right) \leqslant 0.$$

因为 $0 < \alpha < 1$, 应用引理 A.2.1 可知, 闭环系统 (8.3.2) 和 (8.3.9) 有限时间稳定. 证毕. ∎

注 8.3.1　目前已有一些文献对 Buck 型直流-直流变换器的二阶滑模控制进行了研究, 且大部分方法采用的是次最优控制方法[242,243]. 在稳定性分析上, 也仅给出了收敛性证明而非 Lyapunov 稳定性分析. 与已有文献不同的是, 本章给出了二阶滑模控制下的闭环系统 Lyapunov 稳定性分析.

8.4　面向应用的二阶滑模控制设计改进

由控制器 (8.3.9) 可知, 控制信号包括两个状态: $U = 1$ 和 $U = -1$. 因此, Buck 型直流-直流变换器的开关状态 μ 与滑模控制器输出 U 之间的关系可用下面的关系来表示:

$$\mu = \frac{1}{2}\left(1 + \mathrm{sgn}(U)\right). \tag{8.4.1}$$

此外, 当滑模变量到达 $\mathrm{sig}^2(\dot{s}) + \beta_1 s = 0$ 时, 开关频率趋于无穷. 由于此时开关频率过高, 二阶滑模控制器 (8.3.9) 无法实现. 针对这一问题, 可以加入滞环来解决, 因此可将控制器 (8.4.1) 重新设计为

$$u = \begin{cases} 1, & \mathrm{sig}^2(\dot{s}) + \beta_1 s < -\lambda, \\ 0, & \mathrm{sig}^2(\dot{s}) + \beta_1 s \geqslant \lambda, \\ \text{不改变}, & \text{其他}, \end{cases} \tag{8.4.2}$$

其中, λ 为足够小的常数. 此时, 滑模变量会收敛到如下区域:

$$\Omega = \left\{-\lambda < \mathrm{sig}^2(\dot{s}) + \beta_1 s < \lambda\right\}. \tag{8.4.3}$$

在这种情况下, 当滑模变量在区域 Ω 时, 开关状态将不会发生改变, 从而可以有效地防止非连续二阶滑模的高频切换. 同时, 通过设置 λ 的大小, 还可以得到适合 Buck 型直流-直流变换器硬件参数的开关频率. 最后, 图 8.4.1 给出了基于二阶滑模控制的 Buck 型直流-直流变换器原理框图.

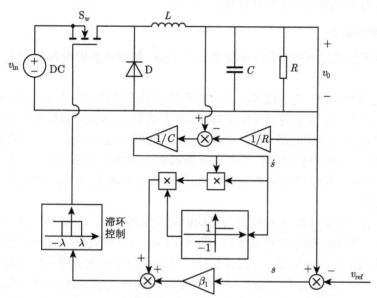

图 8.4.1 基于二阶滑模控制的 Buck 型直流-直流变换器原理框图

8.5 数值仿真与实验验证

为了进一步验证二阶滑模控制器 (8.3.9) 的控制效果, 将分别利用 MATLAB 和数字信号处理 (digital signal processing, DSP) 实验平台进行仿真和实验验证. Buck 型直流-直流变换器实验平台的参数如表 8.5.1 所示.

表 8.5.1 Buck 型直流-直流变换器实验平台的参数

名称	参数	数值
输入电压/V	v_{in}	30
目标输出电压/V	v_{ref}	15
电感/μH	L	330
电容/μF	C	1000
负载电阻/Ω	R	100

在仿真过程中, 集总干扰设为 $w_1(t) = 0.1\sin(2t)(\mathrm{V})$、$w_2(t) = 0.1\cos(2t)(\mathrm{A})$. 常数 β_1 分别取 1、5、10, λ 分别取 1、5、10. 经计算, 所选的 β_1 满足条件 (8.3.8), 即

$$\frac{v_{\mathrm{in}0}}{L_0 C_0} > \left| \frac{1}{R_0^2 C_0^2} \frac{1}{L_0 C_0} \right| v_{\mathrm{ref}} + \frac{v_{\mathrm{ref}}}{R_0^2 C_0^2} + d + \frac{27}{\beta_1^{\frac{3}{2}}} + \sqrt{2}\beta_1 + \beta_1^{\frac{11}{6}} + \frac{1}{4}\sqrt{\beta_1}.$$

接下来, 分别利用 MATLAB 仿真和 DSP 实验平台 (TMS320F28335) 来验证本章所提方法的可行性与有效性.

8.5.1　数值仿真

在本节仿真过程中, 采样周期设定为 1ms, 初始状态设置为 $[i_L(0), v(0)]^{\mathrm{T}} = [0,0]^{\mathrm{T}}$.

首先, 验证参数 β_1 的影响. 二阶滑模控制器的参数取为 $\lambda = 1$, $\beta_1 = 1, 5, 10$. 图 8.5.1(a) 和 (b) 分别为负载突变时 Buck 型直流-直流变换器输出电压的变化波形和滑模变量的变化波形. 在仿真过程中, 当时间到达 9s 时, 将负载电阻降低至 50Ω, 当仿真时间到达 12s 时, 将负载重新增加到 100Ω. 从图 8.5.1(a) 和 (b) 可以看出, 控制器具有较好的抗干扰性能, 也可以看出当增大 β_1 时, 滑模变量 s 的收敛速度变快.

接下来, 验证参数 λ 对控制效果的影响. 分别令 $\beta_1 = 10$, $\lambda = 1, 5, 10$, 得到图 8.5.1(c) 和 (d) 所示的仿真波形. 图 8.5.1(c) 为负载突变时 Buck 型直流-直流变换器输出电压的变化波形. 图 8.5.1(d) 为负载突变时滑模变量的变化波形. 从图 8.5.1(d) 可以看出, 当 λ 减小时, 滑模变量 s 的收敛速度变快. 图 8.5.2 为 λ 取不同值情况下的二阶滑模控制信号, 从图中可以看出, 当 λ 取值减小时, 控制信号的切换频率随之变大.

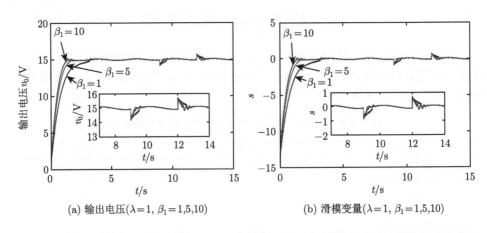

(a) 输出电压($\lambda=1$, $\beta_1=1,5,10$)　　　　　　(b) 滑模变量($\lambda=1$, $\beta_1=1,5,10$)

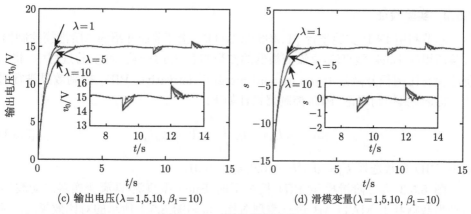

(c) 输出电压($\lambda=1,5,10$, $\beta_1=10$)　　　　　　(d) 滑模变量($\lambda=1,5,10$, $\beta_1=10$)

图 8.5.1　二阶滑模输出波形

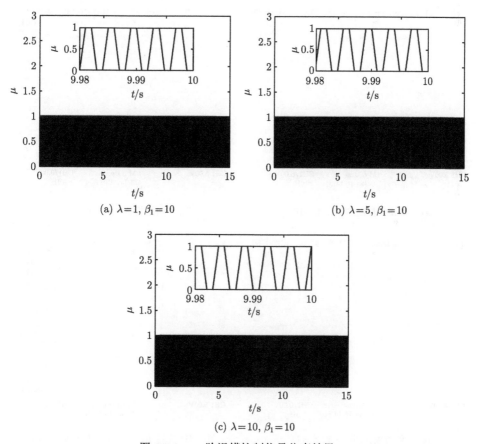

(a) $\lambda=1$, $\beta_1=10$　　　　　　　　　　　(b) $\lambda=5$, $\beta_1=10$

(c) $\lambda=10$, $\beta_1=10$

图 8.5.2　二阶滑模控制信号仿真结果

8.5.2　实验验证

本节利用 DSP 实验平台 (TMS320F28335) 验证前面介绍的二阶滑模控制器. 实验所用的 Buck 型直流-直流变换器的参数与表 8.5.1一致. 在实验过程中, 将二阶滑模与比例积分微分 (proportional integral derivative, PID) 控制效果进行对比. 根据经典控制理论, PID 控制器设计如下:

$$u_{\mathrm{PID}} = k_p s + k_i \int_0^{15} s\mathrm{d}\tau + k_d \dot{s}, \tag{8.5.1}$$

其中, PID 参数选择 $k_p = 0.5, k_i = 0.9, k_d = 0.01$.

图 8.5.3 为二阶滑模和 PID 控制下的 Buck 型直流-直流变换器启动波形. 将波形数据利用 MATLAB 进行整理对比, 得到图 8.5.4 所示的对比效果图. 从图 8.5.4 可以看出, 当 β_1 取值增大时, 系统动态响应速度变快, 与仿真结果吻合.

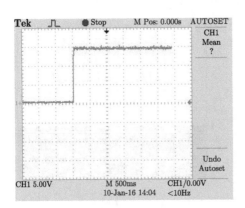

(a) 二阶滑模控制($\lambda = 1$, $\beta_1 = 10$)

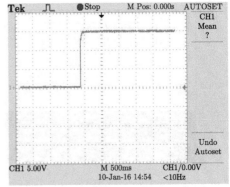

(b) 二阶滑模控制($\lambda = 1$, $\beta_1 = 5$)

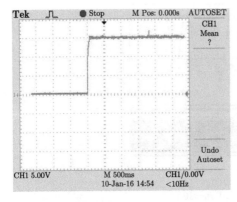

(c) 二阶滑模控制($\lambda = 1$, $\beta_1 = 1$)

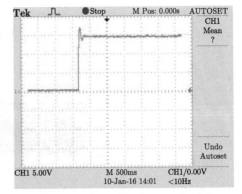

(d) PID 控制($K_p = 0.5$, $K_i = 0.9$, $K_d = 0.01$)

图 8.5.3　输出电压启动波形

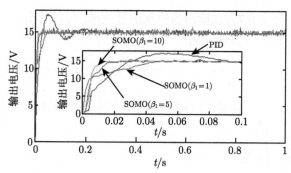

图 8.5.4　二阶滑模控制 $(\lambda = 1,\ \beta_1 = 1, 5, 10)$ 和 PID 控制下启动波形对比

图 8.5.5 和图 8.5.6 分别为 λ 取不同值时输出电压波形和 PID 控制下的输出

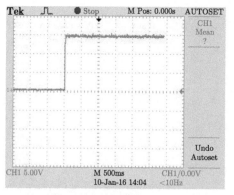

(a) $\lambda = 1$, $\beta_1 = 10$

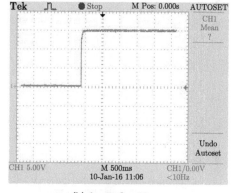

(b) $\lambda = 5$, $\beta_1 = 10$

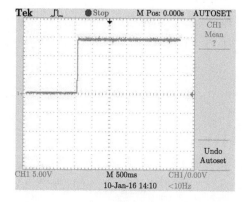

(c) $\lambda = 10$, $\beta_1 = 10$

图 8.5.5　二阶滑模控制下的输出电压波形

电压波形对比图, 图 8.5.7为二阶滑模控制信号波形. 可以看出, 当 λ 减小时, 系统动态响应速度变快, 开关频率变高.

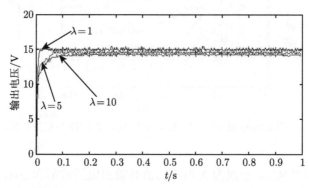

图 8.5.6 二阶滑模控制 ($\lambda = 1, 5, 10$, $\beta_1 = 10$) 和 PID 控制下输出电压波形对比

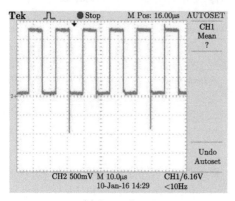

(a) $\lambda = 1$, $\beta_1 = 10$

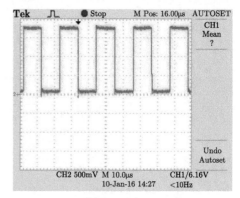

(b) $\lambda = 5$, $\beta_1 = 10$

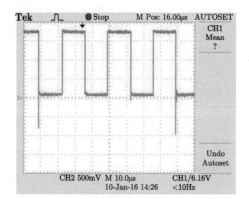

(c) $\lambda = 10$, $\beta_1 = 10$

图 8.5.7 二阶滑模控制信号波形实验结果

为验证二阶滑模控制器参数与抗干扰性能之间的关系, 本实验将 Buck 型直流-直流变换器的负载先从 100Ω 切换到 50Ω, 再从 50Ω 切换到 100Ω, 并对 λ 和 β_1 取不同值的控制效果进行对比.

图 8.5.8 为负载突变时, 二阶滑模控制器的参数取不同值时的输出电压波形和 PID 控制下输出电压波形. 图 8.5.9 为上述四种输出电压波形的对比图. 从图 8.5.9 可以看出, 二阶滑模控制器的抗干扰性能优于 PID 控制器. 图 8.5.10 为负载突变时, 二阶滑模控制器 λ 取不同值时的输出电压波形. 图 8.5.11 为不同 λ 值的二阶滑模控制器控制效果对比.

从图 8.5.9 和图 8.5.11可以看出, λ 和 β_1 取不同值时对控制效果的影响与仿真结果一致.

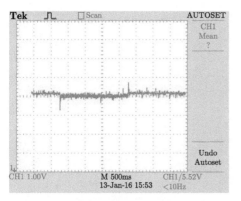

(a) 二阶滑模控制($\lambda=1$, $\beta_1=10$)

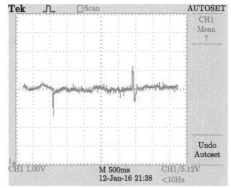

(b) 二阶滑模控制($\lambda=1$, $\beta_1=5$)

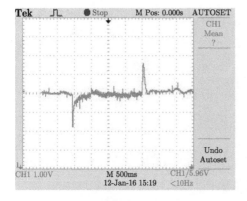

(c) 二阶滑模控制($\lambda=1$, $\beta_1=1$)

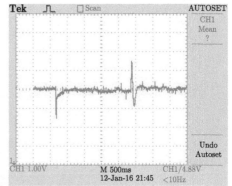

(d) PID 控制($K_p=0.5$, $K_i=0.9$, $K_d=0.01$)

图 8.5.8　负载突变时的输出电压波形

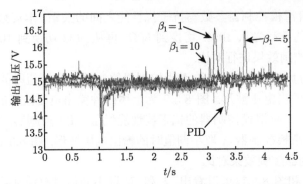

图 8.5.9　　负载突变时 PID 控制和二阶滑模下的输出电压波形对比

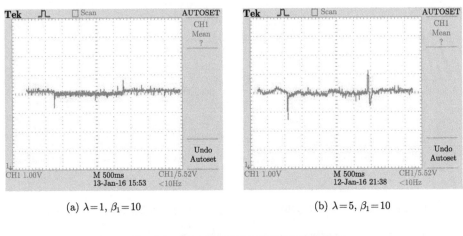

(a) $\lambda=1$, $\beta_1=10$　　　　　　　　　　　　(b) $\lambda=5$, $\beta_1=10$

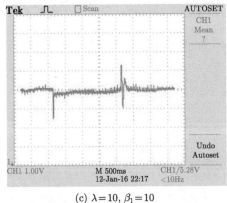

(c) $\lambda=10$, $\beta_1=10$

图 8.5.10　　负载突变时二阶滑模控制下的输出电压波形

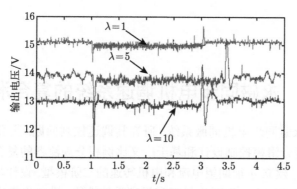

图 8.5.11　负载突变时二阶滑模控制下的输出电压波形 ($\lambda = 1, 5, 10,\ \beta_1 = 10$)

8.6　本章小结

　　针对 Buck 型直流-直流变换器系统基于传统滑模输出电压跟踪控制方法中的常见问题, 本章提出了一种新的二阶滑模控制方法. 该方法的优点在于: 一方面, 直接将输出电压的跟踪误差作为滑模变量, 有效简化了滑模面的设计; 另一方面, 所设计的二阶滑模控制器可使闭环系统在有限时间内稳定, 而不仅是传统意义上的有限时间收敛. 仿真和实验结果都验证了所提控制方法的有效性.

第 9 章　永磁同步电机调速系统的复合滑模控制

本章针对永磁同步电机伺服系统, 研究其调速控制问题, 主要包括基于扩张状态观测器的复合滑模控制设计和基于广义比例积分观测器的复合连续时间滑模控制设计. 首先, 建立 q 轴期望电流和电机转速的二阶模型, 设计基于二阶模型的速度环基准滑模控制器. 为减小抖振和提高系统性能, 进一步提出一种复合滑模控制器, 其中反馈部分基于滑模控制, 干扰估计补偿部分基于扩张状态观测器, 相关仿真和实验结果验证了复合滑模控制器的有效性. 然后, 基于广义比例积分观测器和连续时间滑模控制技术, 提出一种连续型的复合滑模控制方法. 该复合滑模控制器包含时变干扰前馈项, 使得系统对时变干扰具有抑制能力. 此外, 控制器中的控制增益也可选为较小的值, 从而使系统稳态速度的波动减小. 最后, 仿真和实验表明, 与基于基准连续滑模的调速控制方法相比, 本章所提出的复合控制方法具有明显的优势.

9.1　引　　言

永磁同步电机具有气隙磁密高、转矩脉动小、转矩/惯量比大、效率高、结构简单等优点, 在工业领域获得了广泛的应用 [232,244,245]. 永磁同步电机系统是一个高阶、多变量、强耦合、参数时变的非线性系统. 在实际应用中, 永磁同步电机系统经常会受到时变干扰的影响, 这些干扰主要包括未建模动态、不确定的模型参数和外部负载干扰等. 当系统受到这些干扰影响时, 传统的线性控制策略如 PID 控制等难以获得满意的控制性能. 因此, 对控制工程师来说, 设计一种能兼顾动态响应速度和稳态精度的控制方法非常重要. 为克服这些问题, 近年来有许多先进的非线性控制技术用于永磁同步电机伺服系统, 如自适应控制 [18,246-249]、鲁棒控制 [250]、滑模控制 [251-255]、输入输出线性化控制 [256,257]、Backstepping 控制 [258,259]、有限时间控制 [260] 和智能控制 [261-264], 这些控制方法从不同方面提高了伺服系统的控制性能.

与直接转矩控制相比, 矢量控制方法得到了更多的关注和发展. 矢量控制方法将电流矢量在磁场定向坐标上分解成产生磁通的励磁电流分量和产生转矩的转矩电流分量, 并使两分量相互垂直, 彼此独立, 然后分别进行调节, 这使交流电机的转矩控制从原理和特性上与直流电机相似. 矢量控制方法通常采用一个串级控制回路结构, 例如, 针对速度调节问题, 控制方案包括一个速度环和两个电流环.

该级联结构在提高系统抗干扰和响应性能方面具有明显的优势. 在矢量控制和串级控制结构框架下, 设计速度环时, 通常采用一阶模型大致描述参考交轴电流和速度输出之间的关系, 即将参考交轴电流 i_q^* 视作交轴电流 i_q [247, 260, 265]. 为控制速度输出, 通常转矩 (电流) 控制的响应速度要比速度环快. 当速度环控制周期明显比电流环控制周期大时, 如十倍或更高的倍数, 这种近似误差可忽略. 然而, 考虑高性能伺服系统的发展趋势, 采样周期越来越小, 速度环和电流环之间控制周期的相对差异也越来越小, 甚至消失. 在这种情况下, 这种近似就降低了永磁同步电机的闭环系统性能.

在实际工业应用中, 永磁同步电机系统中存在着各种各样的干扰, 如摩擦、未建模动态、外部负载干扰等. 滑模控制由于较强的抗干扰性能以及简单易实现的特点受到越来越多的关注 [145]. 但是, 由于存在高频切换控制行为, 滑模控制方法在应用中不可避免地存在抖振问题. 严重的抖振现象可能会导致控制系统无法正常运行. 因此, 为削弱系统抖振, 研究者提出了许多控制方法. 一种方法是设计较小的滑模控制增益. 这类典型的方法有基于学习方法的滑模控制 [266-268]、自适应滑模控制 [269, 270] 和基于干扰估计补偿的复合滑模控制 [271]. 该类控制策略可削弱系统抖振, 但由于高频切换函数的存在, 这类控制策略依然是非连续的. 另一种方法是连续时间滑模控制器设计, 使用饱和函数替代传统控制器中非连续的部分, 文献 [138] 和 [254] 设计了基于边界层的滑模控制方法, 但是这种方法在一定程度上牺牲了系统的抗干扰性能. 为设计一种连续的滑模控制器且不牺牲系统的抗干扰性能, 文献 [209] 和 [272] 提出了一种连续时间滑模控制方法. 该方法通过设计一个全阶滑模面, 将传统滑模控制器中的高频切换函数隐藏在滑模变量的高阶导数中, 使控制作用连续化.

本章的主要目标是针对永磁同步电机伺服控制系统设计一种基于干扰观测器和滑模控制器的复合速度控制器, 在抑制时变干扰的同时减小永磁同步电机控制系统的稳态速度波动. 具体内容包括两部分: 第一部分, 建立描述交轴参考电流和速度输出之间关系的二阶模型, 基于该模型为速度环设计一个基准滑模控制器. 然后, 引入一个扩张状态观测器 (extended state observer, ESO) 来观测系统的干扰, 进而基于干扰估计与基准滑模控制器设计一种复合速度控制器. 基于 ESO 对干扰进行估计补偿后, 切换增益只需要大于干扰估计误差的上界. 这样在保持抗干扰性能的同时, 永磁同步电机闭环系统抖振现象将被有效削弱. 通过相关的仿真和实验结果对比验证所提方法的有效性. 第二部分, 基于永磁同步电机系统模型设计一种基于 CSMC 方法的速度控制器. 然而, 当系统受到强干扰影响时, CSMC 中较高的控制增益会导致控制系统产生大的稳态速度波动. 同时考虑到永磁同步电机系统往往会受到时变干扰的影响, 本部分提出一种基于 CSMC 和广义比例积分观测器 (generalized proportional integral observer, GPIO) 的复合速度控制方法. 最后, 通过仿真和实验验证所提复合控制策略的有效性.

9.2　系统建模和问题描述

本节首先介绍伺服控制系统的数学模型. 假设电机磁路未饱和, 忽略涡流及磁滞损耗的影响, 且电机定子三相绕组在磁场空间上呈正弦分布, 在随转子旋转的坐标系下, 给出如下永磁同步电机的定子电压方程 [232]:

$$
\begin{cases}
\dfrac{\mathrm{d}i_d}{\mathrm{d}t} = -\dfrac{R}{L_d}i_d + \dfrac{L_q}{L_d}\omega_e i_q + \dfrac{1}{L_d}u_d, \\[2mm]
\dfrac{\mathrm{d}i_q}{\mathrm{d}t} = -\dfrac{R}{L_q}i_q - \dfrac{L_d}{L_q}\omega_e i_d - \dfrac{\omega_e}{L_q}\psi_f + \dfrac{1}{L_q}u_q,
\end{cases}
\tag{9.2.1}
$$

其中, i_d 和 i_q 为在 d-q 坐标轴下的定子电流; u_d 和 u_q 为在 d-q 坐标轴下的定子电压; L_d 和 L_q 为在 d-q 坐标轴下定子绕组的直交轴电感; R 为定子绕组; ω_e 为转子电角速度; ψ_f 为转子永磁体产生的磁势.

对于表贴式永磁同步电机, 可忽略凸极效应, 则在 d-q 坐标轴下的定子绕组的直交轴电感可表示为 L, 即 $L_d = L_q = L$. 因此, 系统模型的磁阻转矩分量可忽略. 本章使用矢量控制框架来实现永磁同步电机伺服系统的控制. 为简化系统, 设计 d 轴参考电流为 $i_d^* = 0$. 如果两个电流控制器在矢量控制框架下有效地运行, d 轴电流 i_d 就可控制到零, 从而消除角速度和电流之间的耦合关系, 可使永磁同步电机伺服系统获得最大的输出转矩. 电磁转矩 T_e 可表述为

$$
T_e = K_t i_q,
\tag{9.2.2}
$$

其中, $K_t = 3n_p\psi_f/2$ 为电机转矩常数, n_p 为电机极对数. 电机转矩可通过调节 q 轴电流 i_q 来控制. 因此, 在 d-q 坐标轴下控制永磁同步电机就类似于对直流电机的控制, 这样就使得对永磁同步电机的控制相对简单. 相应的电机动态方程可表示为

$$
\frac{\mathrm{d}\omega}{\mathrm{d}t} = \frac{K_t}{J}i_q - \frac{B}{J}\omega - \frac{T_L}{J},
\tag{9.2.3}
$$

其中, $\omega = n_p\omega_e$ 为电机转子机械角速度; T_L 为电机负载转矩; B 为黏性摩擦系数; J 为包括电机和负载的总的转动惯量.

矢量控制框架下永磁同步电机伺服调速系统原理图如图 9.2.1 所示. 整个系统包括可加载的永磁同步电机 (permanent magnet synchronous motor, PMSM)、三相电压源逆变器、空间矢量脉冲宽度调制 (space vector pulse-width-modulation, SVPWM) 模块、矢量控制框架和三个控制器. 控制系统采用级联结构, 包含一个

速度环和两个电流环. 两个电流环采用标准的 PI 控制来稳定 d-q 坐标轴的电流误差. 电机转子速度 ω 和转子位置 θ 可通过测量位置和速度传感器得到. 电流 i_d 和 i_q 可以从 i_a 和 i_b 通过 $ab/\alpha\beta$ Clarke 变换和 $\alpha\beta/dq$ Park 变换得到. i_a 和 i_b 通过霍尔电流传感器检测来得到. 参考电流 i_q^* 由速度环确定.

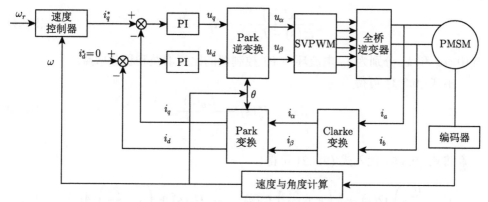

图 9.2.1 矢量控制框架下永磁同步电机伺服调速系统原理图

9.3 基于扩张状态观测器的复合滑模速度控制

本节的研究目标是基于模型 (9.2.3) 为永磁同步电机伺服系统设计复合速度控制器, 使该控制器既可抑制时变干扰对系统的影响, 又可减小系统的稳态速度波动. 本节的重点是速度环控制器的设计, 两个电流环采用标准 PI 控制器来稳定 d-q 坐标轴电流误差. 为实现状态变量速度和电流的解耦, 将期望电流 i_d^* 设置为零.

根据式 (9.2.3), 电机的动态方程重写为

$$\dot{\omega} = bi_q + a(t), \tag{9.3.1}$$

其中, $b = \dfrac{K_t}{J}$; $a(t) = -\dfrac{B}{J}\omega - \dfrac{T_L}{J}$ 为系统集总干扰, 包括摩擦和外部负载干扰.

式 (9.3.1) 的拉普拉斯变换为

$$s\Omega(s) = bI_q(s) + A(s). \tag{9.3.2}$$

当设计速度环控制器时, 通常将 q 轴的定子电流 i_q 用参考电流 i_q^* 代替, 即

$$\dot{\omega} \approx bi_q^* + a(t). \tag{9.3.3}$$

　　因此, 期望交轴电流和输出转速的关系采用一阶模型近似描述, 有些文献中的控制器就是基于这种模型构造的 [247,260,265]. 但是, 由于忽略了电机系统的动态过程, 这种近似会降低 PMSM 系统的闭环性能. 下一步, 给出交轴参考电流和输出转速更精确的模型. 从图 9.2.1观察 i_q 电流环中 PI 控制器的输入和输出, 可得

$$\frac{U_q(s)}{I_q^*(s) - I_q(s)} = k_p + \frac{k_i}{s}, \tag{9.3.4}$$

其中, k_p 和 k_i 分别为 i_q 电流环中 PI 控制器的比例增益和积分增益.

　　由式 (9.3.4) 可得

$$I_q(s) = I_q^*(s) - \frac{U_q(s)}{k_p + \dfrac{k_i}{s}}. \tag{9.3.5}$$

　　将式 (9.3.5) 代入式 (9.3.2) 可得

$$\left(s^2 + \frac{k_i}{k_p}s\right) \Omega(s) = b\left(s + \frac{k_i}{k_p}\right) I_q^*(s) - \frac{b}{k_p}sU_q(s) + \left(s + \frac{k_i}{k_p}\right) A(s). \tag{9.3.6}$$

　　因此, 得到了永磁同步电机调速系统的期望交轴电流和输出速度关系的二阶模型.

　　为简化设计过程, 定义

$$U(s) = b\left(s + \frac{k_i}{k_p}\right) I_q^*(s), \tag{9.3.7}$$

即

$$I_q^*(s) = \frac{k_p}{b(k_ps + k_i)}U(s),$$

式 (9.3.6) 重写为

$$\left(s^2 + \frac{k_i}{k_p}s\right) \Omega(s) = U(s) - \frac{b}{k_p}sU_q(s) + \left(s + \frac{k_i}{k_p}\right) A(s). \tag{9.3.8}$$

式 (9.3.8) 的反拉普拉斯变换为

$$\ddot{\omega} = -\frac{k_i}{k_p}\dot{\omega} + d(t) + u, \tag{9.3.9}$$

其中, $d(t) = -\dfrac{b}{k_p}\dot{u}_q + \dot{a}(t) + \dfrac{k_i}{k_p}a(t)$ 可认为是集总干扰, 等效动态控制方程是二阶的.

9.3.1 基准滑模控制设计

定义 ω_r 为期望的速度信号, 则速度跟踪误差为

$$e = \omega_r - \omega. \tag{9.3.10}$$

将式 (9.3.9) 代入式 (9.3.10) 的两阶导数中, 得到如下的误差方程:

$$\ddot{e} = \ddot{\omega}_r - \ddot{\omega} = \ddot{\omega}_r + \frac{k_i}{k_p}\dot{\omega} - d(t) - u. \tag{9.3.11}$$

设计滑模面为

$$s = ce + \dot{e}, \quad c > 0. \tag{9.3.12}$$

速度控制器设计为

$$u = c\dot{e} + \ddot{\omega}_r + \frac{k_i}{k_p}\dot{\omega} + k\mathrm{sgn}(s). \tag{9.3.13}$$

在永磁同步电机调速系统中, 交轴参考电流 i_q^* 实际上是速度环控制器的输出量. 从式 (9.3.7) 和式 (9.3.13) 可知, i_q^* 从下面的表达式中得到:

$$i_q^* + \frac{k_i}{k_p}i_q^* = \frac{1}{b}\left(c\dot{e} + \ddot{\omega}_r + \frac{k_i}{k_p}\dot{\omega} + k\mathrm{sgn}(s)\right). \tag{9.3.14}$$

假设 9.3.1 $d(t)$ 是有界的且存在一个常数 $l_1 > 0$, 使 $|d(t)| \leqslant l_1, \forall t \geqslant 0$.

定理 9.3.1 如果假设 9.3.1 成立, 对于基于控制器 (9.3.14) 的 PMSM 系统 (9.2.1), 当 $k > l_1$ 时, 速度跟踪误差将收敛到零.

证明 根据上述分析, 得到误差方程 (9.3.11), 选取能量函数 Lyapunov 方程 $V = \frac{1}{2}s^2$, 对式 (9.3.11) 求导, 得到

$$\dot{V} = s\dot{s} = s(c\dot{e} + \ddot{e}) = s\left(c\dot{e} + \ddot{\omega}_r + \frac{k_i}{k_p}\dot{\omega} - d(t) - u\right). \tag{9.3.15}$$

将式 (9.3.13) 代入式 (9.3.15) 得到

$$\dot{V} = s\dot{s} = s(-k\mathrm{sgn}(s) - d(t)). \tag{9.3.16}$$

根据假设 9.3.1, $|d(t)| \leqslant l_1$, 式 (9.3.16) 可重写为

$$\dot{V} = s\dot{s} = s(-k\mathrm{sgn}(s) - d(t))$$

$$\leqslant -k\,|s| + |d(t)|\,|s|$$

$$= -\,[k - |d(t)|]\,|s|$$

$$\leqslant -\,[k - l_1]\,|s|$$

$$= -\sqrt{2}(k - l_1)V^{\frac{1}{2}}. \tag{9.3.17}$$

由上述不等式可得, 若 $k > l_1$, 则速度误差将在有限时间内到达滑模面 $s = 0$. 当速度误差到达滑模面时, 即 $s = ce + \dot{e} = 0$, 由于 $c > 0$, 速度误差将随着滑模面 $s = 0$ 收敛到 0. 证毕. ∎

根据上面的设计过程得到了基准的滑模控制器, 如图 9.3.1 所示. 图中的广义 PMSM 表示两个电流环, 包括 PMSM 和图 9.2.1中的其他组成部件. 为保证闭环系统的抗干扰性能, 滑模控制器 (9.3.14) 的切换增益 k 必须远大于集总干扰的上界. 如果集总干扰的上界不能精确估计, 切换增益 k 需要选取为很大的值, 导致滑模控制器的抖振加剧. 下面的仿真和实验结果表明, 基准滑模控制器的闭环系统稳态速度有明显的波动.

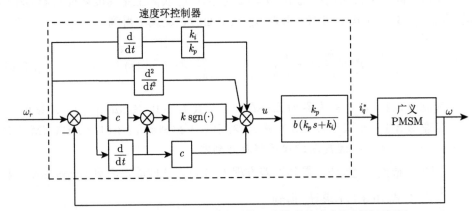

图 9.3.1　基于永磁同步电机调速系统二阶模型的速度控制原理框图

9.3.2　复合滑模控制设计

扩张状态观测器可以实现状态观测, 它不仅可使控制对象的状态量重现, 而且可估计出控制对象模型的不确定因素和干扰的实时值这一 "扩张状态", 因此称为扩张状态观测器. 扩张状态观测器在永磁同步电机控制中得到了广泛的应用, 观测出系统的集总干扰后, 在控制量中进行相应的补偿, 就可减小滑模控制器所需要的切换增益, 从而削弱抖振.

1. ESO 的设计

ESO 将系统的集总干扰 (包括内部干扰和外部干扰) 视作系统的一个新状态 [273,274]. 这种观测器比常规观测器多一阶, 可同时观测状态变量和干扰量, 并将干扰量的前馈补偿用于控制器设计. ESO 已被应用于一些工业控制领域, 如机器人 [275]、机械加工过程 [276]、电力变换器 [277]、PMSM 系统 [247,260,278] 及其他电机系统 [279,280] 等.

令干扰项 $d(t) = -\dfrac{b}{k_p}\dot{u}_q + \dot{a}(t) + \dfrac{k_i}{k_p}a(t)$. 由式 (9.3.8) 和式 (9.3.9) 可得 i_q^* 和 ω 的二阶模型.

对系统 (9.3.3) 设计如下的二阶扩张状态观测器 [248]:

$$\begin{cases} \dot{z}_1 = z_2 - 2p(z_1 - \omega) + bi_q^*, \\ \dot{z}_2 = -p^2(z_1 - \omega), \end{cases} \tag{9.3.18}$$

其中, z_1 为电机转速 ω 观测值; z_2 为干扰 $a(t)$ 的观测值; $-p$ 为干扰观测器极点且 $p > 0$.

2. 基于 ESO 前馈补偿的永磁同步电机复合滑模控制器设计

对系统 (9.3.9) 的速度环设计如下复合滑模控制器:

$$u = c\dot{e} + \ddot{\omega}_r + \frac{k_i}{k_p}\dot{\omega} + k\mathrm{sgn}(s) - \frac{k_i}{k_p}z_2, \tag{9.3.19}$$

即

$$\dot{i}_q^* + \frac{k_i}{k_p}i_q^* = \frac{1}{b}\left(c\dot{e} + \ddot{\omega}_r + \frac{k_i}{k_p}\dot{\omega} + k\mathrm{sgn}(s) - \frac{k_i}{k_p}z_2\right). \tag{9.3.20}$$

注意到上面的复合滑模控制器既含有基于反馈的滑模控制部分, 又含有干扰前馈补偿部分. 图 9.3.2 为基于 ESO 前馈补偿的复合滑模控制器控制系统原理框图.

假设 9.3.2 合理选择参数 k_i 和 k_p, 使 $d(t) - \dfrac{k_i}{k_p}z_2$ 是有界的, 即存在常数 $l_2 > 0$ 使 $\left|d(t) - \dfrac{k_i}{k_p}z_2\right| \leqslant l_2, \forall t \geqslant 0$.

定理 9.3.2 若系统 (9.2.1) 满足假设 9.3.2, 当取切换增益 $k > l_2$ 时, 对于永磁同步电机调速系统, 在滑模控制器 (9.3.20) 作用下, 系统的速度跟踪误差能收敛到零.

证明　选取 Lyapunov 函数 $V = \dfrac{1}{2}s^2$, 求对误差 (9.3.11) 的导数可得

$$\dot{V} = s\dot{s} = s(c\dot{e} + \ddot{e}) = s\left(c\dot{e} + \ddot{\omega}_r + \frac{k_i}{k_p}\dot{\omega} - d(t) - u\right). \tag{9.3.21}$$

将式 (9.3.19) 代入式 (9.3.21) 得到

$$\dot{V} = s\dot{s} = s\left(-k\,\mathrm{sgn}(s) - d(t) + \frac{k_i}{k_p}z_2\right). \tag{9.3.22}$$

根据假设 9.3.2, $\left|d(t) - \dfrac{k_i}{k_p}z_2\right| \leqslant l_2$. 因此, 将式 (9.3.22) 重写为

$$
\begin{aligned}
\dot{V} = s\dot{s} &= s\left(-k\,\mathrm{sgn}(s) - d(t) + \frac{k_i}{k_p}z_2\right) \\
&\leqslant -k\,|s| + \left|d(t) - \frac{k_i}{k_p}z_2\right||s| \\
&= -\left(k - \left|d(t) - \frac{k_i}{k_p}z_2\right|\right)|s| \\
&< -(k - l_2)\,|s| \\
&= -\sqrt{2}(k - l_2)V^{\frac{1}{2}}.
\end{aligned}
\tag{9.3.23}
$$

从上面的不等式可推出, 若 $k > l_2$, 则速度误差将在有限时间内到达滑模面 $s = 0$. 由于 $s = ce + \dot{e} = 0$, 其中, $c > 0$, 速度误差将沿滑模面收敛到零. 证毕. ∎

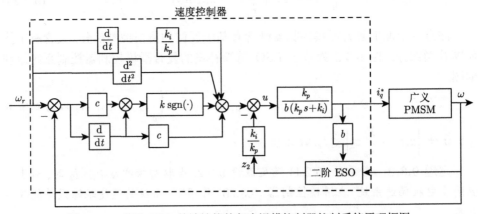

图 9.3.2　基于 ESO 前馈补偿的复合滑模控制器控制系统原理框图

注 9.3.1 定理 9.3.2 和定理 9.3.1 的结论类似, 但实际上定理 9.3.2 中的控制器增加了前馈补偿. 当 ESO 参数选择合理时, z_2 可保证 $d(t) - \dfrac{k_i}{k_p} z_2 = -\dfrac{b}{k_p}\dot{u}_q + \dot{a}(t) + \dfrac{k_i}{k_p}(a(t) - z_2)$ 的界比 $d(t)$ 更小. 因此, 在保证系统稳定性的前提下, SMC+ESO 复合滑模控制器中的改进滑模控制器符号函数切换增益可取得更小, 滑模控制器抖振问题得到有效改善.

9.3.3 数值仿真

为了验证所提复合控制方法的有效性, 对 SMC 和 SMC+ESO 两种控制方法在永磁同步电机伺服系统的应用进行了仿真和实验对比. 为公平起见, 两种方法具有相同的饱和限幅. 数值仿真和实验验证中 PMSM 伺服系统的电机参数为: 额定功率 $P_N = 0.75\mathrm{kW}$, 额定电压 $U_N = 200\mathrm{V}$, 额定电流 $I_N = 4.71\mathrm{A}$, 定子电阻 $R_s = 1.74\Omega$, 额定转速 $n_N = 3000\mathrm{r/min}$, 额定转矩 $T_N = 2.387\mathrm{N \cdot m}$, q 轴电感 $L_q = 4\mathrm{mH}$, d 轴电感 $L_d = 4\mathrm{mH}$, 磁链 $\psi_f = 0.1167\mathrm{Wb}$, 转子惯量 $J_n = 1.78 \times 10^{-4}\mathrm{kg \cdot m^2}$, 阻尼系数 $B = 7.403 \times 10^{-5}\mathrm{N \cdot m \cdot s/rad}$, 极对数 $n_p = 4$.

在 MATLAB/Simulink 平台上, 分别对采用 SMC+ESO 和 SMC 方法的永磁同步电机调速系统进行仿真. SMC 和 SMC+ESO 方法的控制增益都设置为 $k = 300$, ESO 方法的极点为 $-p = 10000$, 两个电流环中的 PI 控制器参数是相同的: 比例增益 $k_p = 80$, 积分增益 $k_i = 5000$. 饱和限幅值为 $i_q^* = \pm12\mathrm{A}$. 仿真结果如图 9.3.3 和图 9.3.4 所示.

图 9.3.3 表明 SMC 和 SMC+ESO 作用下的闭环系统都具有较短的调节时间和较小的超调量. 图 9.3.4 中随着控制增益变大, SMC 系统的抖振越来越明显. 此外, 具有更小控制增益的 SMC+ESO 系统不仅速度波动更小, 还保持了抗干扰性能, 有效削弱了抖振.

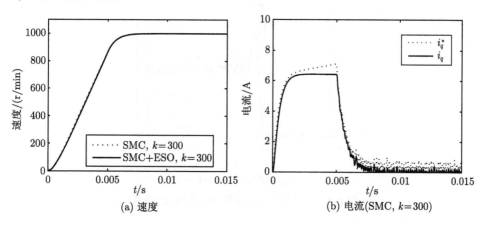

(a) 速度 (b) 电流(SMC, $k=300$)

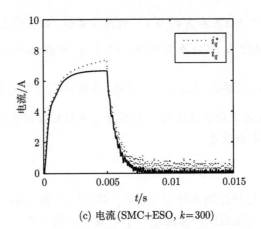

(c) 电流 (SMC+ESO, $k=300$)

图 9.3.3　　无负载转矩干扰时的响应曲线 (仿真)

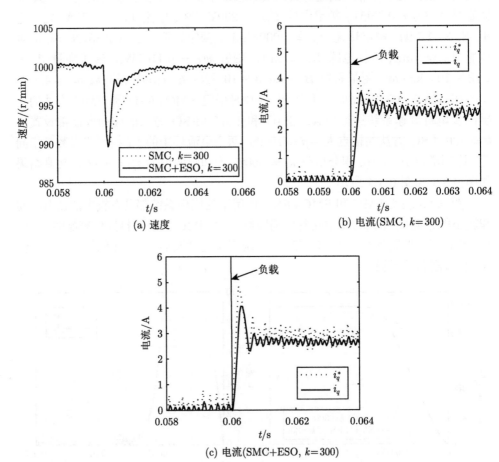

(a) 速度　　　　　　　　　　　　(b) 电流 (SMC, $k=300$)

(c) 电流 (SMC+ESO, $k=300$)

图 9.3.4　　突加负载干扰时的响应曲线 (仿真)

9.3.4 实验验证

本永磁同步电机调速系统实验平台采用基于 DSP 的全数字控制实现方式, 编程语言为 C 语言. 系统硬件结构框图和实验平台分别如图 9.3.5 和图 9.3.6 所示.

系统的主要组成部分有: 以德州仪器 (TI) 公司的 DSP 芯片 TMS320F2808 为核心的控制电路部分, 以智能功率模块 (intelligent power module, IPM) 为核心的逆变器电路部分及执行部件——永磁同步电机、光电编码器和霍尔器件等传感器, 以及键盘、显示模块和串口通信模块.

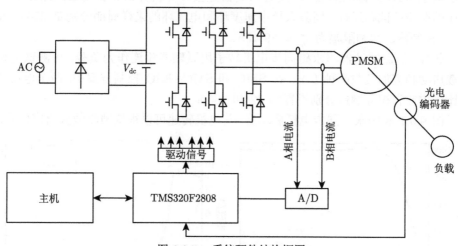

图 9.3.5 系统硬件结构框图

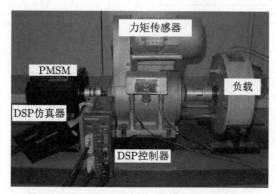

图 9.3.6 永磁同步电机调速系统实验平台

各个器件的主要作用为: 通过两路 12 位 A/D(analog/digital, 模拟/数字) 转换器用霍尔传感器采集两路电流信号; 在电机内部用 2500 线的光电编码器采集电机的转速信号及转子位置; DSP 芯片 TMS320F2808 (时钟频率为 100MHz) 为整个系统的核心, 用于完成坐标变换、速度控制器和电流控制器的运算、SVPWM 信号的生成等核心运算; 键盘和显示模块用于设定参数及显示当前系统状态; 串口通信模块是利用 TMS320F2808 芯片中的串行通信接口 (serial communication interface, SCI), 通过 RS232 通信标准, 实现与个人计算机的数据通信, 可在上位机中实现对调速系统的监控和参数设定; 逆变器电路以智能功率模块 (intelligent power module, IPM)(开关频率为 100kHz) 为核心, 根据 DSP 生成的 SVPWM 控制信号, 将电源输入转换成相应的三相交流电压驱动电机工作; 系统仿真电路是以基于 JTAG 标准的接口, 通过仿真器连接计算机并口和驱动器, 实现 DSP 程序的在线调试和运行. 伺服系统中速度环和电流环的采样周期分别是 250μs 和 60μs. 控制器的饱和限幅为 $i_q^* = \pm 9.42$A.

此外, 涡流制动器与永磁同步电机转子用联轴器相连作为负载, 可测试电机带载启动和突加负载两种工况. 在 SMC 和 SMC+ESO 控制方案中, 两个电流环的比例增益和积分增益分别设置为 42 和 2600.

图 9.3.7 表明永磁同步电机启动后, 其电机转速可以很快地收敛到给定信号,

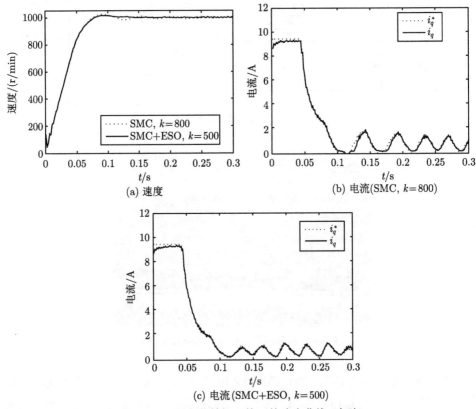

(a) 速度

(b) 电流(SMC, $k=800$)

(c) 电流(SMC+ESO, $k=500$)

图 9.3.7　无负载转矩干扰下的响应曲线 (实验)

即从 0 到 3000 rad/s. SMC 和 SMC+ESO (控制增益 k 更小) 方法都具有较小的超调和较短的调节时间.

　　在未带负载情况下系统的转速进入稳态后, 突加负载转矩 $T_L = 2.4\text{N}\cdot\text{m}$, 如图 9.3.8 所示, 当 k 取值较小时, 如 $k = 650$, 突加负载转矩后, 虽然电机转速可恢复到给定值, 但转速下降值很大, 达到 17.7r/min. 通常认为, 控制增益 k 越大, 闭环系统的抗干扰性能越好. 当 k 取较大的值, 如 $k = 800$ 时, 负载转矩下的转速响应如图 9.3.9 所示, 闭环系统的速度下降较小, 大约为 12r/min. 然而, 稳态时的抖振变得严重. 随着 k 继续增大到 $k = 900$, 响应曲线如图 9.3.10 所示, 在负载干扰情况下, 电机转速可很快恢复, 转速下降很小, 大约为 9r/min, 但抖振现象变得更加严重. 基于常规滑模控制方案, 选取系统增益时很难兼顾抗干扰性能和抖振问题, 文献 [255] 中针对同步磁阻电机的应用也提到了这一问题.

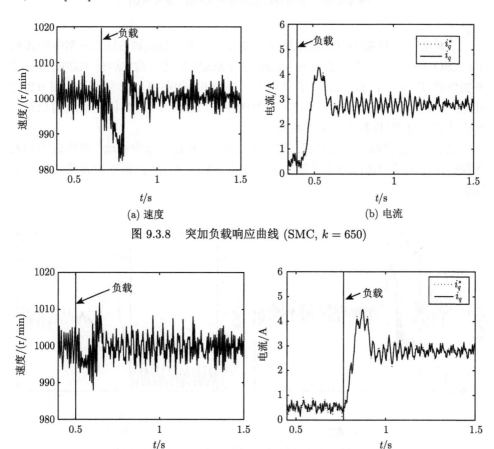

图 9.3.8　突加负载响应曲线 (SMC, $k = 650$)

图 9.3.9　突加负载响应曲线 (SMC, $k = 800$)

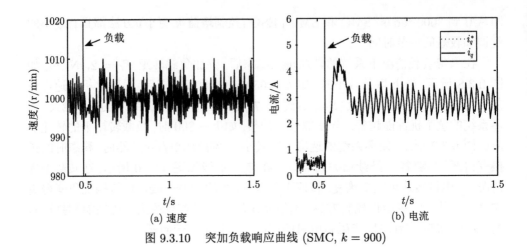

图 9.3.10　突加负载响应曲线 (SMC, $k = 900$)

当采用 SMC+ESO 方法时, 控制增益选取为 $k = 500$(较 SMC 方案中的参数小), ESO 方法的极点选取为 $p = -200$. 在 PMSM 的转速稳定运行 1000r/min 时突加负载 $T_L = 2\text{N} \cdot \text{m}$, 速度下降大约为 11r/min, 如图 9.3.11 所示. 从图 9.3.11 可看出, 复合滑模控制器 SMC+ESO 虽然控制增益较小, 但是闭环系统的稳态波动明显更小, 同时保持了抗干扰性能.

表 9.3.1 是详细的比较数据, 其中第二列 "带载稳定速度波动" 数据表明加入负载干扰恢复后的速度波动性能, 可以看出, SMC+ESO 控制下的系统转速下降要小得多.

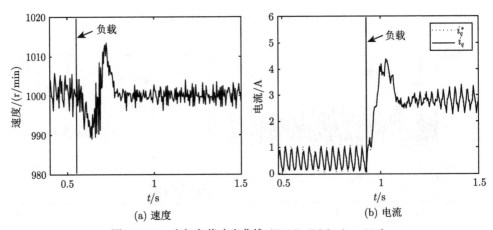

图 9.3.11　突加负载响应曲线 (SMC+ESO, $k = 500$)

表 9.3.1 性能指标比较 (实验)

控制方法		突加负载速度下降 /(r/min)	带载稳定速度波动 /(r/min)
SMC	$k = 650$	17.7	6.750
	$k = 800$	12	7.875
	$k = 900$	9	8.875
SMC+ESO	$k = 500$	11	3.875

9.4 基于广义比例积分观测器的复合滑模速度控制

基于电机动态方程 (9.2.3), 可得到永磁同步电机调速系统模型的标准形式. 根据这个标准形式, 可为系统设计基于 GPIO 的复合滑模速度控制器. 接下来将给出所推荐的复合滑模速度控制器的详细设计过程.

9.4.1 连续时间滑模控制设计

本节将设计基于 CSMC 策略的永磁同步电机速度控制器. 为了方便设计, 可把电机动态方程 (9.2.3) 重写为如下形式:

$$
\begin{aligned}
\dot{\omega} &= \frac{K_t}{J} i_q - \frac{B}{J} \omega - \frac{T_L}{J} \\
&= \frac{K_t}{J} i_q^* - \frac{B}{J} \omega - \frac{T_L}{J} - \frac{K_t}{J} (i_q^* - i_q) \\
&= b i_q^* + d(t),
\end{aligned}
\tag{9.4.1}
$$

其中, $b = K_t/J$; $d(t) = -(B\omega/J) - (T_L/J) - (K_t/J)(i_q^* - i_q)$ 为总的系统干扰, 包括摩擦、外部干扰和 q 轴电流环的跟踪误差.

令 w_r 为电机参考速度, 定义速度跟踪误差为

$$
e = \omega_r - \omega.
\tag{9.4.2}
$$

对方程 (9.4.2) 求导, 结合式 (9.4.1) 可获得如下的误差方程:

$$
\dot{e} = \dot{\omega}_r - b i_q^* - d(t).
\tag{9.4.3}
$$

依据引理 A.2.5, 可设计如下所示的 CSMC 控制器:

$$
i_q^* = b^{-1} \left(\dot{w}_r + ce + k \int_0^t \text{sgn}(s) \mathrm{d}\tau \right).
\tag{9.4.4}
$$

相应的滑模面为

$$
s = ce + \dot{e},
\tag{9.4.5}
$$

其中, $c > 0$; $k > 0$.

假设 9.4.1　假设 $\dot{d}(t)$ 有界, 且存在 $k_d > 0$ 使

$$|\dot{d}(t)| \leqslant k_d, \quad t \geqslant 0,$$

其中, $d(t)$ 为系统 (9.4.1) 中的集总干扰.

定理 9.4.1　若系统 (9.4.1) 满足假设 9.4.1, 则当控制增益 $k > k_d$ 时, 在 CSMC(9.4.4) 的作用下, 速度误差 $e = \omega_r - \omega$ 渐近收敛到零.

证明　将式 (9.4.3) 代入滑模面 (9.4.5), 可得

$$s = ce + \dot{e}$$
$$= ce + \dot{\omega}_r - bi_q^* - d(t). \tag{9.4.6}$$

然后将 CSMC 控制器 (9.4.4) 代入式 (9.4.6), 可得

$$s = -k \int_0^t \mathrm{sgn}(s)\mathrm{d}\tau - d(t). \tag{9.4.7}$$

选取能量函数 $V = \dfrac{1}{2}s^2$, 对 V 沿式 (9.4.7) 求导可得

$$\dot{V} = s\dot{s} = -k|s| - \dot{d}(t)s$$
$$\leqslant -k|s| + |\dot{d}(t)||s|$$
$$= -(k - |\dot{d}(t)|)|s|$$
$$\leqslant -(k - k_d)|s|$$
$$= -\sqrt{2}(k - k_d)V^{\frac{1}{2}}. \tag{9.4.8}$$

根据以上所示的分析过程, 当 CSMC 控制器 (9.4.4) 满足 $k > k_d$ 时, 电机的速度误差将在有限时间内达到滑模面 $s = 0$. 在到达滑模面 $s = ce + \dot{e} = 0$ 之后, 速度误差将沿着滑模面渐近收敛到零. 证毕. ∎

图 9.4.1 为所提出的基于 CSMC 策略的永磁同步电机伺服控制系统原理框图, 图中广义 PMSM 包括图 9.2.1 中可加载的永磁同步电机、三相电压源逆变器、空间矢量调制模块、矢量控制框架和两个电流控制器.

注 9.4.1　由于系统中加速度信号 $\dot{\omega}$ 不可测量, 在实际应用中, 可直接对 e 求导而得到 $\dot{e}$, 进而得到滑模变量 s, 并最终计算出控制器 (9.4.4). 但是注意到, 直接对 e 求导可能会使控制信号变化较大, 从而使系统不能稳定运行. 为避免出现这种情况, 可使用下面介绍的方法来计算控制器 (9.4.4). 通过观察式 (9.4.4)

能够发现, 只需要知道滑模面 s 的符号, 就可获得 CSMC 控制器 (9.4.4). 因此, 可定义一个新的函数 $g(t) = \int_0^t s(\iota)\mathrm{d}\iota = e(t) - e(0) + c\int_0^t e(\iota)\mathrm{d}\iota$ [272]. 通过计算 $\mathrm{sgn}(s) = \mathrm{sgn}(g(t) - g(t - \tau))$ 就可得到 $\mathrm{sgn}(s)$, 其中, τ 为采样时间, $s(t) = \lim\limits_{\tau \to 0}[(g(t) - g(t - \tau))/\tau]$.

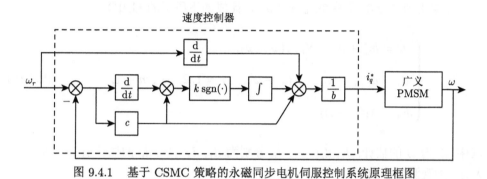

图 9.4.1　基于 CSMC 策略的永磁同步电机伺服控制系统原理框图

注 9.4.2　由上述连续滑模速度控制器的设计过程可知, 通过设计一个全阶滑模面, 可使传统滑模控制器中的高频切换函数隐藏在滑模变量的高阶导数中. 因此, 即使 CSMC 控制器 (9.4.4) 中含有高频切换函数 $\mathrm{sgn}(s)$, 控制变量 i_q^* 依然是连续的. 这就是所设计的连续滑模速度控制器可削弱抖振的本质原因.

9.4.2　连续复合滑模控制设计

永磁同步电机伺服控制系统通常会受到时变干扰的影响. 例如, 电动助力车经常会受到变化的环境干扰的影响. 这些干扰包括变化的风速、凹凸不平的路况等, 它们往往表现为常值、斜坡或抛物线形式的干扰. 当电动助力车在爬坡或是遇到阵风时, 所受到的干扰表现为斜坡而非常值形式. 在实际应用中, 抗干扰能力是评估控制系统性能的一项重要指标. 如果在控制方案中针对干扰设计前馈补偿策略, 就可抑制外部干扰对系统的影响, 从而提高控制系统的抗干扰性能. GPIO 可用来估计常见的各种时变干扰 [281,282].

为了使控制系统达到一个好的速度调节和干扰抑制性能, 本章提出 CSMC+GPIO 复合速度控制器.

1. GPIO 的设计

基于电机动态方程 (9.4.1), 可设计 GPIO. 若系统 (9.4.1) 中的干扰 $d(t)$ 可表示为式 (A.2.14) 的形式, 则方程 (9.4.1) 可扩展为

$$\begin{cases} \dot{\omega} = bi_q^* + d_1, \\ \dot{d}_j = d_{j+1}, \quad j = 1, 2, \cdots, m-1, \\ \dot{d}_m = 0, \end{cases} \tag{9.4.9}$$

其中, $d_1 = d(t)$, $d_2 = \dot{d}(t)$, $\cdots$, $d_m = d^{(m-1)}(t)$.

依据引理 A.2.6, 可将系统 (9.4.9) 设计成如下所示的 GPIO:

$$\begin{cases} \dot{\hat{\omega}} = bi_q^* + \hat{d}_1 + \lambda_{m+1}(\omega - \hat{\omega}), \\ \dot{\hat{d}}_j = \hat{d}_{j+1} + \lambda_{m-j+1}(\omega - \hat{\omega}), \quad j = 1, 2, \cdots, m-1, \\ \dot{\hat{d}}_m = \lambda_1(\omega - \hat{\omega}), \end{cases} \tag{9.4.10}$$

其中, $\hat{\omega}$ 为 ω 的估计; $\hat{d}_1$, $\hat{d}_2$, $\cdots$, $\hat{d}_r$ 分别为 d_1, d_2, $\cdots$, d_r 的估计值; λ_1, λ_2, $\cdots$, λ_{m+1} 为观测器参数.

由式 (9.4.9) 和式 (9.4.10) 可得到如下所示的估计误差动态方程:

$$\begin{cases} \dot{e}_\omega = e_{d_1} - \lambda_{m+1}e_\omega, \\ \dot{e}_{d_j} = e_{d_{j+1}} - \lambda_{m-j+1}e_\omega, \quad j = 1, 2, \cdots, m-1, \\ \dot{e}_{d_m} = -\lambda_1 e_\omega, \end{cases} \tag{9.4.11}$$

其中, $e_\omega = \omega - \hat{\omega}$; $e_{d_j} = d_j - \hat{d}_j$.

若 λ_1, λ_2, $\cdots$, λ_{m+1} 的选取使特征多项式

$$p_o(s) = s^{m+1} + \lambda_{m+1}s^m + \lambda_m s^{m-1} + \cdots + \lambda_2 s + \lambda_1$$

是 Hurwitz 稳定的, 则闭环系统 (9.4.11) 渐近稳定, 即 $\lim\limits_{t\to\infty} e_\omega(t) = \lim\limits_{t\to\infty}(\omega(t) - \hat{\omega}(t)) = 0$, $\lim\limits_{t\to\infty} e_{d_j}(t) = \lim\limits_{t\to\infty}(d_j(t) - \hat{d}_j(t)) = 0$.

2. 复合速度控制器设计

对于系统 (9.4.1), 提出如下所示的 CSMC+GPIO 复合速度控制器:

$$i_q^* = b^{-1}\left(\dot{w}_r + ce + k\int_0^t \text{sgn}(s)\mathrm{d}\tau - \hat{d}_1\right), \tag{9.4.12}$$

其中, 滑模面 s 与式 (9.4.5) 相同; $c > 0$, $k > 0$.

注意到, 相对于 CSMC 控制器 (9.4.4), 所提出的 CSMC+GPIO 复合速度控制器 (9.4.12) 增加了一项基于干扰估计 $\hat{d}_1$ 的前馈补偿项.

假设 9.4.2 假设 $\dot{e}_d(t)$ 有界, 即存在 $k_{ed} > 0$ 使

$$|\dot{e}_d(t)| \leqslant k_{ed}, \quad t \geqslant 0.$$

其中, $e_d(t) = d(t) - \hat{d}_1(t)$ 为系统 (9.4.1) 中的集总干扰估计误差, $d(t)$ 为系统集总干扰.

定理 9.4.2 若系统 (9.4.1) 满足假设 9.4.2, 则当控制增益 $k > k_{ed}$ 时, 在所提复合速度控制器 (9.4.12) 的作用下, 速度误差 $e = \omega_r - \omega$ 将渐近收敛到零.

证明 将式 (9.4.3) 代入滑模面 (9.4.5), 可得

$$s = ce + \dot{e}$$
$$= ce + \dot{\omega}_r - bi_q^* - d(t). \tag{9.4.13}$$

然后将复合速度控制器 (9.4.12) 代入式 (9.4.13), 可得

$$s = -k \int_0^t \text{sgn}(s)\mathrm{d}\tau - (d(t) - \hat{d}_1(t))$$
$$= -k \int_0^t \text{sgn}(s)\mathrm{d}\tau - e_d(t). \tag{9.4.14}$$

选取能量函数 $V = \dfrac{1}{2}s^2$, 对 V 直接求导可得

$$\dot{V} = s\dot{s} = -k|s| - \dot{e}_d(t)s$$
$$\leqslant -k|s| + |\dot{e}_d(t)||s|$$
$$= -(k - |\dot{e}_d(t)|)|s|$$
$$\leqslant -(k - k_{ed})|s|$$
$$= -\sqrt{2}(k - k_{ed})V^{\frac{1}{2}}. \tag{9.4.15}$$

根据以上所示的分析过程, 当复合控制器 (9.4.12) 满足 $k > k_{ed}$ 时, 电机的速度误差 $e = w_r - w$ 将在有限时间内达到滑模面 $s = 0$. 在到达滑模面 $s = ce + \dot{e} = 0$ 之后, 速度误差将沿着滑模面渐近收敛到零. 证毕. ∎

图 9.4.2 为所设计的基于 CSMC+GPIO 复合速度控制器的控制系统原理框图. 图中速度控制器包括 CSMC 和 GPIO, 其他部分与图 9.4.1 相同.

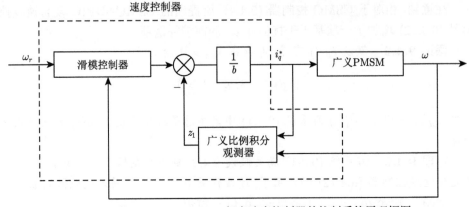

图 9.4.2　基于 CSMC+GPIO 复合速度控制器的控制系统原理框图

注 9.4.3　广义比例积分观测器 (9.4.10) 用来估计系统 (9.4.1) 中的时变干扰, λ_1, λ_2, $\cdots$, λ_{m+n} 为观测器参数. 当观测器参数设计合理时, $\hat{d}_1$ 为 d 的估计. 通过前馈补偿干扰估计 $\hat{d}_1$, 设计了基于 CSMC+GPIO 的复合速度控制器. 所提出的复合速度控制器不仅能有效地抑制干扰对控制系统的影响, 而且可通过减小控制增益 k 来减小系统的稳态速度波动. 这些特性可通过后面的仿真和实验结果来验证.

9.4.3　数值仿真

为了验证所提复合速度控制器的有效性和优势, 本节分别在 MATLAB 实时工作仿真平台和数字信号处理器实验测试设备上进行了测试, 比较了两种方法: 基于 CSMC 的速度控制方法 (9.4.4) 和基于 CSMC+GPIO 的复合速度控制器 (9.4.12).

在仿真和实验中所采用的永磁同步电机的额定参数与 9.3.3 节相同.

所设计的控制器 (9.4.4) 和控制器 (9.4.12) 中的系数 $b(=9033)$ 较大, 故这两种控制方案的控制增益分别设置为: $k = 600000(\text{CSMC})$ 和 $k = 200000(\text{CMSC+GPIO})$. GPIO(9.4.10) 的阶数设置为 $m = 2$, 观测增益选为下面的三阶多项式:

$$p_o(s) = (s + k_o)(s^2 + 2\zeta_o\omega_o s + \omega_o^2),$$

其中, $[\lambda_1, \lambda_2, \lambda_3] = [k_o\omega_o^2, 2\zeta_o k_o\omega_o + \omega_o^2, 2\zeta_o\omega_o + k_o]$; $\omega_o = k_o = 8000$; $\zeta_o = 1$. 在两种控制器的控制方案中, 电流环都采用 PI 控制方法. i_q^* 的饱和限幅值设置为 $\pm 9.42\text{A}$.

图 9.4.3 为永磁同步电机伺服系统的速度响应曲线. 如图 9.4.3(a) 所示, 在两种不同控制器的作用下, 调速系统都表现出了较小的超调和较短的调节时间.

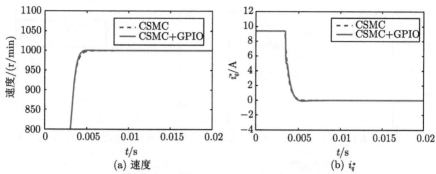

图 9.4.3 永磁同步电机调速系统启动时在两种不同控制器作用下
不加负载干扰的响应曲线 (仿真)

图 9.4.4、图 9.4.5 和图 9.4.6 分别为永磁同步电机调速系统在常值, 斜坡和时变负载干扰下的响应曲线.

从图 9.4.4 可看出, 当在 0.1s 时给系统突加一个 $T_L = 4.7\text{N} \cdot \text{m}$ 的常值负载干扰, 电机速度响应曲线在所提出的控制策略下可快速地恢复至稳态值. 相比较 CSMC 方法, 采用复合控制方法 CSMC+GPIO, 当受到突加干扰影响时, 系统可获得较短的调节时间和较小的稳态波动.

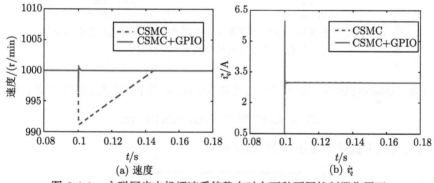

图 9.4.4 永磁同步电机调速系统稳态时在两种不同控制器作用下
加常值负载干扰的响应曲线 (仿真)

如图 9.4.5 所示, 当给系统加一个从 0~4.7N·m 变化的斜坡负载干扰时, 相比较于 CSMC 方法, 复合控制方法 CSMC+GPIO 表现出了更好的抗干扰性能. 从图 9.4.6 可看出, 当这种时变形式的负载干扰外加至永磁同步电机时, 使用 CSMC 方法即使以较大的控制增益 $k = 600000$, 也不能有效地抑制这类时变负载干扰对系统速度波动的影响. 而对于复合控制方法 CMSC+GPIO, 只需要选取一个较小的控制增益 ($k = 200000$), 就能够使电机调速系统获得优越的抗干扰性能.

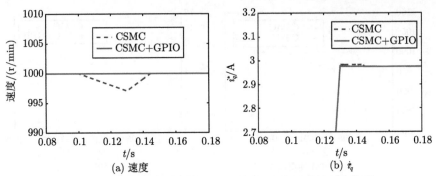

图 9.4.5　永磁同步电机调速系统稳态时在两种不同控制器作用下
加斜坡负载干扰的响应曲线 (仿真)

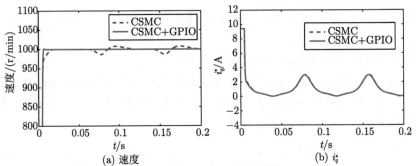

图 9.4.6　永磁同步电机调速系统稳态时在两种不同控制器作用下
加时变负载干扰的响应曲线 (仿真)

下面考虑给电机外加一般形式的时变负载干扰, 可用下式来表示这种时变干扰[285]:

$$T_L = 4.7\mathrm{e}^{-\sin^2(80t)}\cos^2(40t)\mathrm{N}\cdot\mathrm{m},$$

这种时变负载干扰具体描述如图 9.4.7 所示.

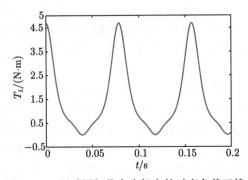

图 9.4.7　测试用加载在电机上的时变负载干扰

9.4.4 实验验证

为了进一步验证所提出复合控制方法的可行性, 本节搭建永磁同步电机调速系统测试平台. 实验平台分别如图 9.3.5 和图 9.3.6 所示.

对于速度环控制, CSMC 控制器的控制增益设置为 $k = 35000$, CSMC+GPIO 控制器的控制增益设置为 $k = 1500$. 广义比例积分观测器 (9.4.10) 的阶数设置为 $m = 2$, 观测增益选为与仿真部分相同的三阶多项式形式, $[\lambda_1, \ \lambda_2, \ \lambda_3] = [k_o\omega_o^2, \ 2\zeta_o k_o\omega_o + \omega_o^2, \ 2\zeta_o\omega_o + k_o]$, $\omega_o = k_o = 200$, $\zeta_o = 1$.

永磁同步电机伺服系统在 CSMC 和 CSMC+GPIO 方法作用下的动态响应曲线如图 9.4.8 所示. 从图 9.4.8(a) 可看出, 速度响应曲线在两种控制方法下都具有较小的超调和较短的调节时间. 这个实验结果与在前一部分仿真中的结果是相同的.

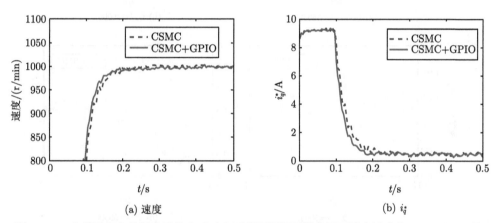

(a) 速度   (b) i_q^*

图 9.4.8   永磁同步电机调速系统启动时在两种不同控制器作用下给定速度为 1000r/min 且不加负载干扰时的响应曲线 (实验)

下面详细说明闭环系统在 CSMC 策略下的抗干扰性能, 以便可根据后续的实验结果比较所提复合控制方法 CSMC+GPIO 的优越抗干扰性能. 当电机运行至稳态时, 给电机施加一个负载干扰 $T_L = 2.4\text{N} \cdot \text{m}$. 根据理论分析结果, 系统的干扰抑制特性主要取决于控制算法 (9.4.4) 中的控制增益 k, 也就是说, 当 k 取值越大时, 系统的抗干扰性能就越好. 因此, 接下来将通过调节 k 的取值 (从小到大变化时), 来测试系统的抗干扰性能. 当控制增益取为 $k = 35000$ 时, 如图 9.4.9(a) 所示, 在电机施加外部负载干扰之后, 速度曲线可快速地恢复至稳态值. 但是同时电机速度有 25.75r/min 的下降. 为了获得更好的抗干扰性能, k 取为更大的值 ($k = 50000$), 如图 9.4.9(c) 所示. 此时, 闭环系统获得相对较少的速度下降 17r/min, 但是同时表现出来较大的速度波动. 如图 9.4.9(e) 所示, 当

$k = 70000$ 时, 系统获得 13.25r/min 的速度下降, 但是稳态速度波动变得更大. 因此, 仅试图通过调整 CSMC 方法中的 k 值无法平衡系统的抗干扰性能和稳态速度波动.

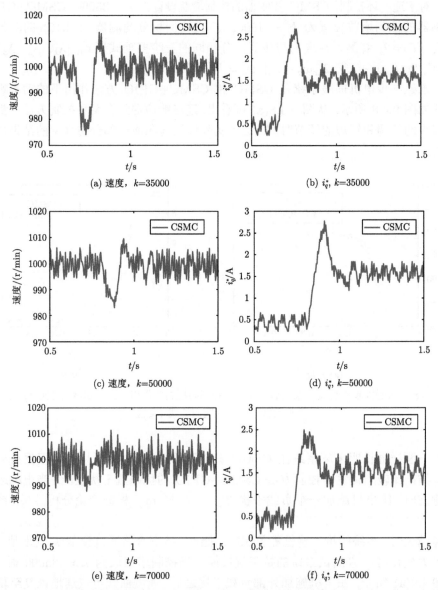

图 9.4.9　永磁同步电机调速系统稳态时在 CSMC 作用下给定速度为 1000r/min, k 分别为 35000、50000 和 70000, 加负载干扰的响应曲线 (实验)

接下来测试复合控制方法 CSMC+GPIO 的抗干扰性能. 相比于 CSMC 方法, 复合控制方法 CSMC+GPIO 中的控制增益可设置为一个很小的值 ($k = 1500$). 图 9.4.10 为在复合控制方法下的响应曲线. 当外加负载干扰时, 电机速度可快速地恢复至稳态值. 并同时获得很小的速度下降, 为 9.75r/min, 此下降值远远小于在 CSMC 方法中的速度下降.

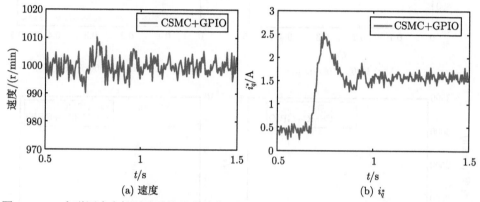

(a) 速度 (b) i_q^*

图 9.4.10   永磁同步电机调速系统稳态时在 CSMC+GPIO 作用下给定速度为 1000r/min、k 为 1500 且加负载干扰的响应曲线 (实验)

为了进一步说明所提复合控制方法的有效性, 本节给出了更多的测试结果. 图 9.4.11～图 9.4.13 分别是永磁同步电机调速系统在不同控制方法作用下速度为 500r/min、1500r/min 和 3000r/min 时的响应曲线. 其中 CSMC 和 CSMC+GPIO 控制器的控制参数与电机运行在 1000r/min 时 (CSMC 方法为 $k = 70000$ 时的控制参数) 的控制参数相同.

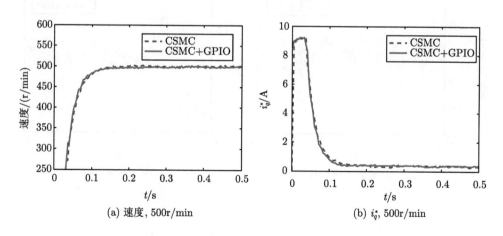

(a) 速度, 500r/min (b) i_q^*, 500r/min

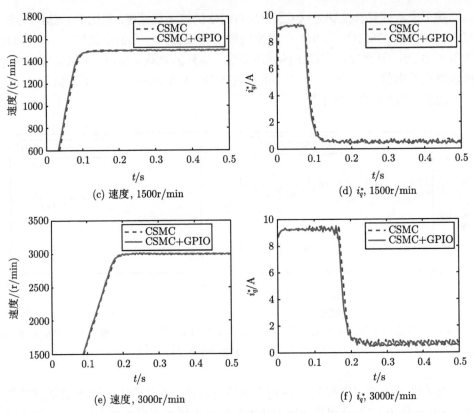

(c) 速度, 1500r/min

(d) i_q^*, 1500r/min

(e) 速度, 3000r/min

(f) i_q^*, 3000r/min

图 9.4.11　永磁同步电机调速系统启动时在两种不同控制器作用下给定速度分别为
500r/min、1500r/min 和 3000r/min 且不加负载干扰的响应曲线 (实验)

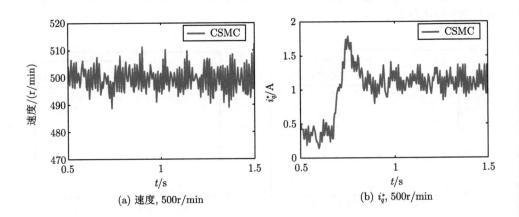

(a) 速度, 500r/min

(b) i_q^*, 500r/min

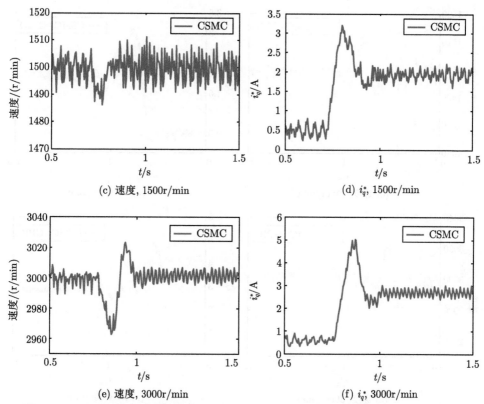

(c) 速度, 1500r/min

(d) i_q^*, 1500r/min

(e) 速度, 3000r/min

(f) i_q^*, 3000r/min

图 9.4.12 永磁同步电机调速系统稳态时在 CSMC 作用下给定速度分别为 500r/min、1500r/min 和 3000r/min 且加负载干扰的响应曲线 (实验)

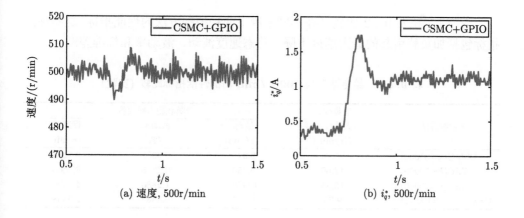

(a) 速度, 500r/min

(b) i_q^*, 500r/min

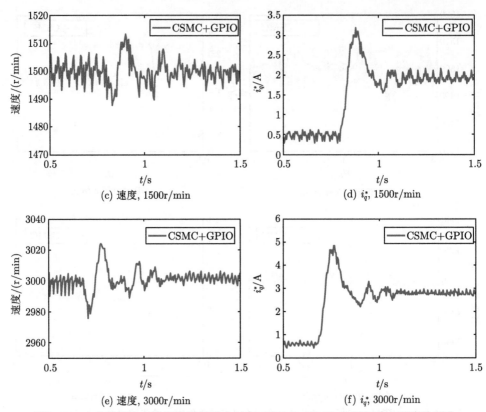

(c) 速度, 1500r/min

(d) i_q^*, 1500r/min

(e) 速度, 3000r/min

(f) i_q^*, 3000r/min

图 9.4.13　永磁同步电机调速系统稳态时在 CSMC+GPIO 作用下给定速度分别为 500r/min、1500r/min 和 3000r/min 且加负载干扰的响应曲线 (实验)

表 9.4.1 和表 9.4.2 比较了在不同速度下两种控制方法的性能指标, 这些性能指标包括加负载引起的最大速度下降、稳态速度波动、波动率和标准差.

表 9.4.1　给定速度为 1000r/min 时的性能指标比较 (实验)

控制方法	带负载时 最大速度下降 /(r/min)	带负载稳态时速度		
		波动 /(r/min)	波动率 /%	标准差 /(r/min)
CSMC(k=35000)	25.75	9.375	0.9381	3.5283
CSMC(k=50000)	17.00	9.750	0.9765	3.7308
CSMC(k=70000)	13.25	12.875	1.2880	4.8026
CSMC+GPIO(k=1500)	9.75	8.375	0.8382	2.9338

表 9.4.2 性能指标比较 (实验)

给定速度 /(r/min)	控制方法	带负载时 最大速度下降 /(r/min)	带负载稳态时速度		
			波动 /(r/min)	波动率 /%	标准差 /(r/min)
500	CSMC	11.25	12.25	2.4439	4.2942
	CSMC+GPIO	10.00	8.625	1.7168	2.6289
1500	CSMC	13.75	10.50	0.6996	4.3016
	CSMC+GPIO	12.25	9.875	0.6588	3.2717
3000	CSMC	37.75	11.625	0.3872	3.5487
	CSMC+GPIO	24.25	7.625	0.2504	2.6850

9.5 本章小结

本章主要研究了永磁同步电机系统的调速控制问题, 提出了两种基于滑模控制的速度控制方法. 首先建立了转速和交轴电流的二阶模型, 在此基础上, 设计了基于扩张状态观测器和滑模控制的复合速度控制器. 其次, 为了减小由切换控制项所带来的系统抖振, 以及提高系统对时变干扰的处理能力, 提出了一种基于广义比例观测器和连续滑模的复合速度控制器. 最后, 仿真和实验结果验证了所提控制方法的有效性和优势.

第 10 章　永磁同步直线电机的离散时间终端滑模控制

本章针对永磁同步直线电机系统, 提出一种新的基于离散时间终端滑模面的位置跟踪控制方法. 首先, 利用欧拉离散化方法, 建立永磁同步直线电机系统的近似离散时间模型. 然后, 基于该模型引入离散时间终端滑模面, 设计一种离散时间终端滑模位置跟踪控制器. 理论分析和实验验证表明, 所提控制器不仅可保证系统输出在有限时间内跟踪上期望信号, 而且可通过选取合适的分数幂参数提高系统的控制精度.

10.1　引　　言

永磁同步直线电机 (permanent magnet synchronous linear motor, PMSLM) 是一种直接将电能转化为动能的机械装置. 由于其速度快、推力大、精度高等优点, 已被广泛应用于工业领域、军事领域和其他需要高速运动的场景 [286, 287]. 然而, 在实际应用中, 永磁同步直线电机系统经常会受到时变干扰的影响. 这些干扰主要包括未建模动态、模型不确定性和外部负载干扰等. 当永磁同步直线电机系统受到这些干扰影响时, 传统的线性控制方法很难保证闭环系统性能. 因此, 如何设计一种能达到期望系统性能的永磁同步直线电机控制方法, 一直都是控制领域的热点问题之一 [288-290].

为解决永磁同步直线电机的控制问题, 许多学者提出了切实有效的非线性控制方法. 例如, 文献 [291] 提出了一种周期性自适应补偿控制方法, 实现了永磁同步直线电机的精确位置跟踪. 利用磁滞继电反馈法对电机系统参数进行辨识, 文献 [292] 设计了一种高精度的永磁同步直线电机运动控制方法. 由于滑模控制具有简单、易实现以及对外部干扰和参数不确定的强鲁棒性等特点, 其已在实践中得到广泛应用 [78, 99, 293]. 通过将基于比例积分的等效干扰观测器与滑模控制相结合, 文献 [294] 提出了一种强抗干扰能力的永磁同步直线电机控制方法. 为处理参数不确定性和干扰影响, 利用基于径向基函数的神经网络的估计能力, 文献 [295] 提出了一种针对永磁同步直线电机系统的神经网络控制方法. 由于终端滑模控制的优势, 文献 [296] 设计了一种基于终端滑模面的位置跟踪控制器, 使永磁同步直线电机的输出位置可在有限时间内跟踪上参考信号. 文献 [297] 提出了一种结合干扰观测器的复合终端滑模控制方法并用于永磁同步直线电机调速系统. 为解决系统状态远离平衡状态时, 终端滑模控制收敛速度慢于基于线性滑模面的传统滑模控制的问题, 文献 [298] 和 [299] 提出了快速终端滑模控制 (fast terminal sliding mode control, FTSMC) 方法. 快速终端滑模控制结合了终端滑模控制和基于线性滑模面的滑模控制的优点, 可以保证系统状态在有限时间内更快收敛到平衡点.

实际中大多数高性能控制器均基于数字计算机实现, 本章主要针对永磁同步直线电机的位置跟踪控制问题, 设计一种离散时间快速终端滑模控制方法, 以提高闭环系统性能. 首先, 基于连续时间系统的欧拉离散化方法, 建立永磁同步直线电机系统的近似离散时间数学模型. 然后, 基于快速终端滑模面, 提出一种新型的永磁同步直线电机数字式控制方法, 即离散时间快速终端滑模位置控制方法. 严格的理论分析表明, 跟踪误差稳态边界和快速终端滑模控制方法中的分数幂参数存在显式关系, 因此可通过选择合适的分数幂实现更高的控制精度. 最后, 给出相应的仿真和实验, 并与传统滑模控制方法进行比较, 从而验证本章所提方法的可行性和有效性.

10.2 系统建模和问题描述

本章主要考虑永磁同步直线电机系统的位置跟踪控制问题, 其系统模型如下 [286]:

$$\begin{cases} \dot{x}_1(t) = x_2(t), \\ \dot{x}_2(t) = -\dfrac{k_f k_e}{Rm} x_2(t) + \dfrac{k_f}{Rm} u(t) - \dfrac{d(t)}{m}, \\ y(t) = x_1(t), \end{cases} \tag{10.2.1}$$

其中, $x_1(t) \in \mathbb{R}$ 是线位移; $x_2(t) \in \mathbb{R}$ 是线速度; $u(t) \in \mathbb{R}$ 是控制信号; $y(t) \in \mathbb{R}$ 是系统输出; $R \in \mathbb{R}$ 是电机的电阻; $m \in \mathbb{R}$ 是电机的质量; $k_f \in \mathbb{R}$ 是力常数; $k_e \in \mathbb{R}$ 是反电动势力; $d(t) \in \mathbb{R}$ 是包括摩擦力和波纹力的外界干扰.

为简便起见, 定义

$$a = \frac{k_f k_e}{Rm}, \quad b = \frac{k_f}{Rm}, \quad F(t) = \frac{d(t)}{m}, \tag{10.2.2}$$

则永磁同步直线电机系统的数学模型 (10.2.1) 可简化为

$$\begin{cases} \dot{x}_1(t) = x_2(t), \\ \dot{x}_2(t) = -a x_2(t) + b u(t) - F(t), \\ y(t) = x_1(t). \end{cases} \tag{10.2.3}$$

针对永磁同步直线电机系统, 定义线位移跟踪误差 $e_1(t) = x_r(t) - x_1(t)$ 和线速度跟踪误差 $e_2(t) = \dot{x}_r(t) - x_2(t)$, 其中, $x_r(t)$ 为线位移的参考信号, $\dot{x}_r(t)$ 为线速度的参考信号. 因此, 跟踪误差的动力学方程为

$$\begin{cases} \dot{e}_1(t) = e_2(t), \\ \dot{e}_2(t) = -ae_2(t) - bu + F(t) + a\dot{x}_r(t) + \ddot{x}_r(t). \end{cases} \tag{10.2.4}$$

目前已经取得了一些基于滑模控制的永磁同步直线电机的研究成果[294,296], 但这些成果大多基于连续时间滑模控制理论. 与这些成果不同的是, 本章提出一种可直接应用于永磁同步直线电机系统的离散时间滑模控制方法. 该方法通过零阶保持器 (zero-order holder, ZOH) 实现, 即 $u(t) = u(kh)$, $t \in [kh, (k+1)h)$, 其中, h 为采样周期, $k \in \{0, 1, 2, \cdots\} = \mathbb{Z}^+ \cup \{0\}$.

在设计之前, 给出关于外部干扰的两个假设, 这些假设将用于后面的分析.

假设 10.2.1　外部干扰 $F(t)$ 是有界的且 $|F(t)| \leqslant d^*$, 其中, d^* 是一个常数.

假设 10.2.2　外部干扰 $F(t)$ 的导数 $\dot{F}(t)$ 是有界的且 $|\dot{F}(t)| \leqslant \delta^*$, 其中, δ^* 是一个常数.

10.3　离散时间滑模控制

在本节中, 将采用离散时间滑模控制方法来解决永磁同步直线电机的位置跟踪控制问题. 首先, 利用欧拉离散化方法对电机的连续时间位置跟踪误差系统 (10.2.4) 进行离散化, 得到近似的离散时间模型:

$$\begin{cases} e_1(k+1) = e_1(k) + he_2(k), \\ e_2(k+1) = e_2(k) - hbu(k) - hae_2(k) + h(a\dot{x}_r(k) + \ddot{x}_r(k)) + hF(k), \end{cases} \tag{10.3.1}$$

其中, k 为采样步数; h 为采样周期. 针对上述离散时间位置跟踪误差系统 (10.3.1), 首先基于线性滑模面, 给出一种传统的离散时间滑模位置跟踪控制方法, 然后基于快速终端滑模面, 提出一种改进的离散时间快速终端滑模位置跟踪控制方法.

10.3.1　传统离散时间滑模控制设计

针对离散时间跟踪误差系统 (10.3.1), 选择如下离散线性滑模面:

$$s(k) = Ce(k) = e_2(k) + c_1e_1(k), \tag{10.3.2}$$

其中, $C = [1, c_1]$; 选择合适的参数 c_1, 使得 $0 < hc_1 < 1$. 基于文献 [87] 中的等效控制法, 为保证 $s(k+1) = 0$, 可推出

$$e_2(k) - hbu(k) - hae_2(k) + h(a\dot{x}_r(k) + \ddot{x}_r(k)) + hF(k) + c_1(e_1(k) + he_2(k)) = 0. \tag{10.3.3}$$

因此, 将基于等效控制法的离散时间线性滑模面控制器设计为

$$u(k) = \frac{1}{hb}\Big[(1 + c_1 h - ha)e_2(k) + c_1 e_1(k) + h(a\dot{x}_r(k) + \ddot{x}_r(k)) + hF(k)\Big]. \quad (10.3.4)$$

情况 1 外界干扰满足假设 10.2.1 但无干扰补偿.

在这种情况下, 由于干扰 $F(k)$ 的信息无法直接获得, 所以离散时间控制器 (10.3.4) 应改为

$$u(k) = \frac{1}{hb}\Big[(1 + c_1 h - ha)e_2(k) + c_1 e_1(k) + h(a\dot{x}_r(k) + \ddot{x}_r(k))\Big], \quad (10.3.5)$$

在该控制器作用下, 可得

$$s(k+1) = Ce(k+1) = hF(k). \quad (10.3.6)$$

在假设 10.2.1 满足的情况下, 滑模状态 $s(k)$ 是有界的, 即

$$|s(k)| \leqslant d^* h = O(h), \quad \forall k \in \mathbb{Z}^+, \quad (10.3.7)$$

因此, 滑模状态 $s(k)$ 存在一个 $O(h)$ 的边界层. 由式 (10.3.1) 和式 (10.3.2) 可知

$$e_1(k+1) = e_1(k) + h(s(k) - c_1 e_1(k)) = (1 - hc_1)e_1(k) + hs(k). \quad (10.3.8)$$

由引理 A.1.7 可知, 系统输出跟踪误差 $e_1(k)$ 始终有界且界为

$$|e_1(\infty)| \leqslant \frac{h|s(\infty)|}{hc_1} \leqslant \frac{d^* h}{c_1} = O(h). \quad (10.3.9)$$

即系统输出跟踪误差 $e_1(k)$ 具有 $O(h)$ 的精度.

情况 2 外界干扰满足假设 10.2.1 和假设 10.2.2 且干扰被补偿.

在这种情况下, 外界干扰 $F(k)$ 可采用文献 [87] 中的时滞估计器进行估计, 即

$$\hat{F}(k) = F(k-1)$$
$$= \frac{1}{h}(e_2(k) - e_2(k-1)) + bu(k-1) + ae_2(k-1) - (a\dot{x}_r(k-1) + \ddot{x}_r(k-1)). \quad (10.3.10)$$

用 $\hat{F}(k)$ 替代控制器 (10.3.4) 中的 $F(k)$, 可得新的控制器 $u(k)$ 为

$$u(k) = \frac{1}{hb}\Big[(1 + c_1 h - ha)e_2(k) + c_1 e_1(k) + h(a\dot{x}_r(k) + \ddot{x}_r(k)) + h\hat{F}(k)\Big]. \quad (10.3.11)$$

在该控制器作用下, 滑模状态 $s(k+1)$ 为

$$s(k+1) = Ce(k+1)$$
$$= h(F(k) - \hat{F}(k))$$
$$= h(F(k) - F(k-1)), \tag{10.3.12}$$

因此, 滑模状态 $s(k)$ 是有界的且存在一个 $O(h^2)$ 的边界层, 即

$$|s(k)| \leqslant \delta^* h^2 = O(h^2), \quad \forall k \in \mathbb{Z}^+. \tag{10.3.13}$$

类似情况 1, 系统输出跟踪误差 $e_1(k)$ 始终有界且具有 $O(h^2)$ 的精度.

注 10.3.1　由上述分析可知, 系统输出跟踪误差 $e_1(k)$ 的稳态边界由滑模状态 $s(k)$ 的精度和滑模面的结构决定. 因此, 在 10.3.2 节中, 将提出非线性滑模面的滑模控制方法来提高控制精度.

10.3.2　离散时间终端滑模控制设计

为提高系统跟踪的控制精度, 本节将提出一种离散时间快速终端滑模控制方法. 首先, 选择如下离散时间快速终端滑模面:

$$s(k) = e_2(k) + c_1 e_1(k) + c_2 \text{sig}^\alpha(e_1(k)), \tag{10.3.14}$$

其中, $0 < hc_1 < 1; c_2 > 0; 0 < \alpha < 1$. 通过等效控制法, 为保证 $s(k+1) = 0$, 将离散时间快速终端滑模控制器设计为

$$u(k) = \frac{1}{hb}\Big[(1 + c_1 h - ha)e_2(k) + c_1 e_1(k) + h(a\dot{x}_r(k) + \ddot{x}_r(k))$$
$$+ hF(k) + c_2 \text{sig}^\alpha(e_1(k) + he_2(k))\Big]. \tag{10.3.15}$$

类似传统离散时间滑模控制设计, 本节也分别从以下两种情况考虑.

情况 1　外界干扰满足假设 10.2.1 且无干扰补偿.

在这种情况下, 由于外界干扰 $F(k)$ 无法获得, 所以离散时间快速终端滑模控制器 (10.3.15) 应改写为

$$u(k) = \frac{1}{hb}\Big[(1 + c_1 h - ha)e_2(k) + c_1 e_1(k) + h(a\dot{x}_r(k) + \ddot{x}_r(k))$$
$$+ c_2 \text{sig}^\alpha(e_1(k) + he_2(k))\Big], \tag{10.3.16}$$

同理可知, 在假设 10.2.1 条件下, 滑模状态 $s(k)$ 有界并满足

$$|s(k)| \leqslant \lambda = d^* h = O(h), \quad \forall k \in \mathbb{Z}^+, \tag{10.3.17}$$

由式 (10.3.1) 和式 (10.3.14) 可知, 系统输出跟踪误差状态 $e_1(k)$ 满足

$$\begin{aligned}
e_1(k+1) &= e_1(k) + h[s(k) - c_1 e_1(k) - c_2 \mathrm{sig}^\alpha(e_1(k))] \\
&= (1 - hc_1)e_1(k) - hc_2 \mathrm{sig}^\alpha(e_1(k)) + hs(k).
\end{aligned} \tag{10.3.18}$$

为分析系统 (10.3.18) 的稳定性, 需要引理 A.1.8.

定理 10.3.1　对于永磁同步直线电机的输出跟踪误差动态系统 (10.3.1), 若假设 10.2.1 成立, 离散时间快速终端滑模控制器设计为式 (10.3.16), 则闭环系统是稳定的, 且输出跟踪误差状态 $e_1(k)$ 具有 $O(h^2)$ 的稳态精度.

证明　首先基于引理 A.1.8, 由式 (10.3.18) 可知, 系统输出跟踪误差状态 $e_1(k)$ 始终有界. 由式 (10.3.14) 可推出

$$e_2(k) = s(k) - c_1 e_1(k) - c_2 \mathrm{sig}^\alpha(e_1(k)). \tag{10.3.19}$$

由于滑模状态 $s(k)$ 和系统跟踪误差状态 $e_1(k)$ 均有界, 所以可得误差状态 $e_2(k)$ 也有界.

然后基于引理 A.1.8, 可知误差状态 e_1 的最终稳态边界值满足

$$\begin{aligned}
|e_1(\infty)| \leqslant \rho &= \psi(\alpha) \max\left\{ \left(\frac{d^* h^2}{c_2 h}\right), \left(\frac{c_2 h}{1 - c_1 h}\right)^{\frac{1}{1-\alpha}} \right\} \\
&= \psi(\alpha) \max\left\{ \left(\frac{d^* h}{c_2}\right)^{\frac{1}{\alpha}}, \left(\frac{c_2 h}{1 - c_1 h}\right)^{\frac{1}{1-\alpha}} \right\} \\
&= \psi(\alpha) \max\left\{ (O(h))^{\frac{1}{\alpha}}, (O(h))^{\frac{1}{1-\alpha}} \right\}.
\end{aligned} \tag{10.3.20}$$

为提高输出跟踪误差的控制精度, 选择 $\alpha = 1/2$, 从而有

$$\frac{1}{\alpha} = \frac{1}{1-\alpha} = 2, \tag{10.3.21}$$

最终使得

$$|e_1(\infty)| \leqslant \rho = O(h^2). \tag{10.3.22}$$

证毕.　　　　　　　　　　　　　　　　　　　　　　　　　　　　　　　　　■

与基于线性滑模面的离散时间控制器 (10.3.5) 相比, 本节提出的离散时间快速终端滑模控制器 (10.3.16) 可将系统输出跟踪误差的控制精度从 $O(h)$ 提高到 $O(h^2)$.

情况 2　外界干扰满足假设 10.2.1 和假设 10.2.2 且存在干扰补偿.

10.3.1 节中, 外界干扰 $F(k)$ 可采用时滞估计器 (10.3.10) 进行估计和补偿, 相应的离散时间快速终端滑模控制器为

$$
\begin{aligned}
u(k) = \frac{1}{hb}\Big[& (1 + c_1 h - ha)e_2(k) + c_1 e_1(k) + h(a\dot{x}_r(k) + \ddot{x}_r(k)) \\
& + h\hat{F}(k) + c_2 \mathrm{sig}^\alpha(e_1(k) + he_2(k))\Big].
\end{aligned}
\tag{10.3.23}
$$

定理 10.3.2　对于永磁同步直线电机的输出跟踪误差动态系统 (10.3.1), 若假设 10.2.1 和假设 10.2.2 成立, 离散时间快速终端滑模控制器设计为式 (10.3.23), 则闭环系统是稳定的, 且输出跟踪误差状态 $e_1(k)$ 具有 $O(h^3)$ 的稳态精度.

证明　在假设 10.2.1 和假设 10.2.2 都满足的情况下, 采用与上述相似的分析方法可得滑模状态 $s(k)$ 是有界的, 即

$$
|s(k)| \leqslant \delta^* h^2 = O(h^2), \quad \forall k \in \mathbb{Z}^+.
\tag{10.3.24}
$$

通过与定理 10.3.1 中相似的分析过程, 可证明闭环系统的稳定性, 为了简洁, 此处不再赘述. 从式 (10.3.18) 和引理 A.1.8 可知, 系统输出跟踪误差 e_1 的最终稳态边界满足

$$
\begin{aligned}
|e_1(\infty)| \leqslant \rho &= \psi(\alpha) \max\left\{ \left(\frac{\delta^* h^3}{c_2 h}\right), \left(\frac{c_2 h}{1 - c_1 h}\right)^{\frac{1}{1-\alpha}} \right\} \\
&= \psi(\alpha) \max\left\{ \left(\frac{\delta^* h^2}{c_2}\right)^{\frac{1}{\alpha}}, \left(\frac{c_2 h}{1 - c_1 h}\right)^{\frac{1}{1-\alpha}} \right\} \\
&= \psi(\alpha) \max\left\{ (O(h))^{\frac{2}{\alpha}}, (O(h))^{\frac{1}{1-\alpha}} \right\}.
\end{aligned}
\tag{10.3.25}
$$

同样, 为提高系统输出跟踪误差的稳态精度, 可选择 $\alpha = 2/3$, 使得

$$
\frac{2}{\alpha} = \frac{1}{1-\alpha} = 3,
\tag{10.3.26}
$$

因此, 最终可得到

$$
|e_1(\infty)| \leqslant \rho = O(h^3).
\tag{10.3.27}
$$

证毕.　■

以上理论分析表明, 与基于线性滑模面的传统离散时间滑模控制方法 (10.3.11) 相比, 离散时间快速终端滑模控制方法 (10.3.23) 可将系统输出跟踪误差的稳态精度从 $O(h^2)$ 提高到 $O(h^3)$ 的级别.

注 10.3.2 在定理 10.3.1 和定理 10.3.2 中, 仅讨论了闭环系统的稳态性能. 实际上, 对于闭环系统的动态性能, 由于存在快速终端滑模面, 即式 (10.3.14), 当系统状态接近平衡点时, 仍能保证更快的动态响应. 文献 [298] 对连续时间快速终端滑模控制问题进行了严格的理论分析. 但是, 对于离散时间快速终端滑模控制法在闭环系统的动态性能方面, 很难给出定量的分析结果. 在仿真部分, 表 10.3.2 给出了相应的比较, 显示离散时间快速终端滑模控制也可提供良好的动态性能.

注 10.3.3 文献 [301] 基于连续时间快速终端滑模控制方法研究了永磁同步直线电机位置控制问题. 然而, 连续时间情况和离散时间情况下快速终端滑模控制设计的主要区别在于两个方面: ① 在实际应用中, 越来越多的控制器是基于数字计算机实现的, 例如, 本节所提出控制方法的实现是基于数字信号处理器 (TMS320F2812) 的. 因此, 本节所设计的离散时间快速终端模控制方法可直接数字化实现. ② 尽管连续时间快速终端滑模控制器可通过不同的离散化方法实现数字化, 但是闭环系统的稳定性分析一般较为困难[228]. 本节设计的离散时间快速终端滑模控制方法是基于近似离散时间模型的, 也相应地简化了稳定性分析.

基于离散时间快速终端滑模控制方法的永磁同步直线电机控制器设计总结如下:

(1) 通过欧拉离散化方法建立永磁同步直线电机的离散时间模型;

(2) 选择形如式 (10.3.14) 的离散时间快速终端滑模面;

(3) 设计以下形式的离散时间快速终端滑模控制方法:

$$\begin{cases} \text{无干扰补偿的控制器设计为式 (10.3.16);} \\ \text{带干扰补偿的控制器设计为式 (10.3.10) 和式 (10.3.23).} \end{cases}$$

图 10.3.1 描述了带干扰补偿的永磁同步直线电机的离散时间快速终端滑模控制框图.

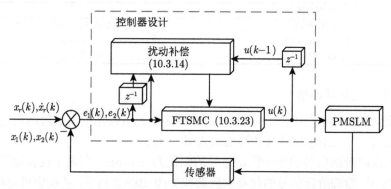

图 10.3.1 基于离散时间快速终端滑模控制器的电机位置跟踪系统控制框图

10.3.3　数值仿真

永磁同步直线电机的系统参数主要包括: 电机质量 m 为 5.4kg, 定子电阻 R 为 16.8Ω, 力常数 k_f 为 130N/A, 反电动势力 k_e 为 123V/(r/min).

外界干扰 d 由摩擦力 F_{fric} 和波纹力 F_{ripple} 组成, 即

$$d = F_{\text{fric}} + F_{\text{ripple}}, \tag{10.3.28}$$

其中, 摩擦力为

$$F_{\text{fric}} = \left[f_c + (f_s - f_c)\mathrm{e}^{-(\frac{\dot{x}}{\dot{x}_s})^2} + f_v\dot{x} \right] \mathrm{sgn}(\dot{x}), \tag{10.3.29}$$

这里, f_c 为库仑摩擦系数, 此处取 $f_c = 10$N; f_s 为静态摩擦系数, 此处取 $f_s = 20$N; f_v 为黏滞摩擦系数, 此处取 $f_v = 10$N; $\dot{x}_s$ 为润滑参数, 此处取 $\dot{x}_s = 0.1$. 波纹力为

$$F_{\text{ripple}} = A_1 \sin(\omega x) + A_2 \sin(3\omega x) + A_3 \sin(5\omega x), \tag{10.3.30}$$

其中, A_1、A_2、A_3 为参数, 分别取值为 $A_1 = 8.5$, $A_2 = 4.25$, $A_3 = 2.0$; ω 为角频率且 $\omega = 3.14$rad/s.

在本节中, 期望的电机跟踪位移分别选为: ① 振幅为 200mm 的阶跃信号; ② 振幅为 5mm、频率为 1rad/s 的正弦信号, 即 $x_r = 5\sin t$.

为实现电机的位置跟踪控制, 采用三种控制方法进行仿真, 即传统的 PID 控制、基于线性滑模面的离散时间滑模控制器 (LSMC (10.3.11)), 以及所提出的基于快速终端滑模面的离散时间滑模控制器 (FTSMC (10.3.23)). 在仿真中, 采样周期 h 选择为 0.005s 以与实验保持一致. 为进行相对公平的比较, 重复测试三种控制方法以获得最佳参数, 使闭环系统的动态性能和稳态性能之间存在一个良好的平衡. 仿真时控制器参数取值如表 10.3.1 所示.

表 10.3.1　仿真时控制器参数取值

控制方法	取值
PID 控制	$k_p = 300, k_i = 50, k_d = 2$
LSMC(10.3.11)	$c_1 = 3$
FTSMC(10.3.23)	$c_1 = 1.5, c_2 = 1.5$

1. 无干扰估计补偿

假设 10.2.1 满足但干扰不能被估计和补偿, 且所提出的离散时间快速终端滑模控制方法 (10.3.16) 中的分数幂选取为 $\alpha = 1/2$.

(1) 跟踪阶跃信号的期望阶跃信号的幅值为 200mm. 在无干扰补偿的三种控制器作用下, 跟踪阶跃信号的位移响应曲线如图 10.3.2 所示. 从图中可看出, 离散时间快速终端滑模控制方法能提供更快的动态响应速度和更小的稳态跟踪误差.

(2) 跟踪正弦信号期望正弦信号的振幅为 5mm、频率为 1rad/s. 在无干扰补偿的三种控制器作用下, 跟踪正弦信号的位移响应曲线和位移误差响应曲线如图 10.3.3

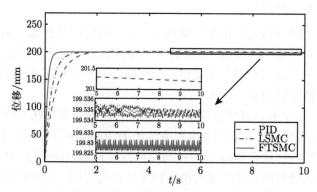

图 10.3.2 无干扰补偿的三种控制器作用下跟踪阶跃信号的位移响应曲线

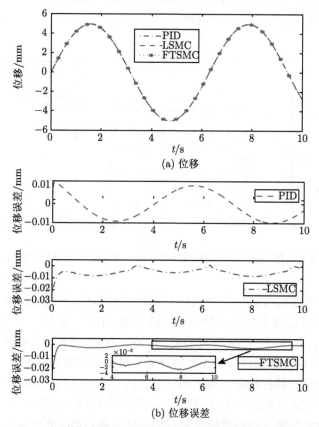

图 10.3.3 无干扰补偿的三种控制器作用下跟踪正弦信号的响应曲线

所示. 从图中可发现, 所提出的离散时间快速终端滑模控制方法可显著降低稳态误差.

2. 有干扰估计补偿

当假设 10.2.1 和假设 10.2.2 都满足时, 可用延迟估计器 (10.3.10) 对外界干扰进行估计和补偿. 具体地, 采用基于干扰补偿的传统离散时间滑模控制方法 (10.3.11) 和基于干扰估计补偿的离散时间快速终端滑模控制方法 (10.3.23), 其中控制器的分数幂选取为 $\alpha = 2/3$.

(1) 跟踪阶跃信号选择的阶跃信号幅值为 200mm, 在存在干扰补偿的三种控制器作用下, 跟踪阶跃信号的位移响应曲线如图 10.3.4 所示. 与图 10.3.2 相比, 可知干扰补偿控制方法是有效的. 此外, 与其他两种控制方法相比, 从仿真数值上也可看出改进的离散时间快速终端滑模控制方法是可行的. 具体来说, 在 PID 控制器和线性离散时间滑模控制器的作用下, 闭环系统的稳态误差分别为 0~1.5mm 和 −0.1~0.1mm. 在采用所提出的离散时间快速终端滑模控制方法时, 可提供一个较小的稳态误差, 为 −0.05~0.05mm.

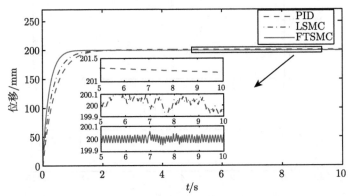

图 10.3.4　有干扰补偿的三种控制器作用下跟踪阶跃信号的位移响应曲线

(2) 跟踪正弦信号期望的正弦信号同样选择振幅为 5mm、频率为 1rad/s. 在有干扰补偿时跟踪正弦信号的响应曲线如图 10.3.5 所示. 一方面, 通过比较图 10.3.3 可看出, 干扰补偿策略是有效的; 另一方面, 通过与其他两种控制方法比较可看出, 离散时间快速终端滑模控制方法可显著降低稳态误差.

为便于比较三种控制器作用下闭环系统的动态性能, 表 10.3.2 给出了详细的动态性能指标即阶跃响应下的上升时间 t_r 和调节时间 t_s. 从表 10.3.2 中可看出, 所提出的离散时间快速终端滑模控制方法可提高系统的动态性能.

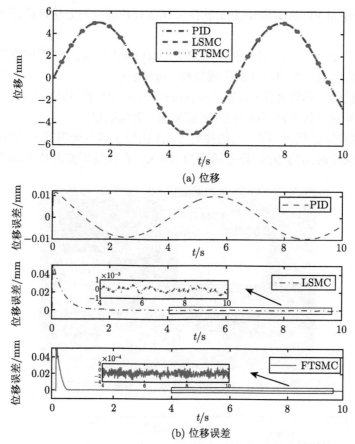

(a) 位移

(b) 位移误差

图 10.3.5　有干扰补偿的三种控制器作用下跟踪正弦信号的响应曲线

表 10.3.2　阶跃响应下闭环系统的动态性能比较

情况	控制方法	上升时间 t_r/s	调节时间 t_s/s
	PID 控制	0.892	1.515
情况 1	LSMC(10.3.11)	0.790	1.460
	FTSMC(10.3.23)	0.653	1.112
	PID 控制	0.892	1.515
情况 2	LSMC(10.3.11)	0.741	1.305
	FTSMC(10.3.23)	0.487	0.800

10.3.4　实验验证

为进一步验证所提出控制方法的有效性, 接下来对该方法进行了实验测试. 测试平台的配置如图 10.3.6 和图 10.3.7 所示, 主要包括永磁同步直线电机、cSPACE 控制平台、已经安装 MATLAB/Simulink 软件的计算机、光栅位移传感器、直线电动机驱动器等. 本节提出的控制方法, 具体实现过程如下:

(1) 使用 MATLAB/Simulink 软件实现所设计的控制方法以获得相应的程序 (离线编程);

(2) 基于 cSPACE 控制平台将 MATLAB/Simulink 编好的程序直接转换为 C 代码, 该平台包括一个自动代码生成软件 (离线编程);

(3) 在代码编译器套件 Code Composer Studio (CCS) 环境下, C 代码由 CCS 软件编译, 并通过仿真器下载到 DSP 控制板 (离线编程);

(4) 最终的 C 代码 (即提出的控制方法) 由数字信号处理器 (TMS320F2812) 实时实现, 采样时间为 5ms, 指令周期为 6.67ns, 在线处理能力是 150MIPS[①].

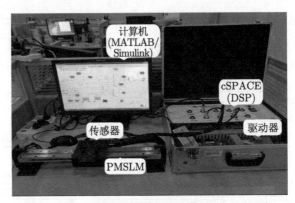

图 10.3.6　永磁同步直线电机控制系统实验平台

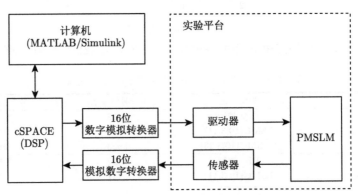

图 10.3.7　永磁同步直线电机控制系统框图

表 10.3.3 给出了电机驱动器的一般规格和参数.

与数值仿真相似, 采用三种控制方法, 即传统的 PID 控制方法、带干扰补偿的线性离散时间滑模控制方法 (LSMC (10.3.10) 和 (10.3.11)), 以及带干扰补偿

---

① MIPS 指每秒处理的百万级的机器语言指令数.

的离散时间快速终端滑模控制方法 (FTSMC (10.3.10) 和 (10.3.23)). 采样周期 $h = 0.005$s, 控制器参数如表 10.3.1 所示.

表 10.3.3　电机驱动器的一般规格和参数

名称	数值
制造商	Elmo, Israel
型号	HAR 8/100
直流电源/V	48.0
电流/A	3.0
电流回路的控制增益	PI ($k_p = 5.565, k_i = 13299$)
采样时间/μs	100.0
逆变器的开关频率/kHz	22.0
功率/W	630.0

在上述三种控制器的作用下. 首先, 与仿真部分一样, 将阶跃信号和正弦信号作为参考信号. 三种控制器作用下跟踪阶跃信号的位移实验曲线如图 10.3.8 所示. 此外, 图 10.3.9 给出了三种控制器作用下跟踪阶跃信号的电流 i_q 和 i_q^* 实验曲线. 图 10.3.10 和图 10.3.11 给出了三种控制器作用下跟踪正弦信号的实验曲线. 可知, 与 PID 控制方法和线性离散时间滑模控制方法相比, 本节提出的离散时间快速终端滑模控制方法可提供更优的动态性能和稳态性能.

为定量比较三种控制方法下闭环系统的稳态性能, 表 10.3.4 提供最大位移误差 (maximum displacement error, MAXE)、平均绝对位移误差 (mean absolute displacement error, MAE)、位移误差的标准差 (standard deviation of displacement error, STDE) 的详细数据, 定义如下:

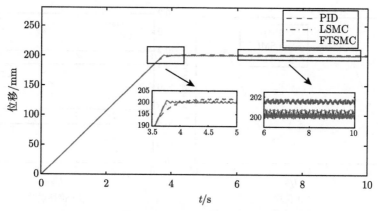

图 10.3.8　三种控制器作用下跟踪阶跃信号的位移实验曲线

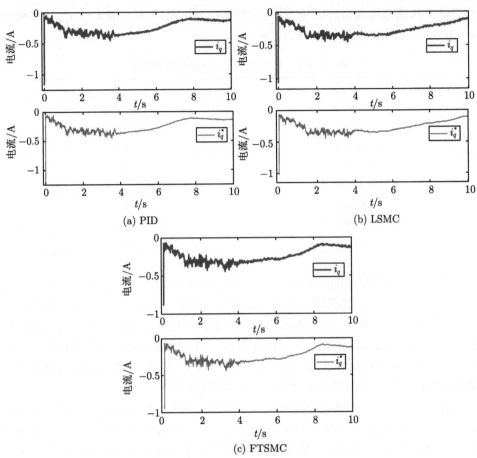

图 10.3.9　三种控制器作用下跟踪阶跃信号的电流 i_q 和 i_q^* 实验曲线

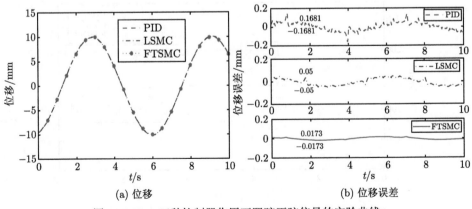

图 10.3.10　三种控制器作用下跟踪正弦信号的实验曲线

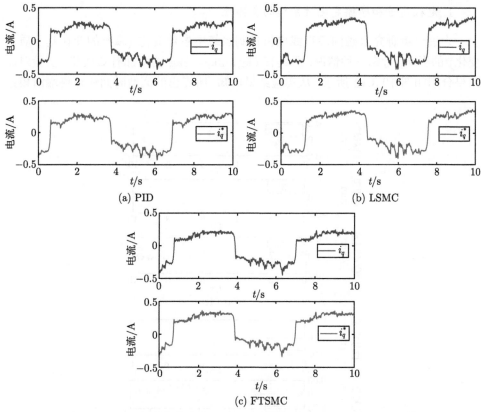

图 10.3.11　三种控制器作用下跟踪正弦信号的电流 i_q 和 i_q^* 实验曲线

$$\begin{cases} \mathrm{MAXE} = \max|e_1(k)|, \\ \mathrm{MAE} = \dfrac{1}{1000}\displaystyle\sum_{k=1001}^{2000}|e_1(k)|, \\ \mathrm{STDE} = \sqrt{\dfrac{1}{1000}\displaystyle\sum_{k=1001}^{2000}(e_1(k)-\mathrm{MAE})^2}, \end{cases} \tag{10.3.31}$$

其中, k 是位移误差的采样点, $k \in \{1001,1002,\cdots,2000\}$.

表 10.3.4　三种控制方法下闭环系统稳态性能的比较

性能参数	PID		LSMC		FTSMC	
	阶跃	正弦	阶跃	正弦	阶跃	正弦
MAXE/mm	1.8250	0.1681	0.7750	0.0500	0.4650	0.0173
MAE/mm	1.5359	0.0384	0.3073	0.0278	0.1465	0.0108
STDE/mm	0.2275	0.0259	0.3126	0.0136	0.1504	0.0047

1. 电机质量和摩擦变化时系统的鲁棒性

为进一步研究永磁同步直线电机控制系统中参数变化 (摩擦的变化基于质量变化) 的影响, 考虑三种情况, 即具有 0kg、3kg、5kg 的附加有效载荷. 实验对比结果分别如图 10.3.12 所示. 从实验结果可知, 所提出的离散时间快速终端滑模控

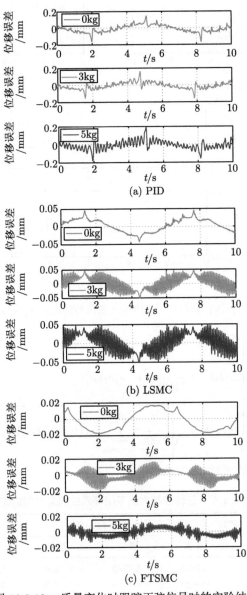

图 10.3.12　质量变化时跟踪正弦信号时的实验结果

制方法表现出更优的抗质量变化和抗摩擦变化的鲁棒性. 此外, 表 10.3.5 给出了三种控制方法下闭环系统稳态性能的比较.

表 10.3.5 质量变化时三种控制方法下闭环系统稳态性能的比较

性能参数	PID			LSMC			FTSMC		
	0kg	3kg	5kg	0kg	3kg	5kg	0kg	3kg	5kg
MAXE/mm	0.1681	0.1619	0.1928	0.0500	0.0522	0.0579	0.0173	0.0167	0.0141
MAE/mm	0.0384	0.0319	0.0366	0.0278	0.0216	0.0221	0.0108	0.0052	0.0045
STDE/mm	0.0259	0.0243	0.0314	0.0136	0.0119	0.0124	0.0047	0.0034	0.0028

2. 负载干扰变换时系统的鲁棒性

在这种情况下, 研究控制系统的抗干扰性能. 向永磁同步直线电机系统突然添加 10N 的干扰负载. 在三种控制方法下, 位移误差和电流信号 i_q 和 i_q^* 的响应曲线分别如图 10.3.13 和图 10.3.14 所示. 从图 10.3.13 可知, 所提出的离散时间快速终端滑模控制方法仍具有更优的抗干扰性能.

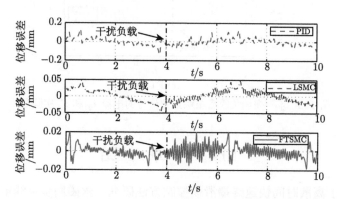

图 10.3.13 突加负载后三种控制方法下跟踪正弦信号的位移误差实验曲线

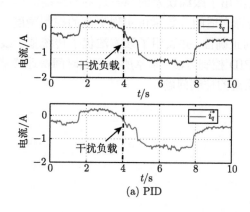

(a) PID

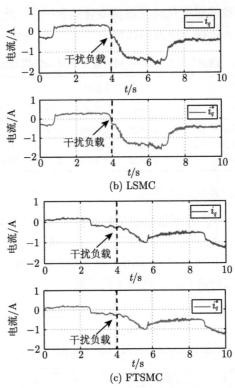

图 10.3.14　突加负载后跟踪正弦信号的电流 i_q 和 i_q^* 实验曲线

10.4　本章小结

　　本章基于离散时间快速终端滑模控制方法研究了永磁同步直线电机的位置跟踪问题. 通过采用非线性离散时间滑模面 (即离散时间终端滑模面) 代替传统的线性滑模面, 从理论上给出了跟踪误差的稳态边界与终端滑模控制方法参数间的显式关系, 表明通过选择合适的分数幂可实现更高的控制精度. 仿真和实验结果验证了理论分析结果的正确性, 并表明了该方法优于传统基于线性滑模面的离散时间滑模控制方法和 PID 控制方法. 本章所提离散时间快速终端滑模控制方法有望用于解决其他相关系统的控制问题.

第 11 章　高超声速飞行器系统的积分终端滑模控制

本章研究受外部干扰影响的高超声速飞行器系统纵向模型跟踪控制问题. 首先, 基于高超声速飞行器系统纵向模型, 分别对速度和高度设计两个解耦的有限时间积分终端滑模面, 进而提出一种新的有限时间积分终端滑模控制方法. 该控制方法可保证飞行器的速度和高度在有限时间内跟踪上参考信号. 然而, 为保证闭环系统具有强抗干扰性能, 滑模控制器切换增益的选取往往过于保守, 导致较严重的抖振. 对此, 设计一种基于干扰观测器的改进复合滑模控制方法, 改进滑模控制器的切换增益取值更小, 在不牺牲系统干扰抑制性能的同时有效削弱了抖振.

11.1　引　　言

高超声速飞行器在执行任务时, 往往受到多种干扰因素的影响, 包括参数及结构不确定性 [302,303]、外部干扰 [304] 等. 这些干扰因素可能会降低系统的性能, 甚至导致系统的不稳定. 为降低这些干扰因素的影响, 研究者已提出多种控制方法 [303-312], 如鲁棒控制 [305,306]、H_∞ 控制 [307]、滑模控制 [303]、backstepping 控制 [308,309] 和智能控制 [310-312] 等, 在一定程度上提高了系统的性能.

除文献 [304] 外, 以上控制方法都没有直接考虑系统的抗干扰控制设计问题. 然而, 改善系统的抗干扰性能是控制设计的一项重要任务. 滑模控制是一种处理非线性摄动、外部干扰和不确定参数的有效工具, 可保证闭环系统有良好的抗干扰性能和鲁棒性. 基于线性滑模面, 文献 [313] 和 [314] 研究了飞行器系统的姿态跟踪控制问题. 然而, 线性滑模面只能保证系统状态渐近收敛到平衡点.

为加快滑模控制系统的收敛速度, 一种改进的方式是设计非线性滑模面和滑模控制器, 终端滑模就是其中的一种. 与传统基于线性滑模面的滑模控制器相比, 终端滑模控制可保证闭环系统状态在有限内时间内收敛到平衡点, 并使闭环系统具有更强的抗干扰性能. 因此, 终端滑模控制方法在多个领域得到了应用, 如飞行器系统 [315]、机器人系统 [13]、生物反应堆系统 [316] 和导弹系统 [317] 等. 但是, 经典的终端滑模控制器存在奇异性. 利用切换思想, 文献 [12] 基于终端滑模面设计了一种滑模控制器, 避免了奇异性问题. 但是, 这并没有从根本上解决奇异性问题. 文献 [13] 提出了一种非奇异终端滑模控制方法, 但其只适用于二阶系统. 进一步, 文献 [35] 设计了一种可适用于高阶系统的积分终端滑模控制方法.

应当指出, 上述文献中的结果都不可避免地存在抖振. 为削弱抖振, 一种改进的方式是在控制输入中, 用饱和函数代替符号函数[303]. 然而, 这在一定程度上牺牲了闭环系统的抗干扰性能. 另一种有效的方法是利用干扰观测器估计干扰, 所获得的干扰估计值用来前馈补偿[271]. 本章基于高超声速飞行器系统的纵向模型, 提出了基于有限时间积分终端滑模控制和非线性干扰观测器 (nonlinear disturbance observer, NDO) 的跟踪控制器设计方案, 以在保证抗干扰性能的前提下削弱抖振. 首先, 基于高超声速飞行器纵向模型, 分别对速度和高度设计两个解耦的积分终端滑模面, 并设计相应的有限时间滑模控制器. 所设计控制器可保证闭环系统具有良好的抗干扰性能和跟踪性能. 然而, 滑模控制器可导致闭环系统抖振, 且控制增益往往需要大于干扰上界. 若没有干扰上界的精确信息, 控制增益往往选取得过于保守, 引起较严重的抖振. 基于此, 为削弱抖振, 引入非线性干扰观测器技术来估计干扰, 并用干扰估计来进行前馈补偿. 将原有的积分滑模控制器与干扰补偿相结合, 设计改进的滑模控制器. 引入干扰补偿后, 控制器的切换增益只需大于干扰补偿误差的上界, 该上界往往比干扰上界小, 从而在保证闭环系统抗干扰性能的同时有效削弱抖振.

11.2　系统建模和问题描述

本章主要考虑高超声速飞行器系统纵向模型的跟踪控制问题, 其模型如下[303]:

$$\dot{V} = \frac{T\cos\alpha - D}{m} - \frac{\mu\sin\gamma}{r^2}, \tag{11.2.1}$$

$$\dot{\gamma} = \frac{L + T\sin\alpha}{mV} - \frac{(\mu - V^2 r)\cos\gamma}{Vr^2}, \tag{11.2.2}$$

$$\dot{h} = V\sin\gamma, \tag{11.2.3}$$

$$\dot{\alpha} = q - \dot{\gamma}, \tag{11.2.4}$$

$$\dot{q} = \frac{M_{yy}}{I_{yy}}, \tag{11.2.5}$$

升力 L、推力 T、阻力 D、到地心的径向距离 r、俯仰力矩 M_{yy} 的表达式分别为[303]

$$L = \bar{q}SC_L,$$
$$T = \bar{q}SC_T,$$
$$D = \bar{q}SC_D,$$
$$r = h + R_e,$$
$$M_{yy} = \bar{q}S\bar{c}(C_M(\alpha) + C_M(\delta_E) + C_M(q)).$$

高超声速飞行器系统的升力系数 C_L、推力系数 C_T、阻力系数 C_D 以及由攻角、俯仰角速率和升降舵偏转角形成的力矩系数 $C_M(\alpha)$、$C_M(q)$ 和 $C_M(\delta_E)$ 的计算表达式分别如下 [303]:

$$C_L = 0.6203\alpha,$$

$$C_T = \begin{cases} 0.02576\beta, & \beta < 1, \\ 0.0224 + 0.00336\beta, & \beta > 1, \end{cases}$$

$$C_D = 0.6450\alpha^2 + 0.0043378\alpha + 0.003772,$$

$$C_M(\alpha) = -0.035\alpha^2 + 0.036617\alpha + 5.3261 \times 10^{-6},$$

$$C_M(q) = \frac{\bar{c}}{2V}q(-6.796\alpha^2 + 0.3015\alpha - 0.2289),$$

$$C_M(\delta_E) = c_e(\delta_E - \alpha),$$

其中, β 为油门开度. 变量 m、ρ、I_{yy}、S、μ、R_e 和 $\bar{c}$ 分别表示飞行器的质量、空气密度、转动惯量、机翼参考面积、重力常数、地球半径和平均气动弦长. 参数标称值选取为 [306] (slug[①]: 斯勒格; ft[②]: 英尺)

$$m_0 = 9375\text{slug}, \quad R_{e0} = 20903500\text{ft}, \quad S_0 = 3603\text{ft}^2, \quad \bar{c}_0 = 80\text{ft}, \quad c_{e0} = 0.0292,$$

$$I_{yy0} = 7 \times 10^6\text{slug} \times \text{ft}^2, \quad \rho_0 = 0.24325 \times 10^{-4}\text{slug/ft}^3, \quad \mu = 1.39 \times 10^{16}\text{ft}^3/\text{s}^2.$$

参数不确定性建模为各自标称值加摄动, 即 $m = m_0 + \Delta m$, $I_{yy} = I_{yy0} + \Delta I$, $S = S_0 + \Delta S$, $\bar{c} = \bar{c}_0 + \Delta \bar{c}$, $c_e = c_{e0} + \Delta c_e$, $\rho = \rho_0 + \Delta \rho$.

从工程角度出发, 对此纵向模型, 暂不考虑发动机推力矢量控制的问题, 即假设推力方向和机体坐标系 X 轴固连, 得到发动机模型为 [303]

$$\ddot{\beta} = -2\xi\omega_n\dot{\beta} - \omega_n^2\beta + \omega_n\beta_c. \tag{11.2.6}$$

本章主要是基于高超声速飞行器系统的输入输出线性化模型给出控制设计的. 借助输入输出线性化技术, 得到如下的模型:

$$\begin{bmatrix} \ddot{V} \\ h^{(4)} \end{bmatrix} = \begin{bmatrix} \ddot{V}_0 \\ h_0^{(4)} \end{bmatrix} + B_0 \begin{bmatrix} \beta_c \\ \delta_E \end{bmatrix}, \tag{11.2.7}$$

其中,

$$\dddot{V}_0 = \frac{\varpi_1\ddot{x}_0 + \dot{x}^{\mathrm{T}}\varpi_2\dot{x}}{m}, \quad x^{\mathrm{T}} = [V, \gamma, \alpha, \beta, h],$$

---

① 1slug = 9.80665kg.

② 1ft=3.048×10⁻¹m.

$$h_0^{(4)} = 3\ddot{V}\dot{\gamma}\cos\gamma - 3\dot{V}\dot{\gamma}^2\sin\gamma + 3\dot{V}\ddot{\gamma}\cos\gamma - 3V\dot{\gamma}\ddot{\gamma}\sin\gamma - V\dot{\gamma}^3\cos\gamma$$
$$+ (\varpi_1\ddot{x}_0 + \dot{x}^{\mathrm{T}}\varpi_2\dot{x})\sin\gamma/m + V\cos\gamma(\varphi_1\ddot{x}_0 + \dot{x}^{\mathrm{T}}\varphi_2\dot{x}),$$

$$\ddot{\alpha}_0 = \frac{1}{2I_{yy}}\rho V^2 S\bar{c}\,(C_M(\alpha) + C_M(q) - c_e\alpha) - \ddot{\gamma},$$

$$\varpi_1 = \frac{\partial f_1(x)}{\partial x}, \quad \varpi_2 = \frac{\partial\varpi_1(x)}{\partial x}, \quad \varphi_1 = \frac{\partial f_2(x)}{\partial x}, \quad \varphi_2 = \frac{\partial\varphi_1(x)}{\partial x},$$

$$f_1(x) = \frac{T\cos\alpha - D}{m} - \frac{\mu\sin\gamma}{r^2}, \quad f_2(x) = \frac{L + T\sin\alpha}{mV} - \frac{(\mu - V^2 r)\cos\gamma}{Vr^2},$$

$$\ddot{\beta}_0 = -2\zeta\omega_n\dot{\beta} - \omega_n^2\beta, \quad \ddot{x}_0^{\mathrm{T}} = \left[\ddot{V}, \ddot{\gamma}, \ddot{\alpha}_0, \ddot{\beta}_0, \ddot{h}\right],$$

$$D_\alpha = \frac{\partial D}{\partial\alpha}, \quad L_\alpha = \frac{\partial L}{\partial\alpha}, \quad c_\beta = \frac{\partial C_T}{\partial\beta} = \begin{cases} 0.02576, & \beta < 1, \\ 0.00336, & \beta > 1, \end{cases} \quad B_0 = \begin{bmatrix} b_{11} & b_{12} \\ b_{21} & b_{22} \end{bmatrix},$$

$$b_{11} = \frac{\rho V^2 S c_\beta\omega_n^2}{2m}\cos\alpha, \quad b_{12} = -\frac{c_e\rho V^2 S\bar{c}}{2mI_{yy}}(T\sin\alpha + D_\alpha),$$

$$b_{21} = \frac{\rho V^2 S c_\beta\omega_n^2}{2m}\sin(\alpha + \gamma),$$

$$b_{22} = \frac{c_e\rho V^2 S\bar{c}}{2mI_{yy}}(T\cos(\alpha+\gamma) + L_\alpha\cos\gamma - D_\alpha\sin\gamma).$$

结合式 (11.2.7) 以及式 (11.2.1)～式 (11.2.6), 给出如下带外部干扰的输入输出线性化模型:

$$\begin{bmatrix} \ddot{V} \\ h^{(4)} \end{bmatrix} = \begin{bmatrix} \ddot{V}_0 \\ h_0^{(4)} \end{bmatrix} + B_0\left(\begin{bmatrix} \beta_c \\ \delta_E \end{bmatrix} + \begin{bmatrix} d_1(t) \\ d_2(t) \end{bmatrix}\right), \tag{11.2.8}$$

假设 11.2.1　外部干扰 $d_i(t)$, $i = 1, 2$ 有界, 即满足 $|d_i(t)| \leqslant m_i$, 其中 m_i, $i = 1, 2$ 为已知常数.

假设 11.2.2　外部干扰的导数满足 $|\dot{d}_i| \leqslant m_i^d$, 其中, $m_i^d, i = 1, 2$ 为已知常数.

假设 11.2.3　输入矩阵 B_0 为非奇异矩阵.

注 11.2.1　当航迹倾角 $\gamma = \pm\dfrac{\pi}{2}$ 时, 矩阵 B_0 会变为奇异矩阵 [303,306]. 然而, 在巡航段, 航迹倾角 γ 的变化往往很小 [310,318]. 因此, 假设 11.2.3 是合理的.

高超声速飞行器系统纵向模型控制的输入为升降舵偏转角 δ_E 和控制输入指令 β_c, 系统输出为速度 V 和高度 h. 控制目标是设计控制器 δ_E 和 β_c 使系统输出 V 和 h 分别跟踪上参考轨迹.

11.3　高超声速飞行器系统跟踪控制

11.3.1　积分终端滑模跟踪控制设计

受文献 [35] 启发, 选取如下两个有限时间积分终端滑模面:

$$e_v = V - V_d,$$

$$s_1 = \ddot{e}_v + \int_0^t \left(k_1 \mathrm{sig}^{\alpha_1}(e_v) + k_2 \mathrm{sig}^{\alpha_2}(\dot{e}_v) + k_3 \mathrm{sig}^{\alpha_3}(\ddot{e}_v) \right) \mathrm{d}s, \tag{11.3.1}$$

$$e_h = h - h_d, \tag{11.3.2}$$

$$s_2 = \ddot{e}_h + \int_0^t \left(l_1 \mathrm{sig}^{\beta_1}(e_h) + l_2 \mathrm{sig}^{\beta_2}(\dot{e}_h) + l_3 \mathrm{sig}^{\beta_3}(\ddot{e}_h) + l_4 \mathrm{sig}^{\beta_4}(\dddot{e}_h) \right) \mathrm{d}s, \tag{11.3.3}$$

其中, 参数 k_1, k_2, k_3, l_1, l_2, l_3, l_4 为正数; $\alpha_3 = \alpha$, $\alpha_2 = \dfrac{\alpha}{2-\alpha}$, $\alpha_1 = \dfrac{\alpha}{3-2\alpha}$, $\beta_4 = \beta$, $\beta_3 = \dfrac{\beta}{2-\beta}$, $\beta_2 = \dfrac{\beta}{3-2\beta}$, $\beta_1 = \dfrac{\beta}{4-3\beta}$; V_d 和 h_d 分别为速度和高度的参考信号.

定理 11.3.1　若系统 (11.2.8) 满足假设 11.2.1 和假设 11.2.3, 则存在 $\epsilon_i \in (0,1)$, $i = 1,2$, 对任意的 $\alpha \in (1-\epsilon_1, 1)$ 以及 $\beta \in (1-\epsilon_2, 1)$, 控制器

$$\begin{bmatrix} \beta_c \\ \delta_E \end{bmatrix} = B_0^{-1} \begin{bmatrix} -\nu_1 - \eta_1 \mathrm{sgn}(s_1) \\ -\nu_2 - \eta_2 \mathrm{sgn}(s_2) \end{bmatrix} \tag{11.3.4}$$

可保证速度 V 和高度 h 分别在有限时间内跟踪上参考信号 V_d 和 h_d, 其中 $\eta_i \geqslant a_i + m_1|b_{i1}| + m_2|b_{i2}|$; $a_i > 0$ 为常数, $i = 1,2$.

证明　沿系统 (11.2.8), 计算 s_1 和 s_2 的导数, 可得

$$\dot{s}_1 = -\ddot{V}_d + \ddot{V}_0 + k_1 \mathrm{sig}^{\alpha_1}(e_v) + k_2 \mathrm{sig}^{\alpha_2}(\dot{e}_v) + k_3 \mathrm{sig}^{\alpha_3}(\ddot{e}_v)$$
$$+ b_{11}(\beta_c + d_2(t)) + b_{12}(\delta_E + d_1(t)), \tag{11.3.5}$$

$$\dot{s}_2 = -h_d^{(4)} + h_0^{(4)} + l_1 \mathrm{sig}^{\beta_1}(e_h) + l_2 \mathrm{sig}^{\beta_2}(\dot{e}_h) + l_3 \mathrm{sig}^{\beta_3}(\ddot{e}_h)$$
$$+ l_4 \mathrm{sig}^{\beta_4}(\dddot{e}_h) + b_{21}(\beta_c + d_2(t)) + b_{22}(\delta_E + d_1(t)). \tag{11.3.6}$$

进一步, 式 (11.3.5) 和式 (11.3.6) 可写为

$$\begin{bmatrix} \dot{s}_1 \\ \dot{s}_2 \end{bmatrix} = \begin{bmatrix} \nu_1 \\ \nu_2 \end{bmatrix} + B_0 \left(\begin{bmatrix} \beta_c \\ \delta_E \end{bmatrix} + \begin{bmatrix} d_1(t) \\ d_2(t) \end{bmatrix} \right), \tag{11.3.7}$$

其中,

$$\nu_1 = -\ddot{V}_d + k_1\mathrm{sig}^{\alpha_1}(e_v) + k_2\mathrm{sig}^{\alpha_2}(\dot{e}_v) + k_3\mathrm{sig}^{\alpha_3}(\ddot{e}_v) + \ddot{V}_0,$$

$$\nu_2 = -h_d^{(4)} + l_1\mathrm{sig}^{\beta_1}(e_h) + l_2\mathrm{sig}^{\beta_2}(\dot{e}_h) + l_3\mathrm{sig}^{\beta_3}(\ddot{e}_h) + l_4\mathrm{sig}^{\beta_4}(\dddot{e}_h) + h_0^{(4)}.$$

选取如下能量函数:

$$V_1 = \frac{1}{2}s^\mathrm{T}s, \tag{11.3.8}$$

其中, $s = [s_1 \ s_2]^\mathrm{T}$. 沿系统 (11.3.7) 计算 V_1 的一阶导数, 可得

$$\dot{V}_1 = s^\mathrm{T}\left(\begin{bmatrix} \nu_1 \\ \nu_2 \end{bmatrix} + B_0\begin{bmatrix} \beta_c \\ \delta_E \end{bmatrix} + B_0\begin{bmatrix} d_1(t) \\ d_2(t) \end{bmatrix}\right). \tag{11.3.9}$$

把控制器(11.3.4)代入式 (11.3.9), 可得

$$\dot{V}_1 = s^\mathrm{T}\left(\begin{bmatrix} -\eta_1\mathrm{sgn}(s_1) \\ -\eta_2\mathrm{sgn}(s_2) \end{bmatrix} + B_0\begin{bmatrix} d_1(t) \\ d_2(t) \end{bmatrix}\right). \tag{11.3.10}$$

根据假设 11.2.1, 由 $|d_i(t)| \leqslant m_i$, 式 (11.3.10) 可表示为

$$\dot{V}_1 = s^\mathrm{T}\left(\begin{bmatrix} -\eta_1\mathrm{sgn}(s_1) \\ -\eta_2\mathrm{sgn}(s_2) \end{bmatrix} + B_0\begin{bmatrix} d_1(t) \\ d_2(t) \end{bmatrix}\right)$$

$$\leqslant -\eta_1|s_1| + (m_1|b_{11}|+m_2|b_{12}|)|s_1| - \eta_2|s_2| + (m_1|b_{21}|+m_2|b_{22}|)|s_2|. \tag{11.3.11}$$

选取 $\eta_i \geqslant a_i + m_1|b_{i1}| + m_2|b_{i2}|$, $a_i > 0$, $i = 1,2$, 式 (11.3.11) 可写为

$$\dot{V}_1 \leqslant -a_1|s_1| - a_2|s_2|.$$

根据引理 A.1.3, 如下不等式成立:

$$\dot{V}_1 \leqslant -a(s_1^2 + s_2^2)^{\frac{1}{2}} = -2^{\frac{1}{2}}aV_1^{\frac{1}{2}},$$

其中, $a = \min\{a_1, a_2\}$. 根据引理 A.2.1, 系统轨线在有限时间内可到达滑模面, 即 $s_i = 0, i = 1,2$. 当 $s_i = 0$ 时, 可得

$$\ddot{e}_v + \int_0^t (k_1\mathrm{sig}^{\alpha_1}(e_v) + k_2\mathrm{sig}^{\alpha_2}(\dot{e}_v) + k_3\mathrm{sig}^{\alpha_3}(\ddot{e}_v))\mathrm{d}s = 0, \tag{11.3.12}$$

$$\dddot{e}_h + \int_0^t (l_1\mathrm{sig}^{\beta_1}(e_h) + l_2\mathrm{sig}^{\beta_2}(\dot{e}_h)d + l_3\mathrm{sig}^{\beta_3}(\ddot{e}_h) + l_4\mathrm{sig}^{\beta_4}(\dddot{e}_h))\mathrm{d}s = 0. \tag{11.3.13}$$

进一步, 系统 (11.3.12) 和 (11.3.13) 可表示为

$$\dddot{e}_v = -(k_1 \mathrm{sig}^{\alpha_1}(e_v) + k_2 \mathrm{sig}^{\alpha_2}(\dot{e}_v) + k_3 \mathrm{sig}^{\alpha_3}(\ddot{e}_v)), \tag{11.3.14}$$

$$e_h^{(4)} = -(l_1 \mathrm{sig}^{\beta_1}(e_h) + l_2 \mathrm{sig}^{\beta_2}(\dot{e}_h) + l_3 \mathrm{sig}^{\beta_3}(\ddot{e}_h) + l_4 \mathrm{sig}^{\beta_4}(\dddot{e}_h)). \tag{11.3.15}$$

基于引理 A.2.3, e_v 和 e_h 在有限时间内收敛到零, 即 V 和 h 分别在有限时间内跟踪上参考信号 V_d 和 h_d. 证毕. ∎

注 11.3.1　在滑模控制器中, 切换增益往往需要大于干扰上界. 若没有干扰上界的精确信息, 切换增益往往选取得过于保守, 会引起较严重的抖振.

11.3.2　基于非线性干扰观测器的复合积分终端滑模跟踪控制设计

本节中, 为削弱抖振并保证闭环系统的抗干扰性能, 引入非线性干扰观测器技术来估计干扰, 并用干扰估计信息进行前馈补偿. 将 11.3.1 节所设计的积分终端滑模跟踪控制器与干扰补偿相结合, 设计得到改进的滑模控制器. 在引入干扰补偿后, 控制器的切换增益只需大于干扰补偿误差的上界, 该上界往往比干扰上界小, 从而在保证闭环系统抗干扰性能的同时有效削弱了抖振.

1. 非线性干扰观测器设计

受文献 [214] 的启发, NDO 设计如下.

引理 11.3.1　若系统 (11.2.8) 满足假设 11.2.2, NDO 设计为

$$\begin{bmatrix} \hat{d}_1(t) \\ \hat{d}_2(t) \end{bmatrix} = \Gamma B_0^{-1} \begin{bmatrix} \ddot{V} - z_1 \\ \dddot{h} - z_2 \end{bmatrix},$$

$$\dot{z} = \begin{bmatrix} \ddot{V}_0 \\ h_0^{(4)} \end{bmatrix} + B_0 \left(\begin{bmatrix} \beta_c \\ \delta_E \end{bmatrix} + \begin{bmatrix} \hat{d}_1(t) \\ \hat{d}_2(t) \end{bmatrix} \right) + B_0 (B_0^{-1})' \begin{bmatrix} \ddot{V} - z_1 \\ \dddot{h} - z_2 \end{bmatrix}, \tag{11.3.16}$$

则干扰估计值收敛于干扰真实值的一个邻域 Ω_1 内:

$$\Omega_1 = \left\{ \hat{d} \ \middle| \ \|\hat{d}\| \leqslant \|d\| + \frac{\varsigma}{\theta_1 \Gamma_{\min}} \right\},$$

其中, $\Gamma = \begin{bmatrix} \Gamma_1 & 0 \\ 0 & \Gamma_2 \end{bmatrix} > 0$; $\Gamma_{\min} = \min\{\Gamma_1, \Gamma_2\}$; $0 < \theta_1 < 1$; $\varsigma = \sqrt{\varsigma_1^2 + \varsigma_2^2}$; $(\cdot)'$ 表示 $(\cdot)$ 的微分.

证明　根据式 (11.3.16), 干扰估计动态方程描述为

$$\begin{bmatrix} \dot{\hat{d}}_1(t) \\ \dot{\hat{d}}_2(t) \end{bmatrix} = \Gamma (B_0^{-1})' \begin{bmatrix} \ddot{V} - z_1 \\ \dddot{h} - z_2 \end{bmatrix} + \Gamma B_0^{-1} \left(\begin{bmatrix} \dddot{V} \\ h^{(4)} \end{bmatrix} - \begin{bmatrix} \ddot{V}_0 \\ h_0^{(4)} \end{bmatrix} \right)$$

$$\left. \begin{array}{c} -B_0 \left[\begin{array}{c} \beta_c \\ \delta_E \end{array} \right] - B_0 \left[\begin{array}{c} \hat{d}_1(t) \\ \hat{d}_2(t) \end{array} \right] - B_0(B_0^{-1})' \left[\begin{array}{c} \ddot{V} - z_1 \\ \ddot{h} - z_2 \end{array} \right] \right) $$

$$= \Gamma \left[\begin{array}{c} e_1(t) \\ e_2(t) \end{array} \right], \tag{11.3.17}$$

其中, $e_1(t) = d_1(t) - \hat{d}_1(t)$; $e_2(t) = d_2(t) - \hat{d}_2(t)$. 干扰估计误差动态可写为

$$\left[\begin{array}{c} \dot{e}_1(t) \\ \dot{e}_2(t) \end{array} \right] = -\Gamma \left[\begin{array}{c} e_1(t) \\ e_2(t) \end{array} \right] + \left[\begin{array}{c} \dot{d}_1(t) \\ \dot{d}_2(t) \end{array} \right]. \tag{11.3.18}$$

选取如下能量函数:

$$V_e = \frac{1}{2} e^{\mathrm{T}} e, \tag{11.3.19}$$

其中, $e = [e_1 \ e_2]^{\mathrm{T}}$. 沿系统轨线 (11.3.18), 计算式 (11.3.19) 的一阶导数可得

$$\dot{V}_e = -\left[\begin{array}{cc} e_1 & e_2 \end{array} \right] \Gamma \left[\begin{array}{c} e_1(t) \\ e_2(t) \end{array} \right] + \left[\begin{array}{cc} e_1 & e_2 \end{array} \right] \left[\begin{array}{c} \dot{d}_1(t) \\ \dot{d}_2(t) \end{array} \right]$$

$$\leqslant -\Gamma_{\min} ||e||_2^2 + ||e||_2 ||\dot{d}(t)||_2. \tag{11.3.20}$$

根据假设 11.2.2, 即 $|\dot{d}_i| \leqslant \varsigma_i$, 有

$$\dot{V}_e \leqslant -\Gamma_{\min} ||e||_2^2 + \varsigma ||e||_2. \tag{11.3.21}$$

进一步, 式 (11.3.21) 可写为 $\dot{V}_e \leqslant -(1-\theta_1)\Gamma_{\min}||e||_2^2 - \theta_1 \Gamma_{\min}||e||_2^2 + \varsigma||e||_2$.

令 $\Omega_1 = \left\{ e \ \middle| \ ||e||_2 \leqslant \dfrac{\varsigma}{\theta_1 \Gamma_{\min}} \right\}$. 如果 $e \notin \Omega_1$ 成立, 有 $\dot{V}_e \leqslant -(1-\theta_1)\Gamma_{\min}||e||_2^2 < 0$.

对于初始状态, 存在两种情况. 一种情况是初始状态在集合 Ω_1 之外. 由 $\dot{V}_e < 0$ 可得, 存在时刻 t_2, 使 $e(t_2) \in \mathrm{bd}_{\Omega_1}$, 其中 bd_{Ω_1} 表示集合 Ω_1 的边界. 另一种情况是初始状态在 Ω_1 内. 如果轨线 e 停留在 Ω_1 内, 并永远不出来, 这种情况不需要再证明. 只考虑这样一种情况, 轨线 e 会从 Ω_1 逃离. 在这种情况下, 同样存在时刻 $t_2 > 0$ 使轨线 $e \in \mathrm{bd}_{\Omega_1}$. 下面证明, 对于所有的 $t \in [t_2, \infty)$, 有 $e \in \Omega_1$ 成立. 此证明受文献 [6] 启发. 令 $p = \inf\limits_{e \in \mathrm{bd}_{\Omega_1}} ||e||_2^2$, 有 $p = \dfrac{\varsigma^2}{(\theta_1 \Gamma_{\min})^2}$. 进一步, 可得

$\dot{V}_e \leqslant -(1-\theta_1)\Gamma_{\min} p$, $\forall e \in \mathrm{bd}_{\Omega_1}$. 由于 V_e 是连续的, 可得到存在时间间隔 $n > 0$, 对所有的 $t \in [t_2, t_2+n)$ 使 $e \in \Omega_1$. 假定存在一时刻 $h_0 \in [t_2, \infty)$ 使 $e \notin \Omega_1$. 进一步, 假定存在时刻 $\delta \in (t_2, h_0)$ 使 $e(\delta) \in \mathrm{bd}_{\Omega_1}$.

注意到, $\dot{V}_e \leqslant -(1-\theta_1)\Gamma_{\min} p < 0$, 并根据 V_e 的连续性, 存在任意小的时间间隔 $n_1 > 0$ 使 V_e 在 $[\delta - n_1, \delta)$ 上是递减的. 进一步, 可得 $p = ||e(\delta)||_2^2 \leqslant ||e(\delta - n_1)||_2^2 < p$, 这是矛盾的. 因此, 对于任意的 $t \geqslant t_2$, 有 $e \in \Omega_1$. 证毕. ∎

注 11.3.2　由上述证明可知, 干扰估计误差主要依赖参数 Γ. 通过选取合适的参数, 干扰估计误差可收敛到一个原点的小邻域内.

2. 复合控制器设计

定理 11.3.2　若系统(11.2.8) 满足假设 11.2.3, 则存在 $\epsilon_i \in (0,1)$, $i = 1, 2$, 对任意的 $\alpha \in (1 - \epsilon_1, 1)$ 以及 $\beta \in (1 - \epsilon_2, 1)$, 改进的滑模控制器

$$\begin{bmatrix} \beta_c \\ \delta_E \end{bmatrix} = B_0^{-1} \begin{bmatrix} -\nu_1 - \bar{\eta}_1 \mathrm{sgn}(s_1) \\ -\nu_2 - \bar{\eta}_2 \mathrm{sgn}(s_2) \end{bmatrix} - \begin{bmatrix} \hat{d}_1(t) \\ \hat{d}_2(t) \end{bmatrix} \tag{11.3.22}$$

可保证速度 V 和高度 h 在有限时间内分别跟踪上参考信号 V_d 和 h_d, 其中 s_1 和 s_2 如式(11.3.1)和式(11.3.3)定义; $\hat{d}_i$ 由式(11.3.16)得到; $\bar{\eta}_i \geqslant a_i + \kappa_1 |b_{i1}| + \kappa_2 |b_{i2}|$; $a_i > 0$; κ_i 是干扰估计误差的上界, $i = 1, 2$.

证明　选取能量函数为

$$V_2 = \frac{1}{2} s^{\mathrm{T}} s. \tag{11.3.23}$$

沿系统轨线 (11.3.7) 和 (11.3.18), 计算式 (11.3.23) 的一阶导数, 可得

$$\dot{V}_2 = s^{\mathrm{T}} \left(\begin{bmatrix} \nu_1 \\ \nu_2 \end{bmatrix} + B_0 \begin{bmatrix} \beta_c \\ \delta_E \end{bmatrix} + B_0 \begin{bmatrix} d_1(t) \\ d_2(t) \end{bmatrix} \right). \tag{11.3.24}$$

把控制器 (11.3.22) 代入式 (11.3.24), 可得

$$\begin{aligned} \dot{V}_2 &= s^{\mathrm{T}} \left(\begin{bmatrix} -\bar{\eta}_1 \mathrm{sgn}(s_1) \\ -\bar{\eta}_2 \mathrm{sgn}(s_2) \end{bmatrix} - B_0 \begin{bmatrix} \hat{d}_1(t) \\ \hat{d}_2(t) \end{bmatrix} + B_0 \begin{bmatrix} d_1(t) \\ d_2(t) \end{bmatrix} \right) \\ &= s^{\mathrm{T}} \left(\begin{bmatrix} -\bar{\eta}_1 \mathrm{sgn}(s_1) \\ -\bar{\eta}_2 \mathrm{sgn}(s_2) \end{bmatrix} + B_0 \begin{bmatrix} e_1(t) \\ e_2(t) \end{bmatrix} \right). \end{aligned} \tag{11.3.25}$$

根据引理 11.3.1, 可得 $|e_i| \leqslant \kappa_i$, 式 (11.3.25) 可表示为

$$\begin{aligned} \dot{V}_2 &\leqslant -\bar{\eta}_1 |s_1| + (\kappa_1 |b_{11}| + \kappa_2 |b_{12}|)|s_1| - \bar{\eta}_2 |s_2| + (\kappa_1 |b_{21}| + \kappa_2 |b_{22}|)|s_2| \\ &\leqslant -a_1 |s_1| - a_2 |s_2|. \end{aligned}$$

类似定理 11.3.1 的证明, 可得速度 V 和高度 h 在有限时间内分别跟踪上参考信号 V_d 和 h_d. 证毕.　■

注 11.3.3　定理 11.3.1 和定理 11.3.2 的不同之处在于: 在定理 11.3.2 中, 控制器中引入了干扰前馈补偿项. 选取合适的 NDO 参数, NDO 可有效地估计出干

扰 $d_i(t)$. 通常干扰补偿误差的上界要比干扰上界小得多. 此时, 控制器的切换增益只需大于干扰补偿误差的上界, 该上界往往比干扰上界小, 从而削弱抖振并保证闭环系统的抗干扰性能.

11.3.3　数值仿真

本节将通过仿真结果来说明所提方法的有效性. 高超声速飞行器系统的标称点选取为速度 $V = 15060\text{ft/s}$ 和高度 $h = 110000\text{ft}$. 为了验证所提控制器的鲁棒性, 参数不确定性选取为 $\Delta m = -0.03\text{slug}$, $\Delta I = -0.03\text{slug}$, $\Delta S = 0.03\text{ft}^2$, $\Delta \bar{c} = 0.03\text{ft}$, $\Delta \rho = 0.03\text{slug/ft}^3$, $\Delta c_e = 0.03$. 外部干扰选取为 $d_1(t) = \sin(0.2t)$, $d_2(t) = 0.1\sin(0.2t)$, 且干扰在 $t = 30\text{s}$ 时作用到系统上. 参考指令 h_d 和 V_d 分别选取为 112000ft 和 15160ft/s.

1. 积分终端滑模跟踪控制器

下面验证积分终端滑模跟踪控制器 (11.3.4) 的控制性能. 控制器参数选取如下:

$$
\begin{cases}
k_1 = 6, \quad k_2 = 11, \quad k_3 = 6, \quad \eta_1 = 4 + m_1|b_{11}| + m_2|b_{12}|, \\
m_1 = 1, \quad m_2 = 0.1, \quad \alpha_1 = \dfrac{2}{5}, \quad \alpha_2 = \dfrac{1}{2} \quad \alpha_3 = \dfrac{2}{3}, \\
\beta_1 = \dfrac{1}{2}, \quad \beta_2 = \dfrac{4}{7}, \quad \beta_3 = \dfrac{2}{3}, \quad \beta_4 = \dfrac{4}{5}, \\
l_1 = 1.7^4, \quad l_2 = 4 \times 1.7^3, \quad l_3 = 6 \times 1.7^2, \quad l_4 = 4 \times 1.7, \\
\eta_2 = 4 + m_1|b_{21}| + m_2|b_{22}|.
\end{cases}
\tag{11.3.26}
$$

假定外部干扰和参数不确定性都是有界的. 本节采用积分终端滑模跟踪控制器 (11.3.4). 图 11.3.1 给出速度和高度的响应曲线, 从图中可看出, 有限时间积分终端滑模跟踪控制器可保证闭环系统具有良好的跟踪性能. 图 11.3.2 给出滑模面响应曲线. 图 11.3.3 给出高超声速飞行器发动机油门开度响应曲线. 控制输入响应曲线如图 11.3.4 所示.

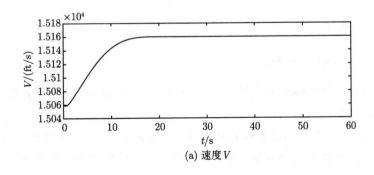

(a) 速度 V

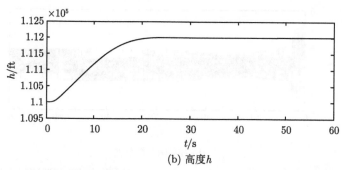

(b) 高度 h

图 11.3.1 积分终端滑模跟踪控制器 (11.3.4) 作用下高超声速飞行器速度和高度的响应曲线

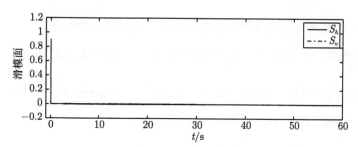

图 11.3.2 积分终端滑模跟踪控制器 (11.3.4) 作用下滑模面响应曲线

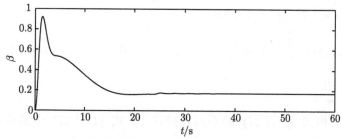

图 11.3.3 积分终端滑模跟踪控制器 (11.3.4) 作用下高超声速飞行器
发动机油门开度响应曲线

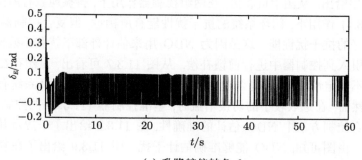

(a) 升降舵偏转角 δ_E

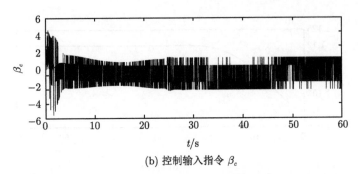

(b) 控制输入指令 β_c

图 11.3.4　积分终端滑模跟踪控制器 (11.3.4) 作用下高超声速飞行器控制输入响应曲线

2. 基于非线性干扰观测器的复合积分终端滑模跟踪控制器

本节说明复合控制器 (11.3.22) 的有效性. 控制器参数选取如下:

$$
\begin{cases}
k_1 = 6, \quad k_2 = 11, \quad k_3 = 6, \quad \eta_1 = 4 + \kappa_1|b_{11}| + \kappa_2|b_{12}|, \quad \kappa_1 = 0.01, \\[2mm]
\quad \kappa_2 = 0.02, \quad \Gamma_1 = 10, \\[2mm]
\alpha_1 = \dfrac{2}{5}, \quad \alpha_2 = \dfrac{1}{2}, \quad \alpha_3 = \dfrac{2}{3}, \quad l_1 = 1.7^4, \quad l_2 = 4 \times 1.7^3, \\[2mm]
l_3 = 6 \times 1.7^2, \quad l_4 = 4 \times 1.7, \\[2mm]
\beta_1 = \dfrac{1}{2}, \quad \beta_2 = \dfrac{4}{7}, \quad \beta_3 = \dfrac{2}{3}, \quad \beta_4 = \dfrac{4}{5}, \quad \eta_2 = 4 + \kappa_1|b_{21}| + \kappa_2|b_{22}|, \\[2mm]
\Gamma_2 = 20.
\end{cases} \tag{11.3.27}
$$

式 (11.3.26) 和式 (11.3.27) 的不同之处在于: 式 (11.3.27) 中的控制增益要比式 (11.3.26) 中的小.

图 11.3.5 给出了发动机油门开度响应曲线. 控制输入 δ_E 和 β_c 的曲线在图 11.3.6 中给出. 从图中可看出, 在两组控制器作用下, 抖振现象有所削弱. 在控制器 (11.3.4) 作用下, 闭环系统的抗干扰性能有所牺牲, 但复合控制器 (11.3.22) 仍具有良好的抗干扰性能. 这是因为 NDO 用来估计外部干扰和不确定参数, 而估计值被引入到控制器中进行前馈补偿. 从图 11.3.7 可看出, 虽然存在着外部干扰和参数不确定性, 所设计复合控制器 (11.3.22) 仍然可保证闭环系统有良好的跟踪性能. 然而, 在选取较小的切换增益时, 基准控制器 (11.3.4) 的控制性能较差. 为验证复合控制方法中 NDO 估计的准确性, 图 11.3.8 给出了干扰及其估计值的响应曲线. 由图可知, NDO 能够准确估计干扰. 图 11.3.9 给出了在复合控制器 (11.3.22) 下的滑模面响应曲线, 进一步说明了所提复合控制器的有效性.

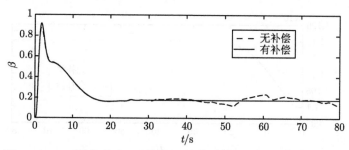

图 11.3.5　两种控制器下高超声速飞行器发动机油门开度响应曲线

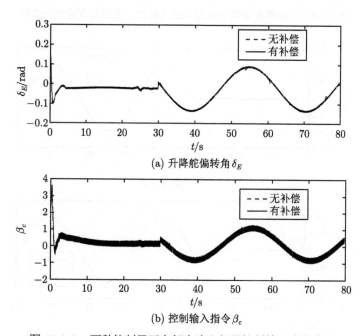

(a) 升降舵偏转角 δ_E

(b) 控制输入指令 β_c

图 11.3.6　两种控制器下高超声速飞行器控制输入响应曲线

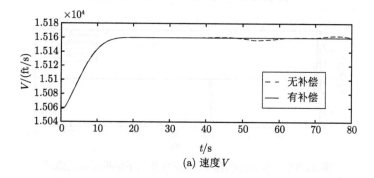

(a) 速度 V

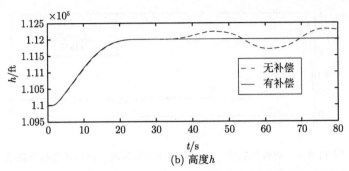

(b) 高度 h

图 11.3.7　两种控制器下高超声速飞行器速度和高度的响应曲线

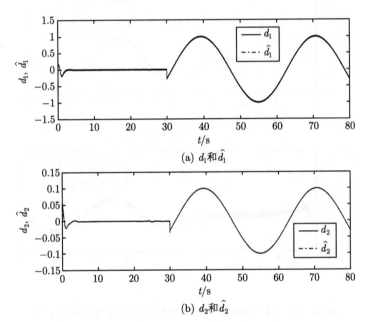

(a) d_1 和 $\hat{d}_1$

(b) d_2 和 $\hat{d}_2$

图 11.3.8　干扰及其估计值的响应曲线

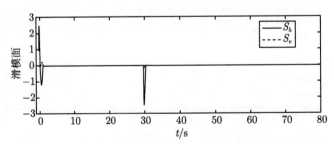

图 11.3.9　复合控制器 (11.3.22) 作用下滑模面响应曲线

11.4 本 章 小 结

针对高超声速飞行器系统的基于纵向模型的速度和高度跟踪控制问题, 本章提出了基于有限时间积分终端滑模控制和非线性干扰观测器相结合的复合控制设计方法. 首先, 基于高超声速飞行器纵向模型, 分别对速度和高度设计了两个解耦的积分终端滑模面和相应的积分终端滑模控制器, 所设计控制器可保证速度和高度在有限时间内跟踪上参考信号. 为削弱抖振, 引入非线性干扰观测器技术来估计干扰, 并用干扰估计进行前馈补偿. 将积分终端滑模控制器与干扰补偿相结合, 设计得到了改进的复合控制器. 改进复合控制器的切换增益取值更小, 在不牺牲系统抗干扰性能的同时有效削弱了抖振. 最后, 通过仿真验证了所提控制方法的有效性.

第 12 章　导弹拦截机动目标的滑模制导律

本章针对导弹拦截机动目标的制导律设计问题, 提出基于滑模控制和干扰观测器技术的复合积分滑模制导律设计方法, 并对系统的稳定性和抗干扰性能进行严格分析. 分别在撞击角度受约束情况、考虑驾驶仪动态及撞击角度受约束情况下, 研究导弹拦截机动目标问题, 并提出相应的滑模制导律设计方法.

12.1　引　　言

导弹是现代战争中对敌方战略战术目标实施精确打击和有效拦截的高科技武器. 制导系统的存在是导弹区别于其他武器的关键所在. 制导系统以导弹为控制对象, 控制导弹飞行的姿态、方向、速度和高度等, 在飞行中克服各种不确定性和干扰, 保证导弹按预定弹道或者根据目标状态修正自身状态准确地命中目标. 因此, 在导弹攻击过程中, 制导律的设计起到至关重要的作用, 其设计目标是为自动驾驶仪提供加速度指令, 以使导弹获得最小的脱靶量命中目标 [319].

比例制导律是实际中应用最多的制导方法, 一是因为其形式简单, 易于工程实现; 二是因为导弹在速度、机动性和敏捷性方面均具有比被拦截目标更为明显的优势. 比例制导律可实现导弹对非机动目标或弱机动目标的有效拦截 [219,320]. 目前, 随着攻击目标在速度、机动性能方面的大幅提升, 比例制导律很难达到满意的制导精度, 导弹会产生很大的脱靶量 [219]. 为提高导弹拦截大机动目标的性能, 现代制导律已得到广泛研究. 迄今, 现代控制方法如最优控制 [321,322]、微分对策理论 [323,324]、Lyapunov 理论 [325,326]、鲁棒控制 [327,328]、L_2 增益控制 [329] 和滑模控制等都被引入制导律的设计中.

滑模控制方法是一种抑制参数不确定和干扰的鲁棒控制方法 [220]. 一般来说, 传统的滑模控制方法包含两个步骤 [330]: 第一步, 设计期望的滑模面, 保证系统具有一定的动态性能和稳态性能; 第二步, 根据滑模面设计控制器使系统状态能在有限时间内到达滑模面, 并保持在滑模面上. 因此, 滑模面的选择是滑模设计的中心环节. 在制导律设计过程中, 通常选择视线角速度作为滑模面, 因为视线角速度为零可得到撞击三角形 [331]. 将目标加速度看作有界不确定项, 文献 [332] 针对机动目标提出了一种滑模制导律, 此制导律可看作扩展的比例制导律. 文献 [333] 以相对距离和视线角速度的乘积为滑模面, 设计了一种自适应滑模制导律. 在滑模制导律设计方法中, 另一种滑模面的选取是零效脱靶量. 文献 [334] 考虑导弹终端速度限制问题, 以控制能量为最优性能指标, 并以零效脱靶量和零效速度的组合为滑模面, 设计了一种最优滑模制导律. 文献 [335] 应用滑模观测器来观测目标状态, 设计了一种制导、控制一体化的滑模制导律. 文献 [35] 针对二维平面制导问题, 提出了一种基于积分滑模控制方法的有限时间制导律. 基于光滑二阶滑模控制方法和非线性干扰观测器技术, 文献 [176] 提出了一种复合有限时间制导律. 针对制导系统存在动态不确定性问题, 文献 [180] 基于滑模控制方法和非线性干扰观测器技术, 提出了一种复合积分滑模制导律.

对于导弹, 制导系统的主要目的是产生合适命令使最终脱靶量为零, 即导弹能够命中目标. 然而在某些特殊情况下, 即便是导弹能够命中目标也并不能保证其圆满地完成任务. 例如, 用于攻击地下或地面坚固军事目标的制导侵彻弹, 为有效提高炸弹的侵彻深度和毁伤效果, 需要依据被攻击目标的特性和形状采用不同的落角对目标进行攻击, 即以期望的撞击角度命中目标能够增大导弹战斗部杀伤目标的威力. 高性能制导律应能使导弹既获得最小脱靶量, 又能以期望的撞击角度命中目标. 因此, 研究带有撞击角度约束的制导律并提高导弹杀伤效果, 具有实际意义. 文献 [336] 针对再入飞行器在垂直平面内的制导问题, 基于其线性化模型, 提出了一种最优撞击角度约束制导律. 文献 [337] 以控制能量为性能指标, 提出了一种撞击角度和拦截时间受限的最优制导律. 文献 [338] 针对导弹攻击静止目标问题, 提出了一种全方位撞击的比例制导律. 文献 [339] 设计了一种撞击角度约束的滑模制导律. 文献 [340] 考虑终端拦截角和拦截时间的限制问题, 利用反步法以视线角度和期望的视线角度的差值为滑模面, 设计了一种二阶滑模制导律.

在应对非机动目标且导弹自动驾驶仪具有理想动态特性时, 比例制导律具有优越的制导性能. 但在实际中, 自动驾驶仪并不具有理想动态特性, 自动驾驶仪对导引指令需要一个动态响应过程, 同时目标在飞行中经常做机动飞行, 这就给制导系统带来了挑战. 在这些情况下, 比例制导律已经无法满足高精度制导的要求 [341]. 针对上述影响导弹制导精度的两个问题, 文献 [342] 基于非奇异终端滑模控制方法设计了考虑自动驾驶仪动态的有限时间制导律. 考虑导弹飞行动态和执行器时延, 文献 [343] 针对非线性弹目拦截系统, 以视线角速度和舵偏角的组合为滑模面, 设计了一种滑模制导律. 文献 [331] 以零效脱靶量为滑模面, 针对导弹自动驾驶仪和制导律一体化设计问题, 设计了一种滑模制导律. 针对平面内导弹拦截机动目标问题, 本章提出一种滑模制导律设计方法. 在制导律设计过程中, 将目标机动看作制导系统的有界外部干扰, 引入切换函数来抑制系统干扰, 严格证明了视线角速度在有限时间内收敛到零. 仿真结果验证了所设计制导律的有效性. 针对导弹拦截目标终端撞击角度受约束情况下的导弹制导律设计问题, 本章提出两类滑模制导律. 一类是基于线性积分滑模面设计的制导律, 此制导律可保证视线角度和视线角速度渐近收敛到零; 另一类是基于非线性积分滑模面设计的制导律, 此制导律可保证视线角度和视线角速度在有限时间内收敛到零. 此外, 本章针对导弹自动驾驶仪动态特性存在外部干扰和终端撞击角度受约束情况下的二维平面导弹制导律设计问题, 设计基于有限时间非线性积分滑模控制和观测器前馈补偿方法的导弹复合有限时间收敛制导律, 此制导律可使视线角速度在有限时间内收敛到零.

12.2　系统建模和问题描述

考虑平面内导弹拦截机动目标问题. 将导弹和目标都看作质点, 平面空间中导弹与目标的相对运动如图 12.2.1 所示. 图中, r 表示导弹与目标之间的相对距离; q 表示导弹与目标之间的视线角; V_m 和 V_t 分别表示导弹和目标的飞行速度; θ_m 和 θ_t 分别表示导弹和目标的飞行方向角; a_m 和 a_t 分别表示导弹和目标的法向加速度. 由图 12.2.1 可推导出导弹与目标相对运动的极坐标方程:

$$r\dot{q} = V_m \sin(q - \theta_m) - V_t \sin(q - \theta_t), \tag{12.2.1}$$

$$\dot{r} = -V_m \cos(q - \theta_m) + V_t \cos(q - \theta_t), \tag{12.2.2}$$

$$\dot{\theta}_m = a_m / V_m, \tag{12.2.3}$$

$$\dot{\theta}_t = a_t / V_t, \tag{12.2.4}$$

其中, $\dot{r}$ 表示导弹与目标之间的相对速度; $\dot{q}$ 表示导弹与目标之间的视线角速度. 对式 (12.2.1) 和式 (12.2.2) 求一阶导数, 得到

$$r\ddot{q} = -2\dot{r}\dot{q} - u_q + w_q, \tag{12.2.5}$$

$$\ddot{r} = r\dot{q}^2 - u_r + w_r, \tag{12.2.6}$$

其中, w_r 和 u_r 分别是目标加速度和导弹加速度在视线方向上的分量; w_q 和 u_q 分别是目标加速度和导弹加速度在视线法方向上的分量, 即

$$w_r = \dot{V}_t \cos(q - \theta_t) + a_t \sin(q - \theta_t), \tag{12.2.7}$$

$$u_r = \dot{V}_m \cos(q - \theta_m) + a_m \sin(q - \theta_m), \tag{12.2.8}$$

$$w_q = -\dot{V}_t \sin(q - \theta_t) + a_t \cos(q - \theta_t), \tag{12.2.9}$$

$$u_q = -\dot{V}_m \sin(q - \theta_m) + a_m \cos(q - \theta_m). \tag{12.2.10}$$

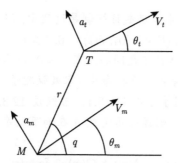

图 12.2.1　速度坐标系与弹道坐标系位置关系示意图

12.3　二维平面导弹拦截机动目标的滑模制导律

12.3.1　滑模制导律设计

若取状态变量 $x = \dot{q}$, $u = u_q$, $d = w_q$, 则二维平面制导系统视线运动方程 (12.2.5) 转化为一阶线性时变微分方程:

$$\dot{x} = -\frac{2\dot{r}}{r}x - \frac{1}{r}u + \frac{1}{r}d, \tag{12.3.1}$$

其中, u 为控制量; d 为干扰量.

导弹制导律的设计目标是通过设计制导律使导弹能够以零效脱靶量的要求击中机动目标, 即设计制导律 u 使视线角速度 $\dot{q}$ 收敛到零.

假设 12.3.1　假设目标的法向加速度 $a_t(t)$ 和纵向加速度 $\dot{V}_t(t)$ 是有界的, 即满足 $|a_t(t)| \leqslant d_1$, $|\dot{V}_t(t)| \leqslant d_2$, $\forall t \geqslant 0$, 其中, d_1 和 d_2 是目标加速度的上界且已知. 假设目标的法向加加速度 $\dot{a}_t(t)$ 和纵向加加速度 $\ddot{V}_t(t)$ 是有界的, 并满足 $|\dot{a}_t(t)| \leqslant d_3$, $|\ddot{V}_t(t)| \leqslant d_4$, $\forall t \geqslant 0$, 其中, d_3 和 d_4 是目标加加速度的上界且已知.

注 12.3.1　目标加速度在视线法向上的分量 w_q 满足

$$d = w_q = a_T \cos(q - \theta_T) - \dot{V}_T \sin(q - \theta_T)$$

$$= \sqrt{a_T^2 + \dot{V}_T^2} \left(\frac{a_T}{\sqrt{a_T^2 + \dot{V}_T^2}} \cos(q - \theta_T) - \frac{\dot{V}_T}{\sqrt{a_T^2 + \dot{V}_T^2}} \sin(q - \theta_T) \right)$$

$$= \sqrt{a_T^2 + \dot{V}_T^2} \cos(q - \theta_T + \phi), \tag{12.3.2}$$

其中, $\cos\phi = \dfrac{a_T}{\sqrt{a_T^2 + \dot{V}_T^2}}$; $\sin\phi = \dfrac{\dot{V}_T}{\sqrt{a_T^2 + \dot{V}_T^2}}$. 由假设 12.3.1 可知, $d = |w_q| \leqslant \Delta = \sqrt{d_1^2 + d_2^2}$.

假设 12.3.2[219]　在导弹拦截目标制导过程中, 假设导弹与目标之间的相对距离和相对速度满足 $0 < r(t) < r(0)$, $\dot{r}(t) < 0$, $t > 0$.

注 12.3.2[180]　当导弹目标之间的距离 $r \neq 0$, 但属于区间 $r^0 \in [r_{\min}, r_{\max}] = [0.1, 0.25]$m 时, 即可认定导弹以直接命中 (零效脱靶量) 的方式击中目标.

定理 12.3.1　考虑制导方程 (12.3.1), 若假设 12.3.1 和假设 12.3.2 成立, 并且切换增益 δ 满足 $\delta > \Delta$, 则视线角速度 $\dot{q}$ 在如下制导律作用下全局有限时间收敛到零:

$$u = -N\dot{r}x + Q(x) + \delta\mathrm{sgn}(x), \tag{12.3.3}$$

其中, $N \geqslant 2$; $Q(x)$ 满足条件 $xQ(x) \geqslant 0$.

证明　将制导律 (12.3.3) 代入制导系统 (12.3.1), 得到如下的闭环制导系统:

$$\dot{x} = -\frac{(N-2)\dot{r}}{r}x - \frac{1}{r}Q(x) + \frac{1}{r}(d - \delta\mathrm{sgn}(x)). \tag{12.3.4}$$

选取能量函数:

$$V_1(x) = \frac{1}{2}x^2. \tag{12.3.5}$$

对能量函数 $V_1(x)$ 求一阶导数并代入式 (12.3.4) 得到

$$\begin{aligned}
\dot{V}_1(x) = x\dot{x} &= x\left[-\frac{(N-2)\dot{r}}{r}x - \frac{1}{r}Q(x) + \frac{1}{r}(d - \delta\mathrm{sgn}(x))\right] \\
&= -\frac{(N-2)\dot{r}}{r}x^2 - \frac{1}{r}xQ(x) + \frac{1}{r}x(d - \delta\mathrm{sgn}(x))
\end{aligned} \tag{12.3.6}$$

由假设 12.3.1、假设 12.3.2 和定理条件 $N \geqslant 2$, $xQ(x) \geqslant 0$, 可得 $-\frac{(N-2)\dot{r}}{r}x^2 \leqslant 0$, $-\frac{1}{r}xQ(x) \leqslant 0$, 因此式 (12.3.6) 可简化为如下不等式:

$$\begin{aligned}
\dot{V}_1(x) &\leqslant \frac{1}{r}x(d - \mathrm{sgn}(x)) \\
&\leqslant -\frac{1}{r}|x|(\delta - \Delta) \\
&\leqslant -\frac{\sqrt{2}}{r(0)}(\delta - \Delta)\left(\frac{1}{2}x^2\right)^{\frac{1}{2}} \\
&= -\tilde{c}V_1^{\frac{1}{2}}(x),
\end{aligned} \tag{12.3.7}$$

其中, $\tilde{c} = \frac{\sqrt{2}}{r(0)}(\delta - \Delta) > 0$ 为常数.

根据引理 A.2.1, 可得闭环系统 (12.3.4) 是全局有限时间稳定的. 假设收敛时间为 T_0, 则有

$$T_0 \leqslant \frac{2}{\tilde{c}} V_1^{\frac{1}{2}}(x(0)) = \frac{2}{\tilde{c}} \left(\frac{1}{2} x^2(0) \right)^{\frac{1}{2}}. \tag{12.3.8}$$

因此, 视线角速度 $\dot{q}$ 在有限时间制导律 (12.3.3) 作用下全局有限时间收敛到零. 证毕. ■

注 12.3.3 如果选取函数 $Q(x)$ 为

$$Q(x) = \beta \mathrm{sig}^{\alpha}(x), \tag{12.3.9}$$

则有限时间制导律 (12.3.3) 可写为

$$u_f = -N_f \dot{r} x + \beta \mathrm{sig}^{\alpha}(x) + \delta \mathrm{sgn}(x), \tag{12.3.10}$$

其中, $N_f \geqslant 2$; $\beta > 0$; $0 \leqslant \alpha < 1$. 此制导律是文献 [219] 提出的有限时间制导律, 可看出本节提出的有限时间制导律 (12.3.3) 推广了制导律 (12.3.10), 是一类选择范围更为广泛的有限时间制导律, 而制导律 (12.3.10) 是式 (12.3.3) 的特殊形式, 且制导律 (12.3.3) 的选取更加灵活简单.

注 12.3.4 制导系统在有限时间制导律 (12.3.3) 的作用下不仅具有快速的收敛特性, 而且具有很好的鲁棒性. 制导律 (12.3.3) 和 (12.3.10) 中含有开关函数项, 要求控制器能够快速地进行切换操作, 这会产生抖振现象. 另外在实际系统中, 控制器不可能完成瞬时切换, 总是存在一定的时间延迟, 因此瞬时切换具有不能实现性. 为了消除抖振, 可对有限时间制导律中的非线性切换函数进行饱和处理, 通常用一个饱和函数来替代符号函数 [219], 如饱和函数

$$\mathrm{sat}_{\varepsilon}(x) = \begin{cases} 1, & x > \varepsilon, \\ \dfrac{1}{\varepsilon} x, & |x| \leqslant \varepsilon, \\ -1, & x < -\varepsilon, \end{cases} \tag{12.3.11}$$

其中, ε 为合适的大于零的常数. 这样替换的优点是既能有效地降低制导系统的抖振现象, 又能保证一定程度的制导精度.

12.3.2 数值仿真

本节给出一组数值仿真例子来验证所提出的有限时间制导律 (12.3.3) 的性能. 制导系统的初值选择如下: 导弹与目标之间的初始相对距离 $r_0 = 5000\mathrm{m}$; 初始视

线角 $q_0 = 30°$; 期望的视线角 $q_d = 20°$; 导弹的初始飞行速度 $V_{m0} = 600\text{m/s}$; 导弹的初始飞行方向角 $\theta_{m0} = 60°$; 目标的初始飞行速度 $V_{t0} = 300\text{m/s}$; 目标的初始飞行方向角 $\theta_{t0} = 0°$; 重力加速度 $g = 9.8\text{m/s}^2$. 在仿真过程中假设导弹的纵向加速度为零, 即 $\dot{V}_m = 0\text{m/s}^2$, 也就是说, 导弹的飞行速度不变.

选取有限时间制导律 (12.3.3) 为

$$u = -3\dot{r}x + 0.05rx + 0.08r\text{sig}^{\frac{1}{3}}(x) + 70\text{sgn}(x). \tag{12.3.12}$$

为验证所提制导律在系统状态收敛速度和抗目标机动性能的有效性, 这里引入文献 [219] 中提出的有限时间制导律 (12.3.10) 和比例制导律来进行仿真对比研究. 选取以下形式的比例制导律:

$$n_p = -N\dot{r}\dot{q}, \tag{12.3.13}$$

其中, 参数 N 是无量纲的比例制导律系数, 在仿真过程中选取 $N = 5$. 选用文献 [219] 提出的有限时间制导律 (12.3.10) 为对比制导律:

$$u_f = -3\dot{r}x + 10\text{sig}^{\frac{1}{5}}(x) + 70\text{sgn}(x). \tag{12.3.14}$$

为了公平比较仿真结果, 对导弹机动能力限幅, 导弹的最大加速度设为 $50g$. 针对两种不同的工况进行如下仿真.

工况 1　假定目标以如下法向加速度做机动飞行:

$$a_T = -5g + 10g\sin t. \tag{12.3.15}$$

仿真得到的视线角速度、导弹加速度以及导弹和目标飞行轨迹响应曲线分别如图 12.3.1 (a)~(c) 所示. 仿真得到的导弹脱靶量和拦截时间如表 12.3.1 所示.

图 12.3.1 中的缩写 PNGL、FTGL 和 CFTGL 分别表示比例制导律 (12.3.13)、有限时间制导律 (12.3.12) 和文献 [219] 中提出的对比有限时间制导律 (12.3.14). 在其他工况仿真中, 这些缩写表示相同的含义.

如图 12.3.1(a) 所示, 本节提出的有限时间制导律 (12.3.12) 和文献 [219] 中的对比有限时间制导律 (12.3.14) 都能够保证视线角速度收敛到零, 且都使视线角速度具有有限时间收敛性, 而比例制导律 (12.3.13) 不能保证视线角速度收敛到零. 另外, 视线角速度在有限时间制导律 (12.3.12) 的作用下比在制导律 (12.3.14) 作用下具有更快的收敛速度. 图 12.3.1(b) 给出了所有制导律的输出曲线, 由图可知, 有限时间制导律 (12.3.12) 和 (12.3.14) 产生了严重的抖振现象. 为了保证系统的鲁棒性, 切换增益 δ 需要选取一个比较大的数值来抑制目标机动, 这是产生抖振的原因. 图 12.3.1(c) 给出了导弹和目标的飞行轨迹, 从图中可以看出, 三种制导律都能够保证导弹命中目标.

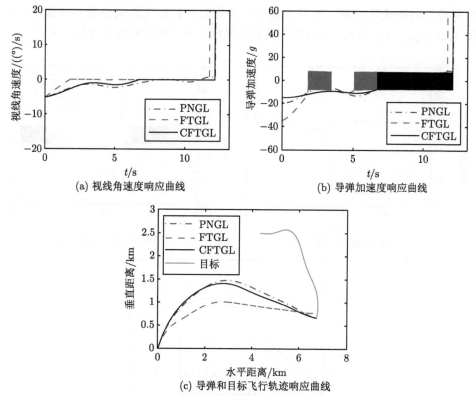

(a) 视线角速度响应曲线   (b) 导弹加速度响应曲线

(c) 导弹和目标飞行轨迹响应曲线

图 12.3.1   工况 1 中三种制导律下的制导系统输出响应曲线

表 12.3.1   工况 1 中导弹脱靶量和拦截时间

制导律	脱靶量/m	拦截时间/s
PNGL	0.822	12.17
FTGL	1.15×10^{-11}	11.75
CFTGL	1.61×10^{-7}	12.14

由表 12.3.1 可知, 即使目标以较大机动方式飞行, 本节提出的有限时间制导律 (12.3.3) 和文献 [219] 中的有限时间制导律 (12.3.14) 都能够保证导弹制导系统的脱靶量小于 0.1m, 根据文献 [180], 这表明导弹能够以直接撞击的方式命中目标. 但是, 在比例制导律下导弹具有较大的脱靶量.

工况 2   假定目标以如下的法向加速度和纵向加速度做机动飞行:

$$a_t(t) = \begin{cases} 5g, & t \leqslant 7\mathrm{s} \\ -10g, & t > 7\mathrm{s} \end{cases}, \quad \dot{V}_t = \begin{cases} 0\mathrm{m/s}, & t \leqslant 10\mathrm{s} \\ 40\mathrm{m/s}, & t > 10\mathrm{s} \end{cases}. \tag{12.3.16}$$

仿真得到的视线角速度、导弹加速度以及导弹和目标飞行轨迹响应曲线分别如图 12.3.2 (a)～(c) 所示. 仿真得到的导弹脱靶量和拦截时间如表 12.3.2 所示.

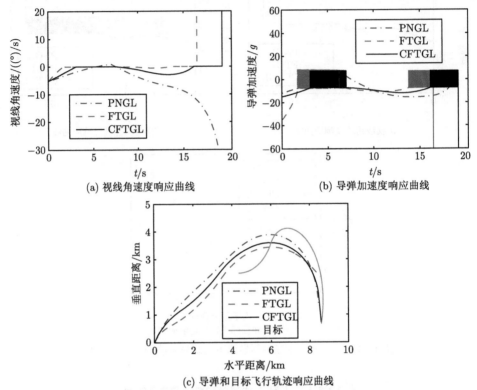

(a) 视线角速度响应曲线

(b) 导弹加速度响应曲线

(c) 导弹和目标飞行轨迹响应曲线

图 12.3.2   工况 2 中三种制导律下的制导系统输出响应曲线

表 12.3.2   工况 2 中导弹脱靶量和拦截时间

制导律	脱靶量/m	拦截时间/s
PNGL	359.80	18.75
FTGL	3.0×10^{-7}	16.493
CFTGL	2.3×10^{-7}	19.237

如图 12.3.2(a) 所示, 本节提出的有限时间制导律 (12.3.12) 和文献 [219] 中的有限时间制导律 (12.3.14) 都能够保证视线角速度收敛到零, 而且都保证视线角速度具有有限时间收敛性, 且视线角速度在有限时间制导律 (12.3.12) 的作用下比制导律 (12.3.14) 作用下具有更快的收敛速度. 而比例制导律 (12.3.13) 作用下视线角速度不再收敛. 在目标加速飞行后, 本节提出的有限时间制导律 (12.3.12) 使视线角速度在很小的波动后能够很快地重新收敛到零, 而制导律 (12.3.14) 作用下的视线角速度波动较大, 需要更长的时间才能重新收敛到零. 这说明本节提出的制

导律 (12.3.12) 具有更强的抗目标机动性能. 图 12.3.2(b) 给出了所有制导律的输出曲线, 由图可知, 所提出的有限时间制导律 (12.3.12) 和 (12.3.14) 依然产生了严重的抖振现象. 图 12.3.2(c) 给出了导弹和目标的飞行轨迹, 从图中可看出, 只有制导律 (12.3.12) 和 (12.3.14) 能够保证导弹击中目标, 而比例制导律无法击中目标. 另外, 还可看出制导律 (12.3.12) 作用下导弹的飞行轨迹一直处在其他两种制导律作用下导弹飞行轨迹的下面, 因此可得出结论, 本节提出的制导律 (12.3.12) 能够以最短的路径拦截目标.

由表 12.3.2 可知, 即使目标以大机动方式进行加速逃逸, 本节所提出的有限时间制导律 (12.3.3) 和文献 [219] 中的有限时间制导律 (12.3.14) 都能够保证导弹制导系统的脱靶量小于 0.1m, 但是, 在比例制导律下导弹脱靶量为 359.80m, 导弹已经脱靶无法命中目标, 这是因为目标在 10s 之后做加速飞行, 在 18.75s 之后, 目标的飞行速度已经大于导弹的飞行速度, 而且导弹与目标之间的距离为 359.80m, 因此导弹已经无法追击目标. 本节提出的制导律的拦截时间最短, 而文献 [219] 中的有限时间制导律 (12.3.14) 需要更长的时间来拦截目标.

12.4 带撞击角度约束的积分滑模制导律

考虑撞击角度受约束情况下的导弹拦截机动目标问题, 重写式 (12.2.5) 为

$$r\ddot{q} = -2\dot{r}\dot{q} - a_m\cos(q-\theta_m) + \dot{V}_m\sin(q-\theta_m) + a_t\cos(q-\theta_t) - \dot{V}_t\sin(q-\theta_t). \quad (12.4.1)$$

撞击角度受约束情况下导弹制导律的设计目标是, 通过设计制导律使导弹能够以零效脱靶量的要求击中机动目标, 并要求导弹以期望的视线角度击中机动目标, 即设计制导律 a_m 使视线角速度 $\dot{q}$ 收敛到零, 并使视线角 q 收敛到一个期望的角度.

令 q_d 为期望的终端视线角度, q_e 为视线角误差, 即 $q_e = q - q_d$. 取状态变量 $x_1 = q_e, x_2 = \dot{q}_e$, 式 (12.4.1) 可转化为二阶线性时变微分方程:

$$\begin{cases} \dot{x}_1 = x_2, \\ \dot{x}_2 = \dfrac{1}{r}(-2\dot{r}x_2 - a_m\cos(q-\theta_m) + \dot{V}_m\sin(q-\theta_m) \\ \qquad + a_t\cos(q-\theta_t) - \dot{V}_t\sin(q-\theta_t)). \end{cases} \quad (12.4.2)$$

从实际工程应用的角度给出如下假设.

假设 12.4.1 信号 $r, \dot{r}, q, \dot{q}$ 和 θ_m 是可测且有界的.

12.4.1　基于线性滑模面的滑模制导律设计

本节将给出基于线性滑模面的滑模制导律设计方法. 设计过程如下: 首先, 引入一个线性积分滑模面 [35]; 其次, 给出滑模制导律设计和分析. 设计的滑模制导律可保证视线角速度 $\dot{q}$ 渐近收敛到零, 且视线角 q 渐近收敛到期望的视线角度 q_d.

针对制导律设计问题, 引入如下线性积分滑模面:

$$s_1 = x_2(t) - x_2(0) + \int_0^t (k_1 x_1(\tau) + k_2 x_2(\tau)) \mathrm{d}\tau, \quad t \geqslant 0, \tag{12.4.3}$$

其中, $k_1 > 0$, $k_2 > 0$ 是需要设计的参数. 从滑模面可以看出, 当 $t = 0$ 时, $s_1(0) = 0$, 这说明视线角误差 q_e 和视线角速度误差 $\dot{q}_e$ 从初始时刻就位于线性积分滑模面 (12.4.3) 上.

定理 12.4.1　考虑制导系统 (12.2.1)~(12.2.4) 和 (12.4.2). 若假设 12.3.1 和假设 12.3.2 成立, 且存在切换增益 ε 满足 $\varepsilon > \sqrt{d_1^2 + d_2^2}$, 则基于线性滑模面 (12.4.3) 设计的滑模制导律

$$a_m = \frac{-2\dot{r}x_2 + k_1 r x_1 + k_2 r x_2 + \dot{V}_m \sin(q - \theta_m) + \varepsilon \mathrm{sgn}(s_1)}{\cos(q - \theta_m)} \tag{12.4.4}$$

使得视线角速度 $\dot{q}$ 渐近收敛到零, 且视线角 q 渐近收敛到期望的视线角度 q_d.

证明　对线性积分滑模面 (12.4.3) 求一阶导数, 可得

$$\dot{s}_1 = \dot{x}_2 + k_2 x_2 + k_1 x_1. \tag{12.4.5}$$

将式 (12.4.2) 和式 (12.4.4) 代入式 (12.4.5), 可得

$$\dot{s}_1 = \frac{1}{r} \left(-2\dot{r}x_2 - a_m \cos(q - \theta_m) + \dot{V}_m \sin(q - \theta_m) + a_t \cos(q - \theta_t) - \dot{V}_t \sin(q - \theta_t) \right)$$

$$+ k_2 x_2 + k_1 x_1$$

$$= \frac{1}{r} \left(a_t \cos(q - \theta_t) - \dot{V}_t \sin(q - \theta_t) - \varepsilon \mathrm{sgn}(s) \right). \tag{12.4.6}$$

选取能量函数:

$$V_2 = \frac{1}{2} s_1^2. \tag{12.4.7}$$

对能量函数 (12.4.7) 求一阶导数, 并代入式 (12.4.6), 可得

$$\dot{V}_2 = s_1 \dot{s}_1 = \frac{s_1}{r} \left(a_t \cos(q - \theta_t) - \dot{V}_t \sin(q - \theta_t) - \varepsilon \mathrm{sgn}(s_1) \right)$$

$$= \frac{s_1}{r} \left[\sqrt{a_t^2 + \dot{V}_t^2} \left(\frac{a_t}{\sqrt{a_t^2 + \dot{V}_t^2}} \cos(q - \theta_t) - \frac{\dot{V}_t}{\sqrt{a_t^2 + \dot{V}_t^2}} \sin(q - \theta_t) \right) - \varepsilon \operatorname{sgn}(s_1) \right]$$

$$= \frac{s_1}{r} \left(\sqrt{a_t^2 + \dot{V}_t^2} \cos(q - \theta_t + \phi) - \varepsilon \operatorname{sgn}(s_1) \right)$$

$$\leqslant -\frac{\varepsilon - \sqrt{d_1^2 + d_2^2}}{r} |s_1|, \tag{12.4.8}$$

其中, $\cos\phi = \dfrac{a_t}{\sqrt{a_t^2 + \dot{V}_t^2}}$, $\sin\phi = \dfrac{\dot{V}_t}{\sqrt{a_t^2 + \dot{V}_t^2}}$. 根据假设 12.3.2, 在导弹制导过程中满足

$$\dot{r}(t) < 0, \quad 0 < r(t) < r(0), \quad t > 0. \tag{12.4.9}$$

根据式 (12.4.9) 和简化式 (12.4.8), 可得

$$\dot{V}_2 \leqslant -\frac{\varepsilon - \sqrt{d_1^2 + d_2^2}}{r(0)} |s_1| = -\frac{\sqrt{2}\left(\varepsilon - \sqrt{d_1^2 + d_2^2}\right)}{r(0)} V_2^{1/2}. \tag{12.4.10}$$

由引理 A.2.1 可知, 式 (12.4.10) 表明视线角误差 q_e 可在有限时间内到达线性积分滑模面 (12.4.3). 假定视线角误差 q_e 在 t_1 时刻到达滑模面 (12.4.3). 根据引理 A.2.1 可得

$$t_1 \leqslant \frac{\sqrt{2} r(0)}{\varepsilon - \sqrt{d_1^2 + d_2^2}} V_1^{1/2}(0) = \frac{r(0)}{\varepsilon - \sqrt{d_1^2 + d_2^2}} |s_1(0)| = 0. \tag{12.4.11}$$

式 (12.4.11) 表明, 即使在目标机动的情况下, 视线角误差 q_e 和视线角速度误差 $\dot{q}_e$ 依旧在初始时刻位于线性积分滑模面 (12.4.3) 上.

接下来证明视线角误差 q_e 能渐近收敛到零. 因为视线角误差 q_e 和视线角速度误差 $\dot{q}_e$ 从初始时刻就位于线性积分滑模面上, 所以由式 (12.4.3) 可得

$$s_1 = x_2(t) - x_2(0) + \int_0^t (k_1 x_1(\tau) + k_2 x_2(\tau)) \mathrm{d}\tau = 0, \quad t \geqslant t_1 = 0, \tag{12.4.12}$$

从而等价得到

$$\dot{x}_2 + k_2 x_2 + k_1 x_1 = \ddot{q}_e + k_2 \dot{q}_e + k_1 q_e = 0. \tag{12.4.13}$$

根据 Routh 判据, 视线角误差 q_e 和视线角速度误差 $\dot{q}_e$ 能够渐近收敛到零的充分条件是: $k_1 > 0$, $k_2 > 0$. 因此, 视线角速度误差 $\dot{q}_e$ 在制导律 (12.4.4) 下能够渐近收敛到零. 由 $\dot{q}_e = \dot{q} - \dot{q}_d = \dot{q}$ 和 $q_e = q - q_d$ 可得视线角速度误差 $\dot{q}$ 能够渐近收敛到零, 且视线角 q 能够渐近收敛到期望的视线角度 q_d. 证毕. ■

12.4.2   非线性积分滑模制导律设计

12.4.1 节给出了线性积分滑模制导律的设计方法, 所设计的制导律能够使视线角速度和视线角具有渐近收敛的特性. 为了进一步提高视线角速度和视线角的收敛特性, 引入非线性控制策略是一种可行的方法. 本节拟将有限时间控制策略引入制导律设计中. 首先, 引入一种基于齐次控制器的非线性积分滑模面; 其次, 基于提出的非线性积分滑模面设计非线性积分滑模制导律; 最后, 证明所得到的非线性制导律能够使视线角速度和视线角具有有限时间收敛性. 在给出有限时间制导律设计方法之前, 先给出一些非线性系统的有限时间稳定的结果.

与线性积分滑模制导律类似, 首先引入非线性积分滑模面 [35]:

$$s_2 = x_2(t) - x_2(0) + \int_0^t [k_1 \mathrm{sig}^\alpha(x_1(\tau)) + k_2 \mathrm{sig}^{\frac{2\alpha}{\alpha+1}}(x_2(\tau))] \mathrm{d}\tau, \quad t \geqslant 0, \quad (12.4.14)$$

其中, $k_1 > 0$, $k_2 > 0$, $0 < \alpha < 1$ 是需要设计的参数. 值得注意的是, 在 $t = 0$ 时刻, 滑模面初值 $s_2(0) = 0$, 这说明视线角误差 q_e 和视线角速度误差 $\dot{q}_e$ 从初始时刻就位于线性积分滑模面 (12.4.14) 上.

定理 12.4.2   考虑制导系统 (12.2.1)~(12.2.4) 和 (12.4.2). 如果假设 12.3.1 和假设 12.3.2 成立, 并且切换增益满足 $\varepsilon > \sqrt{d_1^2 + d_2^2}$, 则基于非线性积分滑模面 (12.4.14) 设计的非线性积分滑模制导律

$$a_m = \frac{-2\dot{r}x_2 + k_1 r \mathrm{sig}^\alpha(x_1) + k_2 r \mathrm{sig}^{\frac{2\alpha}{\alpha+1}}(x_2) + \dot{V}_m \sin(q - \theta_m) + \varepsilon \mathrm{sgn}(s_2)}{\cos(q - \theta_m)}$$

$$(12.4.15)$$

使视线角速度 $\dot{q}$ 在有限时间内收敛到零, 且视线角 q 可在有限时间内收敛到期望的视线角度 q_d.

证明   对非线性积分滑模面 (12.4.14) 求一阶导数, 可得

$$\dot{s}_2 = \dot{x}_2 + k_2 \mathrm{sig}^{\frac{2\alpha}{\alpha+1}}(x_2) + k_1 \mathrm{sig}^\alpha(x_1). \quad (12.4.16)$$

将制导系统 (12.4.1) 和制导律 (12.4.15) 代入式 (12.4.16), 可得

$$\dot{s}_2 = \frac{1}{r}\left(-2\dot{r}x_2 - a_m \cos(q - \theta_m) + \dot{V}_m \sin(q - \theta_m) + a_t \cos(q - \theta_t) - \dot{V}_t \sin(q - \theta_t)\right)$$

$$+ k_2 \mathrm{sig}^{\frac{2\alpha}{\alpha+1}}(x_2) + k_1 \mathrm{sig}^\alpha(x_1)$$

$$= \frac{1}{r}\left(a_t \cos(q - \theta_t) - \dot{V}_t \sin(q - \theta_t) - \varepsilon \mathrm{sgn}(s_2)\right). \quad (12.4.17)$$

与定理 12.4.1 的证明类似, 选取能量函数 $V_3 = \frac{1}{2}s_2^2$, 对函数求一阶导数, 并代入式 (12.4.17), 可得

$$\dot{V}_3 = s_2\dot{s}_2 \leqslant -\frac{\sqrt{2}(\varepsilon - \sqrt{d_1^2 + d_2^2})}{r(0)}V_3^{1/2}. \tag{12.4.18}$$

由引理 A.2.1 可知, 式 (12.4.18) 表明视线角误差 q_e 可在有限时间内到达非线性积分滑模面 (12.4.14). 假定视线角误差在 t_2 时刻到达滑模面, 根据引理 A.2.1, 可得

$$t_2 \leqslant \frac{r(0)}{\varepsilon - \sqrt{d_1^2 + d_2^2}} |s_2(0)| = 0. \tag{12.4.19}$$

式 (12.4.19) 表明, 即使在目标机动飞行的情况下, 视线角误差 q_e 和视线角速度误差 $\dot{q}_e$ 依旧在初始时刻位于线性积分滑模面 (12.4.14) 上.

接下来证明视线角误差 q_e 能够在有限时间内收敛到零. 视线角误差 q_e 和视线角速度误差 $\dot{q}_e$ 从初始时刻就位于线性积分滑模面上, 因此由式 (12.4.14) 可得

$$s_2 = x_2 - x_2(0) + \int_0^t (k_1\mathrm{sig}^\alpha(x_1) + k_2\mathrm{sig}^{\frac{2\alpha}{\alpha+1}}(x_2))\mathrm{d}\tau = 0, \quad t \geqslant t_2 = 0. \tag{12.4.20}$$

从而等价得到

$$\dot{x}_2 + k_2\mathrm{sig}^{\frac{2\alpha}{\alpha+1}}(x_2) + k_1\mathrm{sig}^\alpha(x_1) = \ddot{q}_e + k_2\mathrm{sig}^{\frac{2\alpha}{\alpha+1}}(\dot{q}_e) + k_1\mathrm{sig}^\alpha(q_e) = 0, \tag{12.4.21}$$

其中, $k_1 > 0$; $k_2 > 0$; $0 < \alpha < 1$.

根据引理 A.2.2, 系统 (12.4.21) 是有限时间内稳定的. 因此, 视线角误差 q_e 和视线角速度误差 $\dot{q}_e$ 在制导律 (12.4.15) 作用下在有限时间内收敛到零. 由 $\dot{q}_e = \dot{q} - \dot{q}_d = \dot{q}$ 和 $q_e = q - q_d$ 可得视线角速度误差 $\dot{q}_e$ 能够在有限时间内收敛到零, 且视线角 q 能够在有限时间内收敛到期望的视线角度 q_d.

根据引理 A.2.1, 视线角误差 q_e 和视线角速度误差 $\dot{q}_e$ 收敛时间的上界估计为

$$T \leqslant \frac{(3+\alpha)V_0^{(1-\alpha)/(3+\alpha)}x_0}{K(1-\alpha)}, \tag{12.4.22}$$

其中, $K > 0$; x_0 是制导系统的初值. 证毕. ■

注 12.4.1 由于符号函数 $\mathrm{sgn}(s)$ 的存在, 积分滑模制导律 (12.4.4) 和 (12.4.15) 都是非连续的, 所以制导系统会产生抖振现象. 为了保证制导系统具有良好的干扰补偿性能, 其切换增益 ε 的选取需要大于目标加速度的上界. 然而, 如果无法准

确获得目标加速度的上界信息, 切换增益需要选取足够大的数值, 这种不精确的取值会恶化由滑模控制器产生的抖振现象. 为了减缓抖振现象, 一种方法是使用饱和函数 $\varepsilon s/(|s| + \delta)$, 其中, δ 是非常小的正数, 代替制导律 (12.4.4) 和 (12.4.15) 中的符号函数 $\varepsilon\mathrm{sgn}(s)$. 这种方法可消除系统的抖振现象, 但是, 会在一定程度上牺牲系统的干扰补偿性能. 另一种有效方法是引入非线性干扰观测器来观测目标加速度信息, 将测得的加速度信息引入积分滑模制导律中作为补偿项, 干扰补偿之后, 切换增益的选取只需要大于干扰补偿误差的上界即可, 而此误差上界值通常会远小于目标加速度的上界值. 因此, 抖振现象会被减弱, 而制导系统却保持了抗干扰性能.

为能够有效地处理抖振现象同时保持制导系统的抗干扰性能, 给出一种基于积分滑模控制理论和非线性干扰观测理论的复合制导律设计方法. 通过设计非光滑的非线性干扰观测器来实现对目标加速度的有限时间观测. 将目标加速度的观测值以前馈补偿方式引入积分滑模制导律 (12.4.4) 和 (12.4.15) 之中, 即可得到复合制导律.

12.4.3　有限时间干扰观测器设计

根据制导系统 (12.4.2), 变量 $w_q = a_t \cos(q - \theta_t) - \dot{V}_t \sin(q - \theta_t)$, w_q 的物理意义是目标加速度在视线方向上的分量. 干扰观测器的设计目标是设计非线性干扰观测器使目标加速度的估计值 $\hat{w}_q$ 能够在有限时间内收敛到真实的目标加速度 w_q. 定义变量 $d(t) = \dfrac{1}{r}w_q$ 为集总干扰, $\hat{d}(t)$ 为集总干扰的估计值, $g(x) = \dfrac{1}{r}(-2\dot{r}x_2 + \dot{V}_m \sin(q - \theta_m))$, $B = -\dfrac{1}{r}\cos(q - \theta_m)$, 则制导系统 (12.4.2) 可简化为

$$\begin{cases} \dot{x}_1 = x_2, \\ \dot{x}_2 = g(x) + Ba_m + d(t). \end{cases} \tag{12.4.23}$$

对集总干扰 $d(t)$ 求一阶导数可得

$$\dot{d}(t) = \frac{1}{r^2}[(r\dot{a}_t - \dot{r}a_t)\cos(q - \theta_t) + (\dot{r}\dot{V}_t - r\ddot{V}_t)\sin(q - \theta_t)$$
$$- r(\dot{q} - \dot{\theta}_t)(\dot{V}_t\cos(q - \theta_t) + a_t\sin(q - \theta_t))]. \tag{12.4.24}$$

注 12.4.2　根据假设 12.3.1、假设 12.3.2 和假设 12.4.1, 存在常数 $L > 0$ 满足 $|\dot{d}(t)| \leqslant L$.

考虑制导系统 (12.4.2), 根据引理 A.2.4 设计如下的有限时间干扰观测器来实

现对集总干扰 $d(t)$ 的观测:

$$\begin{cases} \dot{z}_0 = v_0 + Ba_m + g(x), \quad v_0 = -\lambda_0 \mathrm{sig}^{2/3}(z_0 - x_2) + z_1, \\ \dot{z}_1 = v_1, \quad v_1 = -\lambda_1 \mathrm{sig}^{1/2}(z_1 - v_0) + z_2, \\ \dot{z}_2 = -\lambda_2 \mathrm{sgn}(z_2 - v_1), \\ \hat{d}(t) = z_1. \end{cases} \quad (12.4.25)$$

可得到集总干扰的估计值 $\hat{d}(t)$ 能够在有限时间内收敛到集总干扰的真实值 $d(t)$, 也就是说, 目标加速度的估计值 $\hat{w}_q(t) = r\hat{d}(t)$ 能够在有限时间内收敛到目标加速度的真实值 $w_q(t)$.

12.4.4 复合积分滑模制导律设计

在给出复合积分滑模制导律设计之前, 根据有限时间干扰观测器 (12.4.25) 给出如下假设.

假设 12.4.2 假设目标加速度的估计误差是有界的, 即存在常数 ϱ 使得

$$|w_q(t) - \hat{w}_q(t)| \leqslant \varrho. \quad (12.4.26)$$

重写制导系统 (12.4.2) 如下:

$$\begin{cases} \dot{x}_1 = x_2, \\ \dot{x}_2 = \dfrac{1}{r}(-2\dot{r}x_2 - a_m \cos(q - \theta_m) + \dot{V}_m \sin(q - \theta_m) + a_t \cos(q - \theta_t) \\ \qquad - \dot{V}_t \sin(q - \theta_t)). \end{cases} \quad (12.4.27)$$

定理 12.4.3 考虑制导系统 (12.4.27). 若假设 12.3.2 和假设 12.4.2 成立, 并存在切换增益 η 满足 $\eta > \varrho$, 则基于滑模制导律 (12.4.4) 和有限时间干扰观测器 (12.4.25) 的复合线性积分滑模制导律

$$a_m = \frac{-2\dot{r}x_2 + k_1 r x_1 + k_2 r x_2 + \dot{V}_m \sin(q - \theta_m) + \eta \mathrm{sgn}(s_1) + \hat{w}_q(t)}{\cos(q - \theta_m)} \quad (12.4.28)$$

使视线角速度 $\dot{q}$ 渐近收敛到零, 且视线角 q 渐近收敛到期望的视线角度 q_d. 其中, $s_1 = x_2(t) - x_2(0) + \displaystyle\int_0^t (k_1 x_1(\tau) + k_2 x_2(\tau))\mathrm{d}\tau$.

证明 将系统 (12.4.27) 和制导律 (12.4.28) 代入式 (12.4.5), 可得

$$\dot{s}_1 = \frac{1}{r}\left(w_q(t) - \hat{w}_q(t) - \eta \mathrm{sgn}(s_1)\right). \quad (12.4.29)$$

与定理 12.4.1 的证明相类似, 选取能量函数 $V_4 = \dfrac{1}{2}s_1^2$. 对函数求一阶导数, 并代入式 (12.4.29), 可得

$$\dot{V}_4 = s_1\dot{s}_1 = \frac{s_1}{r}\left(w_q(t) - \hat{w}_q(t) - \eta\operatorname{sgn}(s_1)\right) \leqslant -\frac{\eta - \varrho}{r}|s_1| \leqslant -\frac{\sqrt{2}(\eta - \varrho)}{r(0)}V_4^{1/2}. \tag{12.4.30}$$

根据引理 A.2.1, 式 (12.4.30) 表明视线角误差 q_e 可在有限时间内到达线性积分滑模面 (12.4.3).

定理证明的剩余部分与定理 12.4.1 类似, 此处省略. 但可得到结论: 视线角速度 $\dot{q}$ 在制导律 (12.4.28) 作用下能够渐近收敛到零, 且视线角 q 能够渐近收敛到期望的视线角度 q_d. 证毕. ■

定理 12.4.4　考虑制导系统 (12.4.27). 若假设 12.3.2 和假设 12.4.2 成立, 且切换增益 η 满足 $\eta > \varrho$, 则基于非线性积分滑模制导律 (12.4.15) 和有限时间干扰观测器 (12.4.25) 的复合非线性积分滑模制导律

$$a_m = \frac{-2\dot{r}x_2 + k_1 r\operatorname{sig}^\alpha(x_1) + k_2 r\operatorname{sig}^{\frac{2\alpha}{\alpha+1}}(x_2) + \dot{V}_m\sin(q - \theta_m) + \eta\operatorname{sgn}(s_2) + \hat{w}_q(t)}{\cos(q - \theta_m)} \tag{12.4.31}$$

使视线角速度 $\dot{q}$ 在有限时间内收敛到零, 且视线角 q 在有限时间内收敛到期望的视线角度 q_d. 其中, $s_2 = x_2(t) - x_2(0) + \displaystyle\int_0^t \left(k_1\operatorname{sig}^\alpha(x_1) + k_2\operatorname{sig}^{\frac{2\alpha}{\alpha+1}}(x_2)\right)\mathrm{d}\tau$.

证明　将制导系统 (12.4.27) 和制导律 (12.4.31) 代入式 (12.4.16), 可得

$$\dot{s}_2 = \frac{1}{r}\left(w_q(t) - \hat{w}_q(t) - \eta\operatorname{sgn}(s_2)\right). \tag{12.4.32}$$

与定理 12.4.2 的证明类似, 选取能量函数 $V_5 = \dfrac{1}{2}s_2^2$, 对函数求一阶导数, 并代入式 (12.4.17), 可得

$$\dot{V}_5 = s_2\dot{s}_2 \leqslant -\frac{\sqrt{2}(\eta - \varrho)}{r(0)}V_5^{1/2}. \tag{12.4.33}$$

根据引理 A.2.1, 式 (12.4.33) 表明视线角误差 q_e 可在有限时间内到达非线性积分滑模面 (12.4.14).

定理证明的剩余部分与定理 12.4.2类似, 此处省略. 但依然可得到结论: 视线角速度 $\dot{q}$ 在制导律 (12.4.31) 作用下能够在有限时间内收敛到零, 且视线角 q 能够在有限时间内收敛到期望的视线角度 q_d. 证毕. ■

注 12.4.3 定理 12.4.1、定理 12.4.2 和定理 12.4.3、定理 12.4.4 之间的区别是: 定理 12.4.3、定理 12.4.4 将目标加速度的估计值 $\hat{w}_q$ 作为前馈补偿项引入制导律中. 选择合适的非线性干扰观测器参数, 真实的目标加速度可被精确观测. 通常情况下, 目标加速度估计误差远小于目标加速度的真实值, 因此复合制导律 (12.4.28) 和 (12.4.31) 中的切换增益可选取比较小的数值, 而不会牺牲系统的抗干扰性能, 但会减小因高增益产生的系统抖振.

注 12.4.4 复合制导律中的积分滑模制导律和非线性干扰观测器是分开设计的, 制导律参数和观测器参数的选择也是分开的. 当参数 L 的取值由小变大时, 干扰误差动态的收敛速度越来越快. 然而, L 的取值过大, 干扰误差动态会产生较大的超调, 因此参数 L 的选取需要考虑收敛速度和超调量两个方面, 选取折中的值. 制导律参数 $k_1 > 0$, $k_2 > 0$, $0 < \alpha < 1$, $\varepsilon > 0$ 和 $\eta > 0$ 的选取直接影响闭环系统的性能, 控制参数 k_1、k_2 可通过极点配置的方法获得. 由定理 12.4.1~定理 12.4.4 的稳定分析过程可知, 积分滑模制导律 (12.4.4)、(12.4.15) 中切换增益 ε 的取值应该大于目标加速度的上界, 而复合积分滑模制导律 (12.4.28)、(12.4.31) 中的切换增益 η 只需要大于目标加速度观测误差的上界即可.

12.4.5 数值仿真

本节给出一组数值仿真例子来验证所提四种制导律的性能:

(1) 线性积分滑模制导律 (12.4.4);

(2) 非线性积分滑模制导律 (12.4.15);

(3) 复合线性积分滑模制导律 (12.4.28);

(4) 复合非线性积分滑模制导律 (12.4.31).

制导系统的初值选择如下: 导弹与目标之间的初始相对距离 $r_0 = 5000\text{m}$; 初始视线角 $q_0 = 30°$; 期望的视线角 $q_d = 20°$; 导弹的初始飞行速度 $V_{m0} = 600\text{m/s}$; 导弹的初始飞行方向角 $\theta_{m0} = 60°$; 目标的初始飞行速度 $V_{t0} = 300\text{m/s}$; 目标的初始飞行方向角 $\theta_{t0} = 0°$; 重力加速度 $g = 9.8\text{m/s}^2$; 非线性干扰观测器 (12.4.25) 的状态初值 $z_0 = [0,\ 0.5,\ 0]^{\mathrm{T}}$. 在仿真过程中假设导弹的纵向加速度为零, 即 $\dot{V}_m = 0\text{m/s}^2$.

为验证所提制导律在系统状态收敛速度和抗目标机动方面性能的有效性, 这里引入比例制导律 (proportional narigation, PN) 来进行仿真对比研究. 选取以下形式的比例制导律:

$$n_c = -N r \dot{q}, \tag{12.4.34}$$

其中, 参数 N 是无量纲的比例制导律系数, 在仿真过程中选取 $N = 5$. 为了公平比较仿真结果, 对导弹机动能力限幅, 导弹的最大加速度设为 $50g$. 根据注 12.4.4, 四种制导律中的控制参数 k_1 和 k_2 可由极点配置的方法得到. 线性积分滑模制

导律 (12.4.4) 和复合线性积分滑模制导律 (12.4.28) 中的控制参数选取为 $k_1 = 1$, $k_2 = 2$, $\varepsilon = 70$; 非线性积分滑模制导律 (12.4.15) 和复合非线性积分滑模制导律 (12.4.31) 中的控制参数选取为 $k_1 = 0.5$, $k_2 = 1$, $\alpha = 0.3$, $\eta = 0.1$; 非线性干扰观测器中的 Lipschitz 常数选取为 $L = 50$. 干扰观测器参数 λ_0, λ_1, λ_2 的取值为 $\lambda_0 = 7.368$, $\lambda_1 = 10.607$, $\lambda_2 = 55$. 针对两种不同的工况进行如下仿真.

工况 1　假定目标以如下的法向加速度和纵向加速度做机动飞行:

$$a_t(t) = \begin{cases} 5g, & t \leqslant 7\text{s}, \\ -10g, & t > 7\text{s}, \end{cases} \qquad \dot{V}_t = \begin{cases} 0\text{m/s}, & t \leqslant 10\text{s}, \\ 40\text{m/s}, & t > 10\text{s}. \end{cases} \tag{12.4.35}$$

仿真得到的视线角、视线角速度、干扰估计值的输出响应曲线如图 12.4.1(a)~ (f) 所示, 仿真得到的导弹加速度、滑模动态、导弹和目标的飞行轨迹响应曲线如图 12.4.2 (a)~(f) 所示, 仿真得到的导弹脱靶量和拦截时间如表 12.4.1 所示.

图 12.4.1 中的缩写 PNGL、LISMGL、NISMGL、CLGL 和 CNGL 分别表示比例制导律 (12.4.34)、线性积分滑模制导律 (12.4.4)、非线性积分滑模制导律 (12.4.15)、复合线性积分滑模制导律 (12.4.28) 和复合非线性积分滑模制导律 (12.4.31). 在其他工况的仿真中, 这些缩写表示相同的含义.

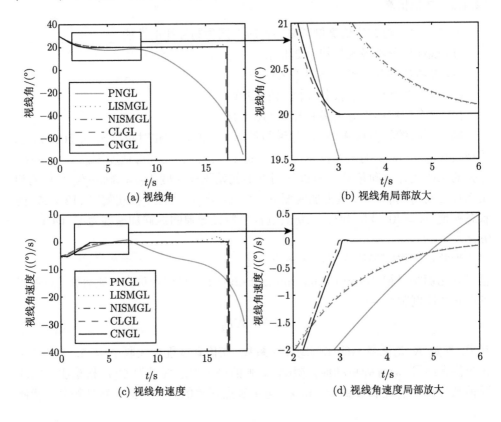

(a) 视线角　　　　　　　　　　(b) 视线角局部放大

(c) 视线角速度　　　　　　　　(d) 视线角速度局部放大

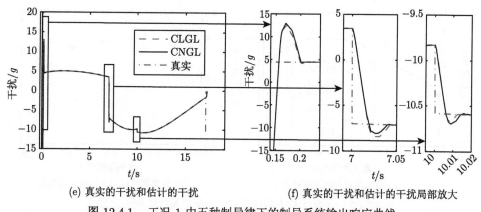

(e) 真实的干扰和估计的干扰

(f) 真实的干扰和估计的干扰局部放大

图 12.4.1 工况 1 中五种制导律下的制导系统输出响应曲线

如图 12.4.1(a)~(d) 所示, 本节提出的四种积分滑模制导律能够保证视线角收敛到期望的视线角 20° 且视线角速度收敛到零, 而比例制导律却不能保证视线角和视线角速度收敛. 图 12.4.1(b) 和 (d) 表明, 与线性积分滑模制导律 (12.4.4)、

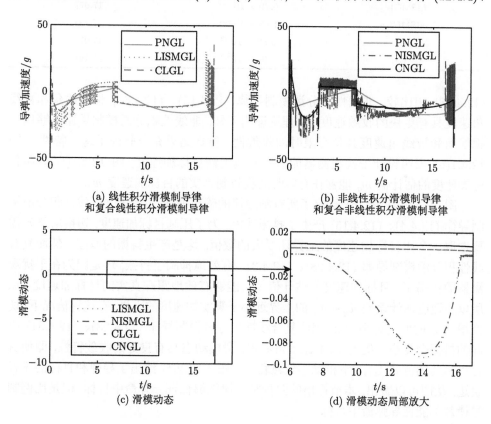

(a) 线性积分滑模制导律
和复合线性积分滑模制导律

(b) 非线性积分滑模制导律
和复合非线性积分滑模制导律

(c) 滑模动态

(d) 滑模动态局部放大

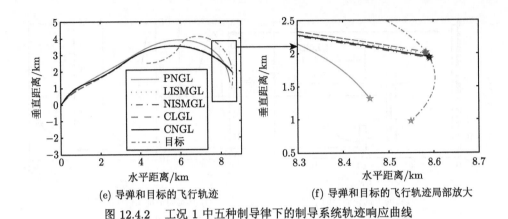

(e) 导弹和目标的飞行轨迹　　　　　　　(f) 导弹和目标的飞行轨迹局部放大

图 12.4.2　工况 1 中五种制导律下的制导系统轨迹响应曲线

表 12.4.1　考虑撞击角度约束时工况 1 中导弹脱靶量和拦截时间

制导律	脱靶量/m	拦截时间/s
PNGL	353.64	18.765
LISMGL	6.79×10^{-12}	17.077
NISMGL	1.65×10^{-12}	17.293
CLGL	3.82×10^{-8}	17.071
CNGL	5.07×10^{-9}	17.191

(12.4.28) 相比较, 非线性积分滑模制导律 (12.4.15)、(12.4.31) 使视线角和视线角速度具有更快的收敛速度, 从理论证明可知, 非线性积分滑模制导律能够保证视线角和视线角速度具备有限时间收敛性, 仿真结果充分验证了这一特性. 图 12.4.1(e) 表明设计干扰观测器能够有效地观测目标加速度, 图 12.4.1(f) 表明目标加速度的估计值 $\hat{w}_q$ 能够在有限时间收敛到真实的目标加速度 w_q.

图 12.4.2(a) 和 (b) 给出了所有制导律的输出曲线, 由图可知, 线性积分滑模制导律 (12.4.4)、(12.4.15) 产生了抖振现象. 为了压制目标加速度, 切换增益 ε 需要选取一个比目标加速度的上界还要大的数值, 这是产生抖振的原因. 然而复合线性积分滑模制导律 (12.4.28)、(12.4.31) 有效地抑制了抖振, 这是因为在干扰观测器的作用下, 目标加速度的估计值 $\hat{w}_q$ 能够有效地跟踪真实的目标加速度 w_q, 所以加速度估计误差 $\hat{w}_q - w_q$ 的上界远小于真实加速度的上界, 在这种情况下, 切换增益 η 的取值远小于 ε, 因此复合线性积分滑模制导律 (12.4.28)、(12.4.31) 引起的抖振会变小. 从图 12.4.2(c) 可看出, 滑模动态具有良好的收敛特性, 即使目标以机动的方式飞行, 滑模动态依然稳定. 图 12.4.2(f) 给出了导弹和目标的飞行轨迹, 从图可以看出, 本节提出的四种制导律能够保证导弹命中目标, 但是比例制导律却不能使导弹命中目标.

由表 12.4.1 可看出, 即使目标以大机动方式进行飞行, 本节所提出的四种滑模制导律 (12.4.4)、(12.4.15)、(12.4.28)、(12.4.31) 都能够保证导弹制导系统的脱靶量小于 0.1m, 根据文献 [180], 这表明导弹能够以直接撞击的方式命中目标. 但是, 在传统的比例制导律下导弹脱靶量为 353.64m, 导弹已经脱靶无法命中目标, 因此本节提出的四种制导律能够完成比例制导律无法完成的拦截任务.

为了表明所提制导律能够有效地应对自动驾驶仪动态特性, 对下列工况进行仿真.

工况 2 在工况 1 的基础上, 考虑导弹自动驾驶仪动态对制导律的影响. 在制导律的设计过程中, 假定自动驾驶仪具有理想的动态, 然而, 自动驾驶仪动态却真实地存在于实际的导弹系统中, 因此需要检测驾驶仪动态对制导律的影响. 在此工况中, 假定导弹具有如下的二阶动态 [345]:

$$\frac{a_{mo}}{a_m} = \frac{\omega_n^2}{s^2 + 2\zeta\omega_n s + \omega_n^2},\tag{12.4.36}$$

其中, a_{mo} 是导弹自动驾驶仪输出的加速度; ζ 是阻尼系数; ω_n 是自然频率. 在仿真过程中, 选取各参数为 $\omega_n = 10$, $\zeta = 0.5$. 仿真得到的视线角、视线角速度、干扰估计值的输出响应曲线如图 12.4.3(a)∼(f) 所示, 仿真得到的导弹指令加速度、滑模动态、导弹和目标的轨迹响应曲线如图 12.4.4(a)∼(f) 所示, 仿真得到的导弹脱靶量和拦截时间如表 12.4.2 所示.

与工况 1 相类似, 由表 12.4.2 可知, 在考虑导弹自动驾驶仪动态的情况下, 本节提出的四种制导律 (12.4.4)、(12.4.15)、(12.4.28)、(12.4.31) 都能够保证导弹制导系统的脱靶量小于 0.1m, 这表明导弹依然能够以直接撞击的方式命中目标. 然而, 在比例制导律下导弹脱靶量为 379.37m, 导弹已经脱靶无法命中目标, 因此本节提出的四种制导律能够完成更为复杂的拦截任务.

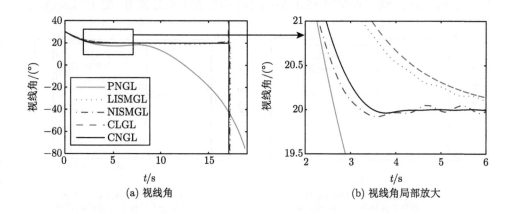

(a) 视线角   (b) 视线角局部放大

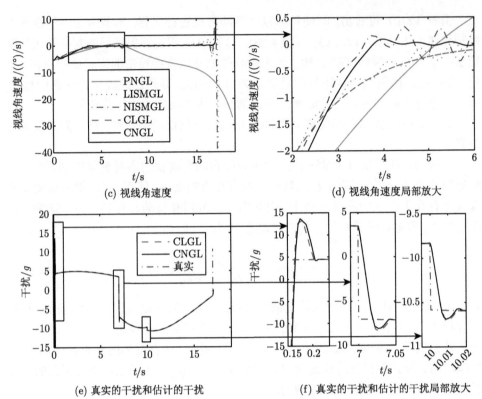

(c) 视线角速度

(d) 视线角速度局部放大

(e) 真实的干扰和估计的干扰

(f) 真实的干扰和估计的干扰局部放大

图 12.4.3　工况 2 中五种制导律下的制导系统输出响应曲线

如图 12.4.3(a)～(d) 所示, 本节提出的四种制导律均能够保证视线角收敛到期望的视线角 20° 且视线角速度收敛到零. 非线性积分滑模制导律 (12.4.15)、(12.4.31) 使制导系统具备有限时间收敛性, 因此视线角和视线角速度在非线性积分滑模制导律的作用下比基于线性滑模面的滑模制导律 (12.4.4)、(12.4.28) 具有更快的收敛速度. 这一点在图 12.4.3(b)、(d) 中得到了充分说明. 图 12.4.3(e)、(f)

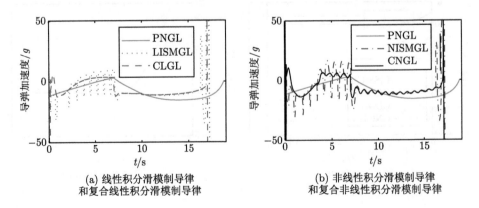

(a) 线性积分滑模制导律
和复合线性积分滑模制导律

(b) 非线性积分滑模制导律
和复合非线性积分滑模制导律

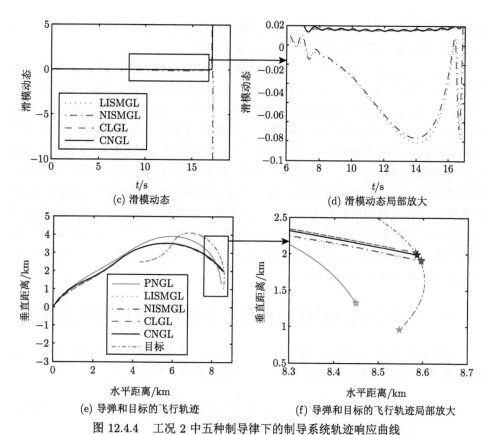

(c) 滑模动态

(d) 滑模动态局部放大

(e) 导弹和目标的飞行轨迹

(f) 导弹和目标的飞行轨迹局部放大

图 12.4.4 工况 2 中五种制导律下的制导系统轨迹响应曲线

表 12.4.2 考虑撞击角度约束时工况 2 中导弹脱靶量和拦截时间

制导律	脱靶量/m	拦截时间/s
PNGL	379.37	18.787
LISMGL	2.36×10^{-2}	17.287
NISMGL	1.04×10^{-2}	17.225
CLGL	2.12×10^{-2}	17.057
CNGL	4.18×10^{-2}	17.116

表明设计干扰观测器能够有效地观测目标加速度, 其估计值能够在有限时间收敛到真实的目标加速度. 图 12.4.4(a)、(b) 给出了所有制导律的输出曲线, 通过比较图 12.4.2(a)、(b) 和图 12.4.4(b) 可发现, 在不考虑自动驾驶仪动态的情况下, 积分滑模制导律 (12.4.4)、(12.4.15) 产生了比较严重的抖振, 但是在考虑自动驾驶仪动态的情况下, 积分滑模制导律产生的抖振有所削弱, 这是因为自动驾驶仪二阶动态的存在相当于在制导系统中增加了一个低通滤波器, 所以会减缓非连续项产生的抖振. 从图 12.4.4(e) 可看出, 即使考虑自动驾驶仪动态, 滑模动态依然具有

良好的收敛特性. 图 12.4.4(f) 给出了导弹和目标的飞行轨迹, 可看出本节提出的制导律能够保证导弹命中目标, 但是比例制导律却不能.

总之, 针对撞击角度受约束的导弹拦截机动目标末端制导问题, 本节提出的四种制导律 (12.4.4)、(12.4.15)、(12.4.28)、(12.4.31) 对目标机动和自动驾驶仪动态都具有很好的鲁棒性并能保证导弹直接命中目标. 基于线性滑模面的滑模制导律 (12.4.4)、(12.4.28) 能够保证视线角 q 和视线角速度 $\dot{q}$ 渐近收敛到零点; 非线性积分滑模制导律 (12.4.15)、(12.4.31) 采用了有限时间控制策略, 能够保证视线角 q 和视线角速度 $\dot{q}$ 具有有限时间收敛性. 四种制导律能够保证导弹以直接撞击的方式命中目标. 本节所提出的干扰观测器能够有效地观测出目标加速度, 且观测值能够在有限时间内收敛到真实值. 把观测出的目标加速度以前馈补偿的方式与线性积分滑模制导律结合得到复合制导律 (12.4.28)、(12.4.31), 这样能够有效地抑制积分滑模制导律 (12.4.4)、(12.4.15) 产生的抖振. 总而言之, 本节所提出的四种制导律均实现了控制目标.

12.5　考虑自动驾驶仪动态及撞击角度约束的滑模制导律

在导弹拦截机动目标的过程中, 考虑导弹自动驾驶仪动态特性对制导律设计的影响, 假定自动驾驶仪动力学模型为一阶惯性环节 [342]:

$$\dot{u}_q = -\frac{1}{\tau}u_q + \frac{1}{\tau}(u + d_0(t)), \tag{12.5.1}$$

其中, τ 是自动驾驶仪时间常数; u 是输入到自动驾驶仪的控制指令; $d_0(t)$ 是作用在自动驾驶仪上的外部转矩干扰或者其他弹性力矩.

导弹制导律的设计目标是通过设计制导律使导弹能够以零效脱靶量的要求击中机动目标, 并要求导弹以期望的视线角度击中机动目标, 即在制导系统存在外部干扰的情况下, 设计制导律 u 使视线角速度 $\dot{q}$ 在有限时间内收敛到零, 并使视线角 q 在有限时间内收敛到一个期望的角度.

假定信号 r、$\dot{r}$、q、$\dot{q}$ 和 θ_m 是可测的. 令 q_d 为期望的视线角度且为常数, q_e 为视线角误差, 即 $q_e = q - q_d$. 取状态变量 $x_1 = q_e$, $x_2 = \dot{q}_e$, $x_3 = \ddot{q}_e$, 式 (12.2.1) 可写为

$$\dot{x}_2 = -\frac{2\dot{r}}{r}x_2 - \frac{1}{r}u_q + \frac{1}{r}w_q. \tag{12.5.2}$$

对式 (12.5.2) 求一阶导数, 并代入式 (12.5.1) 可得

$$\dot{x}_3 = \ddot{x}_2 = -\frac{2r\ddot{r} - 2\dot{r}^2}{r^2}x_2 - \frac{2\dot{r}}{r}x_3 + \left(\frac{1}{\tau r} + \frac{\dot{r}}{r^2}\right)u_q - \frac{1}{\tau r}u - \frac{\dot{r}}{r^2}w_q + \frac{1}{r}\left(\dot{w}_q - \frac{1}{\tau}d_0(t)\right). \tag{12.5.3}$$

对式 (12.5.2) 进行转换, 得到

$$w_q = 2\dot{r}x_2 + r\dot{x}_2 + u_q. \tag{12.5.4}$$

将式 (12.5.4) 代入式 (12.5.3), 可得

$$\dot{x}_3 = -\frac{2\ddot{r}}{r}x_2 - \frac{3\dot{r}}{r}x_3 + \frac{1}{\tau r}u_q - \frac{1}{\tau r}u + \frac{1}{r}\left(\dot{w}_q - \frac{1}{\tau}d_0(t)\right). \tag{12.5.5}$$

将目标加速度的微分 $\dot{w}_q$ 和外部干扰 $d_0(t)$ 看作系统的集总干扰, 令 $d(t) = \dot{w}_q - \frac{1}{\tau}d_0(t)$, 则式 (12.5.5) 可简化为

$$\dot{x}_3 = -\frac{2\ddot{r}}{r}x_2 - \frac{3\dot{r}}{r}x_3 + \frac{1}{\tau r}u_q - \frac{1}{\tau r}u + \frac{1}{r}d(t). \tag{12.5.6}$$

假设 12.5.1 假设集总干扰 $d(t)$ 是有界的, 即存在 $\Delta_1 > 0$ 使 $|d(t)| \leqslant \Delta_1$.

12.5.1 积分终端滑模制导律设计

考虑导弹末端制导过程, 受文献 [35] 启发设计如下的非线性积分滑模面:

$$s = x_3(t) - x_3(t_0) + \int_{t_0}^{t}\left(k_1\mathrm{sig}^{\alpha_1}(x_1(\tau)) + k_2\mathrm{sig}^{\alpha_2}(x_2(\tau)) + k_3\mathrm{sig}^{\alpha_3}(x_3(\tau))\right)\mathrm{d}\tau, \tag{12.5.7}$$

其中, $\alpha_{i-1} = \dfrac{\alpha_i\alpha_{i+1}}{2\alpha_{i+1} - \alpha_i}$, $i = 2, 3$; $\alpha_3 = \alpha \in (0, 1)$; $\alpha_4 = 1$; 参数 $k_1, k_2, k_3 > 0$ 是 Hurwitz 多项式 $\lambda^3 + k_3\lambda^2 + k_2\lambda + k_1$ 的系数. 值得注意的是, 在 $t = t_0$ 时刻, 滑模面初值 $s(t_0) = 0$, 系统状态从初始时刻就位于滑模面上.

定理 12.5.1 考虑导弹制导系统 (12.2.1)$\sim$(12.2.4) 和 (12.5.6). 若假设 12.3.2 和假设 12.5.1 成立, 且存在切换增益 η_1 满足 $\eta_1 > \Delta_1$, 则存在 $\varepsilon \in (0, 1)$, $\forall\alpha \in (1 - \varepsilon, 1)$, 基于非线性积分滑模面 (12.5.7) 设计的非线性积分滑模制导律

$$u = -2\tau\ddot{r}x_2 - 3\tau\dot{r}x_3 + u_q + k_1\tau r\mathrm{sig}^{\alpha_1}(x_1)$$
$$+ k_2\tau r\mathrm{sig}^{\alpha_2}(x_2) + k_3\tau r\mathrm{sig}^{\alpha_3}(x_3) + \tau\eta_1\mathrm{sgn}(s) \tag{12.5.8}$$

使得视线角速度 $\dot{q}$ 在有限时间内收敛到零, 且视线角 q 在有限时间内收敛到期望的视线角度 q_d.

证明 对式 (12.5.7) 求一阶导数, 可得

$$\dot{s} = \dot{x}_3 + k_1\mathrm{sig}^{\alpha_1}(x_1) + k_2\mathrm{sig}^{\alpha_2}(x_2) + k_3\mathrm{sig}^{\alpha_3}(x_3). \tag{12.5.9}$$

将式 (12.5.6) 和式 (12.5.8) 代入式 (12.5.9), 可得

$$\dot{s} = -\frac{2\ddot{r}}{r}x_2 - \frac{3\dot{r}}{r}x_3 + \frac{1}{\tau r}u_q - \frac{1}{\tau r}u$$

$$+ \frac{1}{r}d(t) + k_1\text{sig}^{\alpha_1}(x_1) + k_2\text{sig}^{\alpha_2}(x_2) + k_3\text{sig}^{\alpha_3}(x_3)$$

$$= \frac{1}{r}\left(d(t) - \eta_1\text{sgn}(s)\right). \tag{12.5.10}$$

选取能量函数:

$$V_6 = \frac{1}{2}s^2. \tag{12.5.11}$$

对能量函数 (12.5.11) 求一阶导数, 并代入式 (12.5.10), 可得

$$\dot{V}_6 = s\dot{s} = \frac{1}{r}s\left(d(t) - \eta_1\text{sgn}(s)\right) \leqslant -\frac{\eta_1 - \Delta_1}{r}|s|. \tag{12.5.12}$$

根据假设 12.3.2, 可得 $r < r(0)$, 因此式 (12.5.12) 可简化为

$$\dot{V}_6 \leqslant -\frac{\eta_1 - \Delta_1}{r(0)}|s| = -\frac{\sqrt{2}(\eta_1 - \Delta_1)}{r(0)}V^{1/2}. \tag{12.5.13}$$

根据引理 A.2.1, 式 (12.5.13) 表明视线角误差 q_e 在有限时间内到达非线性积分滑模面 (12.5.7).

接下来证明视线角误差 q_e 到达滑模面之后在有限时间内收敛到零. 假定视线角误差 q_e 到达滑模面的时刻为 t_1, 则对任意的 $t \geqslant t_1$, 由式 (12.5.7) 可得

$$s = x_3 - x_3(t_0) + \int_{t_0}^{t}\left(k_1\text{sig}^{\alpha_1}(x_1) + k_2\text{sig}^{\alpha_2}(x_2) + k_3\text{sig}^{\alpha_3}(x_3)\right)\mathrm{d}\tau = 0, \tag{12.5.14}$$

从而等价得到

$$\dot{x}_3 + k_1\text{sig}^{\alpha_1}(x_1) + k_2\text{sig}^{\alpha_2}(x_2) + k_3\text{sig}^{\alpha_3}(x_3) = 0. \tag{12.5.15}$$

根据引理 A.2.3, 视线角误差 q_e 可在有限时间内收敛到零, 因此视线角速度误差 $\dot{q}_e$ 也在有限时间内收敛到零. 由 $\dot{q}_e = \dot{q} - \dot{q}_d = \dot{q}$ 和 $q_e = q - q_d$ 可知, 视线角速度 $\dot{q}$ 在有限时间内收敛到零, 且视线角 q 在有限时间内收敛到期望的视线角度 q_d. 证毕. ■

注 12.5.1　与注 12.4.1 类似, 由于非连续项的存在和切换增益取值的问题, 制导律 (12.5.8) 会导致制导系统产生抖振. 同样, 通过引入非线性干扰观测器来观测目标加速度信息, 并以前馈补偿的方法减小切换增益的取值, 这样会大幅减小系统抖振, 同时保证制导律对目标加速度的抑制作用.

一方面, 由于函数 $\tau\eta_1\mathrm{sgn}(s)$ 的存在, 制导律 (12.5.8) 是非连续的, 所以制导系统会产生抖振. 另一方面, 为了保证制导系统具有良好的干扰补偿性能, 其切换增益 η_1 的选取需要大于目标加速度的上界. 然而, 如果无法准确获得目标加速度的上界信息, 则切换增益需要选取足够大的数值, 这种不精确的取值会恶化由滑模控制器产生的抖振现象. 需要注意的是, 非线性制导律 (12.5.8) 中的函数 $k_1\tau r\mathrm{sig}^{\alpha_1}(x_1)$、$k_2\tau r\mathrm{sig}^{\alpha_2}(x_2)$ 和 $k_3\tau r\mathrm{sig}^{\alpha_3}(x_3)$ 是连续的, 因此这三项不会产生抖振. 为了减缓抖振, 一种解决方法是使用饱和函数 $\tau\eta_1 s/(|s|+\delta)$, 其中, δ 是非常小的正数, 代替制导律 (12.5.8) 中的符号函数 $\tau\eta_1\mathrm{sgn}(s)$. 这种方法可消除系统的抖振, 但会在一定程度上牺牲系统的抗干扰性能. 另一种有效方法是引入非线性干扰观测器来观测目标加速度信息, 将测得的加速度信息引入积分滑模制导律中作为补偿项, 干扰补偿之后, 切换增益的选取只需要大于干扰补偿误差的上界即可, 而此误差上界值通常会远小于目标加速度上界的值. 因此, 抖振会减弱, 而制导系统却保持了干扰补偿能力.

12.5.2 非线性干扰观测器设计

根据导弹制导系统 (12.5.6), 令 $f(x,t) = -\dfrac{2\ddot{r}}{r}x_2 - \dfrac{3\dot{r}}{r}x_3 + \dfrac{1}{\tau r}u_q$ 和 $B = -\dfrac{1}{\tau r}$, 则制导系统 (12.5.6) 可简化为

$$\dot{x}_3 = f(x,t) + Bu + \frac{1}{r}d(t). \tag{12.5.16}$$

假设 12.5.2 假定集总干扰的一阶导数 $\dot{d}(t)$ 是有界的, 即对任意的 $t \geqslant 0$, 满足条件 $|\dot{d}(t)| \leqslant \Delta_2$, 其中, Δ_2 是正常数.

下面介绍一种有效的干扰补偿技术, 即非线性干扰观测器, 来估计导弹制导系统 (12.5.6) 中的集总干扰. 考虑系统 (12.5.16), 设计如下的非线性干扰观测器:

$$\begin{cases} \dot{z} = f(x,t) + Bu + \dfrac{1}{r}\hat{d}, \\ \hat{d} = \lambda(x_3 - z). \end{cases} \tag{12.5.17}$$

令 e_d 为干扰观测误差, 即 $e_d = d(t) - \hat{d}(t)$.

定理 12.5.2 干扰观测误差在非线性干扰观测器 (12.5.17) 的作用下能够收敛到区域 Ω_1, 其中, $\Omega_1 = \left\{ e_d \middle| |e_d| \leqslant \dfrac{\Delta_2 r(0)}{\theta\lambda} \right\}$, $\lambda > 0$, $0 < \theta < 1$.

证明 对干扰观测误差 e_d 求一阶导数, 得到干扰观测误差动态:

$$\dot{e}_d = \dot{d} - \dot{\hat{d}} = \dot{d} - \lambda(\dot{x}_3 - \dot{z}) = -\frac{\lambda}{r}e_d + \dot{d}. \tag{12.5.18}$$

选取能量函数:

$$V_7 = \frac{1}{2}e_d^2. \tag{12.5.19}$$

对能量函数 (12.5.19) 求一阶导数, 并代入式 (12.5.18), 可得

$$\dot{V}_7 = e_d \dot{e}_d = -\frac{\lambda}{r}e_d^2 + \dot{d}e_d$$

$$\leqslant -\frac{\lambda}{r}e_d^2 + |\dot{d}||e_d|. \tag{12.5.20}$$

根据假设 12.3.2 和假设 12.4.2, 可得 $r^0 < r < r(0)$ 和 $|\dot{d}(t)| \leqslant \Delta_2$. 式 (12.5.20) 可简化为

$$\dot{V}_7 \leqslant -\frac{\lambda}{r(0)}e_d^2 + \Delta_2|e_d|$$

$$= -(1-\theta)\frac{\lambda}{r(0)}e_d^2 - \theta\frac{\lambda}{r(0)}e_d^2 + \Delta_2|e_d|. \tag{12.5.21}$$

令 $\Omega_1 = \left\{ e_d \middle| |e_d| \leqslant \dfrac{\Delta_2 r(0)}{\theta\lambda} \right\}$, bd_{Ω_1} 为区域 Ω_1 的边界组成的集合. 如果 $e_d \notin \Omega_1$, 则可得

$$\dot{V}_7 \leqslant -(1-\theta)\frac{\lambda}{r(0)}e_d^2 < 0. \tag{12.5.22}$$

另外, 干扰观测误差的初值 $e_d(t_0)$ 位于两个区域内, 即 $e_d(t_0) \in \Omega_1$ 和 $e_d(t_0) \notin \Omega_1$. 对于 $e_d(t_0) \notin \Omega_1$ 的初值, 由 $\dot{V}_2 < 0$ 可得, 存在时刻 t_1 使干扰观测误差 $e_d(t_1)$ 位于 Ω_1 的边界上, 即 $e_d(t_1) \in \mathrm{bd}_{\Omega_1}$; 对于 $e_d(t_0) \in \Omega_1$ 的初值, 如果观测误差 $e_d(t)$ 的轨迹一直在区域 Ω_1 中, 则定理 12.5.2 结论成立. 然而, 当观测误差 $e_d(t)$ 穿过区域 Ω_1 的边界 bd_{Ω_1} 并逃离区域 Ω_1 时, 存在时刻 $t_2 > 0$ 使 $e_d(t_2) \in \mathrm{bd}_{\Omega_1}$. 下面证明对任意时间 $t \in [t_2, \infty)$ 都有 $e_d(t) \in \Omega_1$ 成立. 证明过程受到文献 [214] 的启发.

令 $p = \inf\limits_{e_d \in \mathrm{bd}_{\Omega_1}} e_d^2$, 则 $p = \dfrac{\Delta_2^2 r^2(0)}{\lambda^2\theta^2}$. 因此, 由式 (12.5.22) 可得

$$\dot{V}_7 \leqslant -(1-\theta)\frac{\lambda}{r(0)}p, \quad e_d \in \mathrm{bd}_{\Omega_1}. \tag{12.5.23}$$

因为能量函数 V_7 是连续的, 所以存在常数 $\Delta t_1 > 0$ 使任意时刻 $t \in [t_2, t_2 + \Delta t_1]$ 都有 $e_d(t) \in \Omega_1$ 成立. 假定存在时刻 $t_3(t_3 \in [t_2, \infty))$ 使得 $e_d(t_3) \notin \Omega_1$ 成立, 则存在时刻 $\xi(\xi \in (t_2, t_3))$ 使观测误差 $e_d(\xi)$ 位于区域 Ω_1 的边界上, 即 $e_d(\xi) \in \mathrm{bd}_{\Omega_1}$.

显然 $\dot{V}_7 \leqslant -(1-\theta)\dfrac{\lambda}{r(0)}p < 0$ 成立. 又由于能量函数 V_7 是连续函数, 所以存在一个任意小的常数 $\Delta t_2 > 0$ 使能量函数 V_7 在区域 $[\xi - \Delta t_2, \xi)$ 上是单调递减的. 因此, 可得

$$p = e_d^2(\xi) < e_d^2(\xi - \Delta t_2) \leqslant p. \tag{12.5.24}$$

显然式 (12.5.24) 是一个矛盾不等式. 因此, 根据反证法原理可得出结论: 对任意的时刻 $t \in [t_2, \infty)$ 都有 $e_d(t) \in \Omega_1$ 成立. 证毕. ∎

注 12.5.2 由定理的证明分析过程可看出, 干扰观测误差 e_d 收敛到的区域 Ω_1 主要依赖参数 λ 的选取, 通过选取合适的参数, 观测误差可收敛到一个足够小的区域, 因此非线性干扰观测器 (12.5.17) 可准确观测出集总干扰 $d(t)$.

12.5.3 复合积分终端滑模制导律设计

在给出复合制导律设计之前, 基于定理 12.5.2 给出如下假设.

假设 12.5.3 假定干扰观测误差 e_d 是有界的, 并存在一个常数 $\Delta_3 > 0$, 使对任意的 $t \geqslant 0$, 下列不等式成立:

$$|e_d| = |d(t) - \hat{d}(t)| \leqslant \Delta_3. \tag{12.5.25}$$

定理 12.5.3 考虑导弹制导系统 (12.2.1)~(12.2.4) 和 (12.5.6). 若假设 12.3.2 和假设 12.5.3 成立, 且存在切换增益 η_2 满足 $\eta_2 > \Delta_3$, 则存在 $\varepsilon \in (0,1), \forall \alpha \in (1-\varepsilon, 1)$, 基于非线性积分滑模制导律 (12.5.8) 和非线性干扰观测器 (12.5.17) 的复合非线性积分滑模制导律

$$u = -2\tau\ddot{r}x_2 - 3\tau\dot{r}x_3 + u_q + k_1\tau r\text{sig}^{\alpha_1}(x_1) + k_2\tau r\text{sig}^{\alpha_2}(x_2)$$

$$+ k_3\tau r\text{sig}^{\alpha_3}(x_3) + \tau\eta_2\text{sgn}(s) + \hat{d}(t) \tag{12.5.26}$$

使得视线角速度 $\dot{q}$ 在有限时间内收敛到零, 且视线角 q 在有限时间内收敛到期望的视线角度 q_d, 其中, $s = x_3(t) - x_3(t_0) + \displaystyle\int_{t_0}^{t} (k_1\text{sig}^{\alpha_1}(x_1(\tau)) + k_2\text{sig}^{\alpha_2}(x_2(\tau)) + k_3\text{sig}^{\alpha_3}(x_3(\tau)))\mathrm{d}\tau$.

证明 将式 (12.5.6) 和式 (12.5.26) 代入式 (12.5.9), 可得

$$\dot{s} = \frac{1}{r}\left(d(t) - \hat{d}(t) - \eta_2\text{sgn}(s)\right). \tag{12.5.27}$$

选取能量函数 $V_8 = \dfrac{1}{2}s^2$. 对函数 V_8 求一阶导数, 并代入式 (12.5.27), 可得

$$\dot{V}_8 = s\dot{s} = \frac{1}{r}s\left(d(t) - \hat{d}(t) - \eta_2\mathrm{sgn}(s)\right) \leqslant -\frac{\eta_2 - \Delta_3}{r}|s| \leqslant -\frac{\sqrt{2}(\eta_2 - \Delta_3)}{r(0)}V_3^{\frac{1}{2}}.$$

$$(12.5.28)$$

由引理 A.2.1 可知, 式 (12.5.28) 表明视线角误差 q_e 在有限时间内到达非线性积分滑模面 (12.5.7).

之后证明过程与定理 12.5.1 类似, 此处省略证明过程. 但可得到如下结论: 视线角速度 $\dot{q}$ 在有限时间内收敛到零, 且视线角 q 在有限时间内收敛到期望的视线角度 q_d. 证毕. ∎

12.5.4 数值仿真

本节给出一组数值仿真例子来验证所提出制导律的性能.

(1) 非线性积分滑模制导律 (12.5.8);

(2) 复合非线性积分滑模制导律 (12.5.26).

为验证所提制导律在系统状态收敛速度和抗目标机动方面性能的有效性, 本节引入比例制导律来进行仿真对比研究. 选取以下形式的比例制导律:

$$n_c = -N\dot{r}\dot{q}, \qquad (12.5.29)$$

其中, N 是无量纲的比例制导律系数.

在仿真过程中, 制导系统的初值选择如下: 导弹与目标之间的初始相对距离 $r_0 = 5000\mathrm{m}$; 初始视线角 $q_0 = 30°$; 期望视线角 $q_d = 20°$; 导弹的初始飞行速度 $V_{m0} = 600\mathrm{m/s}$; 导弹的初始飞行方向角 $\theta_{m0} = 60°$; 目标的初始飞行速度 $V_{t0} = 300\mathrm{m/s}$; 目标的初始飞行方向角 $\theta_{t0} = 0°$; 重力加速度 $g = 9.8\mathrm{m/s}^2$; 自动驾驶仪的时间常数 $\tau = 0.5$. 在仿真过程中假设导弹的纵向加速度为零, 即 $\dot{V}_m = 0\mathrm{m/s}^2$.

为了公平比较仿真结果, 对导弹机动能力限幅, 导弹的最大加速度设为 $50g$. 在仿真过程中选取比例制导律系数 $N = 5$, 非线性积分滑模制导律 (12.5.8) 和复合非线性积分滑模制导律 (12.5.26) 中的参数分别选取为 $\alpha_1 = \dfrac{2}{11}$, $\alpha_2 = \dfrac{1}{4}$, $\alpha_3 = \dfrac{2}{5}$, $k_1 = 0.2$, $k_2 = 0.5$, $k_3 = 0.5$, 两种制导律中的切换增益分别选取为 $\eta_1 = 100$ 和 $\eta_2 = 5$; 非线性干扰观测器 (12.5.17) 中的可调增益 λ 取值为 2000. 为验证制导律 (12.5.8) 和 (12.5.26) 的性能, 分别对以下几种工况进行仿真并给出仿真结果分析.

工况 1 非机动目标, 自动驾驶仪不存在外部干扰.

在此工况中, 假定导弹拦截非机动目标且导弹的自动驾驶仪不存在外部干扰, 即 $a_t = 0$, $\dot{V}_t = 0$, $d_0(t) = 0$. 仿真得到的视线角、视线角速度、干扰估计值、导弹加速度、自动驾驶仪输出、导弹和目标飞行轨迹响应曲线分别如图 12.5.1(a)~(f) 所示. 仿真得到的导弹脱靶量和拦截时间如表 12.5.1 所示.

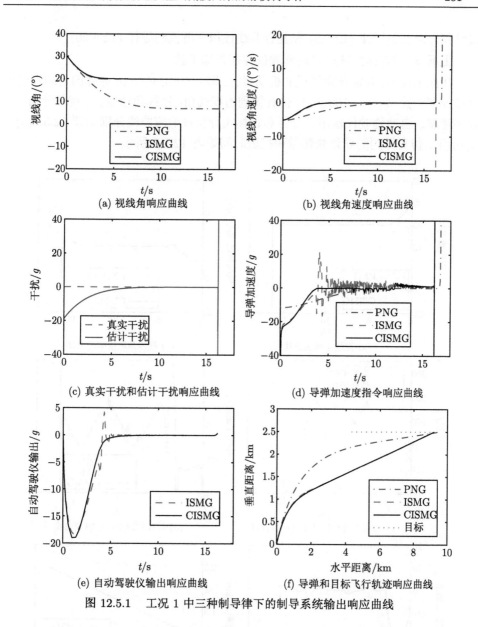

图 12.5.1 工况 1 中三种制导律下的制导系统输出响应曲线

表 12.5.1 考虑驾驶仪动态和撞击角度约束时工况 1 中导弹脱靶量和拦截时间

制导律	脱靶量/m	拦截时间/s
PNG	0.0372	16.922
ISMG	6.7×10^{-7}	16.260
CISMG	9.5×10^{-4}	16.238

图 12.5.1 中的缩写 PNG、ISMG、CISMG 分别表示比例制导律 (12.5.29), 非

线性积分滑模制导律 (12.5.8) 和复合非线性积分滑模制导律 (12.5.26).

工况 2　非机动目标, 自动驾驶仪存在外部干扰.

在此工况中, 假定导弹拦截非机动目标, 即 $a_t = 0$, $\dot{V}_t = 0$; 导弹的自动驾驶仪存在外部干扰 $d_0(t) = 100\sin t$. 仿真得到的视线角、视线角速度、干扰估计值、导弹加速度、自动驾驶仪输出、导弹和目标飞行轨迹响应曲线分别如图 12.5.2(a)～(f) 所示. 仿真得到的导弹脱靶量和拦截时间如表 12.5.2 所示.

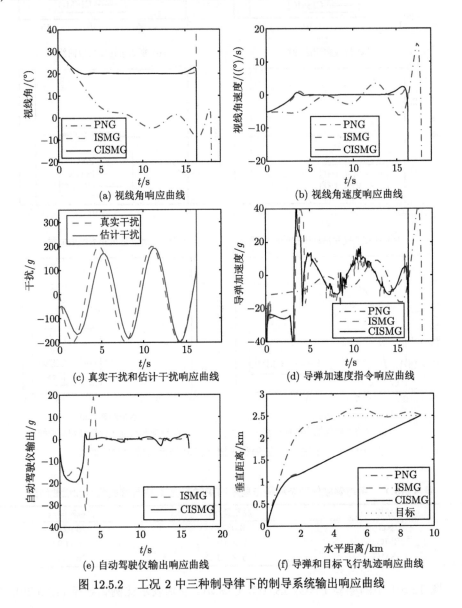

图 12.5.2　工况 2 中三种制导律下的制导系统输出响应曲线

表 12.5.2 考虑驾驶仪动态和撞击角度约束时工况 2 中导弹脱靶量和拦截时间

制导律	脱靶量/m	拦截时间/s
PNG	2.228	18.011
ISMG	8.8×10^{-7}	16.319
CISMG	8.5×10^{-4}	16.310

工况 3 机动目标, 自动驾驶仪不存在外部干扰.

在此工况中, 假定导弹拦截机动目标, 目标从开始时刻起做法向机动, 其法向加速度 $a_t = 5g - 10g \sin t$, 当仿真时间大于 10s 时, 目标法向机动的同时开始做纵向机动, 其纵向加速度 $\dot{V}_t = 50\text{m/s}^2$. 导弹的自动驾驶仪不存在外部干扰, 即 $d_0(t) = 0$.

仿真得到的视线角、视线角速度、干扰估计值、导弹加速度、自动驾驶仪输出、导弹和目标飞行轨迹响应曲线分别如图 12.5.3(a)~(f) 所示. 仿真到的导弹脱靶量和拦截时间如表 12.5.3 所示.

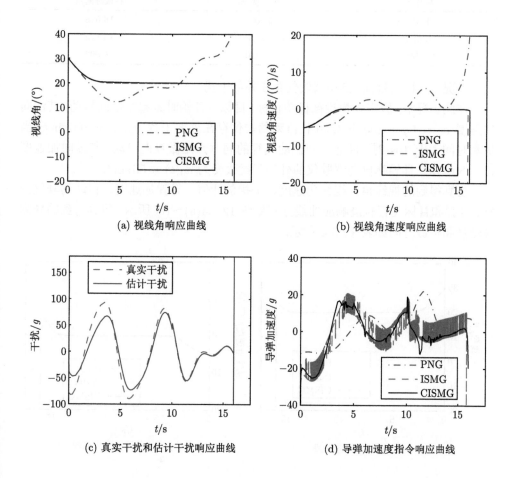

(a) 视线角响应曲线

(b) 视线角速度响应曲线

(c) 真实干扰和估计干扰响应曲线

(d) 导弹加速度指令响应曲线

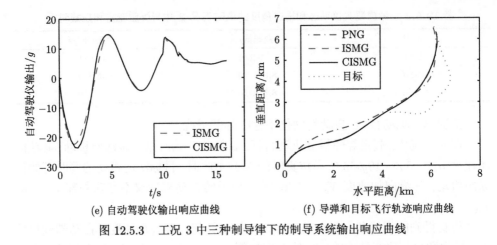

(e) 自动驾驶仪输出响应曲线　　　　　　(f) 导弹和目标飞行轨迹响应曲线

图 12.5.3　　工况 3 中三种制导律下的制导系统输出响应曲线

表 12.5.3　考虑驾驶仪动态和撞击角度约束时工况 3 中导弹脱靶量和拦截时间

制导律	脱靶量/m	拦截时间/s
PNG	53.066	16.628
ISMG	8.4×10^{-7}	15.825
CISMG	3.7×10^{-4}	16.093

工况 4　机动目标, 自动驾驶仪存在外部干扰.

在此工况中, 假定导弹拦截机动目标, 目标从开始时刻起做法向机动, 其法向加速度 $a_t = 5g - 10g \sin t$, 并且自动驾驶仪存在外部干扰 $d_0(t) = 100 \sin t$; 当仿真时间大于 10s 时, 目标法向机动飞行的同时开始做纵向机动, 其纵向加速度 $\dot{V}_t = 50 \mathrm{m/s^2}$, 且导弹自动驾驶仪的外部干扰改变为 $d_0(t) = 50 \sin t$.

仿真得到的视线角、视线角速度、干扰估计值、导弹加速度、自动驾驶仪输出、导弹和目标飞行轨迹响应曲线分别如图 12.5.4(a)～(f) 所示. 仿真得到的导弹脱靶量和拦截时间如表 12.5.4 所示.

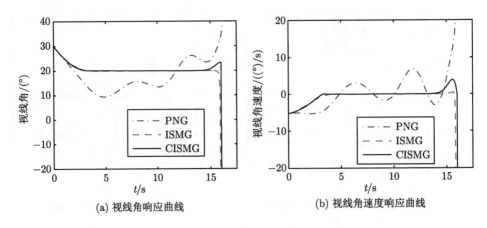

(a) 视线角响应曲线　　　　　　　　(b) 视线角速度响应曲线

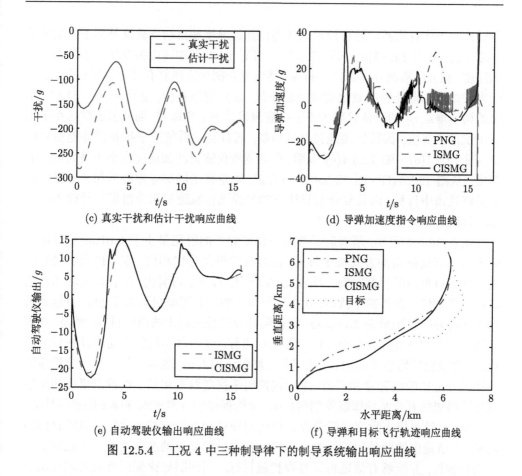

(c) 真实干扰和估计干扰响应曲线

(d) 导弹加速度指令响应曲线

(e) 自动驾驶仪输出响应曲线

(f) 导弹和目标飞行轨迹响应曲线

图 12.5.4 工况 4 中三种制导律下的制导系统输出响应曲线

表 12.5.4 考虑驾驶仪动态和撞击角度约束时工况 4 中导弹脱靶量和拦截时间

制导律	脱靶量/m	拦截时间/s
PNG	13.999	16.409
ISMG	0.0075	15.904
CISMG	0.0049	15.992

从图 12.5.1(a)~图 12.5.4(a) 可知, 即使目标大机动飞行且驾驶仪存在外部干扰, 本章提出的制导律都能够保证视线角在有限时间内收敛到期望的视线角度 20°. 然而在比例制导律下, 如果目标不机动飞行且自动驾驶仪不存在外部干扰, 则视线角收敛到一个依赖系统状态初值的值, 不能收敛到期望的角度 20°; 如果目标机动飞行或者自动驾驶仪存在外部干扰, 则视线角一般不会收敛. 图 12.5.1(b)~图 12.5.4(b) 表明, 本章提出的制导律能够保证视线角速度 $\dot{q}$ 在有限时间内收敛到零点, 而在比例制导律下, 视线角速度只有在工况 1 中收敛到零点, 在工况 2~工况 4 中, 视线角速度均不收敛. 图 12.5.1(c)~图 12.5.4(c) 表明, 本章

所设计的干扰观测器能够有效地估计由目标加速度和自动驾驶仪外部干扰组成的集总干扰. 从图 12.5.1(d)～图 12.5.4(d) 可看出, 导弹加速度指令均小于最大可用加速度, 积分滑模制导律会产生抖振, 然而复合制导律能够有效地抑制抖振, 这是因为干扰观测器能够有效地观测集总干扰, 通过前馈补偿, 复合制导律 (12.5.26) 中的切换增益 η_2 的取值只要大于干扰观测误差的上界即可, 而此值通常远小于集总干扰的上界值, 因此抖振能被有效抑制, 而且制导系统的干扰补偿性能得以保持. 图 12.5.1(e)～图 12.5.4(e) 表明, 自动驾驶仪输出的加速度也小于最大可用加速度. 从图 12.5.1(f)～图 12.5.4(f) 可看出, 本章提出的制导律能够保证导弹以较短的路径击中目标, 而且复合制导律下的导弹飞行轨迹与积分滑模制导律下的导弹飞行轨迹相类似.

从表 12.5.1 可知, 所有制导律均可保证导弹的脱靶量小于 0.01m, 这说明导弹能够以直接撞击的方式命中目标, 而且与比例制导律相比, 本节提出的制导律使导弹具有更短的拦截时间. 从表 12.5.2～表 12.5.4 可看出, 当目标机动飞行或者自动驾驶仪存在外部干扰时, 比例制导律下的导弹脱靶量均大于 2m, 目标大机动飞行时导弹脱靶量为 53.066m, 这说明导弹已经脱靶无法命中目标, 然而, 在本章所提制导律作用下, 不论目标是否机动飞行, 或者自动驾驶仪动态存在外部干扰, 导弹脱靶量均小于 0.01m, 从四个表格中还可看出, 复合制导律与积分滑模制导律具有近似的脱靶量和拦截时间, 这说明干扰观测器和基于线性滑模面的滑模制导律组成的复合制导律既能削弱抖振, 又能保持积分滑模制导律下的系统性能.

总之, 针对撞击角度受限和存在自动驾驶仪动态的末端导弹拦截机动目标的问题, 本节提出的两种制导律对目标机动和自动驾驶仪动态中的外部干扰具有很好的鲁棒性, 并能够有效地保证导弹拦截目标. 两种制导律采用有限时间控制方法, 使视线角 q 和视线角速度 $\dot{q}$ 具备有限时间收敛性, 并能够保证导弹的脱靶量为零, 即导弹直接撞击目标并摧毁目标. 本节所设计的干扰观测器能有效地估计出由目标加速度和自动驾驶仪动态中存在的外部干扰组成的集总干扰. 通过干扰前馈补偿方法, 复合制导律既能削弱抖振, 又能保持积分滑模制导律下的系统性能. 因此, 所设计的制导律达到了设计目标.

12.6　本 章 小 结

本章针对平面导弹拦截机动目标问题, 基于滑模控制和干扰观测器方法, 分别研究了无约束情况下、终端撞击角度受约束情况下、存在导弹自动驾驶仪动态特性和终端撞击角度受约束情况下的导弹制导律设计方法, 所设计的滑模制导律能够保证导弹以很小的脱靶量和期望的姿态角命中目标, 实现了设计目标. 仿真结果验证了所提制导律的有效性.

附录 A 不等式、定义和引理

A.1 书中涉及的主要不等式

引理 A.1.1[150] 若 $p_1 > 0, 0 < p_2 \leqslant 1$, 则对于 $x, y \in \mathbb{R}$, 有

$$|\mathrm{sig}^{p_1 p_2}(x) - \mathrm{sig}^{p_1 p_2}(y)| \leqslant 2^{1-p_2} |\mathrm{sig}^{p_1}(x) - \mathrm{sig}^{p_1}(y)|^{p_2}.$$

引理 A.1.2[151] 令 c 和 d 是正常数, $\gamma(s, y) > 0$ 为任意实函数, 则下列不等式成立:

$$|x|^c |y|^d \leqslant \frac{c}{c+d} \gamma |x|^{c+d} + \frac{d}{c+d} \gamma^{-\frac{c}{d}} |y|^{c+d}, \quad x, y \in \mathbb{R}.$$

引理 A.1.3[152] 令 $p \in (0, 1)$ 为正实数, $x_i \in \mathbb{R}, i = 1, 2, \cdots, n$, 则下列不等式成立:

$$(|x_1| + \cdots + |x_n|)^p \leqslant |x_1|^p + \cdots + |x_n|^p.$$

引理 A.1.4 令 $B > 0, |\theta| \leqslant 1, 0 \leqslant \xi < 1$, 则由不等式 $\dfrac{|A + B\theta|}{|A| + B} \leqslant \xi$ 可知, $|A + B\theta| \leqslant \dfrac{2\xi}{1-\xi} B$.

证明 将不等式左边的分母和分子同时除以 B, 并令 $\tilde{A} = |A|/B$, $\tilde{\theta} = \theta \mathrm{sgn}(A)$, 则有

$$\frac{|\tilde{A} + \tilde{\theta}|}{\tilde{A} + 1} \leqslant \xi, \tag{A.1.1}$$

即 $|\tilde{A} + \tilde{\theta}| \leqslant \dfrac{2\xi}{1-\xi}$. 事实上, 若 $\tilde{A} \leqslant \dfrac{1+\xi}{1-\xi}$, 由式(A.1.1)可得 $|\tilde{A} + \theta| \leqslant \left(\dfrac{1+\xi}{1-\xi} + 1 \right) \cdot \xi = \dfrac{2\xi}{1-\xi}$. 假设 $\tilde{A} > \dfrac{1+\xi}{1-\xi}$, 则有 $\dfrac{|\tilde{A} + \tilde{\theta}|}{\tilde{A} + 1} = \dfrac{|\tilde{A} + 1 + \tilde{\theta} - 1|}{\tilde{A} + 1} \geqslant 1 - \dfrac{2}{\tilde{A} + 1} > 1 - \dfrac{2}{\dfrac{1+\xi}{1-\xi} + 1} = \xi$, 与结果矛盾. 证毕. ■

引理 A.1.5 对于动态系统

$$z(k+1) = az(k) + g(k) - \varepsilon \mathrm{sgn}(z(k)),$$

其中, $0 \leqslant a \leqslant 1$, 若 $|g(k)| < \gamma$, $0 \leqslant \gamma < \varepsilon$, 则存在一个有限步数 $K^* > 0$, $\forall k \geqslant K^*$, 使 $|z(k)| \leqslant \varepsilon + \gamma < 2\varepsilon$.

证明　该引理是对文献 [110] 中引理 2 的推广, 证明方法类似, 此处省略. 证毕.　■

引理 A.1.6　定义函数 $\psi(\alpha) = 1 + \alpha^{\frac{\alpha}{1-\alpha}} - \alpha^{\frac{1}{1-\alpha}}$, 其中, $0 < \alpha < 1$, 则有 $1 < \psi(\alpha) < 2$, 存在 $x \in [0,1]$, 使

$$x\psi(\alpha) - x^{\alpha}\psi(\alpha)^{\alpha} + \psi(\alpha) - 1 \geqslant 0.$$

证明　记 $F(x) = x\psi(\alpha) - x^{\alpha}\psi(\alpha)^{\alpha} + \psi(\alpha) - 1$. 接下来, 计算 $F(x)$ 在区间 $x \in [0,1]$ 内的最小值. 首先, 根据函数 $\psi(\alpha)$ 定义可知 $\psi(\alpha) > 1$, 即 $F(0) = \psi(\alpha) - 1 > 0$, $F(1) = \psi(\alpha) - \psi(\alpha)^{\alpha} + \psi(\alpha) - 1 > 0$. 其次, 令 $\dot{F}(x) = 0$, 可得 $x = \alpha^{\frac{1}{1-\alpha}}/\psi(\alpha)$. 将 x 的表达形式代入 $F(x)$ 并根据 $F(0)$、$F(1)$ 的值, 可得到 $\min_{x \in [0,1]} F(x) = 0$. 证毕.　■

函数 $\psi(\alpha)$ 的曲线如图 A.1.1 所示.

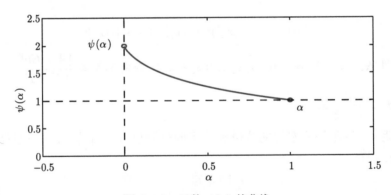

图 A.1.1　函数 $\psi(\alpha)$ 的曲线

引理 A.1.7[81]　考虑如下标量动态系统:

$$z(k+1) = z(k) - lz(k) + g(k). \tag{A.1.2}$$

若 $|l| < 1$ 且 $|g(k)| \leqslant \gamma, \gamma > 0$, 则存在一个数 K^*, 当 $K^* > 0$ 时, 使 $k \geqslant K^*$, 有 $|z(k)| \leqslant \gamma/|l|$.

引理 A.1.8[300]　考虑如下标量动态系统:

$$z(k+1) = z(k) - l_1\mathrm{sig}^{\alpha}(z(k)) - l_2z(k) + g(k). \tag{A.1.3}$$

当 $l_1 > 0, 0 < l_2 < 1$ 且 $0 < \alpha < 1$ 时, 若 $|g(k)| \leqslant \gamma, \gamma > 0$, 则存在一个整数 K^* 使得

$$|z(k)| \leqslant \psi(\alpha) \max\left\{ \left(\frac{\gamma}{l_1}\right)^{\frac{1}{\alpha}}, \left(\frac{l_1}{1-l_2}\right)^{\frac{1}{1-\alpha}} \right\}, \quad k \geqslant K^*, \tag{A.1.4}$$

其中, $\psi(\alpha)$ 定义为

$$\psi(\alpha) = 1 + \alpha^{\frac{\alpha}{1-\alpha}} - \alpha^{\frac{1}{1-\alpha}}. \tag{A.1.5}$$

引理 A.1.9 考虑如下动态系统:

$$z(k+1) = z(k) - lz(k)^\alpha + g(k), \tag{A.1.6}$$

其中, $l > 0; 0 < \alpha < 1$ 是两个正奇数之比. 若 $|g(k)| \leqslant \gamma, \gamma > 0$, 则存在一个有界的整数 $K^* > 0$ 使得

$$|z| \leqslant \psi(\alpha) \max\left\{ (\gamma/l)^{\frac{1}{\alpha}}, l^{\frac{1}{1-\alpha}} \right\}, \tag{A.1.7}$$

其中, 函数 $\psi(\alpha)$ 为

$$\psi(\alpha) = 1 + \alpha^{\frac{\alpha}{1-\alpha}} - \alpha^{\frac{1}{1-\alpha}}. \tag{A.1.8}$$

证明 记 $\Omega = \left\{ |z| \leqslant \max\left\{ \psi(\alpha)(\gamma/l)^{\frac{1}{\alpha}}, \psi(\alpha)l^{\frac{1}{1-\alpha}} \right\} \right\}$. 证明分成两个步骤.

首先, 证明状态 z 将会在有限时间内收敛到区域 Ω. 其次, 证明一旦 $z \in \Omega$, 状态 z 的轨迹将保持在该区域内.

步骤 1 选取 Lyapunov 函数 $V(k) = z^2(k)$, 根据式 (A.1.6) 可得

$$\Delta V(k) = V(k+1) - V(k) = -(lz^\alpha(k) - g(k))(2z(k) - lz^\alpha(k) + g(k)). \tag{A.1.9}$$

接下来, 将证明若状态 $z(k) \notin \Omega$, 则 $\Delta V(k) \leqslant -c$, 其中 c 为一个小的正常数.

若 $z(k) \notin \Omega$, 则对于 $z(k)$, 有两种情况.

情况 1 $z(k) > \max\left\{ \psi(\alpha)(\gamma/l)^{\frac{1}{\alpha}}, \psi(\alpha)l^{\frac{1}{1-\alpha}} \right\}$.

一方面, 因为 $z(k) > \psi(\alpha)(\gamma/l)^{\frac{1}{\alpha}}$, 所以 $lz^\alpha(k) > \psi^\alpha(\alpha)\gamma$. 注意到 $|g(k)| \leqslant \gamma$, 从而有 $lz^\alpha(k) - |g(k)| > (\psi^\alpha(\alpha) - 1)\gamma = \mu$, 可得

$$lz^\alpha(k) - g(k) > \mu, \tag{A.1.10}$$

其中, μ 是一个正常数 (因为 $\psi(\alpha) > 1, \gamma > 0$). 另一方面, 因为 $z(k) > \psi(\alpha)l^{\frac{1}{1-\alpha}}$, 所以 $z^{1-\alpha}(k) > \psi^{1-\alpha}(\alpha)l$, 可得

$$z(k) = z^{1-\alpha}(k)z^\alpha(k) > \psi^{1-\alpha}(\alpha)lz^\alpha(k) \geqslant lz^\alpha(k).$$

由上述不等式以及式 (A.1.10) 可得

$$2z(k) - lz^{\alpha}(k) + g(k) > lz^{\alpha}(k) + g(k) > \mu.$$

将此不等式和式 (A.1.10) 代入式 (A.1.9) 可得 $\Delta V(k) = V(k+1) - V(k) < -\mu^2 = -c.$

情况 2 $z(k) < -\max\left\{\psi(\alpha)(\gamma/l)^{\frac{1}{\alpha}}, \psi(\alpha)l^{\frac{1}{1-\alpha}}\right\}.$

同情况 1 证明类似, 可得不等式关系 $\Delta V(k) \leqslant -c$ 仍然成立.

因此, 系统状态 z 将在有限时间内进入到区域 Ω.

步骤 2   尽管在步骤 1 中已经证明, 当 $z(k) \notin \Omega$ 时 $\Delta V(k)$ 是负定的, 但仍可能存在系统状态进入区域 Ω 后再次逃离的情况, 即关系 $\Delta V(k) < 0$ 不再成立. 所以, 在该步骤中, 将证明一旦 $z \in \Omega$, 那么 $z(k)$ 的状态轨迹将永远保持在该区域内. 不失一般性地, 假设 $z(k) \in \Omega$. 下面将证明 $z(k+1) \in \Omega$.

情况 1 $(\gamma/l)^{\frac{1}{\alpha}} \geqslant l^{\frac{1}{1-\alpha}}.$

在该情况下, $\Omega = \{|z| \leqslant \psi(\alpha)(\gamma/l)^{\frac{1}{\alpha}}\}$. 首先, 假设 $z(k) = \psi(\alpha)\theta(\gamma/l)^{\frac{1}{\alpha}}, 0 \leqslant \theta \leqslant 1$, 由式 (A.1.6) 可得

$$z(k+1) = \psi(\alpha)\theta(\gamma/l)^{\frac{1}{\alpha}} - (\psi(\alpha)\theta)^{\alpha}\gamma + g(k)$$

$$\leqslant \psi(\alpha)\theta(\gamma/l)^{\frac{1}{\alpha}} - (\psi(\alpha)\theta)^{\alpha}\gamma + \gamma. \tag{A.1.11}$$

若 $\psi(\alpha)\theta \geqslant 1$, 则由式 (A.1.11) 可得 $z(k+1) \leqslant \psi(\alpha)\theta(\gamma/l)^{\frac{1}{\alpha}} \leqslant \psi(\alpha)(\gamma/l)^{\frac{1}{\alpha}}$. 若 $0 \leqslant \psi(\alpha)\theta < 1$, 则由式 (A.1.11) 可得

$$z(k+1) \leqslant \psi(\alpha)\theta(\gamma/l)^{\frac{1}{\alpha}} + [1 - (\psi(\alpha)\theta)^{\alpha}]\gamma. \tag{A.1.12}$$

由于 $(\gamma/l)^{\frac{1}{\alpha}} \geqslant l^{\frac{1}{1-\alpha}}$, 所以 $\gamma \geqslant l^{1+\frac{\alpha}{1-\alpha}} = l^{\frac{1}{1-\alpha}}$, 这也就意味着 $l \leqslant \gamma^{1-\alpha} = \dfrac{\gamma}{\gamma^{\alpha}}$. 因此, $\gamma \leqslant (\gamma/l)^{\frac{1}{\alpha}}$. 另外, 由于 $0 < \alpha < 1, 0 \leqslant \psi(\alpha)\theta \leqslant 1$, 可得 $\psi(\alpha)\theta \leqslant (\psi(\alpha)\theta)^{\alpha}$. 基于该关系以及 $\gamma \leqslant (\gamma/l)^{\frac{1}{\alpha}}$, 由式 (A.1.12) 可得 $z(k+1) \leqslant \psi(\alpha)\theta(\gamma/l)^{\frac{1}{\alpha}} + [1 - (\psi(\alpha)\theta)^{\alpha}](\gamma/l)^{\frac{1}{\alpha}} \leqslant (\gamma/l)^{\frac{1}{\alpha}}$. 因此, $z(k+1) \leqslant \psi(\alpha)(\gamma/l)^{\frac{1}{\alpha}}$.

此外, 因为 $\gamma \leqslant (\gamma/l)^{\frac{1}{\alpha}}$, 所以由式 (A.1.11) 可得

$$z(k+1) \geqslant \psi(\alpha)\theta(\gamma/l)^{\frac{1}{\alpha}} - (\psi(\alpha)\theta)^{\alpha}\gamma - \gamma$$

$$\geqslant [\psi(\alpha)\theta - (\psi(\alpha)\theta)^{\alpha} - 1](\gamma/l)^{\frac{1}{\alpha}}. \tag{A.1.13}$$

注意到 $0 < \alpha < 1$, 若 $\psi(\alpha)\theta \geqslant 1$, 则 $\psi(\alpha)\theta - (\psi(\alpha)\theta)^{\alpha} - 1 \geqslant -1$. 若 $0 \leqslant \psi(\alpha)\theta < 1$, 则由引理 A.1.6 可得 $\psi(\alpha)\theta - (\psi(\alpha)\theta)^{\alpha} - 1 \geqslant -\psi(\alpha)$. 因此, $z(k+1) \geqslant -\psi(\alpha)(\gamma/l)^{\frac{1}{\alpha}}$, 从而 $z(k+1) \in \Omega$. 类似地可以证明, 若 $z(k) = \psi(\alpha)\theta(\gamma/l)^{\frac{1}{\alpha}}$, $-1 \leqslant \theta \leqslant 0$, 则 $z(k+1) \in \Omega$.

情况 2 $(\gamma/l)^{\frac{1}{\alpha}} \leqslant l^{\frac{1}{1-\alpha}}$. 与情况 1 的证明类似, 此处省略. 证毕.   ∎

A.2 有限时间稳定性定义和相关引理

考虑如下自治系统:

$$\dot{x} = f(x), \quad x \subseteq \mathbb{R}^n, \quad f(0_n) = 0_n, \tag{A.2.1}$$

其中, $f : D \to \mathbb{R}^n$ 在原点的开邻域 $D \subseteq \mathbb{R}^n$ 上连续.

定义 A.2.1[6] 若存在原点的开邻域 $U \subseteq D$ 和函数 $T_x : U \backslash \{0_n\} \to (0, \infty)$ 使得从系统 (A.2.1) 任意初始状态 $x_0 \in U \backslash \{0_n\}$ 出发的所有解 $x(t, x_0)$ 在时间区间 $t \in [0, T_x(x_0)]$ 上都有定义, 且

$$\lim_{t \to T_x(x_0)} x(t, x_0) = 0_n,$$

其中, $T_x(x_0)$ 被称为关于初始状态 x_0 的收敛时间函数, 且是 Lyapunov 稳定的, 则系统有限时间稳定. 进一步地, 若 $U = D = \mathbb{R}^n$, 则系统全局有限时间稳定.

引理 A.2.1[6] 考虑系统 (A.2.1), 假设存在连续可微函数 $V : U \to \mathbb{R}$ 满足下列条件:

(1) V 为正定函数,

(2) 存在正实数 $c > 0$ 和 $\alpha \in (0, 1)$, 以及一个包含原点的开邻域 $U_0 \subset U$, 满足

$$\dot{V}(x) + cV^\alpha(x) \leqslant 0, \quad x \in U_0 \backslash \{0_n\},$$

则系统 (A.2.1) 是有限时间稳定的. 若 $U = U_0 = \mathbb{R}^n$, 且 $V(x)$ 径向无界, 则系统 (A.2.1) 是全局有限时间稳定的. 此外, 有限收敛时间 T 满足 $T \leqslant \dfrac{V^{1-\alpha}(x(0))}{c(1-\alpha)}$.

引理 A.2.2[146] 对于 $\alpha \in (0, 1)$, 反馈控制器

$$u = \phi(\xi_1, \xi_2) = -k_1 \mathrm{sig}^\alpha(\xi_1) - k_2 \mathrm{sig}^{\frac{2\alpha}{\alpha+1}}(\xi_2) \tag{A.2.2}$$

使双积分系统

$$\dot{\xi}_1 = \xi_2, \quad \dot{\xi}_2 = u \tag{A.2.3}$$

的原点能够有限时间稳定, 其中 $k_1 > 0, k_2 > 0$.

注 A.2.1[344] 若双积分系统 (A.2.2) 和 (A.2.3) 的原点是有限时间稳定的, 则存在精确的有限时间能量函数:

$$V_0 = \frac{2 + 2k_0^{\frac{3+\alpha}{2}}}{3 + \alpha} |\xi_1|^{\frac{3+\alpha}{2}} + \frac{(1+\alpha)^2}{5\alpha + 1} |\xi_2|^{\frac{3+\alpha}{1+\alpha}} + k_0 \xi_1 \xi_2. \tag{A.2.4}$$

其中, $k_0 = (k_1/k_2)^{\frac{1}{\alpha}} > 0$, k_2 是一个足够大的数. 进一步, 存在正常数 K 使得式 (A.2.5) 成立:

$$\dot{V}_0 \leqslant -K V_0^{\frac{2+2\alpha}{3+\alpha}}. \tag{A.2.5}$$

根据引理 A.2.1, 由式 (A.2.5) 可得到收敛时间的上界为

$$T_0 \leqslant \frac{(3+\alpha)V_0^{\frac{1-\alpha}{3+\alpha}}(\xi_0)}{K(1-\alpha)}. \tag{A.2.6}$$

其中, ξ_0 是系统状态的初始值.

引理 A.2.3[146] 参数 $k_1, k_2, \cdots, k_n > 0$ 满足多项式 $s^n + k_n s^{n-1} + \cdots + k_1 = 0$ 是 Hurwitz 稳定的, 此时, 考虑如下 n 阶积分链系统:

$$\begin{cases} \dot{x}_1 = x_2, \\ \dot{x}_2 = x_3, \\ \quad\vdots \\ \dot{x}_n = u, \end{cases} \tag{A.2.7}$$

其中, 系统状态 $x = [x_1, x_2, \cdots, x_n]^{\mathrm{T}} \in \mathbb{R}^n$; $u \in \mathbb{R}$ 为系统控制输入. 那么存在 $\varepsilon \in (0,1)$, $\alpha \in (1-\varepsilon, 1)$, 系统 (A.2.7) 的原点在控制器

$$u = -k_1 \mathrm{sig}^{\alpha_1}(x_1) - \cdots - k_n \mathrm{sig}^{\alpha_n}(x_n) \tag{A.2.8}$$

作用下是全局有限时间稳定的平衡点, 其中, $\alpha_{i-1} = \dfrac{\alpha_i \alpha_{i+1}}{2\alpha_{i+1} - \alpha_i}, i = 2, 3, \cdots, n$, $\alpha_{n+1} = 1$, 且 $\alpha_n = \alpha$.

考虑如下受扰系统:

$$\dot{x} = u + d(t), \tag{A.2.9}$$

其中, $x \in \mathbb{R}$ 表示状态; $u \in \mathbb{R}$ 表示控制输入; $d(t) \in \mathbb{R}$ 表示外部干扰.

引理 A.2.4[176] 若干扰 $d(t)$ 是 $m-1$ 阶可微的, 且 $d^{(m-1)}(t)$ 有已知的 Lipschitz 常数 $L > 0$, 设计如下的非线性 DO:

$$\begin{cases} \dot{z}_0 = v_0 + u, \ v_0 = -\lambda_0 L^{\frac{1}{m+1}} \mathrm{sig}^{\frac{m}{m+1}}(z_0 - x) + z_1, \\ \dot{z}_l = v_l, \ v_l = -\lambda_l L^{\frac{1}{m+1-l}} \mathrm{sig}^{\frac{m-l}{m+1-l}}(z_l - v_{l-1}) + z_{l+1}, \quad l = 1, 2, \cdots, m-1, \\ \dot{z}_m = -\lambda_m L \mathrm{sgn}(z_m - v_{m-1}), \end{cases} \tag{A.2.10}$$

其中, $\lambda_0, \cdots, \lambda_m > 0$ 表示适当的观测器增益; $z_0 = \hat{x}$ 和 $z_l = \widehat{d^{(l-1)}}(l = 1, 2, \cdots, m)$ 分别表示 x 和 $d^{(l-1)}$ 的估计量. 因此, DO(A.2.10) 是有限时间收敛的.

考虑如下系统:

$$\begin{cases} \dot{x}_i = x_{i+1}, & i = 1, 2, \cdots, n-1, \\ \dot{x}_n = f(x_1, x_2, \cdots, x_n, w(t), t) + bu, \\ y = x_1, \end{cases} \quad (A.2.11)$$

其中, $[x_1, x_2, \cdots, x_n]^T \in \mathbb{R}^n$ 为系统状态; $u \in \mathbb{R}$ 为控制输入; $y \in \mathbb{R}$ 为控制输出; $w(t) \in \mathbb{R}$ 为系统外部干扰; $b \in \mathbb{R}$ 为系统参数; $f(x_1, x_2, \cdots, x_n, w(t), t) \in \mathbb{R}$ 为集总干扰.

假设 A.2.1 $\dot{f}(\cdot)$ 有界, 即存在 $\varepsilon > 0$ 使 $|\dot{f}(\cdot)| \leqslant \varepsilon$.

引理 A.2.5 [209] 对于系统 (A.2.11), 设计 CSMC 控制器

$$\begin{cases} u = b^{-1}(u_{eq} + u_v), \\ u_{eq} = -c_n x_n - \cdots - c_2 x_2 - c_1 x_1, \\ \dot{u}_v = -k\mathrm{sgn(s)}, \end{cases} \quad (A.2.12)$$

以及滑模面

$$s = \dot{x}_n + c_n x_n + \cdots + c_2 x_2 + c_1 x_1, \quad (A.2.13)$$

其中, $k > 0$; $c_i > 0$, $i = 1, 2, \cdots, n$. c_i 的选取满足特征多项式 $p(s) = s^n + c_n s^{n-1} + \cdots + c_2 s + c_1$ 是 Hurwitz 稳定的. 假设系统 (A.2.11) 中的 $f(\cdot)$ 满足假设 A.2.1, 则当 CSMC 控制器 (A.2.12) 中的控制增益 $k > \varepsilon$ 时, 非线性系统 (A.2.11) 将在控制器 (A.2.12) 作用下有限时间内到达滑模面 $s = 0$, 然后沿着滑模面 $s = 0$ 渐近收敛到原点.

引理 A.2.6 [283,284] 若系统 (A.2.11) 中的 $f(\cdot)$ 可表示为如下形式:

$$f(\cdot) = \sum_{i=0}^{m-1} a_i t^i, \quad (A.2.14)$$

其中, a_i, $i = 0, 1, \cdots, m-1$ 为未知系数, m 为正整数, 则可得如下的状态空间模型:

$$\begin{cases} \dot{f}_j = f_{j+1}, & j = 1, 2, \cdots, m-1, \\ \dot{f}_m = 0, \end{cases} \quad (A.2.15)$$

其中, $f = f(\cdot)$, $f_1 = f$, $f_2 = \dot{f}$, $f_3 = \ddot{f}$, $\cdots$, $f_m = f^{(m-1)}$. 结合式 (A.2.11) 和式 (A.2.15), 可得到如下的扩张状态空间模型:

$$\begin{cases} \dot{x}_i = x_{i+1}, & i = 1, 2, \cdots, n-1, \\ \dot{x}_n = f_1 + bu, \\ \dot{f}_j = f_{j+1}, & j = 1, 2, \cdots, m-1, \\ \dot{f}_m = 0. \end{cases} \quad (A.2.16)$$

对于系统 (A.2.16), 可设计如下的 GPIO:

$$
\begin{cases}
\dot{\hat{x}}_i = \hat{x}_{i+1} + \lambda_{m+n-i+1}(x_1 - \hat{x}_1), \quad i = 1, 2, \cdots, n-1, \\
\dot{\hat{x}}_n = \hat{f}_1 + bu + \lambda_{m+1}(x_1 - \hat{x}_1), \\
\dot{\hat{f}}_j = \hat{f}_{j+1} + \lambda_{m-j+1}(x_1 - \hat{x}_1), \quad j = 1, 2, \cdots, m-1, \\
\dot{\hat{f}}_m = \lambda_1(x_1 - \hat{x}_1),
\end{cases} \tag{A.2.17}
$$

其中, $\hat{x}_1, \hat{x}_2, \cdots, \hat{x}_n$ 分别为 $x_1, x_2, \cdots, x_n$ 的估计; $\hat{f}_1, \hat{f}_2, \cdots, \hat{f}_m$ 分别为 $f_1, f_2,$ $\cdots, f_m$ 的估计; $\lambda_1, \lambda_2, \cdots, \lambda_{m+n}$ 为观测器参数. 结合式 (A.2.16) 和式 (A.2.17) 可得误差系统为

$$
\begin{cases}
\dot{e}_{x_i} = e_{x_{i+1}} - \lambda_{m+n-i+1}e_{x_1}, \quad i = 1, 2, \cdots, n-1, \\
\dot{e}_{x_n} = e_{f_1} - \lambda_{m+1}e_{x_1}, \\
\dot{e}_{f_j} = e_{f_{j+1}} - \lambda_{m-j+1}e_{x_1}, \quad j = 1, 2, \cdots, m-1, \\
\dot{e}_{f_m} = -\lambda_1 e_{x_1},
\end{cases} \tag{A.2.18}
$$

其中, $e_{x_i} = x_i - \hat{x}_i$ 为状态估计误差; $e_{f_j} = f_j - \hat{f}_j$ 为干扰的估计误差和其各阶导数的估计误差. 若 $\lambda_1, \lambda_2, \cdots, \lambda_{m+n}$ 可使特征多项式 $p_o(s) = s^{m+n} + \lambda_{m+n}s^{m+n-1} + \cdots + \lambda_2 s + \lambda_1$ 满足 Hurwitz 稳定条件, 则闭环系统 (A.2.18) 渐近稳定, 即 $\lim\limits_{t \to \infty} e_{x_i}(t) = \lim\limits_{t \to \infty}(x_i(t) - \hat{x}_i(t)) = 0$, $\lim\limits_{t \to \infty} e_{f_j}(t) = \lim\limits_{t \to \infty}(f_j(t) - \hat{f}_j(t)) = 0$.

A.3   输入-输出稳定性定义和相关引理

考虑如下系统:

$$
\dot{x} = f(t, x, u), \tag{A.3.1}
$$

其中, $f: [0, \infty) \times \mathbb{R}^n \times \mathbb{R}^m \to \mathbb{R}^n$ 关于 t 是分段连续函数, 并且关于 x 和 u 是局部 Lipschitz 连续的. 输入 $u(t)$ 是 $t(t \geqslant 0)$ 的分段连续有界函数.

定义 A.3.1[175]   若存在一个 $\mathcal{KL}$ 类函数 β 和一个 $\mathcal{K}$ 类函数 γ, 使对任意的初始状态 $x(t_0)$ 和有界输入 $u(t)$, 解 $x(t)$ 对于所有 $t \geqslant t_0$ 都存在, 且满足 $\|x(t)\|_2 \leqslant \beta[\|x(t_0)\|_2, t - t_0] + \gamma\left[\sup_{t_0 \leqslant \tau \leqslant t} \|u(\tau)\|_2\right]$, 则系统 (A.3.1) 被称为是输入-状态稳定 (input-to-state stable, ISS) 的.

引理 A.3.1[175]   若系统 (A.3.1) 是 ISS 的且满足 $\lim\limits_{t \to \infty} u(t) = 0_m$, 则有 $\lim\limits_{t \to \infty} x(t) = 0_n$.

引理 A.3.2[175]   假设系统 (A.3.1) 中的 $f(t, x, u)$ 关于 (x, u) 连续可微且全局 Lipschitz 连续, 对 t 一致. 若无激励系统 $\dot{x} = f(t, x, 0_m)$ 的原点是全局指数稳定的, 则系统 (A.3.1) 是 ISS 的.

引理 A.3.3[175] 考虑如下级联系统:

$$\begin{cases} \dot{x}_1 = f_1(t, x_1, x_2), \\ \dot{x}_2 = f_2(t, x_2), \end{cases} \tag{A.3.2}$$

其中, $f_1 : [0, \infty) \times \mathbb{R}^{n_1} \times \mathbb{R}^{n_2} \to \mathbb{R}^{n_1}$ 和 $f_2 : [0, \infty) \times \mathbb{R}^{n_2} \to \mathbb{R}^{n_2}$ 均是时间 t 的分段连续函数, 且关于 $x = [x_1, x_2]^\mathrm{T}$ 均是局部 Lipschitz 连续的. 若系统 $\dot{x}_1 = f_1(t, x_1, 0_m)$ 和系统 $\dot{x}_2 = f_2(t, x_2)$ 的原点都是全局一致渐近稳定的, 并且将 x_2 视为输入, 系统 $\dot{x}_1 = f_1(t, x_1, x_2)$ 是 ISS 的, 则级联系统 (A.3.2) 的原点也是全局一致渐近稳定的.

附录 B 命题 4.4.1 的证明

首先, 从引理 A.1.1 可知, 对于任意的 $k = 1, 2, \cdots, i-1$, 有

$$\left| \frac{\partial W_i(\bar{\omega}_i)}{\partial \omega_k} \dot{\omega}_k \right| \leqslant \frac{2\rho - r_{i-1} + \tau}{a} |\omega_i - \omega_i^*| |\xi_i|^{\frac{2\rho - r_{i-1} + \tau}{a} - 1} \left| \frac{\partial \mathrm{sig}^{\frac{a}{r_{i-1}}}(\omega_i^*)}{\partial \omega_k} \dot{\omega}_k \right|$$

$$\leqslant \frac{2\rho - r_{i-1} + \tau}{a} 2^{1 - \frac{r_{i-1}}{a}} |\xi_i|^{\frac{2\rho + \tau}{a} - 1} \left| \frac{\partial \mathrm{sig}^{\frac{a}{r_{i-1}}}(\omega_i^*)}{\partial \omega_k} \dot{\omega}_k \right|. \qquad (\text{B.1.1})$$

注意到, $\omega_i^* = -\beta_{i-2}^{\frac{r_{i-1}}{a}} \mathrm{sig}^{\frac{r_{i-1}}{a}}(\xi_{i-1})$. 在此基础上, 对于任意的 $k = 1, 2, \cdots, i-1$, 可得

$$\left| \frac{\partial \mathrm{sig}^{\frac{a}{r_{i-1}}}(\omega_i^*)}{\partial \omega_k} \right| = \beta_{i-2} \left| \frac{\partial \xi_{i-1}}{\partial \omega_k} \right| = \frac{a\beta_{i-2} \cdots \beta_{k-1}}{r_{k-1}} \left| \mathrm{sig}^{\frac{a}{r_{k-1}} - 1}(\omega_k) \right|.$$

结合上式, 由式 (B.1.1) 和式 (4.4.16) 以及引理 A.1.3 可知, 存在增益

$$\Gamma_{i1}(\beta_0, \cdots, \beta_{i-2}) = \frac{2^{1 - \frac{r_{i-1}}{a}}(2\rho - r_{i-1} + \tau)\beta_{i-2} \cdots \beta_1 \beta_0^{1 + \frac{r_1}{a}}}{r_0}$$

和

$$\Gamma_{ik}(\beta_{k-2}, \cdots, \beta_{i-2}) = \frac{2^{1 - \frac{r_{i-1}}{a}}(2\rho - r_{i-1} + \tau)\beta_{i-2} \cdots \beta_k \beta_{k-1}^{1 + \frac{r_k}{a}} \beta_{k-2}^{1 - \frac{r_{k-1}}{a}}}{r_{k-1}},$$

$k = 2, 3, \cdots, i-1$, 使得

$$\left| \frac{\partial W_i(\bar{\omega}_i)}{\partial \omega_k} \dot{\omega}_k \right| \leqslant \Gamma_{ik} |\xi_i|^{\frac{2\rho + \tau}{a} - 1} \left(|\xi_{k-1}|^{1 - \frac{r_{k-1}}{a}} + |\xi_k|^{1 - \frac{r_{k-1}}{a}} \right) \left(|\xi_{k+1}|^{\frac{r_k}{a}} + |\xi_k|^{\frac{r_k}{a}} \right).$$

$$(\text{B.1.2})$$

其中, $\xi_0 = 0$. 接下来, 再次应用引理 A.1.2, 由式 (B.1.2) 可得对任意的 $k = 1, 2, \cdots, i-1$, 有

$$\left| \frac{\partial W_i}{\partial \omega_k} \dot{\omega}_k \right| \leqslant \frac{\beta_0^{\frac{r_1}{a}}}{2^{i+1}} \left(\xi_{k-1}^{\frac{2\rho}{a}} + \xi_k^{\frac{2\rho}{a}} + \xi_{k+1}^{\frac{2\rho}{a}} \right) + \bar{\Gamma}_{ik} \xi_i^{\frac{2\rho}{a}}. \qquad (\text{B.1.3})$$

此处, 有

$$\bar{\Gamma}_{i1}(\beta_0,\cdots,\beta_{i-2}) = \frac{3\Gamma_{i1}(2\rho+\tau-a)}{2\rho}\left[\frac{2^{i+1}\Gamma_{i1}(a-\tau)}{\rho\beta_0^{\frac{r_1}{a}}}\right]^{\frac{a-\tau}{2\rho+\tau-a}}$$

和

$$\bar{\Gamma}_{ik}(\beta_0,\cdots,\beta_{i-2}) = \frac{3\Gamma_{ik}(2\rho+\tau-a)}{\rho}\left[\frac{2^{i+1}\Gamma_{ik}(a-\tau)}{\rho\beta_0^{\frac{r_1}{a}}}\right]^{\frac{a-\tau}{2\rho+\tau-a}}, \quad k=2,3,\cdots,i-1.$$

令 $\hat{\gamma}_i(\beta_0,\cdots,\beta_{i-2}) = \bar{\Gamma}_{i1}+\cdots+\bar{\Gamma}_{i,i-1}+\dfrac{\beta_0^{\frac{r_1}{a}}}{2^{i+1}}$, 则有

$$\sum_{k=1}^{i-1}\frac{\partial W_i(\bar{\omega}_i)}{\partial\omega_k}\dot{\omega}_k \leqslant \frac{\beta_0^{\frac{r_1}{a}}}{2^{i+1}}\left(2\xi_1^{\frac{2\rho}{a}}+3\xi_2^{\frac{2\rho}{a}}+\cdots+3\xi_{i-2}^{\frac{2\rho}{a}}+2\xi_{i-1}^{\frac{2\rho}{a}}+\xi_i^{\frac{2\rho}{a}}\right)$$

$$+(\bar{\Gamma}_{i1}+\cdots+\bar{\Gamma}_{i,i-1})\xi_i^{\frac{2\rho}{a}}$$

$$\leqslant \frac{\beta_0^{\frac{r_1}{a}}}{2^{i-1}}\left(\xi_1^{\frac{2\rho}{a}}+\cdots+\xi_{i-2}^{\frac{2\rho}{a}}\right)+\frac{\beta_0^{\frac{r_1}{a}}}{2^i}\xi_{i-1}^{\frac{2\rho}{a}}+\hat{\gamma}_i(\beta_0,\cdots,\beta_{i-2})\xi_i^{\frac{2\rho}{a}}.$$

命题 4.4.1 证毕. ∎

附录 C 命题 7.4.1 的证明

考虑两种情况. 首先, 若

$$\left(\frac{\delta^*}{q_2 h}\right)^{\frac{1}{\alpha}} \leqslant \left(\frac{q_2 h}{1 - q_1 h}\right)^{\frac{1}{1-\alpha}} = \Phi,$$

则

$$\delta^* \leqslant q_2 h \left(\frac{q_2 h}{1 - q_1 h}\right)^{\frac{\alpha}{1-\alpha}} = q_2 h \cdot \Phi^\alpha = (1 - q_1 h)\Phi. \tag{C.1.1}$$

其次, 若

$$\Phi = \left(\frac{\delta^*}{q_2 h}\right)^{\frac{1}{\alpha}} \geqslant \left(\frac{q_2 h}{1 - q_1 h}\right)^{\frac{1}{1-\alpha}},$$

则

$$\delta^* = q_2 h \Phi^\alpha, \quad (\delta^*)^{1-\alpha} \geqslant q_2 h / (1 - q_1 h)^\alpha, \tag{C.1.2}$$

从而可得

$$\delta^* \leqslant (1 - q_1 h) \left(\frac{\delta^*}{q_2 h}\right)^{\frac{1}{\alpha}} = (1 - q_1 h)\Phi.$$

命题 7.4.1 证毕. ■

参 考 文 献

[1] 胡跃明. 变结构控制理论与应用[M]. 北京: 科学出版社, 2003.

[2] 高为炳. 变结构控制理论基础[M]. 北京: 中国科学技术出版社, 1990.

[3] Utkin V. Variable structure systems with sliding modes[J]. IEEE Transactions on Automatic Control, 1977, 22(2): 212-222.

[4] Filippov A. Differential Equations with Discontinuous Right-Hand Sides[M]. Dordrecht: Kluwer Academic Publishers, 1988.

[5] Shtessel Y, Edwards C, Fridman L, et al. Sliding Mode Control and Observation[M]. Boston: Birkhauser, 2013.

[6] Bhat S P, Bernstein D S. Finite-time stability of continuous autonomous systems[J]. SIAM Journal on Control and Optimization, 2000, 38(3): 751-766.

[7] Bhat S P, Bernstein D S. Geometric homogeneity with application to finite-time stability[J]. Mathematics of Control Signals Systems, 2005, 17(2): 101-127.

[8] 洪奕光, 程代展. 非线性系统的分析与控制[M]. 北京: 科学出版社, 2005.

[9] 李世华, 丁世宏, 都海波, 等. 非光滑控制理论与应用[M]. 北京: 科学出版社, 2013.

[10] Man Z H, Paplinski A P, Wu H R. A robust MIMO terminal sliding mode control scheme for rigid robotic manipulators[J]. IEEE Transactions on Automatic Control, 1994, 39(12): 2464-2469.

[11] Yu X H, Man Z H, Wu Y Q. Terminal sliding modes with fast transient performance[C]. Proceedings of the 36th IEEE Conference on Decision and Control, San Diego, 1997.

[12] Wu Y Q, Yu X H, Man Z H. Terminal sliding mode control design for uncertain dynamic systems[J]. Systems and Control Letters, 1998, 34(5): 281-288.

[13] Feng Y, Yu X H, Man Z H. Non-singular terminal sliding mode control of rigid manipulators[J]. Automatica, 2002, 38(12): 2159-2167.

[14] Khoo S Y, Xie L H, Man Z H. Robust finite-time consensus tracking algorithm for multirobot systems[J]. IEEE/ASME Transactions on Mechatronics, 2009, 14(2): 219-228.

[15] Khoo S Y, Xie L H, Zhao S K, et al. Multi-surface sliding control for fast finite-time leader-follower consensus with high order SISO uncertain nonlinear agents[J]. International Journal of Robust and Nonlinear Control, 2014, 24(16): 2388-2404.

[16] Yu X H, Feng Y, Man Z H. Terminal sliding mode control—An overview[J]. IEEE Open Journal of the Industrial Electronics Society, 2012, 2: 36-52.

[17] Sam Y M, Osman J H S, Ghani M R A. A class of proportional integral sliding model control with application to active suspension system[J]. Systems and Control Letters, 2004, 51(3-4): 217-223.

[18] Mohamed Y A I. Design and implementation of a robust current-control scheme for a PMSM vector drive with a simple adaptative disturbance observer[J]. IEEE Transactions on Industrial Electronics, 2007, 54(4): 1981-1988.

[19] Matthews G P, DeCarlo R A. Decentralized tracking for a class of interconnected nonlinear systems using variable structure control[J]. Automatica, 1988, 24(2): 187-193.

[20] Utkin V, Shi J. Integral sliding mode in systems operating under uncertainty condition[C]. Proceedings of the 35th IEEE Conference on Decision and Control, Kobe, 1996.

[21] Niu Y, Ho D, Lam J. Robust integral sliding mode control for uncertain stochastic systems with time-varying delay[J]. Automatica, 2005, 41: 873-880.

[22] Ho D, Niu Y. Robust fuzzy design for nonlinear uncertain stochastic systems via sliding-mode control[J]. IEEE Transactions on Fuzzy Systems, 2007, 15(3): 350-358.

[23] Li H Y, Shi P, Yao D Y, et al. Observer-based adaptive sliding mode control for nonlinear Markovian jump systems[J]. Automatica, 2016, 64: 133-142.

[24] Wu L G, Gao Y B, Liu J X, et al. Event-triggered sliding mode control of stochastic systems via output feedback[J]. Automatica, 2017, 82: 79-92.

[25] Wang Y Y, Xia Y Q, Li H Y, et al. A new integral sliding mode design method for nonlinear stochastic systems[J]. Automatica, 2018, 90: 304-309.

[26] Li F B, Du C L, Yang C H, et al. Finite-time asynchronous sliding mode control for Markovian jump systems[J]. Automatica, 2019, 109: 1-11.

[27] Zhang K K, Jiang B, Yan X G, et al. Incipient fault detection for traction motors of high-speed railways using an interval sliding mode observer[J]. IEEE Transactions on Intelligent Transportation Systems, 2019, 20(7): 2703-2714.

[28] Mao Z H, Yan X G, Jiang B, et al. Adaptive fault-tolerant sliding-mode control for high-speed trains with actuator faults and uncertainties[J]. IEEE Transactions on Intelligent Transportation Systems, 2020, 21(6): 2449-2460.

[29] Levant A. Higher order sliding modes and their application for controlling uncertain processes[D]. Moscow: Institute for System Studies of USSR Academy of Science, 1987.

[30] Emelyanov S, Korovin S, Levant A. Second order sliding modes in controlling uncertain systems[J]. Soviet Journal of Computing and System Science, 1986, 24(4): 63-68.

[31] Levant A. Sliding order and sliding accuracy in sliding mode control[J]. International Journal of Control, 1993, 58(6): 1247-1263.

[32] Fridman L, Levant A. Higher order sliding modes as the natural phenomena of control theory[C]. Proceedings of the Workshop Variable Structure and Lyapunov Technique, Benevento, 1994.

[33] Levant A. Robust exact differentiation via sliding mode technique[J]. Automatica, 1998, 34(3): 379-384.

[34] 翁永鹏, 高宪文, 刘昕明. 非仿射非线性离散系统的数据驱动二阶滑模解耦控制[J]. 控制理论与应用, 2014, 31(3): 309-318.

[35] Zong Q, Zhao Z S, Zhang J. Higher order sliding mode control with self-tuning law based on integral sliding mode[J]. IET Control Theory and Applications, 2010, 4(7): 1282-1289.

[36] 吴玉香, 胡跃明. 二阶动态滑模控制在移动机械臂输出跟踪中的应用[J]. 控制理论与应用, 2006, 23(3): 411-420.

[37] Bartolini G, Ferrara A, Usai E. Output tracking control of uncertain nonlinear second-order systems[J]. Automatica, 1997, 33(12): 2203-2212.

[38] Fridman L. Sliding Mode Enforcement after 1990, Main Results and Some Open Problems[M]. Berlin: Springer, 2011.

[39] Levant A. Homogeneity approach to high-order sliding mode design[J]. Automatica, 2005, 41(5): 823-830.

[40] Bartolini G, Ferrara A, Usai E. Applications of a sub-optimal discontinuous control algorithm for uncertain second order systems[J]. International Journal of Robust and Nonlinear Control, 1997, 7(4): 299-319.

[41] Tanelli M, Ferrara A. Enhancing robustness and performance via switched second order sliding mode control[J]. IEEE Transactions on Automatic Control, 2013, 58(4): 962-974.

[42] Li X J, Yu X H, Han Q L. Stability analysis of second-order sliding mode control systems with input-delay using poincare map[J]. IEEE Transactions on Automatic Control, 2013, 58(9): 2410-2415.

[43] Bartolini G, Pisano A, Usai E. Global stabilization for nonlinear uncertain systems with unmodeled actuator dynamics[J]. IEEE Transactions on Automatic Control, 2001, 46(11): 1826-1832.

[44] Laghrouche S, Liu J, Ahmed F, et al. Adaptive second-order sliding mode observer-based fault reconstruction for PEM fuel cell air-feed system[J]. IEEE Transactions on Control Systems Technology, 2015, 23(3): 1098-1109.

[45] Pico J, Pico-Marco E, Vignoni A. Stability preserving maps for finite-time convergence, super-twisting sliding-mode algorithm[J]. Automatica, 2013, 49(2): 534-539.

[46] Moreno J. On strict Lyapunov functions for some non-homogeneous super-twisting algorithms[J]. Journal of the Franklin Institute, 2014, 351(4): 1902-1919.

[47] Utkin V. On convergence time and disturbance rejection of super-twisting control[J]. IEEE Transactions on Automatic Control, 2013, 58(8): 2013-2017.

[48] Nagesh I, Edwards C. A multivariable super-twisting sliding mode approach[J]. Automatica, 2014, 50(3): 984-988.

[49] Basin M, Rodriguez-Ramirez P, Ding S, et al. A nonhomogeneous super-twisting algorithm for systems of relative degree more than one[J]. Journal of the Franklin Institute, 2015, 352(4): 1364-1377.

[50] Levant A, Fridman L. Accuracy of homogeneous sliding modes in the presence of fast actuators[J]. IEEE Transactions on Automatic Control, 2010, 55(3): 810-814.

[51] Levant A, Li S H, Yu X H. Accuracy of some popular non-homogeneous 2-sliding modes[J]. IEEE Transactions on Automatic Control, 2013, 58(10): 2615-2619.

[52] Levant A. Quasi-continuous high-order sliding-mode controllers[J]. IEEE Transactions on Automatic Control, 2005, 50(11): 1812-1816.

[53] Levant A, Livne M. Exact differentiation of signals with unbounded higher derivatives[J]. IEEE Transactions on Automatic Control, 2012, 57(4): 1076-1080.

[54] 陈杰, 李志平, 张国柱. 不确定非线性系统的高阶滑模控制器设计[J]. 控制理论与应用, 2010, 27(5): 563-569.

[55] Li P, Zheng Z Q. Robust adaptive second-order sliding-mode control with fast transient performance[J]. IET Control Theory and Applications, 2012, 6(2): 305-312.

[56] 黄伟, 黄向华. 基于二阶滑模的压气机喘振主动控制[J]. 中国机械工程, 2013, 24(21): 2852-2855.

[57] 李雪冰, 马莉, 丁世宏. 一类新的二阶滑模控制方法及其在倒立摆控制中的应用[J]. 自动化学报, 2015, 41(1): 193-202.

[58] Liu J X, Laghrouche S, Harmouche M, et al. Adaptive-gain second-order sliding mode observer design for switching power converters[J]. Control Engineering Practice, 2014, 30: 124-131.

[59] 陈江辉, 谢运祥, 谢涛, 等. 双 Buck 型逆变器高阶系统二阶滑模控制[J]. 电机与控制学报, 2010, 14(11): 76-81.

[60] Lin F J, Hung Y C, Ruan K. An intelligent second-order sliding-mode control for an electric power steering system using a wavelet fuzzy neural network[J]. IEEE Transactions on Fuzzy Systems, 2014, 22(6): 1598-1611.

[61] Joe H, Kim M, Yu S. Second-order sliding-mode controller for autonomous underwater vehicle in the presence of unknown disturbances[J]. Nonlinear Dynamics, 2014, 78(1): 183-196.

[62] Bag S K, Spurgeon S K, Edwards C. Output feedback sliding mode design for linear uncertain systems[J]. IEE Proceedings-Control Theory and Applications, 1997, 144(3): 209-216.

[63] Yan X G, Spurgeon S K, Edwards C. Static output feedback sliding mode control for time-varying delay systems with time-delayed nonlinear disturbances[J]. Internatinal Journal of Robust and Nonlinear Control, 2010, 20: 777-788.

[64] Yan X G, Spurgeon S K, Edwards C. Memoryless static output feedback sliding mode control for nonlinear systems with delayed disturbances[J]. IEEE Transactions on Automatic Control, 2014, 59(7): 1906-1912.

[65] Yan X G, Spurgeon S K, Edwards C. Global stabilisation for a class of nonlinear time-delay systems based on dynamical output feedback sliding mode control[J]. International Journal of Control, 2009, 82(12): 2293-2303.

[66] Spurgeon S K. Sliding mode observers: A survey[J]. International Journal of Systems Science, 2008, 39(8): 751-764.

[67] Levant A. Higher-order sliding modes, differentiation and output-feedback control[J]. International Journal of Control, 2003, 76(9-10): 924-941.

[68] Dote Y, Hoft R G. Microprocessor-based sliding mode controller for DC motor drives[C]. IEEE Industry Applications Conference, Cincinnati, 1980.

[69] Milosavljevic C. General conditions for the existence of a quasi-sliding mode on the switching hyperplane in discrete variable structure systems[J]. Automation and Remote Control, 1985, 46: 307-314.

[70] Sarpturk S Z, Istefanopulos Y, Kaynak O. On the stability of discrete-time sliding mode control systems[J]. IEEE Transactions on Automatic Control, 1987, 32(10): 930-932.

[71] Gao W B, Wang Y F, Homaifa A. Discrete-time variable structure control systems[J]. IEEE Transactions on Industrial Electronics, 1995, 42(2): 117-122.

[72] Furuta K. Sliding mode control of a discrete system[J]. Systems and Control Letter, 1990, 14(2): 145-152.

[73] Furuta K. Variable structure control with sliding sector[J]. Automatica, 2000, 36(2): 211-228.

[74] Yu X H, Wang B, Li X J. Computer-controlled variable structure systems: The state-of-the-art[J]. IEEE Transactions on Industrial Informatics, 2012, 8(2): 197-205.

[75] Suzuki S, Pan Y, Furuta K, et al. Invariant sliding sector for variable structure control[J]. Asian Journal Control, 2000, 7(2): 124-134.

[76] Yu X H, Potts R B. Analysis of discrete variable structure systems with pseudo-sliding modes[J]. International Journal of Systems Science, 1992, 23(4): 503-516.

[77] Slotine J J. Sliding mode controller design for non-linear systems[J]. International Journal Control, 1984, 40: 421-434.

[78] Utkin V. Sliding Modes in Control Optimization[M]. Berlin: Springer, 1992.

[79] Janardhanan S, Kariwala V. Multirate output-feedback-based LQ-optimal discrete-time sliding mode control[J]. IEEE Transactions on Automatic Control, 2010, 53(1): 367-373.

[80] Bandyopadhyay B, Fulwani D. High-performance tracking controller for discrete plant using nonlinear sliding surface[J]. IEEE Transactions on Industrial Electronics, 2009, 56(9): 3628-3637.

[81] Li S H, Du H B, Yu X H. Discrete-time terminal sliding mode control systems based on Euler's discretization[J]. IEEE Transactions on Automatic Control, 2014, 59(2): 546-552.

[82] Drakunov S V, Utkin V. On discrete-time sliding modes[J]. IFAC Proceedings Volumes, 1989, 22(3): 273-278.

[83] Yu X H, Yu S H. Discrete sliding mode control design with invariant sliding sectors[J]. Journal of Dynamic Systems Measurement and Control, 2000, 122(4): 776-782.

[84] Bartoszewicz A. Discrete-time quasi-sliding-mode control strategies[J]. IEEE Transactions on Industrial Electronics, 1998, 45(4): 633-637.

[85] Bartolini G, Ferrara A, Utkin V. Adaptive sliding mode control in discrete-time-systems[J]. Automatica, 1995, 31(5): 769-773.

[86] Young K D, Utkin V. A control engineer's guide to sliding mode control[J]. IEEE Transactions on Control Systems Technology, 1999, 7(3): 328-342.

[87] Su W C, Drakunov S V, Zguner U. An $O(T^2)$ boundary layer in sliding mode for sampled-data systems[J]. IEEE Transactions on Automatic Control, 2000, 45(3): 482-485.

[88] Bartolini G, Pisano A, Usai E. Digital second-order sliding mode control for uncertain nonlinear systems[J]. Automatica, 2001, 37(9): 1371-1377.

[89] Han Y Q, Kao Y G, Gao C C. Robust sliding mode control for uncertain discrete singular systems with time-varying delays and external disturbances[J]. Automatica, 2017, 75: 210-216.

[90] Tang C Y, Misawa E A. Discrete variable structure control for linear multivariable systems[J]. Journal of Dynamic Systems Measurement and Control, 2000, 122(4): 783-792.

[91] Ackermann J, Utkin V. Sliding mode control design based on Ackermann's formula[J]. IEEE Transactions on Automatic Control, 1998, 43(2): 234-237.

[92] Nguyen T, Edwards C, Azimi V, et al. Improving control effort in output feedback sliding mode control of sampled-data systems[J]. IET Control Theory and Applications, 2019, 13(13): 2128-2137.

[93] Nguyen T, Su W, Gajic Z, et al. Higher accuracy output feedback sliding mode control of sampled-data systems[J]. IEEE Transactions on Automatic Control, 2016, 61(10): 3177-3182.

[94] Nguyen T, Su W, Gajic Z. Output feedback sliding mode control for sampled-data systems[J]. IEEE Transactions on Automatic Control, 2010, 55(7): 1684-1689.

[95] Utkin V. Sliding Mode Control in Discrete-Time and Difference Systems[M]. Berlin: Springer, 1994.

[96] Koshkouei A J, Zinober A S I. Sliding mode state observers for discrete-time linear systems[J]. International Journal of System Science, 2002, 33(9): 751-758.

[97] Veluvolu K C, Soh Y C, Cao W. Robust discrete-time nonlinear sliding mode state estimation of uncertain nonlinear systems[J]. International Journal of Robust Nonlinear Control, 2007, 17(9): 803-828.

[98] Veluvolu K C, Soh Y C. Discrete-time sliding-mode state and unknown input estimations for nonlinear systems[J]. IEEE Transactions on Industrial Electronics, 2009, 56(9): 3443-3452.

[99] Edwards C, Spurgeon S. Sliding Mode Control: Theory and Applications[M]. London: Taylor and Francis, 1998.

[100] Lai N O, Edwards C, Spurgeon S K. Discrete output feedback sliding-mode control with integral action[J]. International Journal of Robust Nonlinear Control, 2006, 16(1): 21-43.

[101] Lai N O, Edwards C, Spurgeon S K. On output tracking using dynamic output feedback discrete-time sliding-mode controllers[J]. IEEE Transactions on Automatic Control, 2007, 52(10): 1975-1981.

[102] Bandyopadhyay B, Janardhanan S. Discrete-Time Sliding Mode Control: A Multirate Output Feedback Approach[M]. Berlin: Springer, 2006.

[103] Yan Y, Yu S H, Yu X H. Euler's discretization effect on a sliding mode control system with super-twisting algorithm[J]. IEEE Transactions on Automatic Control, 2020, 66(6): 2817-2824.

[104] Yan Y, Galias Z, Yu X H, et al. Euler's discretization effect on a twisting algorithm based sliding mode control[J]. Automatica, 2016, 68: 203-208.

[105] Grantham W J, Athalye A M. Discretization Chaos: Feedback Control and Transition to Chaos[M]. New York: Academic Press, 1990.

[106] Ushio T, Hirai K. Chaos in non-linear sampled-data control systems[J]. International Journal of Control, 1983, 38(5): 1023-1033.

[107] Potts R B, Yu X. Discrete variable structure system with pseudo-sliding mode[J]. Journal of the Australian Mathematical Society, Series B, 1991, 32: 365-376.

[108] Yu X H. Discretization effect on a sliding mode control system with bang-bang type switching[J]. International Journal of Bifurcation and Chaos, 1998, 8(6): 1245-1257.

[109] Yu X H, Chen G R. Discretization behaviors of equivalent control based variable structure systems[J]. IEEE Transactions on Automatic Control, 2003, 48(9): 1641-1646.

[110] Yu X H, Wang B, Galias Z, et al. Discretization effect on equivalent control based multi-input sliding mode control systems[J]. IEEE Transactions on Automatic Control, 2008, 53(6): 1563-1569.

[111] Wang B, Yu X H, Li X J. ZOH discretization effect on higher-order sliding-mode control systems[J]. IEEE Transactions on Industrial Electronics, 2008, 55(11): 4055-4064.

[112] Wang B, Yu X H, Chen G R. ZOH discretization effect on single-input sliding mode control systems with matched uncertainties[J]. Automatica, 2009, 45(1): 118-125.

[113] Galias Z, Yu X H. Analysis of zero-order holder discretization of two-dimensional sliding mode control systems[J]. IEEE Transactions on Circuits and Systems II, 2008, 55(12): 1269-1273.

[114] Wang B. On discretized sliding mode control systems[C]. Proceedings of the 18th IFAC World Congress, Milano, 2011.

[115] Golo G, van der Schaft A J, Milosavljević Č. Discretization of control law for a class of variable structure control systems[C]. Proceedings of the 6th IEEE International Workshop on Variable Structure Systems, Gold Coast, 2000: 45-54.

[116] Emelyanov S V, Taran V A. Use of inertial elements in the design of a class of variable structure control systems[J]. Automation and Remote Control, 1963, 24(2): 183-190.

[117] Shtessel Y B, Shkolnikov I A. Aeronautical and space vehicle control in dynamical sliding mode manifolds[J]. International Journal of Control, 2003, 76(9-10): 1000-1017.

[118] Fahimi F. Sliding-mode formation control for underactuated surface vessels[J]. IEEE Transactions on Robotics, 2007, 23(3): 617-623.

[119] Ma H F, Li Y M, Xiong Z H. Discrete-time sliding mode control with enhanced power reaching law[J]. IEEE Transactions on Industrial Electronics, 2019, 66(6): 4629-4638.

[120] Yu J Z, Liu J C, Wu Z X, et al. Depth control of a bioinspired robotic dolphin based on sliding mode fuzzy control method[J]. IEEE Transactions on Industrial Electronics, 2018, 65(3): 2429-2438.

[121] Hasan K, Samet B. Time-varying and constant switching frequency-based sliding-mode control methods for transformerless DVR employing half-bridge VSI[J]. IEEE Transactions on Industrial Electronics, 2017, 64(4): 2570-2579.

[122] Zhang Y L, Xu Q S. Adaptive sliding mode control with parameter estimation and Kalman filter for precision motion control of a piezo-driven microgripper[J]. IEEE Transactions on Control Systems Technology, 2017, 25(2): 728-735.

[123] Leung T P, Zhou Q J, Su C Y. An adaptive variable structure model following control design for robot manipulators[J]. IEEE Transactions on Automatic Control, 1991, 36(3): 347-353.

[124] Wheeler G, Su C Y, Stepanenko Y. A sliding mode controller with improved adaptation laws for the upper bounds on the norm of uncertainties[J]. Automatica, 1998, 34(12): 1657-1661.

[125] Sun T R, Pei H L, Pan Y P, et al. Neural network-based sliding mode adaptive control for robot manipulators[J]. Neurocomputing, 2011, 74(14-15): 2377-2384.

[126] Li J T, Li W L, Li Q P. Sliding mode control for uncertain chaotic systems with input nonlinearity[J]. Communications in Nonlinear Science and Numerical Simulation, 2012, 17(1): 341-348.

[127] 高为炳. 变结构控制的理论及设计方法[M]. 北京: 科学出版社, 1996.

[128] Yu X H, Kaynak O. Sliding-mode control with soft computing: A Survey[J]. IEEE Transactions on Industrial Electronics, 2009, 56(9): 3275-3285.

[129] Venkataraman S T, Gulati S. Terminal sliding modes: A new approach to nonlinear control synthesis[C]. 5th International Conference on Advanced Robotics, Pisa, 1991.

[130] Venkataraman S T, Gulati S. Terminal slider control of robot systems[J]. Journal of Intelligent and Robotic Systems, 1993, 7(1): 31-55.

[131] Bhat S, Bernstein D. Continuous finite-time stabilization of the translational and rotational double integrators[J]. IEEE Transactions on Automatic Control, 1998, 43(5): 678-682.

[132] Zak M. Terminal attractors in neural networks[J]. Neural Networks, 1989, 2(4): 259-274.

[133] Yu S H, Yu X H, Shirinzadeh B, et al. Continuous finite-time control for robotic manipulators with terminal sliding mode[J]. Automatica, 2005, 41(11): 1957-1964.

[134] Tan S C, Lai Y M, Tse C K. Sliding Mode Control of Switching Power Converters: Techniques and Implementation[M]. New York: CRC Press, 2018.

[135] Utkin V, Jurgen G, Shi J. Sliding Mode Control in Electro-Mechanical Systems[M]. New York: CRC press, 2017.

[136] Wang L Y, Chai T Y, Zhai L F. Neural-network based terminal sliding-mode control of robotic manipulators including actuator dynamics[J]. IEEE Transactions on Industrial Electronics, 2009, 56(9): 3296-3304.

[137] Chung S C Y, Lin C L. A transformed lure problem for sliding mode control and chattering reduction[J]. IEEE Transactions on Automatic Control, 1999, 44(3): 563-568.

[138] Chen M S, Hwang Y R, Tomizuka M. A state-dependent boundary layer design for sliding mode control[J]. IEEE Transactions on Automatic Control, 2002, 47(10): 1677-1681.

[139] Vicente P V, Gerd H. Chattering-free sliding mode control for a class of nonlinear mechanical systems[J]. International Journal of Robust and Nonlinear Control, 2001, 11: 1161-1178.

[140] 田宏奇. 滑模控制理论及其应用[M]. 武汉: 武汉出版社, 1995.

[141] Ertugrul M, Kaynak O. Neuro sliding mode control of robotic manipulators[J]. Mechatronics, 2000, 10(1-2): 239-263.

[142] Kachroo P, Tomizuka M. Chattering reduction and error convergence in the sliding-mode control of a class of nonlinear systems[J]. IEEE Transactions on Automatic Control, 1996, 41(7): 1063-1068.

[143] Bartolini G, Ferrara A, Usai E, et al. On multi-input chattering-free second-order sliding mode control[J]. IEEE Transactions on Automatic Control, 2000, 45(9): 1711-1717.

[144] Eun Y, Kim K, Cho D H. Discrete-time variable structure controller with a decoupled disturbance compensator and its application to a CNC servomechanism[J]. IEEE Transactions on Control Systems Technology, 1999, 7(4): 414-422.

[145] Yang J, Li S H, Yu X H. Sliding-mode control for systems with mismatched uncertainties via a disturbance observer[J]. IEEE Transactions on Industrial Electronics, 2013, 60(1): 160-169.

[146] Bhat S, Bernstein D. Finite-time stability of homogeneous systems[C]. American Control Conference, Albuquerque, 1997.

[147] Levant A. Principles of 2-sliding mode design[J]. Automatica, 2007, 43(4): 576-586.

[148] Basin M, Rodriguez-Ramirez P. A super-twisting algorithm for systems of dimension more than one[J]. IEEE Transactions on Industrial Electronics, 2014, 61(11): 6472-6480.

[149] Bartolini G, Pisano A, Punta E, et al. A survey of applications of second-order sliding mode control to mechanical systems[J]. International Journal of Control, 2003, 76(9-10): 875-892.

[150] Ding S H, Li S H, Zheng W X. Nonsmooth stabilization of a class of nonlinear cascaded systems[J]. Automatica, 2012, 48(10): 2597-2606.

[151] Qian C J, Lin W. A continuous feedback approach to global strong stabilization of nonlinear systems[J]. IEEE Transactions on Automatic Control, 2001, 46(7): 1061-1079.

[152] Hardy G, Littlewood J, Polya G. Inequalities[M]. Cambridge: Cambridge University Press, 1952.

[153] Levant A, Michael A. Adjustment of high-order sliding-mode controllers[J]. International Journal of Robust and Nonlinear Control, 2009, 19(15): 1657-1672.

[154] Zhang J F, Han Z Z, Zhu F B. Finite-time control and L1-gain analysis for positive switched systems[J]. Optimal Control Applications and Methods, 2015, 36(4): 550-565.

[155] Bernuau E, Efimov D, Perruquetti W, et al. On homogeneity and its application in sliding mode control[J]. Journal of the Franklin Institute, 2014, 351(4): 1866-1901.

[156] Orlov Y. Finite-time stability of switched systems[J]. SIAM Journal of Control and Optimization, 2005, 43(4): 1253-1271.

[157] Harmouche M, Laghrouche S, Chitour Y. Robust and adaptive higher order sliding mode controllers[C]. Proceedings of the 51th IEEE Conference on Decision and Control, Maui, 2012.

[158] Orlov Y, Aoustin Y, Chevallereau C. Finite time stabilization of a perturbed double integrator, Part I: Continuous sliding mode-based output feedback synthesis[J]. IEEE Transactions on Automatic Control, 2011, 56(3): 614-618.

[159] Polyakov A. Nonlinear feedback design for fixed-time stabilization of linear control systems[J]. IEEE Transactions on Automatic Control, 2012, 57(8): 2106-2110.

[160] Polyakov A, Efimov D, Perruquetti W. Finite-time and fixed-time stabilization: Implicit Lyapunov function approach[J]. Automatica, 2015, 51: 332-340.

[161] Polyakov A, Poznyak A. Unified Lyapunov function for a finite-time stability analysis of relay second-order sliding mode control systems[J]. IMA Journal of Mathematical Control and Information, 2012, 29(4): 529-550.

[162] Bacciotti A, Rosier L. Liapunov Functions and Stability in Control Theory[M]. London: Springer, 2005.

[163] Ding S H, Qian C J, Li S H. Global stabilization of a class of feedforward systems with lower-order nonlinearities[J]. IEEE Transactions on Automatic Control, 2010, 55(3): 691-696.

[164] Polendo J, Qian C J. An expanded method to robustly stabilize uncertain nonlinear systems[J]. Communications in Information and Systems, 2008, 8(1): 55-70.

[165] Levant A. Globally convergent fast exact differentiator with variable gains[C]. Proceedings of the European Conference on Control, Strasbourg, 2014.

[166] Hung J Y, Gao W B, Hung J C. Variable structure control: A Survey[J]. IEEE Transactions on Industrial Electronics, 1993, 40(1): 2-21.

[167] Choi H H. LMI-based sliding surface design for integral sliding model control of mismatched uncertain systems[J]. IEEE Transactions on Automatic Control, 2007, 52(4): 736-742.

[168] Kim K S, Park Y, Oh S H. Designing robust sliding hyperplanes for parametric uncertain systems: A Riccati approach[J]. Automatica, 2000, 36(7): 1041-1048.

[169] Chang J L. Dynamic output integral sliding-mode control with disturbance attenuation[J]. IEEE Transactions on Automatic Control, 2009, 54(11): 2653-2658.

[170] Choi H H. An explicit formula of linear sliding surfaces for a class of uncertain dynamic systems with mismatched uncertainties[J]. Automatica, 1998, 34(8): 1015-1020.

[171] Park P, Choi D J, Kong S G. Output feedback variable structure control for linear systems with uncertainties and disturbances[J]. Automatica, 2007, 43(1): 72-79.

[172] Xiang J, Wei W, Su H. An ILMI approach to robust static output feedback sliding mode control[J]. International Journal of Control, 2006, 79(1): 959-967.

[173] Cao W J, Xu J X. Nonlinear integral-type sliding surface for both matched and unmatched uncertain systems[J]. IEEE Transactions on Automatic Control, 2004, 49(8): 1355-1360.

[174] Errouissi R, Ouhrouche M. Nonlinear predictive controller for a permanent magnet synchronous motor drive[J]. Mathematics and Computers in Simulation, 2010, 81(2): 394-406.

[175] Khalil H. Nonlinear Systems[M]. 3rd ed. New York: Prentice Hall, 2002.

[176] Shtessel Y B, Shkolnikov I A, Levant A. Smooth second-order sliding modes: Missile guidance application[J]. Automatica, 2007, 43(8): 1470-1476.

[177] Chen W H. Nonlinear disturbance observer-enhanced dynamic inversion control of missiles[J]. Journal of Guidance Control and Dynamics, 2003, 26(1): 161-166.

[178] Chen W H, Ballance D J, Gawthrop P J, et al. A nonlinear disturbance observer for robotic manipulators[J]. IEEE Transactions on Industrial Electronics, 2000, 47(4): 932-938.

[179] Lu Y S. Sliding-mode disturbance observer with switching-gain adaptation and its application to optical disk drives[J]. IEEE Transactions on Industrial Electronics, 2009, 56(9): 3743-3750.

[180] Shtessel Y B, Shkolnikov I A, Levant A. Guidance and control of missile interceptor using second-order sliding modes[J]. IEEE Transactions on Aerospace and Electronic Systems, 2009, 45(1): 110-124.

[181] Liu T F, Jiang Z P. Distributed nonlinear control of mobile autonomous multi-agents[J]. Automatica, 2014, 50(4): 1075-1086.

[182] Du H B, Li S H, Qian C J. Finite-time attitude tracking control of spacecraft with application to attitude synchronization[J]. IEEE Transactions on Automatic Control, 2011, 56(11): 2711-2717.

[183] Li S H, Wang X Y. Finite-time consensus and collision avoidance control algorithms for multiple AUVs[J]. Automatica, 2013, 49(11): 3359-3367.

[184] Wang X Y, Li S H, Shi P. Distributed finite-time containment control for double-integrator multiagent systems[J]. IEEE Transactions on Cybernetics, 2014, 44(9): 1518-1528.

[185] Hu Y B, Su H S, Lam J. Adaptive flocking with a virtual leader of multiple agents governed by locally Lipschitz nonlinearity[J]. International Journal of Robust and Nonlinear Control, 2013, 23(9): 978-990.

[186] Su H S, Chen M Z Q, Wang X F, et al. Semiglobal observer-based leader-following consensus with input saturation[J]. IEEE Transactions on Industrial Electronics, 2014, 61(6): 2842-2850.

[187] Olfati-Saber R, Murray R. Consensus problems in networks of agents with switching topology and time-delays[J]. IEEE Transactions on Automatic Control, 2004, 49(9): 1520-1533.

[188] Wang L, Xiao F. Finite-time consensus problems for networks of dynamic agents[J]. IEEE Transactions on Automatic Control, 2010, 55(4): 950-955.

[189] Ren W, Beard R. Consensus seeking in multiagent systems under dynamically changing interaction topologies[J]. IEEE Transactions on Automatic Control, 2005, 50(5): 655-661.

[190] Yang T, Meng Z Y, Dimarogonas D V, et al. Global consensus for discrete-time multi-agent systems with input saturation constraints[J]. Automatica, 2014, 50(2): 499-506.

[191] Yang T, Saberi A, Stoorvogel A, et al. Output synchronization for heterogeneous networks of introspective right-invertible agents[J]. International Journal of Robust and Nonlinear Control, 2014, 24(13): 1821-1844.

[192] Meng Z Y, Yang T, Dimarogonas D V, et al. Coordinated output regulation of heterogeneous linear systems under switching topologies[J]. Automatica, 2015, 53: 362-368.

[193] Das A, Lewis F. Distributed adaptive control for synchronization of unknown nonlinear networked systems[J]. Automatica, 2010, 46(12): 2014-2021.

[194] Li Z, Duan Z, Lewis F. Distributed robust consensus control of multi-agent systems with heterogeneous matching uncertainties[J]. Automatica, 2014, 50(3): 883-889.

[195] Li P, Qin K Y, Shi M J. Distributed robust H_∞ rotating consensus control for directed networks of second-order agents with mixed uncertainties and time-delay[J]. Neurocomputing, 2015, 148: 332-339.

[196] Zhao D, Zou T, Li S, et al. Adaptive backstepping sliding mode control for leader-follower multi-agent systems[J]. IET Control Theory and Applications, 2011, 6(8): 1109-1117.

[197] Wang X H, Xu D B, Hong Y G. Consensus control of nonlinear leader-follower multi-agent systems with actuating disturbances[J]. Systems and Control Letters, 2014, 73: 58-66.

[198] Zeng H R, Sepehri N. Nonlinear position control of cooperative hydraulic manipulators handling unknown payloads[J]. International Journal of Control, 2005, 78(3): 196-207.

[199] Su Y F. Leader-following rendezvous with connectivity preservation and disturbance rejection via internal model approach[J]. Automatica, 2015, 7: 203-212.

[200] Peymani E, Grip H, Saberi A, et al. H_∞ almost output synchronization for heterogeneous networks of introspective agents under external disturbances[J]. Automatica, 2014, 50(4): 1026-1036.

[201] Peymani E, Grip H, Saberi A. Homogeneous networks of non-introspective agents under external disturbances H_∞ almost synchronization[J]. Automatica, 2015, 52: 363-372.

[202] Shen Q K, Shi P. Distributed command filtered backstepping consensus tracking control of nonlinear multiple-agent systems in strict-feedback form[J]. Automatica, 2015, 53: 120-124.

[203] Li S H, Yang J, Chen W H, et al. Disturbance Observer-Based Control: Methods and Applications[M]. Boca Raton: CRC Press, 2014.

[204] Guo L, Chen W H. Disturbance attenuation and rejection for systems with nonlinearity via DOBC approach[J]. International Journal of Robust and Nonlinear Control, 2005, 15(3): 109-125.

[205] Li S H, Sun H B, Yang J, et al. Continuous finite-time output regulation for disturbed systems under mismatching condition[J]. IEEE Transactions on Automatic Control, 2015, 60(1): 277-282.

[206] Yang H Y, Zhang Z X, Zhang S Y. Consensus of second-order multi-agent systems with exogenous disturbances[J]. International Journal of Robust Nonlinear Control, 2011, 21(9): 945-956.

[207] Zhang X X, Liu X P. Further results on consensus of second-order multi-agent systems with exogenous disturbance[J]. IEEE Transactions on Circuits and Systems I: Regular Papers, 2013, 60(12): 3215-3226.

[208] Ding Z T. Consensus disturbance rejection with disturbance observers[J]. IEEE Transactions on Industrial Electronics, 2015, 62(9): 5829-5837.

[209] Feng Y, Han F L, Yu X H. Chattering free full-order sliding-mode control[J]. Automatica, 2014, 50(4): 1310-1314.

[210] Li S H, Du H B, Lin X Z. Finite-time consensus algorithm for multi-agent systems with double-integrator dynamics[J]. Automatica, 2011, 47(8): 1706-1712.

[211] Ren C E, Chen C L P. Sliding mode leader-following consensus controllers for second-order non-linear multi-agent systems[J]. IET Control Theory and Applications, 2015, 9(10): 1544-1552.

[212] Yu S H, Long X J. Finite-time consensus for second-order multi-agent systems with disturbances by integral sliding mode[J]. Automatica, 2015, 54: 158-165.

[213] Franceschelli M, Pisano A, Giua A, et al. Finite-time consensus with disturbance rejection by discontinuous local interactions in directed graphs[J]. IEEE Transactions on Automatic Control, 2015, 60(4): 1133-1138.

[214] Kim K, Rew K, Kim S. Disturbance observer for estimating higher order disturbances in time series expansion[J]. IEEE Transactions on Automatic Control, 2010, 55(8): 1905-1911.

[215] Hong Y G, Hu J P, Gao L X. Tracking control for multi-agent consensus with an active leader and variable topology[J]. Automatica, 2006, 42(7): 1177-1182.

[216] Zhu Z, Xu D, Liu J, et al. Missile guidance law based on extended state observer[J]. IEEE Transactions on Industrial Electronics, 2013, 60(12): 5882-5891.

[217] Zarchan P. Tactical and Strategic Missile Guidance[M]. Washington: American Institute of Aeronautics and Astronautics, 2012.

[218] Yanushevsky R. Modern Missile Guidance[M]. Boca Raton: CRC Press, 2007.

[219] Zhou D, Sun S, Teo K L. Guidance laws with finite time convergence[J]. Journal of Guidance, Control, and Dynamics, 2009, 477(32): 1838-1846.

[220] Utkin V. Sliding Modes in Control and Optimization[M]. Berlin: Springer, 1992.

[221] Perruquetti W, Barbot J P. Sliding Mode Control in Engineering[M]. New York: Marcel Dekker, 2002.

[222] Drazenovic B. The invariance conditions in variable structure systems[J]. Automatica, 1969, 5(3): 287-295.

[223] Qu S C, Xia X H, Zhang J F. Dynamics of discrete-time sliding-mode-control uncertain systems with a disturbance compensator[J]. IEEE Transactions on Industrial Electronics, 2014, 61(7): 3502-3560.

[224] Xia X, Zinober A S I. Delta-modulated feedback in discretization of sliding mode control[J]. Automatica, 2006, 42(5): 771-776.

[225] Galias Z, Yu X H. Euler's discretization of single input sliding-mode control systems[J]. IEEE Transactions on Automatic Control, 2007, 52(9): 1726-1730.

[226] Abidi K, Xu J X, Yu X H. On the discrete-time integral sliding-mode control[J]. IEEE Transactions on Automatic Control, 2007, 52(4): 709-715.

[227] Yu X H, Man Z H, Model reference adaptive control systems with terminal sliding modes[J]. International Journal of Control, 1996, 64(6): 1165-1176.

[228] Yu X H, Xu J X, Hong Y G, et al. Analysis of a class of discrete-time systems with power rule[J]. Automatica, 2007, 3: 562-566.

[229] Abidi K, Xu J X, She J H. A discrete-time terminal sliding-mode control approach applied to a motion control problem[J]. IEEE Transactions on Industrial Electronics, 2009, 56(9): 3619-3627.

[230] Galias Z, Yu X H. Dynamical behaviors of discretized second-order terminal sliding-mode control systems[J]. IEEE Transactions on Circuits and Systems II: Express Briefs, 2012, 52(9): 597-601.

[231] Janardhanan S, Bandyopadhyay B. On discretization of continuous-time terminal sliding mode[J]. IEEE Transactions on Automatic Control, 2006, 51(9): 1532-1536.

[232] Liu H X, Li S H. Speed control for PMSM servo system using predictive functional control and extended state observer[J]. IEEE Transactions on Industrial Electronics, 2012, 59(2): 1171-1183.

[233] Yu X H, Man Z H. Multi-input uncertain linear systems with terminal sliding-mode control[J]. Automatica, 1998, 34(3): 389-392.

[234] Chiu C S, Shen C T, Finite-time control of DC-DC buck converters via integral terminal sliding modes[J]. International Journal of Electronics, 2012, 99(5): 643-655.

[235] Ni Y, Xu J P. Optimal design of sliding mode control buck converter with bounded input[J]. ACTA Electronica Sinica, 2013, 41(3): 555-560.

[236] Tan S C, Lai Y M, Tse C K. General design issues of sliding-mode controllers in DC-DC converters[J]. IEEE Transactions on Industrial Electronics, 2013, 55(3): 1160-1174.

[237] Chang E C, Liang T J, Chen J F, et al. Real-time implementation of grey fuzzy terminal sliding mode control for PWM DC-AC converters[J]. IET Power Electronics, 2008, 1(2): 235-244.

[238] Komurcugil H. Non-singular terminal sliding-mode control of DC-DC buck converters[J]. Control Engineering Practice, 2013, 21(3): 321-332.

[239] Alberto C, Beniamino G. Sliding mode control for DC/DC converters[C]. Proceedings of the 51st IEEE Conference on Decision and Control, Maui, 2012.

[240] Ramon L, Dragan M, Rui L. Second-order sliding-mode controller for higher-order DC-DC converters[C]. Proceedings of the 15th IEEE Workshop on Control and Modeling for Power Electronics, Santander, 2014.

[241] Ding S H, Qian C J, Li S H, et al. Global stabilization of a class of upper-triangular systems with unbounded or uncontrollable linearizations[J]. International Journal of Robust and Nonlinear Control, 2011, 21(3): 271-294.

[242] Ferrara A, Incremona G P. Design of an integral suboptimal second-order sliding mode controller for the robust motion control of robot manipulators[J]. IEEE Transactions on Control Systems Technology, 2015, 23(6): 2316-2325.

[243] Liu X, Sun X X, Liu S G, et al. Design of robust sliding-mode output-feedback control with suboptimal guaranteed cost[J]. IET Control Theory and Applications, 2015, 9(2): 232-239.

[244] Yang J, Chen W H, Li S H, et al. Disturbance/uncertainty estimation and attenuation techniques in PMSM drives—A survey[J]. IEEE Transactions on Industrial Electronics, 2016, 64(4): 3273-3285.

[245] Pillay P, Krishnan R. Modeling, simulation, and analysis of permanent-magnet motor drives[J]. IEEE Transactions on Industry Applications, 1989, 25(2): 265-272.

[246] Jin H, Lee J. An RMRAC current regulator for permanent-magnet synchronous motor based on statistical model interpretation[J]. IEEE Transactions on Industrial Electronics, 2009, 56(1): 169-177.

[247] Li S H, Liu Z G. Adaptive speed control for permanent magnet synchronous motor system with variations of load inertia[J]. IEEE Transactions on Industrial Electronics, 2009, 56(8): 3050-3059.

[248] Miklosovic R, Gao Z. A robust two-degree-of-freedom control design technique and its practical application[C]. 39th IAS Annual Meeting on Industry Application Conference, Seattle, 2004.

[249] Mohamed Y, el-Saadany E. A current control scheme with an adaptive internal model for torque ripple minimization and robust current regulation in PMSM drive systems[J]. IEEE Transaction on Energy Conversion, 2008, 23(1): 92-100.

[250] Hsien T, Sun Y, Tsai M. H_∞ control for a sensorless permanent-magnet synchronous drive[J]. IEE Proceedings-Electric Power Applications, 1997, 144(3): 173-181.

[251] Utkin V. Sliding mode control design principles and applications to electric drivers[J]. IEEE Transactions on Industrial Electronics, 1993, 14(1): 23-26.

[252] Lai C K, Shyu K K. A novel motor drive design for incremental motion system via sliding-mode control method[J]. IEEE Transactions on Industrial Electronics, 2005, 52(2): 99-507.

[253] Lin F J, Chiu S L, Shyu K K. Novel sliding mode controller for synchronous motor drive[J]. IEEE Transactions on Aerospace and Electronic Systems, 1998, 34(2): 532-542.

[254] Baik I, Kim K, Youn M. Robust nonlinear speed control of PM synchronous motor using boundary layer integral sliding mode control technique[J]. IEEE Transactions on Control Systems and Technology, 2000, 8(1): 47-54.

[255] Chiang H, Tseng C. Integral variable structure controller with grey prediction for synchronous reluctance motor drive[J]. IEE Proceedings-Control Theory and Application, 2004, 151(3): 349-358.

[256] Lin C K, Liu T H, Yang S H. Nonlinear position controller design with input-output linearisation technique for an interior permanent magnet synchronous motor control system[J]. IET Power Electronics, 2008, 1(1): 14-26.

[257] Grcar B, Cafuta P, Znidaric M, et al. Nonlinear control of synchronous servo drive[J]. IEEE Transactions on Control Systems and Technology, 1996, 4(2): 177-184.

[258] Vilathgamuwa M, Rahman M, Tseng K, et al. Nonlinear control of interior permanent magnet synchronous motor[J]. IEEE Transactions on Industry Applications, 2003, 39(2): 408-415.

[259] Zhou J, Wang Y. Adaptive backstepping speed controller design for a permanent magnet synchronous motor[J]. IEE Proceedings-Electric Power Applications, 2002, 149(2): 165-172.

[260] Li S H, Liu H X, Ding S H. A speed control for a PMSM using finite-time feedback control and disturbance compensation[J]. Transactions of the Institute of Measurement and Control, 2010, 32(2): 170-187.

[261] Jan R M, Tseng C S, Liu R J. Robust PID control design for permanent magnet synchronous motor: A genetic approach[J]. Electric Power Systems Research, 2008,78(7): 1161-1168.

[262] Kung Y S, Tsai M H. FPGA-based speed control IC for PMSM drive with adaptive fuzzy control[J]. IEEE Transactions on Power Electronics, 2007, 22(6): 2476-2486.

[263] Wai R J. Total sliding-mode controller for PM synchronous servo motor drive using recurrent fuzzy neural network[J]. IEEE Transactions on Industrial Electronics, 2001, 48(5): 926-944.

[264] Wang G J, Fong C T, Chang K J. Neural-network-based self-tuning PI controller for precise motion control of PMAC motors[J]. IEEE Transactions on Industrial Electronics, 2001, 48(2): 408-415.

[265] Achour A, Mendil B, Bacha S, et al. Passivity-based current controller design for a permanent-magnet synchronous motor[J]. ISA Transactions, 2009, 48: 336-346.

[266] ei-Sousy F. Robust adaptive wavelet-neural-network sliding mode speed control for a DSP-based PMSM drive system[J]. Journal of Power Electronics, 2010, 10(5): 505-517.

[267] Jung J, Leu V, Dang D, et al. Sliding mode control of SPMSM drivers—An online gain tuning approach with unknown system parameters[J]. Journal of Power Electronics, 2014, 14(5): 980-988.

[268] Yang Y, Vilathgamuwa D, Rahman M. Implementation of an artificial-neural-network-based real-time adaptive controller for an interior permanent-magnet motor drive[J]. IEEE Transactions on Industry Applications, 2003, 39(1): 96-104.

[269] Peng J Y, Chen X B. Integrated PID-based sliding mode state estimation and control for piezoelectric actuators[J]. IEEE/ASME Transactions on Mechatronics, 2014, 19(1): 88-99.

[270] Saghafinia A, Ping H, Uddin M, et al. Adaptive fuzzy sliding-mode control into chattering-free IM drive[J]. IEEE Transactions on Industry Applications, 2015, 51(1): 692-701.

[271] Li S H, Zong K, Liu H X. A composite speed controller based on a second order model of PMSM system[J]. Transaction of the Institute of Measurement and Control, 2011, 33(5): 522-541.

[272] Pan H H, Sun W C, Gao H J, et al. Finite-time stabilization for vehicle active suspension systems with hard constraints[J]. IEEE Transactions on Intelligent Transportation Systems, 2015, 16(5): 2663-2672.

[273] 韩京清. 一类不确定对象的扩张状态观测器[J]. 控制与决策, 1995, 10(1): 85-88.

[274] Han J Q. From PID to active disturbance rejection control[J]. IEEE Transactions on Industrial Electronics, 2009, 56(3): 900-906.

[275] Su J B, Qiu W B, Ma H Y, et al. Calibration-free robotic eye-hand coordination based on an autodisturbance-rejection controller[J]. IEEE Transactions on Robotics, 2004, 20(5): 899-907.

[276] Wu D, Chen K, Wang X. Tracking control and active disturbance rejection with application to noncircular machining[J]. International Journal of Machine Tools and Manufacture, 2007, 47: 2207-2217.

[277] Sun B S, Gao Z Q. A DSP-based active disturbance rejection control design for a 1-kW H-bridge DC-DC power converter[J]. IEEE Transactions on Industrial Electronics, 2005, 52(5): 1271-1277.

[278] Su Y X, Zheng C H, Duan B Y. Automatic disturbances rejection controller for precise motion control of permanent-magnet synchronous motors[J]. IEEE Transactions on Industrial Electronics, 2005, 52(3): 814-823.

[279] Feng G, Liu Y F, Huang L P. A new robust algorithm to improve the dynamic performance on the speed control of induction motor drive[J]. IEEE Transactions on Power Electronics, 2004, 19(6): 1614-1627.

[280] Pan J F, Cheung N C, Yang J M. Auto-disturbance rejection controller for novel planar switched reluctance motor[J]. IEE Proceedings-Electric Power Applications, 2006, 153(2): 307-315.

[281] Zurita-Bustamante E, Linares-Flores J, Guzman-Ramírez E, et al. A comparison between the GPI and PID controllers for the stabilization of a DC-DC "Buck" converter: A field programmable gate array implementation[J]. IEEE Transactions on Industrial Electronics, 2011, 58(11): 5251-5262.

[282] Sira-Ramírez H, Garcá-Rodríguez C, Cortes-Romero J, et al. Algebraic Identification and Estimation Methods in Feedback Control Systems[M]. Chichester: John Wiley & Sons, 2014.

[283] Beltran-Carbajal F, Contreras A, Gonzalez B, et al. Control of Nonlinear Active Vehicle Suspension Systems Using Disturbance Observers[M]. Rijeka: InTech, 2011.

[284] Fliess M, Marquez R, Delaleau E, et al. Correcteurs proportionnels-integraux generalises[J]. Esaim Control, Optimisation and Calculus of Variations, 2002, 7(2): 23-41.

[285] Sira-Ramírez H, Linares-Flores J, Garcá-Rodríguez C, et al. On the control of the permanent magnet synchronous motor: An active disturbance rejection control approach[J]. IEEE Transactions on Control Systems Technology, 2014, 22(5): 2056-2063.

[286] Ahn H, Chen Y, Dou Y. State-periodic adaptive compensation of cogging and Coulomb friction in permanent-magnet linear motors[J]. IEEE Transactions on Magnetics, 2005, 41(1): 90-98.

[287] 雷春林, 吴捷, 陈渊睿, 等. 自抗扰控制在永磁直线电机控制中的应用[J]. 控制理论与应用, 2005, 22(3): 423-428.

[288] Tan K K, Lee T H, Dou H F, et al. Precision motion control with disturbance observer for pulsewidth-modulated-driven permanent magnet linear motors[J]. IEEE Transactions on Magnetics, 2003, 39(3): 1813-1818.

[289] Yan M T, Shiu Y J. Theory and application of a combined feedback-feed forward control and disturbance observer in linear motor drive wire-EDM machines[J]. International International of Machine Tools & Manufacture, 2008, 48(3-4): 388-401.

[290] Tozoni O. Self-regulating permanent magnet linear motor[J]. IEEE Transactions on Magnetics, 1999, 35(4): 2137-2145.

[291] Tan K K, Lee T H, Dou H, et al. Adaptive ripple suppression/compensation apparatus for permanent magnet linear motors: US, US6853158[P]. 2005.

[292] Chen S L, Tan K K, Huang S N, et al. Modeling and compensation of ripples and friction in permanent-magnet linear motor using a hysteretic relay[J]. IEEE/ASME Transactions Mechatronics, 2010, 15(4): 586-594.

[293] Zhang J, Lyu M, Shen T F, et al. Sliding mode control for a class of nonlinear multi-agent system with time-delay and uncertainties[J]. IEEE Transactions on Industrial Electronics, 2018, 65(1): 865-875.

[294] Cupertino F, Naso D, Mininno E, et al. Sliding-mode control with double boundary layer for robust compensation of payload mass and friction in linear motors[J]. IEEE Transactions on Industrial Application, 2009, 45(5): 1688-1696.

[295] Lin F J, Hwang J C, Chou P H, et al. FPGA-based intelligent complementary sliding-mode control for PMLSM servo-drive system[J]. IEEE Transactions on Power Electronics, 2010, 25(10): 2573-2587.

[296] Mo X H, Lan Q X. Finite-time integral sliding mode control for motion control of permanent-magnet linear motors[J]. Mathematical Problems in Engineering, 2013, 4(1): 389-405.

[297] Li S H, Zhou M M, Yu X H. Design and implementation of terminal sliding mode control method for PMSM speed regulation system[J]. IEEE Transactions on Industrial Informatics, 2013, 9(4): 1879-1891.

[298] Yu X H, Man Z H. Fast terminal sliding-mode control design for nonlinear dynamical systems[J]. IEEE Transactions on Circuits and Systems I: Fundamental Theory and Applications, 2002, 49(2): 261-264.

[299] Xu S S D, Chen C C, Wu Z L. Study of nonsingular fast terminal sliding-mode fault-tolerant control[J]. IEEE Transactions on Industrial Electronics, 2015, 62(6): 3906-3913.

[300] Du H B, Yu X H, Li S H. Dynamical Behaviors of Discrete-time Fast Terminal Sliding Mode Control Systems[M]. New York: Springer, 2015.

[301] Mao Z, Zheng M, Zhang Y J. Nonsingular fast terminal sliding mode control of permanent magnet linear motors[C]. Proceedings of Chinese Control and Decision Conference, Yinchuan, 2016.

[302] Bolender M, Doman D. Nonlinear longitudinal dynamical model of an air-breathing hypersonic vehicle[J]. Journal of Spacecraft and Rockets, 2007, 44(2): 374-387.

[303] Xu H, Mirmirani M, Ioannou P. Adaptive sliding mode control design for a hypersonic flight vehicle[J]. Journal of Guidance Control and Dynamics, 2004, 27(5): 829-838.

[304] Wilcox Z, MacKunis W, Bhat S, et al. Lyapunov-based exponential tracking control of a hypersonic aircraft with aerothermoelastic effects[J]. Journal of Guidance Control and Dynamics, 2010, 33(4): 1213-1223.

[305] Marrison C, Stengel R. Design of robust control systems for a hypersonic aircraft[J]. Journal of Guidance Control and Dynamics, 1998, 21(1): 58-63.

[306] Wang Q, Stengel R. Robust nonlinear control of a hypersonic vehicle[J]. Journal of Guidance Control and Dynamics, 2000, 23(4): 577-585.

[307] 刘燕斌, 陆宇平. 基于 H_∞ 最优控制理论的高超声速飞机纵向逆控制[J]. 系统工程与电子技术, 2006, 28(12): 1882-1885.

[308] 高道祥, 孙增圻, 罗熊, 等. 基于 back-stepping 的高超声速飞行器模糊自适应控制[J]. 控制理论与应用, 2008, 25(5): 805-810.

[309] 高道祥, 孙增圻, 杜天容. 高超声速飞行器基于 back-stepping 的离散控制器设计[J]. 控制与决策, 2009, 24(3): 459-463.

[310] Xu B, Sun F C, Yang C G, et al. Adaptive discrete-time controller design with neural network for hypersonic flight vehicle via back-stepping[J]. International Journal of Control, 2011, 84(9): 1543-1552.

[311] Hu Y N, Yuan Y A, Min H B, et al. Multi-objective robust control based on fuzzy singularly perturbed models for hypersonic vehicles[J]. Science China: Information Sciences, 2011, 54(3): 563-576.

[312] Li H B, Sun Z Q, Min H B, et al. Fuzzy dynamic characteristic modeling and adaptive control of nonlinear systems and its application to hypersonic vehicles[J]. Science China: Information Sciences, 2011, 54(3): 460-468.

[313] Xia Y Q, Zhu Z, Fu M Y. Back-stepping sliding mode control for missile system based on an extended state observer[J]. IET Control Theory and Applications, 2009, 5(1): 93-102.

[314] Xia Y Q, Zhu Z, Fu M Y, et al. Attitude tracking of rigid spacecraft with bounded disturbances[J]. IEEE Transactions on Industrial Electronics, 2011, 58(2): 647-659.

[315] Ding S H, Li S H. Stabilization of the attitude of a rigid spacecraft with external disturbances using finite-time control techniques[J]. Aerospace Science and Technology, 2009, 13(4-5): 256-265.

[316] Li S H, Wang Z, Fei S M. Finite-time control of a bioreactor system using terminal sliding mode[J]. International Journal of Innovative Computing, Information and Control, 2009, 5(10B): 3495-3504.

[317] Wang Z, Li S H, Fei S M. Finite-time tracking control of bank-to-turn missiles using terminal sliding mode[J]. ICIC Express Letter, 2009, 3(48): 1373-1380.

[318] Fiorentini L, Serrani A, Bolender M, et al. Nonlinear robust adaptive control of flexible air-breathing hypersonic vehicles[J]. Journal of Guidance Control and Dynamics, 2009, 32(2): 402-417.

[319] Steve R. Missile guidance comparison[C]. AIAA Guidance, Navigation, and Control Conference and Exhibit, Providence, 2004.

[320] Atir R, Hexner G, Weiss H. Target maneuver adaptive guidance law for a bounded acceleration missile[C]. AIAA Guidance, Navigation, and Control Conference, Chicago, 2009.

[321] Ho Y, Bryson Jr A, Baron S. Differential games and optimal pursuit-evasion strategies[J]. IEEE Transactions on Automatic Control, 1965, 10(4): 385-389.

[322] Hexner G, Pila A. Practical stochastic optimal guidance law for bounded acceleration missiles[J]. Journal of Guidance, Control, and Dynamics, 2011, 34(2): 437-445.

[323] Shaferman V, Shima T. Linear quadratic differential games guidance law for imposing a terminal intercept angle[J]. Journal of Guidance, Control, and Dynamics, 2008, 31(5): 1400-1412.

[324] Li C Y, Jing W X, Wang H, et al. Gain-varying guidance algorithm using differential geometric guidance command[J]. IEEE Transactions on Aerospace and Electronic Systems, 2010, 46(2): 725-736.

[325] Yanushevsky R, Broord W. New approach to guidance law design[J]. Journal of Guidance, Control, and Dynamics, 2005, 28(1): 162-166.

[326] Yanushevsky R. Concerning Lyapunov-based guidance[J]. Journal of Guidance, Control, and Dynamics, 2006, 29(2): 509-511.

[327] Yang C D, Chen H Y. Nonlinear H_∞ robust guidance law for homing missiles[J]. Journal of Guidance, Control, and Dynamics, 1998, 21(6): 882-890.

[328] Gurfil P. Robust guidance for electro-optical missiles[J]. IEEE Transactions on Aerospace and Electronic Systems, 2003, 39(2): 450-461.

[329] Zhou D, Mu C D, Shen T L. Robust guidance law with L_2 gain performance[J]. Transactions of the Japan Society for Aeronautical and Space Sciences, 2001, 44(144): 82-88.

[330] Castanos F, Fridman L. Analysis and design of integral sliding manifolds for systems with unmatched perturbations[J]. IEEE Transactions on Automatic Control, 2006, 51(5): 853-858.

[331] Shima T, Idan M, Golan O. Sliding-mode control for integrated missile autopilot guidance[J]. Journal of Guidance, Control, and Dynamics, 2006, 29(2): 250-260.

[332] Moon J, Kim K, Kim Y. Design of missile guidance law via variable structure control[J]. Journal of Guidance, Control, and Dynamics, 2001, 24(4): 659-664.

[333] Zhou D, Mu C D, Xu W L. Adaptive sliding-mode guidance of a homing missile[J]. Journal of Guidance, Control, and Dynamics, 1999, 22(4): 589-594.

[334] Ebrahimi B, Bahrami M, Roshanian J. Optimal sliding-mode guidance with terminal velocity constraint for fixed-interval propulsive maneuvers[J]. Acta Astronautica, 2008, 62(10-11): 556-562.

[335] Alexander Z, Moshe I. Effect of estimation on the performance of an integrated missile guidance and control system[J]. IEEE Transactions on Aerospace and Electronic Systems, 2011, 47(4): 2690-2708.

[336] Kim M, Grider K. Terminal guidance for impact attitude angle constrained flight trajectories[J]. IEEE Transactions on Aerospace and Electronic Systems, 1973, 9(5): 852-859.

[337] Lee J, Jeon I, Tahk M. Guidance law to control impact time and angle[J]. IEEE Transactions on Aerospace and Electronic Systems, 2007, 43(1): 301-310.

[338] Ratnoo A, Ghose D. Impact angle constrained interception of stationary targets[J]. Journal of Guidance, Control, and Dynamics, 2008, 31(5): 1816-1821.

[339] Song J M, Zhang T Q. Passive homing missile's variable structure proportional navigation with terminal angular constraint[J]. Chinese Journal of Aeronautics, 2001, 14(2): 83-87.

[340] Harl N, Balakrishnan S. Impact time and angle guidance with sliding mode control[C]. AIAA Guidance, Navigation, and Control Conference, Chicago, 2009.

[341] Rusnak I, Meir L. Optimal guidance for high order and acceleration constrained missile[J]. Journal of Guidance, Control, and Dynamics, 1991, 14(3): 589-596.

[342] Sun S, Zhou D, Hou W T. A guidance law with finite time convergence accounting for autopilot lag[J]. Aerospace Science and Technology, 2013, 25(1): 132-137.

[343] Brierley S, Longchamp R. Application of sliding-mode control to air-air interception problem[J]. IEEE Transactions on Aerospace and Electronic Systems, 1990, 26(2): 306-325.

[344] Hong Y G, Xu Y S, Huang J. Finite-time control for robot manipulators[J]. Systems and Control Letters, 2002, 46(4): 243-253.

[345] Lechevin N, Rabbath C. Lyapunov-based nonlinear missile guidance[J]. Journal of Guidance, Control, and Dynamics, 2004, 27(6): 1096-1102.